PFLANZENPHYSIOLOGISCHE PRAKTIKA
BAND II

PRAKTIKUM
DER
ZELL- UND GEWEBEPHYSIOLOGIE
DER PFLANZE

VON

Dr. SIEGFRIED STRUGGER

O. PROFESSOR FÜR BOTANIK AN DER UNIVERSITÄT MÜNSTER

ZWEITE AUFLAGE

MIT 148 TEXTABBILDUNGEN

SPRINGER-VERLAG BERLIN HEIDELBERG GMBH

1949

PFLANZENPHYSIOLOGISCHE PRAKTIKA

BAND II

PRAKTIKUM
DER
ZELL- UND GEWEBEPHYSIOLOGIE
DER PFLANZE

VON

Dr. SIEGFRIED STRUGGER

o. PROFESSOR FÜR BOTANIK AN DER UNIVERSITÄT MÜNSTER

ZWEITE AUFLAGE

MIT 148 TEXTABBILDUNGEN

SPRINGER-VERLAG BERLIN HEIDELBERG GMBH

1949

ISBN 978-3-662-22310-9   ISBN 978-3-662-22309-3 (eBook)
DOI 10.1007/978-3-662-22309-3

Vorwort zur ersten Auflage.

Die Zell- und Gewebephysiologie hat in den letzten Jahrzehnten einen erfreulichen Aufschwung genommen. Viele Beobachtungen und Versuche, deren Anwendung im biologischen Unterricht wertvoll und erwünscht wäre, sind jedoch in den verschiedensten Zeitschriften verstreut, so daß es an der Zeit war, an eine Sammlung und pädagogische Bearbeitung dieser Arbeitsrichtung zu denken. Dabei mußte von einer rein kompilatorischen Arbeit abgesehen werden. Viele der hier angeführten Versuche stammen aus eigenen, zum Teil noch nicht anderwärts publizierten Arbeiten, andere sind auf Grund der Erfahrungen im Unterricht gänzlich umgearbeitet. Mein Bestreben ging dahin, eine Sammlung ausgewählter Versuche vorzulegen, die sich mir praktisch für den Unterricht als brauchbar und verläßlich erwiesen haben.

Zugleich soll diese Anleitung eine dringend notwendig gewordene Ergänzung zu den bereits vorhandenen physiologischen Praktika (BRAUNER, PRINGSHEIM) sein. Aus diesem Grunde habe ich bewußt Parallelen möglichst vermieden. Während BRAUNER in seinem Praktikum eine Fülle von bewährten Grundversuchen zum physikalisch-chemischen Verständnis der Zelle bringt, habe ich auf die physikalisch-chemischen Modellversuche völlig verzichtet.

Dieses Büchlein soll in allgemein verständlicher Form zur *Pflege des Experimentes an der lebenden Zelle* und zur Verfeinerung der mikroskopischen Technik im biologischen Unterricht beitragen.

Besonderen Wert legte ich auf die Auswahl möglichst einfacher Versuchsanstellungen, so daß ein großer Teil der Versuche mit den geringsten Mitteln durchführbar ist.

Das Abbildungsmaterial und seine Auswahl erschien besonders wichtig. Viele Abbildungen wurden neu hergestellt. Solche Abbildungen, die ich unverändert aus einer Originalarbeit übernommen habe, sind mit „aus" gekennzeichnet. Abbildungen, die eine Umzeichnung erfuhren, werden durch „nach" kenntlich gemacht. Herrn Prof. Dr. KARL HÖFLER, Wien und Herrn Privatdozenten Dr. JOSEF PEKAREK, Graz, bin ich für die freundliche Überlassung von Vorlagen für einige Abbildungen zu besonderem Danke verpflichtet.

Meinem verehrten Institutsdirektor, Herrn Prof. Dr. PAUL METZNER, danke ich dafür, daß er mir die Mittel des Instituts zur Verfügung stellte und manch wertvolle Anregung bei der Abfassung des Büchleins gab.

Auch dem Herrn Verleger spreche ich für sein weitgehendes Entgegenkommen und für die gute Ausstattung des Buches meinen Dank aus.

Möge dieses Praktikum im Unterricht an den Hochschulen den von mir erstrebten Zweck erreichen, zu weiteren Forschungen auf diesem Gebiete anregen und die Zell- und Gewebephysiologie der Pflanze mit der klassischen Physiologie verbinden helfen.

Greifswald, den 22. April 1935.

SIEGFRIED STRUGGER.

Vorwort zur zweiten Auflage.

Seit dem Erscheinen der 1. Auflage sind 13 Jahre vergangen. In dieser Zeit hat sich die Physiologie der Pflanzenzelle durch die unermüdliche Arbeit zahlreicher Forscher ein gutes Stück weiter entwickelt. Es war daher notwendig, das Buch völlig neu zu disponieren und viele Versuche neu aufzunehmen. Sämtliche Abbildungen mußten infolge der Kriegsereignisse neu hergestellt und klischiert werden. Dem Verlage möchte ich dafür danken, daß er in entgegenkommendster Weise diese 2. Auflage des Praktikums ermöglichte.

Im Hinblick auf die uns aufgezwungene materielle Not der Botanischen Institute war ich bestrebt, die Auswahl der Experimente so zu gestalten, daß sie mit einfachen, behelfsmäßigen Mitteln zum größten Teile durchgeführt werden können.

Möge das Praktikum in seiner neuen Gestalt den jungen Nachwuchs zu weiterer Arbeit auf dem Gebiete der experimentellen Zellforschung anregen!

Münster i. W., am 2. September 1948.

SIEGFRIED STRUGGER.

Inhaltsverzeichnis.

Seite

Einleitung.

Die Zelle als Organisationseinheit des lebenden Organismus wurde an der Pflanze zum ersten Male erkannt. Als der wissenschaftliche Begründer der Zellenlehre ist MATTHIAS JACOB SCHLEIDEN (1838) zu bezeichnen. Das pflanzliche Objekt ist so übersichtlich und klar gebaut, daß es verständlich ist, daß ein großer Teil der grundlegenden Erkenntnisse der Zellforschung, wie die Kernteilung, die Zellteilung, die physikalischen und chemischen Eigenschaften des Protoplasmas zum ersten Male an der Pflanzenzelle erforscht wurden. Die Pflanzenzellen sind relativ groß, optisch leicht zugänglich und zeichnen sich durch eine besondere Widerstandsfähigkeit gegenüber experimentellen Eingriffen aus. Dadurch ist dem Biologen eine einzigartige Fülle von Möglichkeiten zur experimentellen Untersuchung lebender Zellen und Gewebe in die Hand gegeben.

Für den Botaniker besteht daher von jeher die Verpflichtung, die alte Tradition der Zellforschung an pflanzlichen Objekten fortzusetzen und zu fördern. So hat sich innerhalb der letzten 40 Jahre ein besonderer Zweig der botanischen Wissenschaft entwickelt, der als Protoplasmaforschung (Protoplasmatik) bezeichnet wird. Es ist aber besser, von einer Physiologie der Zellen und Gewebe der Pflanzen zu sprechen. Diese ist keine Sonderwissenschaft der Botanik, sondern sie gewinnt als Grundlagenforschung für die Biologie der Pflanzen, insbesondere für die Pflanzenphysiologie und Genetik, immer mehr an Bedeutung. Das Verhalten der Zellen und Gewebe wird heute in zunehmendem Maße zur Erklärung physiologischer Vorgänge herangezogen. Die makrophysiologischen Probleme werden immer mehr auf mikrophysiologische Fragestellungen zurückgeführt.

Diese Auffassung ist keineswegs neu. Schon die Klassiker der Pflanzenphysiologie wie SACHS, DE VRIES, STRASBURGER und PFEFFER waren gleichzeitig die Väter der modernen Zellphysiologie und haben denselben Weg verfolgt. Ebenso hat sich die Genetik schon frühzeitig auf die zytologischen Grundlagen berufen.

Für die Pflanzenanatomie und Zytomorphologie (Zytologie) ist die Physiologie der Zellen und Gewebe von grundlegender Bedeutung.

Die deskriptive Pflanzenanatomie unserer Klassiker beschäftigte sich eingehend und erschöpfend mit der Morphologie der Zellmembranen. Sie konnte sich deshalb mit der Untersuchung abgetöteter Pflanzenteile begnügen. Parallel zu ihr entwickelte sich die Zytologie als Lehre von der Morphologie des Zellinhaltes. Auch sie studierte den Zellinhalt vornehmlich im fixierten und gefärbten Zustande. Für beide Teilwissenschaften muß aber heute die Forderung nach der Berücksichtigung des lebendigen Zellinhaltes erhoben werden. Im Rahmen der Weiterentwicklung der Pflanzenanatomie hat HABERLANDT (1884) den physiologischen Gesichtspunkt in seiner „Physiologischen Pflanzenanatomie" eingeführt. Er untersuchte die Beziehungen zwischen der Form der Zellwand, der Zellgestalt und der physiologischen Funktion. Der lebende Zellinhalt wurde nur gelegentlich berücksichtigt.

Schon FRIEDL WEBER wies wiederholt darauf hin, daß sowohl die klassische, deskriptive Pflanzenanatomie als auch die physiologische Pflanzenanatomie dem lebendigen Zellinhalte und seinen Eigenschaften viel zu wenig Beachtung schenkten. Uns sollte als Klassifikationsprinzip nicht nur die Zellform und die Gestaltung der Zellmembranen dienen, sondern unsere Aufmerksamkeit müßte sich mehr als bisher dem lebendigen Zellinhalte zuwenden. Eine solche Neuorientierung der Pflanzenanatomie ist dringend erwünscht. Sie ist dazu berufen, die von HABERLANDT geschaffene mehr teleologisch orientierte, physiologische Pflanzenanatomie auf kausaler, experimenteller Grundlage auszubauen.

Wie berechtigt eine solche Neuorientierung der Pflanzenanatomie ist, soll uns ein Beispiel zeigen. Die klassische, deskriptive Pflanzenanatomie stellte den Grundsatz auf, daß Zellen, deren Gestalt und Membran gleich sind, auch als gleich gewertet werden. Die zellphysiologische Forschung konnte dagegen in zahlreichen Fällen den Beweis liefern, daß solche Zellen bei morphologischer Gleichheit häufig physiologisch ungleich sind. Dadurch ist das Axiom gestürzt, daß Ungleichheiten der plasmatischen Organisation sich unter allen Umständen in der Zellmembran ausprägen müssen. Dies geschieht im Laufe der Gewebedifferenzierung nur in beschränktem Maße.

Ähnlich steht es mit der Zytologie. Bei aller Anerkennung der Bedeutung der Fixierungszytologie kann es aber keinem Zweifel unterliegen, daß die Lebendzytologie in Zukunft immer mehr an Bedeutung gewinnen wird. Die experimentelle Zytologie ist mit der Physiologie der Zellen und Gewebe auf das engste verknüpft.

Die Pflanzenanatomie, die Zytologie und die experimentelle Physiologie der Zellen und Gewebe verschmelzen demnach in Zukunft zu einer Einheit. Das sind keine Sondergebiete mehr, sondern es handelt sich um den zukünftigen Aufbau der biologischen Grundlagenforschung.

Diese Entwicklung soll das vorliegende Buch anbahnen helfen. Es soll unserem Nachwuchs das experimentelle Arbeiten mit der lebenden Pflanzenzelle vermitteln.

Literatur zur Einleitung.

FREY-WYSSLING, A.: Submikroskopische Morphologie des Protoplasmas und seiner Derivate. Protoplasma-Monogr. 15 (1938). Berlin: Borntraeger. — GEITLER, L.: Grundriß der Zytologie. Berlin: Borntraeger 1934. — GUILLIERMOND, A., G. MANGENOT et L. PLANTEFOL: Traité de cytologie végétale. Paris: E. Le François 1933. — HABERLANDT, G.: Physiologische Pflanzenanatomie. 1. Aufl. Leipzig: Wilhelm Engelmann 1884. — HEILBRUNN, L. V.: The colloid chemistry of protoplasm. Protoplasma-Monogr. 1 (1928). Berlin: Borntraeger. — KÜSTER, E.: Experimentelle Physiologie der Pflanzenzelle. ABDERHALDEN: Handbuch der biologischen Arbeitsmethoden, Abt. XI, Teil I, 961, 1923. — Die Pflanzenzelle. Jena: Fischer 1935. — LEPESCHKIN, W. W.: Kolloidchemie des Protoplasmas. 2. Aufl. Wiss. Forsch.-Ber. 47 (1938). Dresden u. Leipzig: Th. Steinkopff. — LUNDE-

GÅRDH, H.: Zelle und Cytoplasma. LINSBAUER: Handbuch der Pflanzenanatomie, Abt. I, Teil I, 1. Berlin: Borntraeger 1923. — MEYER, A.: Morphologische und physiologische Analyse der Zelle der Pflanzen und Tiere. I. und II. Teil. Jena: Fischer 1920/21. — SACHS, J.: Geschichte der Botanik. München: R. Oldenbourg 1875. — WEBER, FR.: Experimentelle Physiologie der Pflanzenzelle. Arch. exper. Zellforschg. 2, 67 (1925). — Protoplasmatische Pflanzenanatomie. Protoplasma 8, 291 (1929). — Erneuerung der Pflanzenanatomie. Scientia (Milano), 268 (1934).

Zum Gebrauch.

Obzwar dieses Buch in erster Linie das praktische Arbeiten mit der lebendigen Pflanzenzelle vermitteln soll, habe ich auf theoretische Hinweise nicht ganz verzichten können. Bei weiterer Vertiefung in das Gebiet der Zell- und Gewebephysiologie der Pflanze ist aber ein Literaturstudium nicht zu umgehen. Ich habe daher jedem Abschnitt ein ausgewähltes Literaturverzeichnis beigefügt. Hinter jedem Versuch sind Nummern zu finden, welche auf das Literaturverzeichnis des betreffenden Kapitels hinweisen. Diejenige Arbeit, aus welcher der Versuch selbst entnommen wurde, ist mit einer fettgedruckten Zahl bezeichnet. Fehlt die Hervorhebung, so war entweder der Ursprung des Versuches nicht eindeutig feststellbar, oder der Versuch stammt vom Autor. Die hinter jedem Kapitel nach den einzelnen Gebieten zusammengefaßten Literaturverzeichnisse können keinen Anspruch auf Vollständigkeit erheben. Sie stellen eine Auswahl der engsten einschlägigen Arbeiten dar. Ich habe solche Arbeiten besonders berücksichtigt, in denen weitere umfangreiche Literaturnachweise vorzufinden sind.

Um eine Wiederholung technischer Einzelheiten möglichst zu vermeiden, habe ich in den ersten Abschnitten die wichtigsten Beobachtungsobjekte, deren Präparation und die mikroskopische Untersuchungstechnik behandelt. Für die Benutzung des Praktikums ist daher ein eingehendes Studium dieser Kapitel notwendig.

I. Die Präparation lebender Pflanzenzellen und Gewebe.

1. Zellen im natürlichen Medium.

Eine der wichtigsten Fragen zur Lebenduntersuchung der Pflanzenzelle ist die nach dem Medium. Die Zellen oberirdischer Pflanzenteile müssen in einem künstlichen Medium zur optischen Untersuchung eingebettet werden. Diese Schwierigkeit läßt sich dadurch umgehen, daß man solche Versuchsobjekte auswählt, welche von vornherein in einem flüssigen, natürlichen Medium leben. Die einzelligen Algen, die fadenförmigen Zellverbände der Konjugaten und der Chlorophyceen, Braun- und Rotalgen, im Wasser wachsende Pilzhyphen, Hefezellen, die Internodien der Characeen sind zur Lebendbeobachtung ungeschädigter Zellen im natürlichen Medium Objekte, die fast keiner Präparation bedürfen und deshalb besonders geeignet sind. Auch die Moosprotonemen und die Zellflächen von Lebermoosblättchen sind ausgezeichnete Objekte. Von den höheren Pflanzen verdienen von diesem Gesichtspunkte aus die reduzierten Blätter von Wasserpflanzen eine besondere Beachtung. So sind die Blätter von *Helodea canadensis* und der im Warmwasserbecken gedeihenden *Helodea densa* sehr günstige Beobachtungsobjekte. Die Blätter müssen mit einem scharfen Rasiermesser oder einer kleinen scharfen Schere vorsichtig abgetrennt werden. Jüngere Blätter der *Helodea densa*, welche aus zwei Zellschichten bestehen, können zur Beobachtung lebender Zellen im natürlichen Medium besonders empfohlen werden. Für die Untersuchung lebender Zellen im natürlichen Medium kommen fernerhin noch die Wurzelhaare solcher Wasserpflanzen in Betracht, die frei ins Wasser ragende Wurzeln ausbilden. Da sind vor allem zwei Pflanzen zu nennen: *Trianea Bogotensis* und *Hydrocharis morsus ranae*. Junge Wurzeln, welche soeben einen dichten Pelz von Wurzelhaaren entwickeln, werden vorsichtig mit der Schere abgetrennt und im Kulturwasser auf einen Objektträger unter ein Deckglas gebracht, welches mit kleinen Paraffinfüßchen oder Deckglassplittern gestützt werden kann. Die aufwärtsragenden Wurzelhaare werden durch das Deckglas abgeknickt und sind zur einwandfreien Lebendbeobachtung unbrauchbar geworden. Nur die zur Objektträgerebene parallel liegenden Haare eignen sich zum Studium der Zellen.

2. Zellen im künstlichen Medium.

Die Zellen der Landpflanzen lassen sich nur nach Einbettung in ein künstliches Medium mikroskopisch beobachten. Dieser Übelstand kann dadurch etwas gemildert werden, daß wir bestrebt sind, dieses Medium möglichst ungiftig zu gestalten. Das Teichwasser ist in dieser Hinsicht recht günstig. Ebenso auch Leitungswasser, welches allerdings nicht stark gechlort sein darf. Diese beiden Medien sind bezüglich ihres Salzgehaltes als physiologisch ausbalanciert zu bezeichnen. Die Wasserstoffionenkonzentration bewegt sich um p_H 7 und ist für die meisten Objekte daher günstig. Falls bestimmte Objekte darin Hypotonieschädigungen erleiden sollten, empfiehlt es sich, einen geringen Prozentsatz (0,5—3%) Rohr- oder Traubenzucker zu lösen.

Das destillierte Wasser ist in der gebräuchlichen Form für lebende Pflanzenzellen auf längere Zeiträume hin immer ein starkes Gift. Es besitzt eine sehr ungünstige Wasserstoffionenkonzentration (p_H 5,4 infolge CO_2-Sättigung) und ist physiologisch nicht ausbalanciert. Infolge seines Gehaltes an Kupferspuren und anderen Metallspuren führt es leicht zu oligodynamischen Schädigungen der Protoplasten. Um ein für unsere Zwecke brauchbares destilliertes Wasser herzustellen, empfehle ich folgendes Vorgehen. Das käufliche destillierte Wasser wird in einem Destillationsapparat aus Jenaer Glas, der nach den Angaben von FITTING (1928) von der Firma Gerhardt in Bonn hergestellt und geliefert wird, zum zweiten Male destilliert und in einem Kolben aus Jenaer Glas aufgefangen. Um das Kohlendioxyd zu entfernen, kochen wir das doppelt destillierte Wasser auf und verschließen möglichst schnell mit einem Korken, in den ein Natronkalkröhrchen eingeführt ist, so daß das Wasser unter CO_2-Abschluß abkühlen kann. Unter destilliertem Wasser ist, wenn nicht besonders vermerkt, immer in den nachstehenden Ausführungen ein solches einwandfreies Wasser zu verstehen.

Viele Autoren bedienen sich bei ihren Arbeiten noch des indifferenten Paraffinöles zur Einbettung lebender Pflanzenzellen und Gewebe. Für kürzere Beobachtungen eignet sich das Paraffinöl sehr gut. Erstrecken sich aber die Beobachtungszeiten auf einen längeren Zeitraum, so ist von der Verwendung des Paraffinöles abzuraten, da durch den Sauerstoffabschluß eine abnorme Atmungstätigkeit der Zellen und eine damit verbundene Schädigung eintritt.

Von den oberirdischen Pflanzenteilen kommen für die Lebendbeobachtung in erster Linie Haargebilde in Betracht. An den Stengeln und Blattstielen der Cucurbitaceen befinden sich einzellreihige Haare als Auswüchse der Epidermiszellen. Ihre Präparation wird am besten so vorgenommen, daß man mit dem Rasiermesser die Haare mit einem kleinen Epidermisstück abtrennt und dann vorsichtig das Präparat herstellt. Ebenso verfahren wir mit anderen Haaren wie den Brennhaaren von *Urtica*, die ein vorzügliches Objekt zur Lebendbeobachtung darstellen. Das klassische Beobachtungsmaterial unter den Trichomen sind die Staubfadenhaare von *Tradescantia virginica*. Ihre Präparation wird am zweckmäßigsten in folgender Weise durchgeführt. Man sucht sich aus einem jungen Blütenstande eine Knospe heraus, die eine Länge von 3—4 mm besitzt. Diese abgetrennte Knospe wird zwischen Daumen und Zeigefinger der linken Hand so gefaßt, daß die Blütenbasis nach oben gerichtet ist. Mit dem Rasiermesser wird dann der Blütenboden weggeschnitten. Die Insertionsstellen der Kelch-, Blumen- und Staubblätter werden dann gerade abgeschnitten. Dadurch lassen sich ohne Zwang sämtliche Blattorgane der Knospe freipräparieren. Die Staubfäden werden nach sorgfältiger Abtrennung der dicken Antheren entweder in Leitungswasser oder in Paraffinöl zwischen Objektträger und Deckglas eingebettet. Die Staubfadenhaare bestehen aus tonnenförmigen, mehr oder weniger langgestreckten Zellen, welche sich für die mikroskopische Untersuchung des lebenden Protoplasten ganz besonders gut eignen (vgl. Abb. 36,37).

Auch die Wurzelhaare von Keimpflänzchen, welche auf Filterpapier im feuchten Raume gezogen wurden, sind nach Einbettung in ein künstliches Medium geeignete Versuchsobjekte. Zu empfehlen sind die Wurzelhaare von *Hordeum vulgare*, *Triticum vulgare*, *Secale cereale* und *Sinapis alba*.

Um Zellen, die im normalen Gewebeverband nicht ohne weiteres einer mikroskopischen Beobachtung zugänglich sind, einer solchen zugänglich zu machen, kann man sich dreier Präparationsmethoden bedienen:

1. Die Isolierung von Einzelzellen und Zellflächen.
2. Die Herstellung von Schnitten durch das Gewebe.
3. Die Infiltration der Gewebe.

Zu 1. Als Beispiel soll die Isolierung der Fruchtfleischzellen von *Symphoricarpus racemosus* genannt werden. Vom Spätsommer bis tief in den Winter hinein liefert uns dieser Zierstrauch die weißen Beerenfrüchte. Durch den Reifungsprozeß isolieren sich die Zellen des Fruchtfleisches von selbst, so daß man nur mit der Pinzette aus einer reifen Beere einen Teil des Fruchtfleisches herauszuheben und denselben in einem Tropfen der Untersuchungsflüssigkeit sorgfältig zu verteilen braucht. Zahlreiche Zellen bleiben dann unverletzt. Sie bieten sowohl in der Mannigfaltigkeit der Zellformen als auch in ihrer plasmatischen Organisation dem Beobachter ein lehrreiches Bild. Um die zarten Zellen nicht zu zerdrücken, soll das Deckglas mit einigen Deckglassplitterchen abgestützt werden. Auch die Fruchtfleischzellen anderer Beerenfrüchte lassen sich auf die gleiche Weise der mikroskopischen Beobachtung zugänglich machen. Nach den Angaben einiger Autoren gelingt es auch, die Mesophyllzellen von Blättern auf ähnliche Weise zu isolieren. *Gentiana verna* und *Viola lutea* var. *grandiflora* sind dafür besonders geeignet. Zu diesem Zwecke zieht man mit der Pinzette zunächst die Epidermis ab und kann dann ähnlich wie bei Beeren die Mesophyllzellen herausheben.

Als Beispiel der Isolierung einer Zellfläche soll die Präparation der oberen (inneren) Epidermis der Zwiebelschuppen von *Allium Cepa* beschrieben werden. Viele Grundtatsachen unserer Kenntnis von der lebenden Pflanzenzelle verdanken wir diesem so überaus günstigen Versuchsmaterial, das außerdem noch den unschätzbaren Vorteil für Forschung und Unterricht besitzt, daß es leicht zu jeder Jahreszeit und ohne vorhergehende Kultur zu beschaffen ist. Am besten eignen sich für zellphysiologische Versuche die in Deutschland viel angebauten „Zittauer Gelben“. Manchmal stößt man auf Zwiebelrassen, die infolge der Plasmaarmut ihrer Zellen für Versuchszwecke ungeeignet sind. Für die in diesem Praktikum beschriebenen Versuche darf jedoch niemals treibendes Zwiebelmaterial Verwendung finden. Um wirklich reproduzierbare Ergebnisse zu erhalten ist die Verwendung eines völlig ruhenden Zwiebelmaterials die unbedingte Voraussetzung. Bei der Verwendung der Küchenzwiebel zu zellphysiologischen Versuchen müssen wir uns immer die Tatsache vor Augen halten, daß die einzelnen Schuppen untereinander physiologisch nicht gleichwertig sind. Die innersten Schuppen sind die jüngsten, während die äußersten die ältesten sind. Bei Versuchen, die einwandfreie Vergleichsmöglichkeiten zwischen Versuch und Kontrolle anstreben, müssen daher immer Epidermisstücke von ein und derselben Schuppe herangezogen werden. Auch der basale und apicale Teil einer Schuppe zeigt physiologische Verschiedenheiten, so daß Versuchs- und Kontrollhäutchen immer von derselben Region der Schuppe stammen müssen. Man wählt zweckmäßigerweise die mittlere Region.

Zur Präparation schlage ich folgenden Weg vor: Mit einem scharfen Küchenmesser halbieren wir zunächst die Zwiebel, welche nur aus einem einfachen Trieb bestehen soll. Beide Zwiebelhälften werden noch einmal längs halbiert, so daß 4 Sektoren entstehen. Diese Sektoren werden im feuchten Raume für die Versuche aufbewahrt. Im Verlauf der weiteren Präparation wird an einem Sektor mit dem Küchenmesser der meist vertrocknende Spitzenteil und der Zwiebelkuchen abgetrennt, so daß sich die einzelnen Schuppen des Sektors ohne Gewalt voneinander trennen lassen. Die konkave Oberseite einer solchen Schuppe ist mit einer matten, lose aufsitzenden Epidermis bedeckt, die zur Isolierung besonders geeignet ist. Die konvexe Unterseite besitzt dagegen eine stark glänzende Epidermis, die fest mit dem Mesophyll verbunden ist und sich nicht isolieren läßt. Zur Isolierung der oberen Epidermis schneidet man mit einem scharfen Rasiermesser quadratförmige Einschnitte in die Konkavseite des Schuppensektors ein, wie sie in Abb. 1 schematisch wiedergegeben sind. Dadurch wird die Epidermis in einzelne beliebig große Stücke zerlegt. Dann gelangt die so präparierte Schuppe in Leitungswasser in den in Abb. 2 abgebildeten Entlüftungsapparat und wird mit Hilfe einer angeschlossenen Wasserstrahlluftpumpe mehrmals hintereinander kurze Zeit entlüftet. Durch die Massage der Luftbläschen wird der Zusammenhalt der Epidermis mit dem Mesophyll äußerst schonend gelockert, so daß nach der Entlüftung die einzelnen Epidermisquadrate mit der Pinzette ohne Abknickung abgehoben werden können. Da die Interzellularenluft unter der Epidermis durch dieses Vorgehen entfernt wird, gelingt es leicht, die Epidermisstücke ohne anhaftende Luftblasen unter ein Deckglas zu bringen. Es gibt allerdings Zwiebelsorten, bei denen sich die Epidermis nach dem Abheben mit der Pinzette so stark einrollt, daß eine schädi-

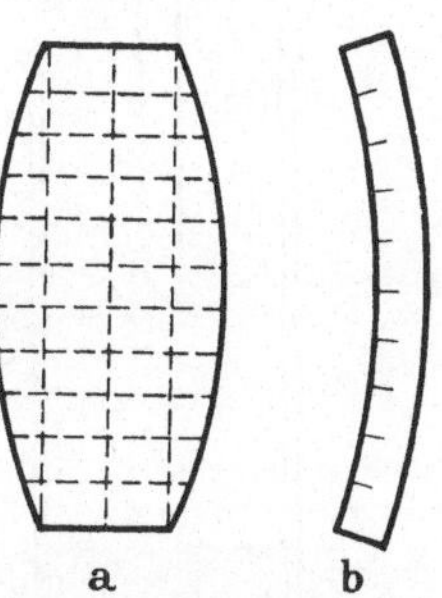

Abb. 1. Die Präparation einer Zwiebelschuppe von *Allium Cepa* zur Gewinnung von möglichst unverletzten Epidermishäutchen; *a* Vorderansicht (Innenseite), *b* Seitenansicht der Schuppe. Original.

gungsfreie Ausbreitung auf dem Objektträger kaum möglich ist. Am besten verwendet man solche Zwiebeln für die Versuche nicht. Im Notfalle läßt sich das Einrollen weitgehend dadurch vermindern, daß man die Epidermisquadrate möglichst klein schneidet. Das so gewonnene Gewebehäutchen besteht aus langgestreckten polygonalen Zellen, deren Inhalt der mikroskopischen Beobachtung ganz hervorragend zugänglich ist. Die Außenseite dieser Epidermiszellen ist mit einer ziemlich undurchlässigen Kutikula versehen. Diese ist auch nicht leicht benetzbar. Zur Aufbewahrung solcher Epidermishäutchen und zur Durchführung von Versuchen in verschiedenen Medien hat es sich als zweckmäßig erwiesen, die Häutchen auf die Flüssigkeitsoberfläche unter Vermeidung der Benetzung ihrer Oberseite schwimmend aufzulegen.

Zu 2. Läßt sich eine Isolierung nicht durchführen, so ist man gezwungen, von dem zu untersuchenden Gewebe Schnitte herzustellen. Das Schneiden für zellphysiologische Zwecke unterscheidet sich aber wesentlich vom Herstellen der Schnitte für anatomische Beobachtungen. Während der Anatom möglichst dünne Schnitte durch ein Gewebe herzustellen bemüht ist, muß der Physiologe dickere Schnitte verwenden. Auch die Schnittrichtung muß in bezug auf die Dimensionierung der

Zellen überlegt sein. Die Schnitte sollen mindestens 2—3 unverletzte Zellagen enthalten. Schneidet man dagegen dünn, so kann der Fall eintreten, daß sämtliche Zellen des Schnittes abgestorben sind. Trotz dieser Vorsicht müssen wir beim Arbeiten mit Schnitten immer mit der Möglichkeit einer Veränderung der Zellen durch den Wundreiz rechnen.

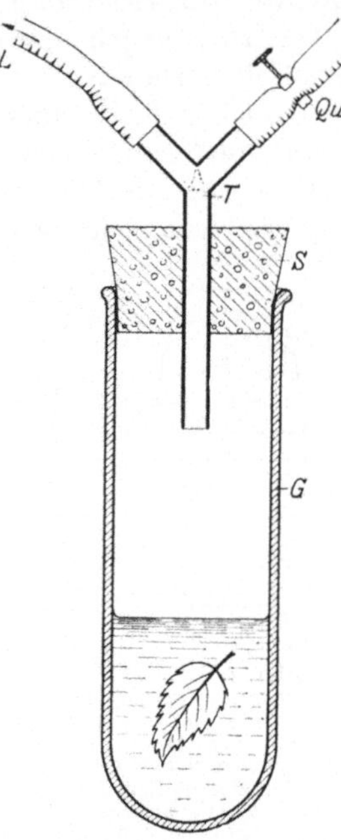

Abb. 2. Entlüftungsapparat zum Infiltrieren von Pflanzenteilen. *G* Glasgefäß, *S* Gummistopfen mit einer Bohrung, *T* *V*- oder *T*-Rohr, *L* Anschluß an den Druckschlauch zur Wasserstrahlluftpumpe, *Q* Quetsch- oder Glashahn (man kann aber auch die freie Öffnung des *V*-Rohres mit dem Daumen während der Entlüftung verschließen). Original.

Dies kann dadurch etwas gemildert werden, daß wir die Schnitte mit einem sehr scharfen Rasiermesser möglichst ohne Druck, also ziehend herstellen, und hinterher reichlich wässern. Um die für die mikroskopische Beobachtung störende Interzellularenluft zu entfernen, werden die Schnitte entweder frei im Wasser liegend oder im Präparat mit Hilfe des Entlüftungsapparates (Abb. 2) behandelt.

Soll z. B. die unterseitige (äußere) Epidermis der Zwiebelschuppen von *Allium Cepa* der mikroskopischen Beobachtung zugänglich gemacht werden, so fertigt man ziemlich dicke Flächenschnitte von der Konvexseite der Zwiebelschuppe an und behandelt sie im Entlüftungsapparat. Sollen dagegen Markzellen oder Rindenzellen untersucht werden, so müssen immer radiale oder tangentiale Längsschnitte hergestellt werden.

Zu 3. Um die Verletzung der Zellen beim Schneiden zu umgehen, bürgert sich in der Zellphysiologie immer mehr die Beobachtung ganzer Pflanzenteile unter dem Mikroskop ein. Man kann so die einzelnen Zellen in ihrem natürlichen Gewebeverband untersuchen.

Versucht man etwa ein zartes Blütenblatt ohne Vorpräparation im durchfallenden Lichte zu mikroskopieren, so sind infolge des starken Luftgehaltes der Interzellularen, also wegen der totalen Reflexion an diesen Grenzflächen keine Einzelheiten trotz der Zartheit des Blattes zu unterscheiden. Das Bild ändert sich aber mit einem Schlage, wenn es gelingt, die Interzellularenluft durch Wasser oder ein anderes flüssiges Medium zu ersetzen. Dann fallen die Reflexionsstörungen weg, und der anatomische Bau des Blattes tritt im durchfallenden Lichte klar hervor. Auch die Einzelheiten des Zellinhaltes der Epidermiszellen und der Mesophyllzellen sind bei einiger Übung leicht beobachtbar.

Zur Entfernung der Interzellularenluft und ihrem Ersatz durch ein Beobachtungsmedium stehen zwei leistungsfähige Methoden zur Verfügung.

1. Die Vakuum-Infiltrationsmethode (V.I.M.) nach GICKLHORN und KELLER (1928). Das Objekt wird in den Entlüftungsapparat (Abb. 2)

in das für den betreffenden Versuch vorgesehene Medium gelegt. Dann wird der Quetschhahn verschlossen und mit der Wasserstrahlpumpe einige Zeit bis zum kräftigen Ausperlen der Interzellularenluft evakuiert. Während die Luftpumpe weiterläuft, wird der Hahn langsam geöffnet und gleichzeitig so umgeschüttelt, daß das Objekt während der Belüftung untergetaucht bleibt. Dieser Vorgang wird je nach dem Objekt so oft wiederholt, bis der Pflanzenteil ganz durchsichtig geworden ist. Dann kann mit der mikroskopischen Beobachtung begonnen werden.

2. Die Zentrifugen-Infiltrationsmethode (Z.I.M.) nach WEBER (1926). Bei Anwendung der V.I.M. kann unter Umständen der Einwand erhoben werden, daß der vorübergehende Sauerstoffmangel eine physiologische Veränderung des Objektes herbeiführen könnte. Um diesem Einwand zu begegnen, empfiehlt es sich, auch die Z.I.M. anzuwenden. Das zu infiltrierende Organ kommt in eine Zentrifugentube in das Medium, mit dem man die Infiltration durchzuführen gedenkt. Zur Not reicht auch eine Handzentrifuge aus. Besser ist eine elektrische Zentrifuge geeignet. Bei einer Tourenzahl von 2000 pro Minute gelingt die Infiltration je nach dem Objekt in $^1/_4$—2 Minuten. Die Öffnung der Stomata spielt bei Blättern eine große Rolle. Doch gelingt auch eine gleichmäßige Infiltration an Blättern mit geschlossenen Spaltöffnungen. Bei den meisten Objekten genügt in der Regel eine so schwache Zentrifugierung, daß eine Verlagerung des Zellinhaltes nicht erfolgt.

Die Infiltrationsmethoden sind nicht nur für die optische Vorbereitung der Objekte von Bedeutung, sondern es ist mit ihrer Hilfe ohne Verletzung des Gewebes möglich, gewünschte Stoffe in das Innere der Gewebe hineinzuschaffen.

Als Material für die Anwendung des Infiltrationsverfahrens sind dünne Laub- und Blütenblätter besonders geeignet. Es ist aber erstaunlich, welche Einzelheiten des anatomischen Baues man auch an dickeren Blättern erkennen kann. Viele mikrophotographische Aufnahmen in diesem Praktikum bezeugen die Leistungsfähigkeit dieser Methode.

Literatur zu I.

ASCHOFF, L., E. KÜSTER u. W. J. SCHMIDT: 100 Jahre Zellforschung. Protoplasma-Monogr. 17 (1939). Berlin: Borntraeger. — BECKER, W. A.: Polarisationsmikroskopische Beobachtungen an den Antheridien von *Chara contraria*. A. Br. Protoplasma **29**, 355 (1938). — BOBILOFF-PREISSER, W.: Beobachtungen an isolierten Palisaden- und Schwammparenchymzellen. Beih. z. Bot. Zbl. I **33**, 248 (1917). — CZURDA, V.: Ein Objekt für die Dauerbeobachtung der Vorgänge in der lebenden grünen Pflanzenzelle. Protoplasma **10**, 356 (1929). — DEHNKE, C.: Einige Beobachtungen über den Einfluß der Präparationsmethode auf die Bewegungen des Protoplasmas der Pflanzenzellen. Flora (Jena) **64**, Nr. 1 und 2 (1881). — FITTING, H.: Untersuchungen über Chemodinese bei *Vallisneria*. Jb. Bot. **67**, 427 (1928). — v. GUTTENBERG, H.: Kulturversuche mit isolierten Pflanzenzellen. Planta (Berl.) **33**, 576 (1943). — HEITZ, E.: Die keimende *Funaria*-spore als physiologisches Versuchsobjekt. Ber. dtsch. bot. Ges. **60**, 17 (1942). — Lebendbeobachtung der Zellteilung bei *Anthoceros* und *Hymenophyllum*. Ber. dtsch. bot. Ges. **60**, 28 (1942). — HERBST, W.: Das *Helodea* Blatt als Testobjekt zum Studium der Wirkung von Schädlingsbekämpfungsmitteln. Protoplasma **27**, 455 (1937). — JAHN, E.: Myxomycetenstudien. 17. Die Erweckung und Keimung der Sporen von *Reticularia Lycoperdon* Bull. Ber. dtsch. bot. Ges. **58**, 182

(1940). — KELLER, R. u. J. GICKLHORN: Methoden der Bioelektrostatik. ABDER-
HALDEN: Handbuch der biologischen Arbeitsmethoden. Abt. V, Teil 2, Heft 11, 1189
(1928). — KLEMM, P.: Desorganisationserscheinungen der Zelle. Jb. Bot. 28, 627
(1895). — KEMMER, E.: Beobachtungen über die Lebensdauer isolierter Epidermen. · Arch. exper. Zellforschg. 7, 1 (1928). — KÜSTER, E.: Experimentelle
Physiologie der Pflanzenzelle. ABDERHALDEN: Handbuch der biologischen Arbeitsmethoden. Abt. I, Teil I, 961 (1923). — Das Verhalten pflanzlicher Zellen in vitro
und vivo. Arch. exper. Zellforschg. 6, 28 (1928). — Untersuchung von Zellsaft und
lebendem Protoplasma pflanzlicher Zellen in Paraffinöl (Beiträge zur zellenphysiologischen Methodik III). Z. Mikrosk. 50, 208 (1933). — 100 Jahre *Tradescantia*.
Jena: Fischer 1933. — LEPESCHKIN, W. W.: Kolloidchemie des Protoplasmas.
Berlin: Springer 1924 u. 2. Aufl. (1938) Wiss. Forschber. 47. Dresden u. Leipzig:
Th. Steinkopff. — LESAGE, P.: Sur la toxicité de l'eau distillée en alambic métal-
lique et sa neutralisation. Rev. gén. Bot. 36, 145 (1924). — MARTENS, P.: Action
du „suc“ de la plante sur les cellules vivantes. Z. Mikrosk. 51, 88 (1934). — NÄ-
GELI, C. v.: Über oligodynamische Erscheinungen in den lebenden Zellen. Denkschr.
der schweiz. naturforsch. Ges. 33, 1 (1893). — NETOLITZKY, FR.: Die Pflanzen-
haare. LINSBAUER: Handbuch der Pflanzenanatomie, Abt. I, Teil 2, Bd. IV.
Berlin: Borntraeger 1932. — PEKAREK, J.: Ein vergessenes Objekt für das Studium
der Kern- und Zellteilungsvorgänge im Leben. Planta (Berl.) 16, 788 (1932). —
PFEIFFER, H.: Die Pflanzenzelle und ihre Eignung zur physikalisch-chemischen
Protoplasmaforschung. Protoplasma 14, 486 (1931). — SCARTH, G. W.:
The toxic action of distilled water and its antagonism by cations. Trans. roy. Soc.
Canada 18, 1 (1924). — SEYBOLD, A.: Zur Kenntnis der oligodynamischen Er-
scheinungen. Biol. Zbl. 47, 102 (1927). — WEBER, FR.: Experimentelle Physio-
logie der Pflanzenzelle. Arch. exper. Zellforschg. 2, 67 (1925). — Vitale Blatt-
infiltration (eine zellphysiologische Hilfsmethode) Protoplasma 1, 581 (1927). —
WIELER, A.: Plasmolytische Versuche mit unverletzten phanerogamen Pflanzen.
Ber. dtsch. bot. Ges. 5, 375 (1887).

II. Die mikroskopische Untersuchung lebender Pflanzenzellen und Gewebe.

Im folgenden Kapitel sollen einige Erfahrungen aus der Praxis der mikroskopischen Untersuchung lebender Pflanzenzellen und Gewebe niedergelegt sein, welche der Anfänger sich sonst mühsam erst erwerben müßte. Eine eingehende und erschöpfende Anleitung zum Mikroskopieren kann selbstverständlich im Rahmen dieses Praktikums nicht gegeben werden, und ich verweise auf die diesbezügliche Fachliteratur.

1. Die Hellfeldanalyse.

Die einfachste Art, lebende Pflanzenzellen und Gewebe mikroskopisch zu beobachten, ist die Hellfeldanalyse im durchfallenden Licht. Die Abb. 3 gibt uns einen Überblick über sämtliche Beleuchtungsarten auf dem Gebiete der Mikroskopie. Wir ersehen daraus, daß im durchfallenden Licht innerhalb des Aperturbereiches des Objektives eine Hellfeldbeleuchtung entweder senkrecht oder schief erzielt werden kann. Alle Strahlen, welche innerhalb des Aperturbereiches das Objektiv durchlaufen, ergeben also ein helles Gesichtsfeld. Anders dagegen liegen die Verhältnisse bei seitlicher Beleuchtung außerhalb des Aperturbereiches des Objektives. Dann erhalten wir einen dunklen Untergrund.

An den einzelnen Strukturen des Objektes wird das Licht abgebeugt, so daß auf dunklem Grunde die Strukturelemente helleuchtend hervortreten. Wir sprechen dann im Gegensatze zur Hellfeldbeleuchtung von der

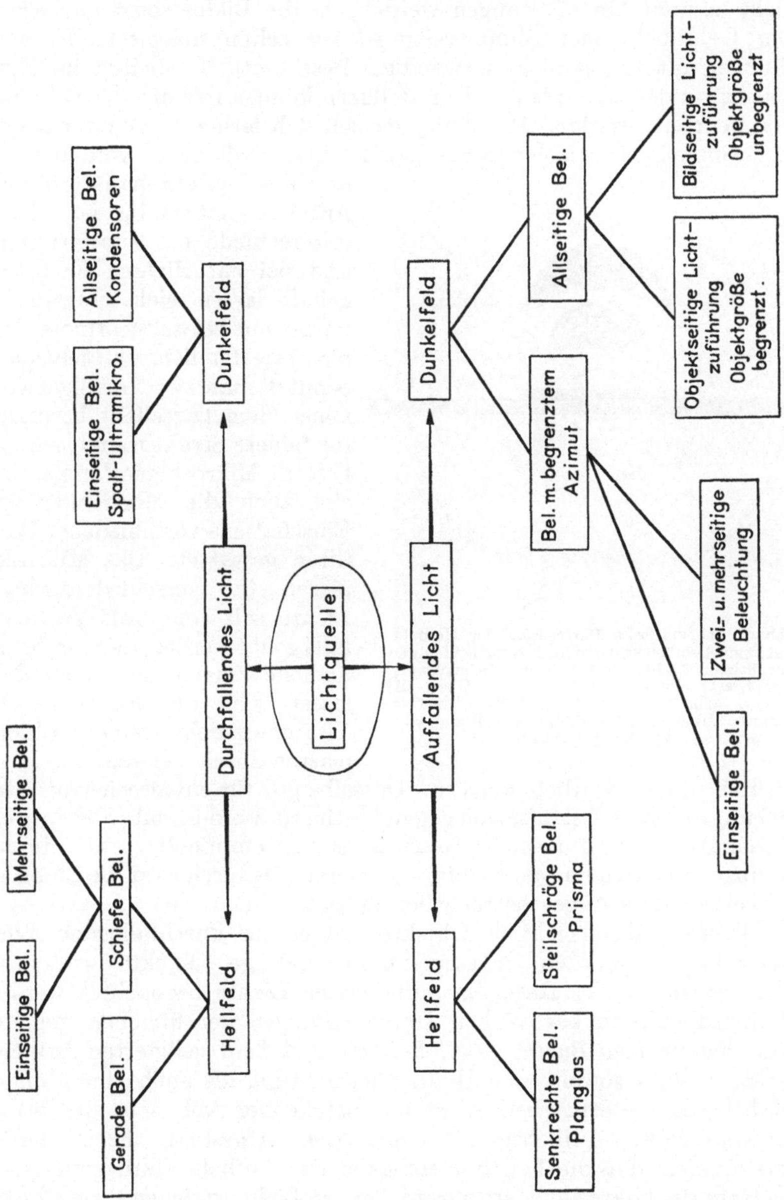

Dunkelfeldbeleuchtung. Das obenstehende Schema nach HAUSER zeigt in sinnvoller Anordnung sämtliche Möglichkeiten der Hellfeld- und Dunkelfeldbeleuchtung im durchfallenden und auffallenden Licht. (vgl. Abb. 3.)

Für Hellfelduntersuchungen im durchfallenden Licht soll sich der Anfänger zunächst im Gebrauch schwächerer achromatischer Trockensysteme besonders üben. Vor allem soll mit der Okularvergrößerung nicht zu weit hinaufgegangen werden, da die Bilder sonst nur leiden. Der Gebrauch einer Ölimmersion ist für zellphysiologische Untersuchungen oft unerläßlich notwendig. Bestimmte Feinheiten im Zytoplasma, in den Plastiden und im Zellkern können nur mit der Ölimmersion beurteilt werden. Der Anfänger soll sich fernerhin von vornherein angewöhnen, die Irisblende häufiger in ihrer Stellung zu verändern als es bei pflanzenanatomischen Arbeiten notwendig ist. Farbunterschiede bei Vitalfärbungen und bei natürlichem Farbstoffgehalt lassen sich einwandfrei immer nur bei weitgeöffneter Irisblende feststellen. Als Lichtquelle benutzt man zweckmäßigerweise neben dem Tageslicht besonders für feinere Strukturanalysen eine bessere Mikroskopierlampe, welche auch die Möglichkeit des Einschaltens verschiedener Farbfilter gestattet. Das Mikroskopieren im verschiedenfarbigen Lichte soll vom Anfänger ebenfalls geübt werden, denn es bringt manche Vorteile mit sich. Z. B. lassen sich die Kontraste bei Vitaluntersuchungen der Chloroplasten durch Verwendung roten Lichtes außerordentlich steigern. Dasselbe gilt für entsprechende Vitalfärbungen, deren Lokalisation genau bestimmt werden soll. Für optische Feinanalysen und für solche Kontraststudien empfiehlt es sich, immer im abgedunkelten Raume zu mikroskopieren. Dadurch wird die Empfindlichkeit unseres Auges beträchtlich erhöht.

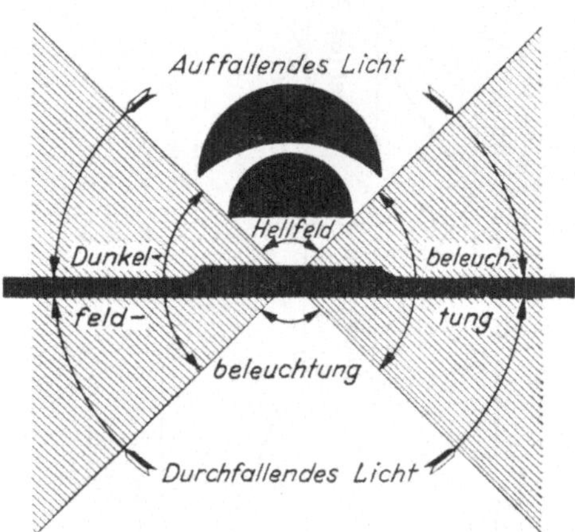

Abb. 3. Schematische Darstellung der Hellfeld- und Dunkelfeldbeleuchtung im durchfallenden und auffallenden Licht. Weiß: Hellfeldbeleuchtung. Schraffiert: Dunkelfeldbeleuchtung. Oben die schwarz gehaltenen Frontlinsen des Objektivs. In der Mitte der Objektträger mit Deckglas. Aus MICHEL (1940).

Während durchsichtige Objekte immer im durchfallenden Licht mikroskopiert werden, müssen undurchsichtige Objekte wie ganze Pflanzenteile in der Regel im auffallenden Lichte beobachtet werden. Man bedient sich bei solchen Untersuchungen der üblichen von den optischen Firmen *Busch*, *Leitz*, *Reichert* und *Zeiß* gelieferten Auflichtgeräte, welche sowohl eine Hellfeldbeleuchtung als auch eine Dunkelfeldbeleuchtung ermöglichen. In nebenstehender Abb. 4 ist der Strahlengang für ein Auflichtgerät schematisch dargestellt. Es ist selbstverständlich, daß die Leistungsfähigkeit der Auflichtmikroskopie nicht die Höhe der Mikroskopie im durchfallenden Licht erreichen kann. Trotzdem ist die Leistungsfähigkeit der modernen Apparaturen heute so gesteigert worden, daß sich die Zell- und Gewebephysiologie mit steigendem Vorteil bei ihren Arbeiten der Auflichtmikroskopie bedient. Die jeweilige Anwendung der Hell- bzw. Dunkelfeldbeleuchtung muß sich ganz nach den Erfahrungen am Objekt richten. (5, 12, 13, 14, 16, 17, 21.)

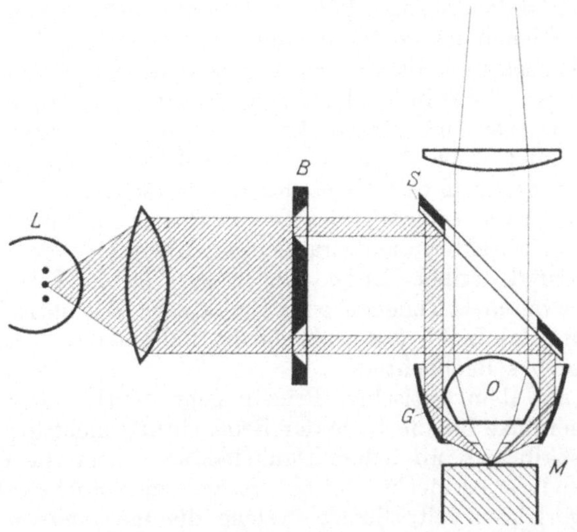

Abb. 4. Strahlengang der Auflicht-Dunkelfeldbeleuchtung (Epikondensor W von ZEISS). L Lichtquelle, B Dunkelfeld-Ringblende, S Ringspiegel, G Parabolspiegel, O Objektiv, M Präparat. Aus MICHEL (1940).

2. Die Dunkelfeldanalyse.

Durch die Erfindung des Ultramikroskopes durch SIEDENTOPF und SZIGMONDY (1903) wurde die Möglichkeit gegeben, das Auflösungsvermögen des Mikroskopes in submikroskopische Dimensionen vorzutragen. In der ursprünglichen Form war das Ultramikroskop für den Biologen unbrauchbar. Erst SZIGMONDY (1906) konstruierte einen brauchbaren Kondensor, der es gestattete, das Prinzip der Ultramikroskopie auch auf das biologische Objekt auszudehnen. Heute stellen alle namhaften optischen Firmen hervorragende Dunkelfeldkondensoren her, von denen die wichtigsten der Kardioid-, Paraboloid- und der bizentrische Kondensor sind.

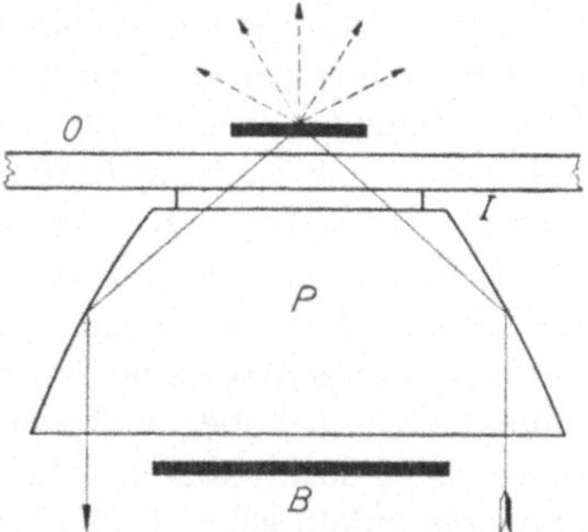

Abb. 5. Strahlengang im Paraboloidkondensor. Aus METZNER (1928). Erklärung im Text.

Als Beispiel der Wirkungsweise eines Dunkelfeldkondensors sei der Paraboloidkondensor besprochen. In Abb. 5 sehen wir den Strahlengang schematisch abgebildet. Der Glaskörper P hat die Form eines abgestumpften Paraboloids. B ist die Zentralblende, die es verhindert, daß Lichtstrahlen, die nicht an der Paraboloidfläche reflektiert werden, als direktes Licht in das Objektiv gelangen. I ist die Immersionsschicht zwischen dem Objektträger O und dem Paraboloid. Als Immersionsflüssigkeit eignet sich bei Serienuntersuchungen destilliertes Wasser. Für besonders heikle Fälle verwendet man Zedernöl. Wie man aus dem Schema leicht ersehen kann, werden alle eintretenden Strahlen am Paraboloid reflektiert. Da aber ein Paraboloidspiegel die Eigenschaft besitzt, achsenparallel auffallende Strahlen in seinem Brennpunkte genau zu vereinigen, werden alle Strahlen konzentrisch im Brennpunkt des Paraboloids vereinigt, wobei der Kondensor so gebaut ist, daß die Vereinigung der Strahlen genau in der Ebene des zu untersuchenden Objektes liegt. Beobachtet man mit einem Objektiv von kleiner oder mittlerer Apertur, so fallen keine direkten Lichtstrahlen in das Objektiv; deshalb erscheint der Untergrund dunkel. Befinden sich aber in der Vereinigungsebene des Strahlenbüschels Teilchen oder Strukturen, die optisch inhomogen sind, so wird das Licht daran abgebeugt und gelangt durch den Tubus in das Auge des Beobachters.

Schon aus dem optischen Prinzip geht deutlich hervor, daß die Objektträgerdicke für die Güte der Beobachtung nicht gleichgültig sein kann. Deshalb wird an jedem Dunkelfeldkondensor die Objektträgerdicke besonders vermerkt. Auch werden zu manchen Kondensoren Objektträgerlehren mitgeliefert, welche die maximale und minimale Dicke des Objektträgers zu bestimmen gestatten. Ganz besonders ist die Kondensorstellung zu beachten, welche am besten so bestimmt wird, daß man auf den Objektträger von richtiger Dicke ein Blättchen dünnes Seidenpapier auflegt und die Höhenstellung des Kondensors solange korrigiert, bis kein Kreis, sondern ein Lichtpunkt erscheint. Sowohl das Immersionswasser als auch der Objektträger und das Deckglas müssen vollkommen sauber sein. Gründliche Reinigung mit Chromschwefelsäure, Spülung in destilliertem Wasser und Reinigung in Alkohol müssen vorher durchgeführt werden. Als Lichtquelle für Dunkelfelduntersuchungen kommen möglichst lichtstarke Mikroskopierbogenlampen, Quecksilberdampflampen oder Punktlichtlampen in Frage. Für weniger anspruchsvolle Untersuchungen kann auch eine gute Niedervoltlampe Verwendung finden. Als Wärmefilter muß eine Spiegelglasküvette mit 3%iger Kupfersulfatlösung vorgeschaltet werden. Bei der Dunkelfeldbeleuchtung wird prinzipiell nur der Planspiegel verwendet, weil das in den Kondensor eintretende Lichtbündel achsenparallel sein muß. Als Objektive sind Achromate bis zur Apertur 0,75 zu empfehlen. Objektive mit höherer Apertur müssen mit einer Aperturblende versehen sein, damit das Dunkelfeld erhalten bleibt. Als Okulare können ohne Bedenken sehr starke Kompensationsokulare bis zu 25facher Vergrößerung verwendet werden. Beim Einstellen der Präparate achte man auf folgende Punkte:

1. Die Immersion muß luftblasenfrei sein.

2. Das Licht muß auf dem Planspiegel gut zentriert sein und achsenparallel auffallen.

3. Die Spiegelstellung wird bei Beobachtung des Präparates mit dem Objektiv 3 so korrigiert, daß die Beugungsbilder die größtmögliche Helligkeit bei bester Erhaltung des Dunkelfeldes besitzen.

4. Ist dies durch Korrektion der Spiegelstellung nicht zu erreichen, so ändert man vorsichtig die Höhenstellung des Kondensors solange, bis die günstigste Spiegelstellung erreichbar ist. (Die richtige Objektträgerdicke ist Voraussetzung.)

Die Anwendung der Dunkelfeldmikroskopie in der Botanik ist mannigfaltig. Zur Analyse der Geißelbewegung ist sie mit größtem Erfolge herangezogen worden. Auch zum Studium des lebenden Protoplasmas ist die Dunkelfeldmikroskopie hervorragend geeignet. Wirklich submikroskopische Teilchen und Strukturen kann man im lebenden Protoplasma nicht erkennen. Dagegen können Koagulationserscheinungen im Protoplasma eindeutig festgestellt werden. Auch zur Analyse der Plasmaströmung ist die Dunkelfeldbeleuchtung mit Vorteil zu verwenden. Es empfiehlt sich, die lebende Zelle abwechselnd im Hell- und Dunkelfelde zu studieren. Besonders gebaute Wechselkondensoren erleichtern dieses Vorgehen.

Die Auswahl der geeigneten pflanzlichen Objekte ist nicht groß. Die Bakterien und Pilze sind alle der Dunkelfeldanalyse zugänglich. Von den grünen Algen lassen sich *Spirogyra*-Arten mit einem Chlorophyllband gut im Dunkelfelde untersuchen. Die Chromatophoren treten jedoch bei der Dunkelfeldmikroskopie oft recht störend hervor. Rhizoiden von Characeen, die Wurzelhaare von *Trianea Bogotensis* und *Hydrocharis morsus ranae*, *Hordeum*, *Triticum* und *Sinapis* ergeben für die Dunkelfelduntersuchung ein brauchbares Material. Die Haare oberirdischer Pflanzenteile, wie die Brennhaare von *Urtica*, die Deckhaare von Cucurbitaceen und die Staubfadenhaare von *Tradescantia virginica* sind bestens geeignete Untersuchungsobjekte. Sehr schöne Bilder liefern die isolierten Fruchtfleischzellen von *Symphoricarpus racemosus*. Auch Zellflächen lassen sich im Dunkelfeld gut untersuchen. So liefert die obere isolierte Epidermis der Küchenzwiebel bei Anwendung von mittleren Vergrößerungen trotz der starken Reflexionserscheinungen an den Zellwänden noch recht gute Bilder. Es gehört mit zu den eindrucksvollsten Erlebnissen, an diesem Objekt im Dunkelfelde die Plasmaströmung zu beobachten. Auch Epidermen von anderen Pflanzen sind der Dunkelfelduntersuchung zugänglich. (2, 3, 5, 6, 11, 12, 13, 14, 16, 18, 19.)

3. Die fluoreszenzmikroskopische Analyse.

Für die Praxis der zellphysiologischen Forschung hat die Fluoreszenzmikroskopie innerhalb der letzten Zeit immer mehr an Bedeutung gewonnen. Die außergewöhnliche Empfindlichkeit des fluoreszenzoptischen Nachweises fluoreszierender Substanzen prädestiniert diese Methode für die Lösung der Probleme der Stoffaufnahme und Stoffwanderung in Pflanzenzellen und Geweben. Auch für die Zytologie der lebenden Pflanzenzelle ist die fluoreszenzmikroskopische Methode von allergrößter Bedeutung. Die Vitalfärbung der subtilsten Elemente der Pflanzenzelle läßt sich mit ihrer Hilfe beobachten.

Die Fluoreszenz ist ein Sonderfall der Lumineszenzerscheinungen. Fluoreszierende Körper strahlen nach Bestrahlung mit möglichst kurzwelligem Lichte eine selbständige sichtbare Strahlung aus, deren spektrale

Zusammensetzung für jede fluoreszierende Substanz und für jeden Lösungszustand dieser Substanz spezifisch ist. Dabei gilt die STOKESsche Regel, nach welcher das Fluoreszenzlicht, also das erregte Licht, immer langwelliger ist als das Erregerlicht. Hat ein Körper den Schwerpunkt seines Fluoreszenzspektrums im Rot, so läßt sich prinzipiell diese Rotfluoreszenz schon durch grünes, blaues oder ultraviolettes Licht erregen. Hat dagegen eine Substanz den Schwerpunkt ihres Fluoreszenzspektrums im Blau, so ist praktisch eine Erregung dieser Blaufluoreszenz nur durch ultraviolettes Licht möglich. Die Fluoreszenz läßt sich von der Phosphoreszenz dadurch trennen, daß bei den Phosphoreszenzerscheinungen die bestrahlten Körper ein mehr oder weniger langes Nachleuchten zeigen, während fluoreszierende Stoffe zu leuchten aufhören, wenn das Erregerlicht wegfällt. Je nach der angewandten Substanz ist die Empfindlichkeit des fluoreszenzoptischen Nachweises verschieden groß. Die meisten stark fluoreszierenden Substanzen lassen sich aber schon in Konzentrationen von $1 : 1\,000\,000$ bis $1 : 10\,000\,000$ leicht durch ihre Fluoreszenz nachweisen. Die Empfindlichkeit dieser Methode liegt zwischen der des Geruchssinnes und des elektroskopischen Nachweises der Radioaktivität.

Um die Lokalisation fluoreszierender Substanzen in Zellen und Geweben zu untersuchen, verwendet man das Fluoreszenzmikroskop. Das Prinzip dieses Instrumentes (vgl. Abb. 6) besteht darin, daß das mikroskopische Präparat mit

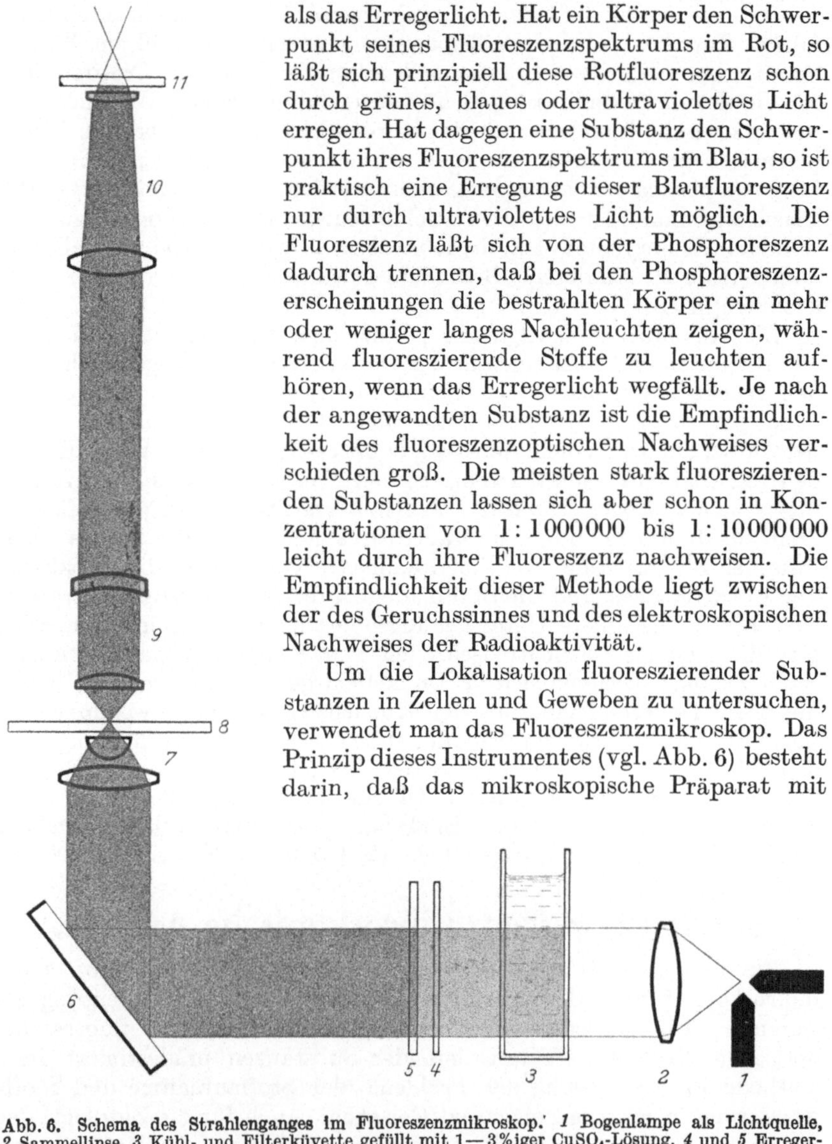

Abb. 6. Schema des Strahlenganges im Fluoreszenzmikroskop. *1* Bogenlampe als Lichtquelle, *2* Sammellinse, *3* Kühl- und Filterküvette gefüllt mit 1—3%iger $CuSO_4$-Lösung, *4* und *5* Erregerlichtfilterscheiben, *6* UV-reflektierender Spiegel, *7* UV-durchlässiger Kondensor, *8* Objektträger, *9* Objektiv, *10* Okular, *11* Okularsperrfilter.

einem sorgfältig gefilterten, möglichst starken Erregerlicht mittels des Beleuchtungsapparates durchstrahlt wird. Im mikroskopischen Präparat wird dadurch die Fluoreszenz erregt. Sowohl das Erregerlicht als auch das Fluoreszenzlicht gelangen in das Okular. Damit aber das Fluoreszenzlicht auf dunklem Grunde beobachtet werden kann, muß vor dem Erreichen des Auges das Erregerlicht durch ein geeignetes Okularsperrfilter quantitativ absorbiert werden, wobei das Fluoreszenzlicht durch dieses Sperrfilter möglichst unverändert hindurchgelassen werden muß. Für die Fluoreszenzmikroskopie sind die wesentlichen Elemente sonach folgende:

1. Die Auswahl einer geeigneten Lichtquelle.

2. Die Auswahl eines geeigneten Erregerlichtfilters, welches zwischen Lichtquelle und Spiegel angebracht sein muß.

3. Die Auswahl eines auf das Erregerlichtfilter abgestimmten Okularsperrfilters, welches auf die Frontlinse des Okulars gelegt wird.

Zu 1. Für fluoreszenzmikroskopische Zwecke kann die Lichtquelle nicht lichtstark genug sein. Für ganz bescheidene Untersuchungen genügt allerdings eine Niedervoltlampe, wie sie in käuflicher Form von verschiedenen optischen Firmen als Mikroskopierlampen in den Handel gebracht werden. Für anspruchsvollere Untersuchungen ist dagegen der Gebrauch einer 6—15 Amp. Bogenlampe, wie sie für mikroskopische Zwecke von den optischen Firmen geliefert wird, zu empfehlen. Sehr gute Lichtquellen sind lichtstärkere Quecksilberdampflampen (S 100 Hanau und Osram Höchstdrucklampen). Für alle diese Lichtquellen gilt die Vorschrift, daß sie ein achsenparalleles, 3/4 der Planspiegelfläche einnehmendes Lichtbündel liefern sollen.

Zu 2. Für fluoreszenzmikroskopische Zwecke müssen zunächst das Ultrarot und Rot absorbiert werden. Dies erreichen wir am besten durch die Anwendung einer Flüssigkeitsfilterküvette, welche mit 2—5%igem Kupfersulfat je nach Dicke der Flüssigkeitsschicht gefüllt sein muß. Die Konzentration der Kupfersulfatlösung ist für den jeweiligen Fall erst praktisch zu erproben. In der Praxis der Fluoreszenzmikroskopie haben sich für die Auswahl des Erregerlichtes zwei Beleuchtungsarten auf das Beste bewährt:

1. Die Fluoreszenzerregung mit dem Schwerpunkt des Erregerlichtes im langwelligen Ultraviolett und kurzwelligen Violett.

Zu diesem Zwecke schaltet man folgende Filter vor: UG 1, UG 2 von Schott & Gen., Jena in wechselnder Dicke. Diese Art der Fluoreszenzmikroskopie kann man als Ultraviolettlichtfluoreszenzmikroskopie bezeichnen. Sie macht die Verwendung möglichst UV-durchlässiger Optik des Beleuchtungsapparates erforderlich und ist demnach nur mit Spezialinstrumenten durchzuführen. Ihr Vorteil besteht darin, daß außer der Rot-, Gelb- und Grünfluoreszenz noch blaue Fluoreszenzfarben nachgewiesen werden können. Ihr Nachteil besteht neben der Verwendung kostspieliger Spezialapparaturen noch darin, daß die intensive ultraviolette Bestrahlung das Objekt auf die Dauer schädigt.

2. Die Verwendung von Erregerlicht mit dem Schwerpunkt im Blau·

Diese zweite Art der Fluoreszenzmikroskopie bezeichnet man als Blaulichtfluoreszenzmikroskopie. Ihr Vorteil besteht darin, daß man mit jedem normalen Mikroskop arbeiten kann, also keine UV-durchlässige Kondensoroptik benötigt, und daß das Blaulicht die biologischen Objekte wesentlich weniger schädigt. Ihre Nachteile sind aber sehr zu beachten. Bei Anwendung der Blaulichtfluoreszenzmikroskopie läßt sich keine Blaufluoreszenz nachweisen. Außerdem ist die Treue der Fluoreszenzfarben durch die Anwendung von Sperrfiltern mit orangegelber Eigenfarbe stark herabgesetzt. Zur Filterung des blauen Erregerlichtes können folgende Kombinationen benutzt werden:

1. Konzentrierte Kupferoxyd-Ammoniak-Lösung in Küvette, Schichtdicke 2—5 cm.

2. 5%ige Kupfersulfat-Lösung in Küvette (Schichtdicke 3 cm) und zwei BG 3-Scheiben von Schott & Gen., Jena, je 1 mm dick.

3. 5%ige Kupfersulfat-Lösung in Küvette (Schichtdicke 3 cm) und zwei BG 12-Scheiben von Schott & Gen., Jena, je 1 mm dick.

4. 5%ige Kupfersulfat-Lösung in Küvette (Schichtdicke 3 cm) und eine BG 12-Scheibe, $1^1/_2$ mm dick, und eine BG 3-Scheibe, 1 mm dick, von Schott & Gen., Jena.

5. 5%ige Kupfersulfat-Lösung in Küvette (Schichtdicke 3 cm) und eine BG 1-Scheibe, 2 mm dick, und eine BG 12-Scheibe, $1^1/_2$ mm dick, von Schott & Gen., Jena.

6. 5%ige Kupfersulfat-Lösung in Küvette (Schichtdicke 3 cm) und eine BG 1-Scheibe, 2 mm dick, und eine BG 3-Scheibe $1^1/_2$ mm dick, von Schott & Gen., Jena.

Zu 3. Der Auswahl geeigneter Sperrfilter kommt eine besonders große Bedeutung zu. Für die Ultraviolettfluoreszenzmikroskopie eignet sich am besten ein entsprechend gefaßtes Euphosdeckglas als Sperrfilter. Das Euphosdeckglas hat die Eigenschaft, ultraviolettes Licht vollkommen zu absorbieren und das sichtbare Licht ziemlich unverändert durchzulassen. Für die Blaulichtfluoreszenzmikroskopie dagegen muß ein Okularsperrfilter verwendet werden, welches sein Absorptionsmaximum im Blau besitzt. Es eignen sich dafür folgende Glassorten:

1. Reichert Sperrfilter für Blaulicht Nr. 8007,

2. OG 1-Scheibe, 1—2 mm dick, von Schott & Gen., Jena,

3. OG 4-Scheibe, 1 mm dick, von Schott & Gen., Jena,

4. Als Notbehelf ein selbst hergestelltes möglichst dunkles Kaliumbichromatfilter (Gelatine oder dünne Mikroküvette).

Man wähle am besten die Sperrfilter so, daß sie kombiniert mit dem Erregerlichtfilter eine vollständige Lichtabsorption im sichtbaren Spektralbereich ergeben. Für sorgfältigere Prüfungen verwende man das Spektroskop.

Zur Zusammenstellung eines Fluoreszenzmikroskopes ist folgendes zu bemerken:

Für den einfachsten Fall bei Verwendung von Blaulicht genügt eine Niedervoltlampe, deren Licht durch ein Kupfersulfatfilter und durch geeignete Blaufilter so filtriert ist, daß spektroskopisch nur mehr blaues Licht nachzuweisen ist. Es wird ein normales Laboratoriumsmikroskop verwendet, auf dessen Okular ein OG 1-Sperrfilter gesetzt wird. Es ist selbstverständlich, daß die Blende des Kondensors vollständig geöffnet sein muß. Als Objektive werden Achromate bis zu 60facher Eigenvergrößerung verwendet. Mit diesem einfachen Instrument (die komplette Ausführung wird von der Firma Reichert unter der Bezeichnung LUX FNI in brauchbarer Form geliefert) sind wir in der Lage, mit relativ einfachen Hilfsmitteln ein für zellphysiologische Zwecke brauchbares Fluoreszenzmikroskop zu bauen. Der Nachteil dieses Instrumentes besteht darin, daß keine Blaufluoreszenz beurteilt werden kann und daß die Lichtstärke für die Verwendung von Immersionssystemen nicht

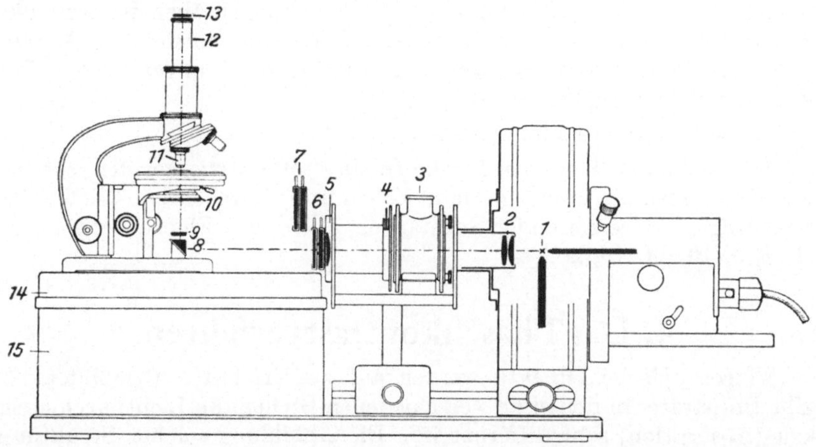

Abb. 7. Das große Fluoreszenzmikroskop von ZEISS, Schema. *1* Bogenlampe, *2* Kondensorlinsen, *3* Kühlküvette (2%CuSO₄), *4* Irisblende, *5* Kondensorlinse, *6* UV-Filterscheiben, *7* Blaulichtfilterscheiben, *8* Quarzprisma an Stelle des Spiegels, *9* ausschwenkbare Uranglasscheibe zum Zentrieren, *10* Quarzkondensor, *11* Objektiv, *12* Tubus mit normalem Okular, *13* Sperrfilterscheibe.

ausreicht. Eine Mikroskopierbogenlampe oder Hg-Dampflampe ermöglicht es, die Blaulichtfluoreszenzmikroskopie mit jedem besseren Mikroskop selbst für die subtilsten Ansprüche der Bakteriologie durchzuführen.

Für anspruchsvollere Untersuchungen empfiehlt es sich dagegen, ein speziell für fluoreszenzmikroskopische Zwecke gebautes Instrument zu verwenden. Die Firma Zeiß und die Firma Reichert haben sich besonders der Entwicklung guter Fluoreszenzmikroskope angenommen. Die vorstehende Abbildung gibt einen Einblick in die Konstruktion solcher Instrumente (Abb. 7). Mit diesen Fluoreszenzmikroskopen kann man die Ultraviolett- und Blaulichtfluoreszenzmikroskopie betreiben. Es ist selbstverständlich, daß die Objektträger und Deckgläser fluoreszenzfrei sein müssen, ebenso die Objektivoptik. Als Immersionsöl kommt das von den optischen Firmen lieferbare fluoreszenzfreie Immersionsöl in Gebrauch. Man kann auch Paraffinum liquidum verwenden.

Man unterscheidet beim Mikroskopieren mit dem Fluoreszenzmikroskop zwei Arten der Fluoreszenz.

1. Die primäre Fluoreszenz.

Sie wird durch natürliche Inhaltsstoffe der Zelle hervorgerufen. Besonders deutlich ist die primäre Fluoreszenz des Chlorophylls in den

Chloroplasten zu beobachten. Diese leuchten im Fluoreszenzmikroskop blutrot. Verschiedene Alkaloide und Glukoside wie Berberin, Aesculin zeigen eine besonders starke Fluoreszenz. Fertigen wir Querschnitte durch den Stengel von *Berberis vulgaris* an und untersuchen dieselben in Paraffinöl liegend mit dem Fluoreszenzmikroskop, so ist die gelbe Berberinfluoreszenz in den Membranen des Holzkörpers und der Bastfasern besonders eindrucksvoll zu beobachten. Auch das lebende Protoplasma und der Zellsaft zeigen eine schwache primäre Eigenfluoreszenz in graublauer Farbe. Schleimzellen fallen häufig durch ihre starke primäre Fluoreszenz auf. Bei allen Untersuchungen über die sekundäre Fluoreszenz in Zellen und Geweben ist es eine notwendige Voraussetzung, sich über die primären Fluoreszenzerscheinungen an den Versuchsobjekten sorgfältig zu orientieren.

2. Die sekundäre Fluoreszenz.

Sie wird nicht durch natürliche Inhaltsstoffe hervorgerufen, sondern der Experimentator erzeugt sie in Zellen und Geweben künstlich durch Hinzufügen fluoreszierender Substanzen, also durch Fluorochromierung. (1, 4, 9, 10, 14, 15, 20.)

4. Das Phasenkontrastverfahren.

Mikroskopische Objekte werden auf zweierlei Art abgebildet. Es gibt Präparate, in denen an verschiedenen Stellen die Lichtdurchlässigkeit (Absorption) sehr different ist. Die Abbildung solcher Strukturen im mikroskopischen Bilde ist eine sehr deutlic e, da infolge der verschiedenen Absorption sich Amplitudenänderungen und demnach Lichtintensitätsänderungen ergeben. Diese Präparate werden als Amplitudenpräparate bezeichnet. Als schönes Beispiel für solche Präparate können gefärbte Strukturelemente angesehen werden.

Das ungefärbte, lebende Protoplasma besitzt ebenfalls Strukturen (Mikrosomen, Chondriosomen, Leukoplasten, Zellkerne, Plasmagrenzschichten), welche aber praktisch überall die gleiche Durchlässigkeit für Lichtstrahlen besitzen. Diese Strukturen können mit dem normalen Hellfeldmikroskop nur kontrastlos abgebildet werden. Die Amplitude der Lichtschwingungen wird durch solche Strukturelemente nicht verändert. Infolge der verschiedenen Dicke der Einschlüsse und ihrer verschiedenen optischen Dichte wird dagegen die Phase geändert. Phasenänderungen ergeben aber im normalen Hellfeldmikroskop keine deutlichere Sichtbarkeit der Strukturelemente. Im Gegensatz zur fixierten und gefärbten Zelle (Amplitudenpräparat) wird der lebendige Protoplast mehr zu den Phasenpräparaten zu zählen sein. Reine Amplituden- und reine Phasenpräparate gibt es jedoch in der Praxis nicht. Jedes mikroskopische Objekt stellt eine Kombination beider Möglichkeiten dar, wobei der Schwerpunkt das eine Mal bei Amplitudenänderungen, das andere Mal bei Phasenänderungen liegt.

In letzter Zeit ist durch das Phasenkontrastverfahren die Möglichkeit geschaffen worden, Phasenänderungen in Amplitudenänderungen umzuwandeln, wodurch auch Phasenpräparate sich wesentlich kontrastreicher abbilden lassen.

Zum Phasenkontrastverfahren benötigt man außer einem guten Mikroskopstativ einen Phasenkontrastkondensor (Abb. 8), welcher auf

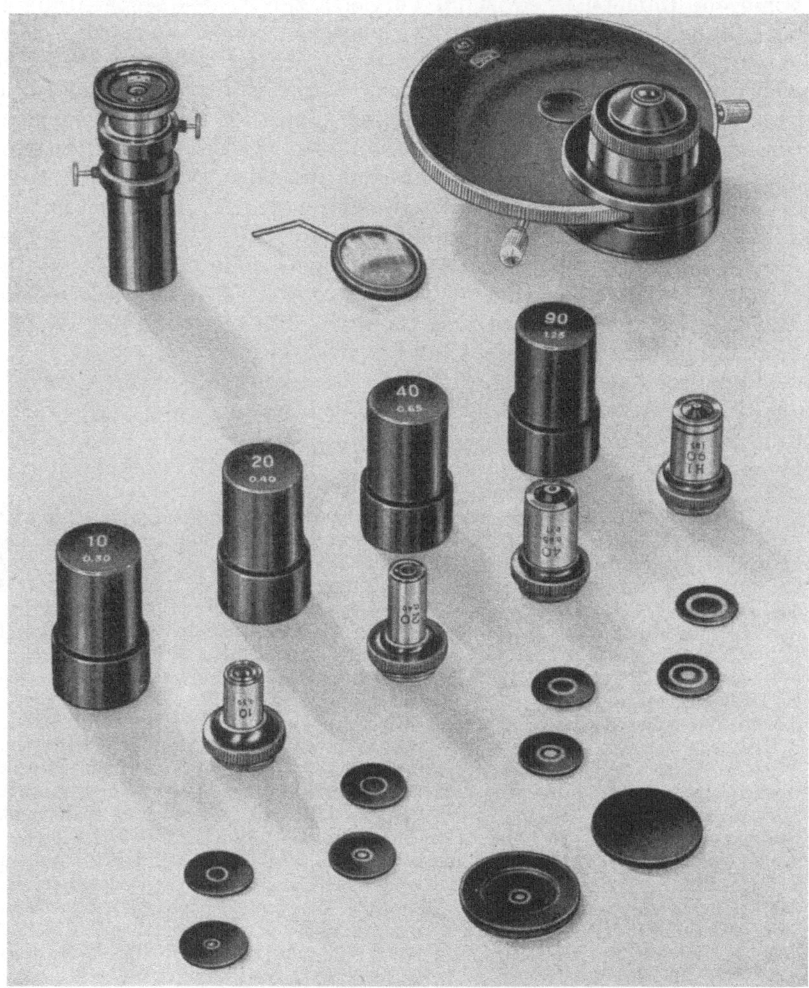

Abb. 8. Der Phasenkontrastkondensor mit Hilfseinrichtungen von Zeiss. Oben: Hilfsmikroskop, Wechselfilter in Fassung mit Griff und Phasenkondensor 0,9 mit Revolverscheibe. Mitte: Achromate Ph 10, 20, 40 und 90 mit Kapseln. Unten: Ringblenden und Hellfeld-Phasenkontrastblenden für die Revolverscheibe des Kondensors, darunter die Phasenkontrastblende und ein Lichtfilter zum Lumipan.

einer Revolverscheibe für bestimmte Objektive berechnete Ringblenden einschalten läßt. Die Objektive sind Spezialobjektive, welche auf einer Linsenfläche ebenfalls ringförmige Phasenblättchen enthalten. Das ringförmige Phasenblättchen im Objektiv muß mit den Ringblenden im Kondensor genau zentriert sein, was mit Hilfe eines Hilfsmikroskopes geschieht. Alle weiteren Vorschriften für das Arbeiten sind aus der Spezialanleitung von Zeiß zu entnehmen.

Betrachtet man die lebenden Epidermiszellen der Zwiebelschuppe von *Allium Cepa* mit der Phasenkontrastoptik Zeiß Ph 90 Ap. 1,25, homogene Immersion, so ist im Vergleich zur Hellfeldbeobachtung ein überraschend klares Bild des Zytoplasmas und des Zellkernes zu erhalten. Die Zytoplasmagrundsubstanz erscheint schwach grau, was insbesonders an kompakteren Plasmasträngen sehr schön zu beobachten ist (vgl. Abb. 12). Die Mikrosomen heben sich als überaus scharf konturierte, dunkle Gebilde ab (vgl. Abb. 13). Besonders deutliche Kontraste ergeben die Chondriosomen und Plastiden (vgl. Abb. 14). Sie erscheinen als dunkelgrau gefärbte Gebilde und sind mit keiner anderen Beobachtungsmethode im lebenden Zustande so deutlich zu beobachten. Auch die Zellkerne heben sich als dunkle Gebilde ab und lassen ihre Struktur deutlich erkennen. Man übe sich in der vergleichenden Beobachtung der lebenden und toten Objekte mit Hilfe der Hellfeldbeleuchtung und des Phasenkontrastverfahrens.

Es besteht kein Zweifel, daß das Phasenkontrastverfahren auch für die Lebenduntersuchung der Pflanzenzelle in Zukunft von großer Bedeutung sein wird. (7, 8.)

Literatur zu II.

1 DANCKWORTT, P. W.: Lumineszenzanalyse im filtrierten ultravioletten Licht. Leipzig: Akad. Verlagsges. 1940. — 2 GAIDUKOV, N.: Dunkelfeldbeleuchtung und Ultramikroskopie in Biologie und Medizin. Jena 1910. — 3 GUILLIERMOND, A.: La structure des cellules végétales à l'ultramicroscope. Protoplasma **16**, 451 (1932). — 4 HAITINGER, M.: Fluoreszenzmikroskopie. Ihre Anwendung in der Histologie und Chemie. Leipzig: Akad. Verlagsges. 1938. — 5 HAUSER, F.: Beleuchtung im durch- und auffallenden Licht. Zeiss-Nachr. **3**. Folge, 19 (1939). — 6 HEILBRUNN, L. V.: The colloid chemistry of protoplasm. Protoplasma-Monogr. **1**. Berlin: Borntraeger 1928. — 7 KÖHLER, A. u. W. LOOS: Das Phasenkontrastverfahren und seine Anwendung in der Mikroskopie. Naturwiss. **29**, 49 (1941). — 8 KÖHLER, A.: Das Phasenkontrastverfahren, eine neue Untersuchungsmethode mit dem Mikroskop. Forschgn. u. Fortschr. **18**, 165 (1942). — 9 KREFFT, H.: Darstellung und Anwendung künstlicher Sonnenstrahlung. Beitr. z. Ultraviolett-Technik I—VI (1942). — 10 KREFFT, H., K. LÄRCHÉ, A. LOMPE u. F. RÖSSLER: Beitr. z. Ultraviolett-Technik. Das Licht **12**, 38, 51, 74, 90, 110 (1942). — 11 KRUYT, H. R.: Einführung in die physikalische Chemie und Kolloidchemie. Leipzig: Akad. Verlagsges. 1926. — 12 KÜSTER, E.: Experimentelle Physiologie der Pflanzenzelle. ABDERHALDEN: Handbuch der biologischen Arbeitsmethoden, Abt. XI, Teil 1, 961 (1923). — 13 LEPESCHKIN, W. W.: Kolloidchemie des Protoplasmas. Berlin: Springer 1924 u. 2. Aufl. (1938) Wiss. Forsch.-Ber. **47**. Dresden u. Leipzig: Th. Steinkopff. — 14 METZNER, P. u. A. ZIMMERMANN: Das Mikroskop. Leipzig u. Wien: Deutike 1928. 15 METZNER, P.: Einfache Einrichtungen zur Fluoreszenzmikroskopie und Fluoreszenzmikrophotographie. Biol. generalis (Wien) **6**, Lieferung 3, 415 (1930). — 16 MICHEL, K.: Grundzüge der Mikrophotographie. Jena: Fischer 1940. — 17 PFEIFFER, H.: Die Plasmo- und Karyoskopie im auffallenden Lichte in ihrer Bedeutung für die botanische Zytologie und Protoplasmaforschung. Ber. dtsch. bot. Ges. **50**, 1. Generalversammlungsheft (1932). — 18 SIEDENTOPF, H.: Dunkelfeldbeleuchtung und Ultramikroskopie. Z. Mikrosk. **24**, 13 (1907). — 19 Über mikroskopische Beobachtungen bei Dunkelfeldbeleuchtung. Z. Mikrosk. **25**, 273 (1908). — 20 STRUGGER, S.: Die Anwendung der Lumineszenzmikroskopie in der Botanik. Zeiss-Nachr. **3**, 69 (1939). — 21 VONWILLER, P.: Die Beobachtung lebender Zellen und Gewebe an ihrem natürlichen Standort im lebenden Organismus. Arch. exper. Zellforschg. **19**, 276 (1937).

III. Einführung in die Zytomorphologie und experimentelle Zytologie.

1. Lebende und tote Zellen, Zytoplasma.

Versuch 1.

Die Hellfeldanalyse der lebenden und toten Zellen.

Zur Untersuchung lebender Protoplasten eignen sich zu jeder Jahreszeit am besten die oberen Epidermiszellen der Zwiebelschuppe von *Allium Cepa*. Dieses Versuchsmaterial wird in der auf Seite 6 angegebenen Weise präpariert und in Leitungswasser liegend mit einem optisch sehr gut ausgerüsteten Hellfeldmikroskop untersucht.

Die Beobachtung des Präparates bei schwacher Vergrößerung läßt zwar bei zugezogener Blende den Kern und das Zytoplasma erkennen, eine eingehendere Analyse aber muß mit einer Ölimmersion vorgenommen werden. Das Zytoplasma bildet einen relativ dünnen Wandbelag, von dem aus sich Stränge und Fäden durch den Zellsaftraum hindurch erstrecken. In einer Plasmaansammlung (Kerntasche), zu welcher die Plasmastränge in der Regel zentriert verlaufen, liegt an einer Wandseite der scheibenförmige Zellkern. Ist er an einer periklinen Wandfläche gelegen, so erscheint er als runde oder schwach ovale, relativ große Scheibe. Liegt er aber an einer antiklinen Membranfläche, so erscheint er schmal linsenförmig. Das Zytoplasma zeigt an unverletzten und chemisch nicht geschädigten Zellen unter günstigen Temperaturbedingungen immer eine deutliche Plasmaströmung (vgl. Versuch 4, S. 30), welche an den optisch differenzierbaren Zytoplasmaeinschlüssen deutlich zu beobachten ist. Das Vorhandensein einer aktiven Zytoplasmaströmung ist für den Zytologen das sicherste Kennzeichen für den Lebenszustand einer Zelle.

Versucht man bei Anwendung einer guten künstlichen Beleuchtungsquelle (bessere Mikroskopierlampe) mit Hilfe einer Ölimmersion das Zytoplasma auf seine Struktur hin zu prüfen, so kann man sowohl an den Plasmasträngen als auch bei hoher Einstellung im Plasmawandbelag der äußeren Flächenmembran folgende Einzelheiten beobachten: Die Grundmasse des Zytoplasmas besitzt auch bei Anwendung der besten Immersionsoptik keinerlei Struktur. Das Zytoplasma erscheint uns optisch völlig homogen. In dieser homogenen Zytoplasmagrundsubstanz sind jedoch charakteristische Einschlüsse zu erkennen. Infolge ihrer starken Lichtbrechung erscheinen kleine, runde, in ihrer Größe recht konstante, tröpfchenartige Gebilde, welche recht gleichmäßig im Zytoplasma verteilt sind. Sie befinden sich in B.M.B.[1] und zeigen besonders schön das Vorhandensein der Plasmaströmung an. Diese scharf konturierten, etwa 0,7 μ großen Gebilde erscheinen bei zugezogener Blende dunkel und werden als Mikrosomen bezeichnet. Ihre Zahl schwankt je nach dem Zwiebelmaterial. Man kann unter Umständen Zwiebeln antreffen, in deren Zellen sehr wenig Mikrosomen vorhanden sind. Läßt

---

[1] Brownsche Molekularbewegung.

man Zellen längere Zeit hungern, so verschwinden diese Mikrosomen allmählich, was darauf hinweist, daß es sich bei diesen Gebilden nicht um lebenswichtige selbständige Zellorganelle handelt. Man kann vielmehr annehmen, daß sie Reservestoffe darstellen. Um das Verschwinden der Mikrosomen zu beobachten, werden Epidermishäutchen möglichst ohne anhaftendes Wasser in Paraffinöl auf einen Objektträger eingelegt und mit einem Deckglas bedeckt. In diesem Zustande werden die Präparate 1—3 Wochen aufbewahrt. Die tägliche mikroskopische Kontrolle zeigt unter Wahrung des Lebenszustandes ein allmähliches Verschwinden der Mikrosomen und schließlich ein Absterben der Zellen.

Neben diesen Gebilden sind im Zytoplasma aller Pflanzenzellen noch schwächer lichtbrechende, also schwe-

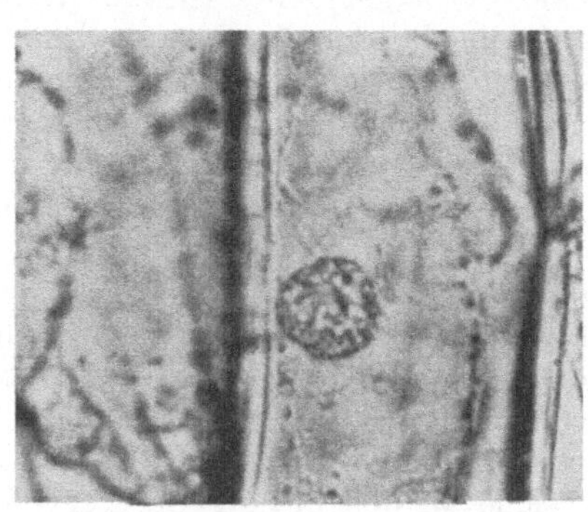

a   b

Abb. 9. Obere Epidermiszellen der Zwiebelschuppe von *Allium Cepa*, Hellfeldbeleuchtung. *a* im lebenden, *b* im abgetöteten Zustande. Gegenüber dem lebenden Protoplasten ist der tote Protoplast deutlich kontrastreicher abgebildet. Das Zytoplasma läßt im lebenden Zustande nur die Mikrosomen erkennen, sonst ist es strukturlos. Ebenso ist die Kernstruktur nur schwach abgehoben, im toten Zustande dagegen ist das Zytoplasma stark strukturiert (Koagulationsstruktur), ebenso der Zellkern. Schrumpfungen des Plasmaleibes kommen häufig vor. Original.

rer sichtbare Gebilde in großer Zahl zu beobachten, deren Gestalt recht mannigfaltig ist (vgl. Abb. 14, S. 28). Sie sind in allen Fällen größer als die Mikrosomen und zeigen rundliche, ovale, stäbchen-, hantel- und fadenförmige Gestalt. Sie sind sicherlich halbflüssig, da sie sich im Zuge der Protoplasmaströmung verbiegen können und auch sonst in ihrer Form recht variabel sind. Die hantelförmigen Formen sind die Teilungsstadien dieser selbständigen Zellorganelle. Als Sammelname dafür ist die Bezeichnung Chondriosomen gebräuchlich. Sie lassen sich mit einer Rhodamin B-Lösung (1 : 1000 angesetzt mit Leitungswasser) nach 2—5 Minuten langer Färbezeit deutlich herausfärben und können dann in der lebenden Zelle unter gleichzeitiger Verwendung von grünem Mikroskopierlicht (Schott-Filter V G 3) noch besser als im ungefärbten Zustande beobachtet werden. Die elektive Färbbarkeit der Chondriosomen mit Rhodamin B beweist fernerhin den starken Lipoidgehalt dieser Gebilde, über deren Lebensfunktion wir leider nichts wissen. Man kann die Chondriosomen auch mit Janusgrün supravital färben. Dieser Farbstoff ist aber recht giftig.

Außer den Chondriosomen sind in den Zwiebelepidermiszellen noch Plastiden zu beobachten, welche als kleine, farblose Leukoplasten in Erscheinung treten. Diese sind in ihrem Lichtbrechungsverhalten den Chondriosomen recht ähnlich, zeichnen sich aber durch ihre größere Dimension und durch eine mehr rundliche Gestalt aus. Man kann gelegentlich die Beobachtung machen, daß in der Richtung der Zytoplasmaströme feine Fäden aus ihrem Stroma herausgezogen werden (vgl. Abb. 14, S. 28). Weitere Strukturelemente sind im Zytoplasma der Zwiebelepidermiszellen im lebenden Zustande nicht mehr zu beobachten.

Tötet man Epidermishäutchen durch Erhitzen oder durch Hinzufügen einer 5%igen Salzsäure ab, so sind grundlegende Veränderungen zu sehen (vgl. Abb. 9a, b). Die Plasmaströmung ist aufgehoben. Der ganze Protoplast macht einen erstarrten Eindruck. Das im lebenden Zustand homogen erscheinende Zytoplasma zeigt nach dem Absterben eine relativ grobe, granulöse Koagulationsstruktur. Die Verteilung des Zytoplasmas, die im Leben ganz charakteristisch als normale Protoplasmakonfiguration zu bezeichnen war, ist einer unregelmäßigen geballten, oft gekröseartigen Verteilung gewichen. Eine exakte Unterscheidung zwischen Mikrosomen, Chondriosomen und Leukoplasten ist unmöglich geworden. Die Zellkerne sind meist geschrumpft, grobkörnig und daher deutlicher sichtbar geworden.

Es ist lehrreich, die Absterbeerscheinungen an solchen Zellen nach der Einwirkung und besonders während der Einwirkung verschiedener Zellgifte, wie Alkohol, Chloroform, Formalin, Säuren und Alkalien sorgfältig mikroskopisch zu verfolgen. Auch an Trichomzellen von *Cucurbita* und Wurzelhaarzellen von *Trianea* sind solche Beobachtungen leicht durchzuführen. (52, 72, 76, 162, 163, 175.)

Versuch 2.

Die Dunkelfeldanalyse lebender und toter Zellen.

Die obere Epidermis der Zwiebelschuppe von *Allium Cepa* wird präpariert und in Leitungswasser liegend mit Hilfe eines guten Dunkelfeldkondensors bei Verwendung einer möglichst starken Lichtquelle (Mikroskopierbogenlampe, Quecksilberdampflampe oder starke Niedervoltlampe) im Dunkelfelde untersucht. Es ist darauf zu achten, daß die Epidermen möglichst frei von anhaftender Luft und anhaftenden Mesophyllzellresten sind. Wird das Präparat mit einem Objektiv 20fach und einem Okular 15fach eingestellt, so bietet sich nach richtiger Einstellung der Beleuchtung dem Beobachter folgendes lehrreiches Bild.

Die Zellmembranen (Antiklinen) leuchten stark auf, stören aber bei richtiger Einstellung nur die Beobachtung der seitlichen Plasmawandbeläge. Der obere Flächenwandbelag des Zytoplasmas sowie die Plasmastränge sind klar zu untersuchen. Die Zytoplasmagrundmasse erscheint völlig dunkel. Sie ist auch bei Dunkelfeldbeleuchtung optisch leer. Besonders auffallend leuchten die Mikrosomen, so daß das Zytoplasma wie ein bewegter Sternenhimmel aussieht. Die Zellkerne leuchten als körnig strukturierte Gebilde silbrig auf (vgl. Abb. 10a).

Zur näheren Untersuchung verwendet man zweckmäßigerweise eine Ölimmersion mit einer Irisaperturblende, welche bis zur Erhaltung eines guten Dunkelfeldes zugezogen wird. In den Plasmasträngen und im oberseitigen Plasmawandbelag ist auch bei Verwendung bester Optik keinerlei auflösbare Struktur in der Zytoplasmagrundsubstanz zu erkennen. Die Mikrosomen leuchten hellkonturiert auf. Die Chondriosomen und Leukoplasten sind ebenfalls sichtbar. Sie erscheinen

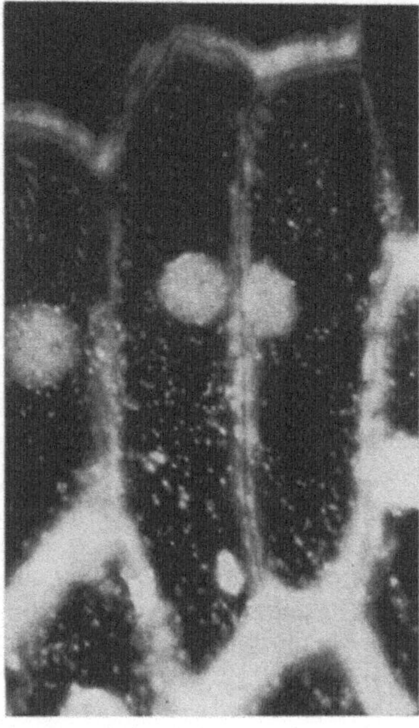
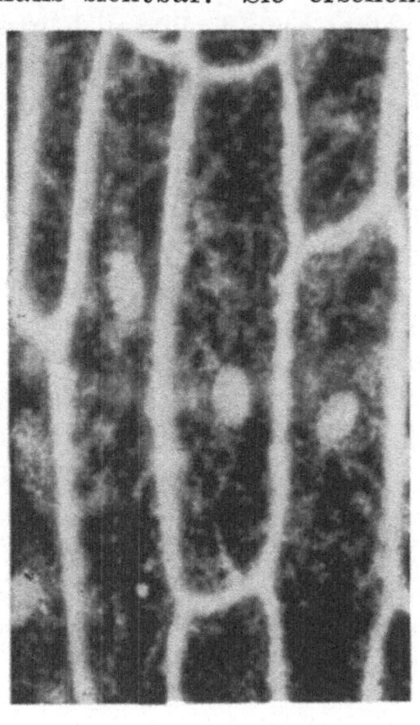

a   b

Abb. 10. Obere Epidermiszellen der Zwiebelschuppe von *Allium Cepa*, Dunkelfeldbeleuchtung. *a* im lebenden, *b* im toten Zustande. Das lebende Zytoplasma ist optisch leer, nur die Mikrosomen heben sich scharf hervor. Die Kernstruktur ist deutlicher als im Hellfelde hervorgehoben, auch die Kernmembran ist sichtbar. Das tote Zytoplasma ist stark koaguliert und daher optisch inhomogen. Original.

optisch völlig leer, nur ihre feinen, scharf gezogenen, silbrig leuchtenden Konturen sind wahrnehmbar.

Werden die Zellen durch Hitze oder durch Behandlung mit 5%iger Salzsäure abgetötet, so ändert sich das Strukturbild mit einem Schlage. Alle Bewegung ist erloschen. Die optische Homogenität des Zytoplasmas ist einer silbrig-körnig leuchtenden Koagulationsstruktur gewichen (vgl. Abb. 10b). Ebenso leuchten die Zellkerne intensiver auf. Mikrosomen und Chondriosomen sind nicht mehr zu unterscheiden.

Auch hier empfiehlt es sich, durch seitliches Hinzufügen von Plasmagiften unter gleichzeitiger Dunkelfeldbeobachtung die Absterbeerscheinungen am Zytoplasma eingehend zu verfolgen. (42, 51, 72, 180, 181.)

Versuch 3.

Das Phasenkontrastbild lebender und toter Zellen.

Präparate von ungefärbten lebenden und toten Zellen stellen vom optischen Standpunkte aus Phasenpräparate dar. Amplitudenänderungen spielen beim Zustandekommen der mikroskopischen Kontraste in solchen Präparaten eine recht geringe Rolle. Mit Hilfe des Phasenkontrastverfahrens gelingt es, Phasenpräparate durch Einschaltung geeigneter

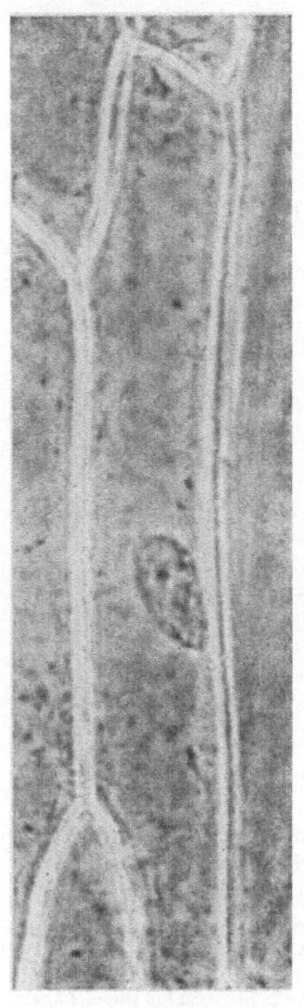 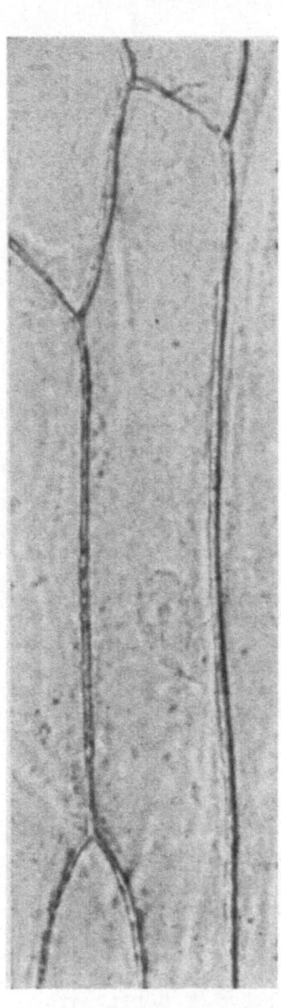

a   b

Abb. 11. Obere Epidermiszellen der Zwiebelschuppe von *Allium Cepa*. *a* Phasenkontrastbild einer lebenden Zelle, *b* Vergleichsaufnahme im normalen Hellfeld. Die bessere Kontrastierung ist deutlich zu beobachten. Im Zytoplasma heben sich die Chondriosomen dunkel im Phasenkontrastbilde hervor. Der Zellkern ist in allen Einzelheiten deutlicher. Original.

Phasenkontrastblättchen in Amplitudenpräparate zu verwandeln. Dadurch ist es möglich, das kontrastlose Bild ungefärbter Protoplasten kontrastreicher mikroskopisch abzubilden. Daher ist das Phasenkontrastverfahren für die mikroskopische Beobachtung ungefärbter Protoplasten besonders geeignet.

Werden lebende Epidermiszellen von der Oberseite der Zwiebelschuppen von *Allium Cepa* mit der Phasenkontrastoptik Zeiß 20 eingestellt, so ist im Vergleich zur gewöhnlichen Hellfeldbeobachtung eine deutlich bemerkbare Steigerung der Kontraste festzustellen (Abb. 11 a, b). Der Zellkern hebt sich dunkel ab. Die Nukleolen sind besonders scharf hervorgehoben. Auch das Zytoplasma ist deutlicher zu beobachten, und schon bei dieser schwachen Vergrößerung fällt es auf, daß die Zytoplasmaeinschlüsse besser hervortreten.

Die Leistungsfähigkeit des Phasenkontrastverfahrens zeigt sich bei der Betrachtung lebender Pflanzenzellen aber erst besonders eindrucks-

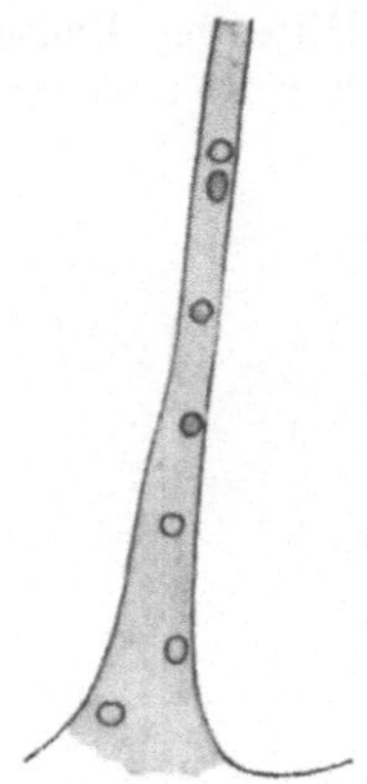

Abb. 12. Zeichnung eines Phasenkontrastbildes von einem Plasmastrang aus der lebenden oberen Epidermiszelle der Zwiebelschuppe von *Allium Cepa*. Das Zytoplasma hebt sich grau vom Untergrunde ab, die Mikrosomen sind sehr gut kontrastiert. Original.

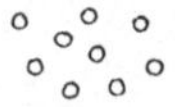

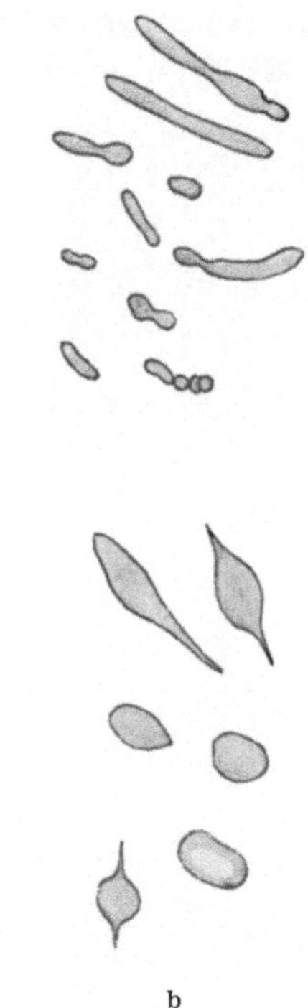

b

Abb. 13. Phasenkontrastbild der Mikrosomen der oberen Epidermiszelle von *Allium Cepa*-Zwiebelschuppe. Die Mikrosomen erscheinen als schwarz konturierte tröpfchenartige Gebilde von 0,6 μ Durchmesser. Original.

Abb. 14. Phasenkontrastbild der Chondriosomen *(a)* und der Leukoplasten *(b)* in den oberen Epidermiszellen der Zwiebelschuppe von *Allium Cepa*. Für das Studium der Chondriosomen und Leukoplasten ist das Phasenkontrastverfahren besonders geeignet. Original.

voll, wenn man mit der ZEISSschen Phasenkontrastobjektivoptik Ph 90 n. A. 1,25 (homogene Ölimmersion) lebende Epidermiszellen der Zwiebelschuppe von *Allium Cepa* nach sorgfältiger Einstellung betrachtet. Die Zytoplasmagrundsubstanz erscheint schwach homogen grau, gibt also im Gegensatz zur Hellfeld- und Dunkelfeldbetrachtung einen deutlichen Kontrasteffekt. An kompakteren, durch den Zellsaftraum ziehenden Plasmasträngen ist diese Erscheinung besonders gut zu sehen (Abb. 12). Die Mikrosomen heben sich als scharf konturierte, dunkle Gebilde ab (Abb. 13). Für die kontrastreiche Abbildung der Chondriosomen und Leukoplasten ist das Phasenkontrastverfahren besonders günstig. Die Chondriosomen, welche sowohl im Hell- als auch im Dunkelfelde recht

schwer zu beobachten sind, erscheinen bei Anwendung der Phasenkontrastoptik als dunkelgrau bis schwarzgrau gefärbte, homogen erscheinende Gebilde (Abb. 14a, b). Keine andere Beobachtungsmethode läßt
die Chondriosomen so deutlich im lebenden Zustande erkennen wie
das Phasenkontrastverfahren. Die feinsten Fäden, welche sich im Zuge
der Zytoplasmaströmung aus den Chondriosomen und Plastiden heraus-
ziehen, können noch beobachtet werden. Im Zellkern ist das Karyotin-

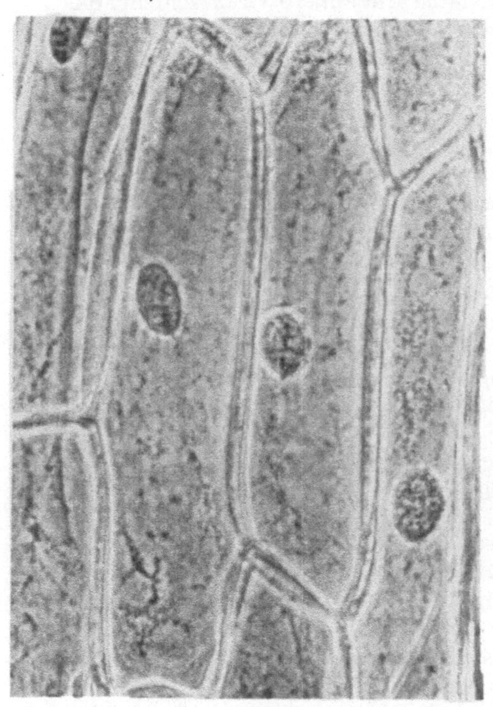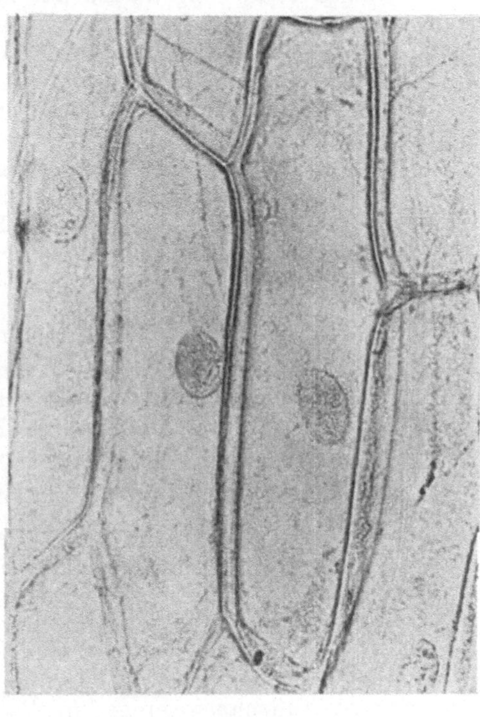

a b

Abb. 15. Phasenkontrastbild einer abgetöteten oberen Epidermiszelle der Zwiebelschuppe von
Allium Cepa (a); *b* Vergleichsaufnahme im Hellfeld. Das Phasenkontrastbild zeigt eine viel deutlichere Auflösung der Koagulationsstrukturen. Original.

gerüst (Chromonema) besonders deutlich hervorgehoben, so als ob es
gefärbt wäre (vgl. Abb. 28, S. 48).

Die mit dem Tode des Protoplasten eintretenden Strukturänderungen
sind mit der Phasenkontrastoptik wesentlich deutlicher zu sehen als im
Hellfelde. Die Abb. 15a, b zeigt den Unterschied eindeutig.

Man übe sich im Erkennen lebender und toter Zellen mit der Phasenkontrastoptik. Auch die Absterbebilder nach Zusatz von Zellgiften
sollen beobachtet werden.

Wenn auch das Phasenkontrastverfahren bisher in die Zytologie der
Pflanzenzelle aus äußeren Gründen noch keinen Eingang gefunden hat,
so mögen die vorstehenden ersten Erfahrungen zeigen, daß dieses neue
Mikroskopierverfahren für die Lebenduntersuchung der Pflanzenzelle
in Zukunft von Bedeutung sein wird. (120, **194**.)

Versuch 4.
Die Beobachtung und Analyse der Zytoplasmaströmung.

Als Zytoplasmaströmung werden alle aktiven, in lebenden Zellen auftretenden Bewegungserscheinungen des Zytoplasmas bezeichnet. Es beteiligt sich nicht immer das gesamte Zytoplasma an der Strömungsbewegung. Oft ist es nur eine Komponente des Zytoplasmas, die Strömungserscheinungen aufweist. Häufig ist die äußere Grenzschicht, das Hyaloplasma, in Ruhe. Bewegungserscheinungen solcher Natur sind wohl in allen lebenden Pflanzenzellen zu beobachten. Besonders deutlich treten sie bei ganz bestimmten Objekten auf. Durch den präparativen Eingriff werden die Strömungserscheinungen oft stark stimuliert. Als Vorstufe, und in vielen Zellen normale Zytoplasmaströmung, kann man die unregelmäßigen Glitschbewegungen innerhalb des Zytoplasmas bezeichnen. Sie sind dadurch gekennzeichnet, daß feine Plasmaströmchen auftreten, die ruckartig ihre Richtung immerfort wechseln.

Vom physiologischen Gesichtspunkte aus lassen sich diese Bewegungserscheinungen in zwei Gruppen einteilen.

a) Die primäre Plasmaströmung.

Sie umfaßt alle diejenigen Zytoplasmabewegungen, welche ohne den Einfluß veränderter Umweltsbedingungen, also von vornherein in der Zelle vorhanden sind. Beispiele: Glitschbewegungen in fast allen Pflanzenzellen, Rotationsbewegungen in den Zellen der Characeen, Zirkulationsbewegungen in Haarzellen.

b) Die sekundäre Plasmaströmung.

Sie wird erst durch bestimmte äußere Faktoren ausgelöst (Wundreiz bei der Präparation, Lichtwirkung, Einwirkung bestimmter Chemikalien). Beispiele: Blattzellen von *Helodea* und *Vallisneria*.

Vom morphologischen Gesichtspunkte aus können wir die Strömungserscheinungen in folgende Typen einteilen:

1. Glitschbewegungen (in Pilzhyphen und in den meisten normalen Zellen).

2. Die Zirkulationsströmung. Sie tritt immer in Zellen auf, die reichlich Plasmastränge besitzen. Innerhalb dieser Stränge ist dann die Strömungsrichtung meist verschieden und auch rhythmisch wechselnd. Beispiele: Die jungen Wurzelhaare von *Trianea Bogotensis, Hydrocharis morsus ranae,* die Staubfadenhaare von *Tradescantia virginica,* die Brennhaare von *Urtica* und die meisten anderen Haarzellen, ebenfalls die Blasenzellen von *Mesembryanthemum cristallinum.*

3. Die springbrunnenartige Rotation. Sie ist als Übergang von der Zirkulationsströmung zur Rotationsströmung in den etwas älteren Wurzelhaaren von *Trianea Bogotensis* zu beobachten. Ein zentraler Plasmastrang führt zur Haarspitze und fließt dann an der Wand von der Spitze wieder zurück.

4. Die Rotationsströmung, welche in Zellen mit gleichmäßigem Wandbelag in Erscheinung tritt. Es ist immer ein aufsteigender und absteigender Plasmastrom vorhanden, der sich längs der Zellwände

bewegt. Beispiele: Zellen der Characeen, Wurzelhaare, Blattzellen von *Helodea* und *Vallisneria*.

Nachdem so eine Übersicht über die wichtigsten Typen der Strömungserscheinungen in behäuteten Zellen gegeben ist, wollen wir an Hand einiger Beispiele deren Beobachtung und Analyse kennen lernen.

1. Die Glitschbewegung.

Am schönsten ist dieser Typus an den Zellen der oberen Epidermis der Zwiebelschuppe von *Allium Cepa* zu beobachten. Schon bei aufmerksamer Hellfeldbeobachtung ist das Auftreten verschieden gerichteter, kleiner Strömchen am Verhalten der Mikrosomen festzustellen. Am deutlichsten jedoch läßt sich die Glitschbewegung an diesem Objekt bei Dunkelfeldbeleuchtung analysieren. Es genügt bereits ein Spiegelkondensor oder ein Präparierkondensor, kombiniert mit einer Niedervoltlampe als Lichtquelle. Die Mikrosomen treten dann im sonst optisch leeren Plasma als helleuchtende Pünktchen hervor. An ihren Bewegungserscheinungen ist die außergewöhnliche Vielfalt der Glitschbewegungen im lebenden Zytoplasma in eindrucksvollster Weise zu beobachten. Es lohnt sich, an ein und demselben Mikrosom die Bewegungsvorgänge systematisch zu verfolgen.

Auch die Beobachtung des lebenden Myceliums von Mucorineen zeigt uns Glitschbewegungen größten Ausmaßes. Zu diesem Zwecke werden Sporen von *Mucor* oder *Phycomyces* auf Deckgläsern mit dünnem Malzagarüberzug aufgeimpft und auf einem Objektträger mit feuchter Kammer zum Keimen gebracht.

An den Blattzellen von *Helodea canadensis* oder *Helodea densa* sind kurz nach erfolgter Präparation als Vorstufe zur sekundären Rotationsströmung ebenfalls Glitschbewegungen zu beobachten. Dabei führen die Chloroplasten eine gleitende Bewegung aus, die innerhalb der Zelle sowohl in ihrer Richtung als auch in ihrer Geschwindigkeit recht unregelmäßig ist.

2. Die Zirkulationsströmung.

Dieser Typus läßt sich am besten in den erwachsenen Staubfadenhaarzellen der *Tradescantia virginica* beobachten. Abb. 16 gibt uns eine Haarzelle schematisch wieder. Außer dem Zytoplasmawandbelag treten viele Plasmastränge auf, welche sich regelmäßig in der Kerntasche vereinigen. Innerhalb gewisser Strombahnen zirkulieren die Zytoplasmamassen zwischen dem Wandbelag und der Kerntasche in geschlossenen Bahnen. Die Richtung der Strömung ist nicht konstant, sondern rhythmisch wechselnd. Eine sorgfältige Dauerbeobachtung zeigt, daß in einem Plasmastrang alle 10—15 Minuten die Strömungsrichtung geändert wird.

Als zweites Objekt zur Beobachtung der Zirkulationsströmung wählen wir die Blasenzellen von *Mesembryanthemum cristallinum*. Man fertigt sich Längsschnitte durch den Stengel dieser Pflanze an. Die Schnitte dürfen nicht zu dünn sein, damit die großen Blasenzellen der Epidermis unverletzt beobachtet werden können. Man präpariert am besten in Leitungswasser. Die Hyaloplasmaschicht, in der die Plastiden liegen, ist völlig in Ruhe. Auf ihr liegt die strömende Plasmaschicht des Wand-

belages, in welcher zahlreiche selbständige Plasmaströmchen zu beobachten sind. Diese gehen in die zum Kern führenden Plasmastränge über.
Bei *Mesembryanthemum* ist besonders leicht ein Einblick in die Erhaltung der Individualität der Plasmastränge bei gegenseitiger Verschmel-
zung zu erlangen. Wenn sich zwei Plasmastränge, deren Strömungs-

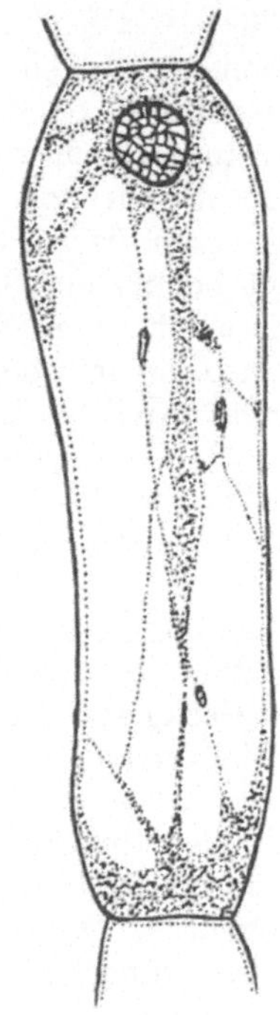

Abb. 16. Staubfadenhaarzelle von *Tradescantia virginica*. Nach KÜHNE aus LUNDEGÅRDH (1921).

Abb. 17. *Mesembryanthemum cristallinum*, Vereinigung zweier Plasmastränge unter Beibehaltung der ursprünglichen Strömungsrichtung in
einer Blasenzelle der Epidermis.
Nach LINSBAUER (1932).

richtung verschieden ist, vereinigen, wird in beiden Fällen die ursprüngliche Strömungsrichtung beibehalten. Abb. 17 gibt uns davon ein Bild.

3. Die springbrunnenartige Rotation.

Diese Bewegungsart ist in den jüngeren Wurzelhaaren von *Trianea
Bogotensis* besonders ausgeprägt vorzufinden. Hier ist die Dunkelfeldbeobachtung von Vorteil. In der zentralen Achse des jugendlichen
Haares steigt fontänenartig ein Plasmastrom hoch und verteilt sich an
der Spitze recht gleichmäßig zum Wandbelag, wo das Rückströmen
erfolgt.

4. Die Rotationsströmung.

Am ausgeprägtesten ist sie bei den Characeen entwickelt. Beobachtet
man eine jüngere Internodialzelle von *Nitella*, so zeigt sich das in Abb. 18
gezeichnete Bild. Die unberindete Zelle ist dicht mit reihenförmig ange-

ordneten Chloroplasten erfüllt. Diese liegen in einer gelartigen Hyaloplasmaschicht (Kortikalplasma), die an der Strömung nicht teilnimmt. Auf dieses Kortikalplasma ist das strömende Innenplasma aufgelagert, welches die Kerne und geformte Eiweißkörper enthält. An der Anordnung der Chlorophyllkörner fällt sofort auf, daß ein schraubig gewundener Streifen chloroplastenfrei bleibt. Dieser Streifen des Kortikalplasmas hat eine andere Beschaffenheit und Organisation. Er trennt die beiden schraubigen Plasmaströmungsbahnen voneinander und wird Indifferenzstreifen genannt. Das Innenplasma rotiert sonach parallel zur Richtung des Indifferenzstreifens in der Zelle. Ein breiter, schraubig ansteigender Strom bewegt sich in dieser vorgeschriebenen Straße nach oben, macht am Zellpol kehrt und strömt in der zweiten Schraubenbahn nach unten. Diese einheitliche, in sich geschlossene Plasmabewegung ist der typische Fall einer Rotationsströmung. Am besten können solche Beobachtungen an Internodialzellen durchgeführt werden, die im Schlamme gewachsen sind. Dann sind die Chloroplasten klein und nur schwach gefärbt, so daß die mikroskopische Beobachtung des strömenden Protoplasmas erleichtert ist. Wird mit einer Präparationsnadel auf diese Zellen ein plötzlicher, leichter Druck ausgeübt, so kommt die Rotation oft vorübergehend zum Stillstande.

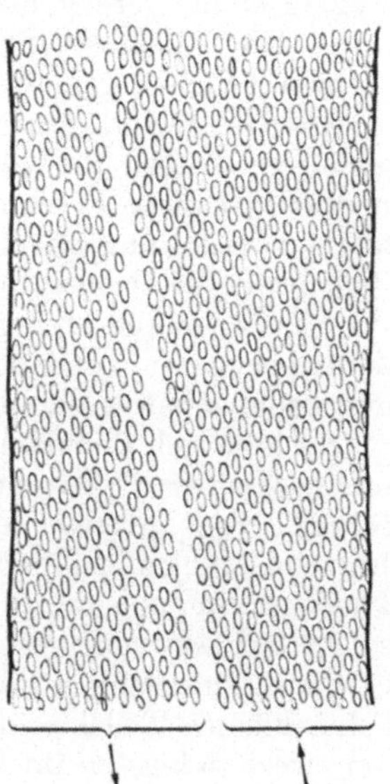

Abb. 18. Teilstück einer Internodialzelle von *Nitella*. Indifferenzstreifen. Die Strömungsrichtung der Rotation durch Pfeile angedeutet. Original.

Während bei den Characeen eine primär vorhandene Rotationsströmung vorliegt, tritt die typische Rotation in den Zellen von *Helodea* und *Vallisneria* erst nach einer vorhergehenden Reizung ein. Schon das Abtrennen der Blätter und Zerschneiden derselben verursachen infolge des Wundreizes die Induktion einer sekundären Strömung. Bei frisch abgetrennten Blättern ist zuerst in der Nähe des Wundrandes das Auftreten einer Rotationsströmung zu beobachten. Allmählich schreitet vom Wundrande ausgehend die Reaktion weiter vor. Nicht nur durch Wundreiz läßt sich eine Rotationsströmung hervorrufen (Traumatodinese), sondern auch eine lange oder starke Belichtung bewirkt das Auftreten einer Rotationsströmung in diesen Objekten (Photodinese). Die Zellen der Mittelrippe erweisen sich dabei als besonders sensibel. Färbt man Helodeablätter mit einer in Leitungswasser angesetzten Lösung von Rhodamin B (1 : 1000) kurze Zeit ein, so wird ebenfalls eine überaus heftige Rotationsströmung ausgelöst (Chemodinese).

5. Die Messung der Strömungsgeschwindigkeit.

Die Zytoplasmaströmung ist der sichtbare Ausdruck einer energetischen Leistung der lebenden Zelle. Es ist demnach für den Zellphysiologen wichtig, die Strömungserscheinungen messend zu verfolgen.

Die Strömungsgeschwindigkeit einer strömenden Zytoplasmakomponente läßt sich aus optischen Gründen nur mit Hilfe der mitgeschleppten Teilchen messend verfolgen. Je größer der mitgeführte Körper ist, desto ungetreuer wird er aus leicht einzusehenden Gründen die wahre Strömungsgeschwindigkeit wiedergeben können. Strömungsmessungen an Chloroplasten fallen daher für möglichst genaue Messungen häufig weg. Der mittlere Fehler würde in einem solchen Falle meist zu groß sein. Die Plasmaströmungsgeschwindigkeit muß daher an möglichst kleinen Teilchen gemessen werden.

Die Geschwindigkeit der Strömung ist nicht in allen Plasmabezirken gleich groß. Für die Glitschbewegungen und für die Zirkulationsströmungen ist diese Erscheinung sogar typisch. Vergleichende Messungen können dann nur an einem Plasmastrang durchgeführt werden. An Zellen mit Rotationsströmung ist die Strömungsgeschwindigkeit an den verschiedenen Zellorten gleichmäßiger. Lediglich dort, wo das strömende Innenplasma am ruhenden Ektoplasma aufliegt, ist eine Verlangsamung der Teilchenbewegung zu sehen.

Es läßt sich demnach eine möglichst exakte Bestimmung der Strömungsgeschwindigkeit nur mit Hilfe der statistischen Methode durchführen. Die Mittelwerte und Fehlergrenzen müssen durch zahlreiche Einzelmessungen möglichst genau festgelegt werden. Zellen mit primärer Plasmaströmung sind für Strömungsmessungen wesentlich geeigneter als solche mit sekundär verursachter Plasmabewegung. Als Beispiel soll die Strömungsmessung an Wurzelhaaren besprochen werden. Um an möglichst kleinen Teilchen die Geschwindigkeit zu verfolgen, arbeitet man am zweckmäßigsten im Halbdunkelfelde. Zur Erzielung desselben wird ein Paraboloid- oder Kardioidkondensor in Verbindung mit einem stärkeren Trockensystem mit eingebauter Aperturblende benutzt. Man stellt sich zunächst ein lebendes Wurzelhaar bei zugezogener Aperturblende im Dunkelfelde so ein, daß die von der Strömung mitgerissenen Mikrosomen als helleuchtende Gebilde zu erkennen sind. Hierauf wird die Aperturblende allmählich so weit geöffnet, daß auch die Randstrahlen in das Objektiv fallen können. Die Mikrosomen sind noch als leuchtende Gebilde zu erkennen. Der Untergrund ist aber nicht mehr schwarz sondern grau. Durch dieses Vorgehen ist auch die Einteilung des Okularmikrometers deutlich zu sehen, so daß mit der Stoppuhr an den sehr kleinen Mikrosomen die Strömungsgeschwindigkeit messend verfolgt werden kann.

Die Geschwindigkeit wird durch den Weg, den ein Teilchen in der Zeiteinheit zurückgelegt hat, definiert. Zur exakten Durchführung einer Plasmaströmungsmessung ist die Wahl einer relativ kurzen Teilstrecke erwünscht. Man wählt deshalb den Weg von 10 Teilstrichen des Okularmikrometers und bestimmt die dazu benötigte Zeit mit der Stoppuhr. Auf diese Weise wird zur Erhaltung des statistischen Materials an vielen Mikrosomen die Geschwindigkeit verfolgt.

Die erhaltenen Zahlenwerte müssen erst mathematisch behandelt werden. Zunächst werden die Mittelwerte (M) aller Messungen an einer

Zelle innerhalb einer Versuchsreihe (Einzelwerte a) bestimmt. Wenn n die Zahl der vorgenommenen Messungen ist, so errechnet sich der Mittelwert $M = \dfrac{\Sigma\, a}{n}$.

$$\Sigma\, a \text{ ist die Summe aller Einzelwerte } a. \tag{1}$$

Dann muß die Streuung oder Standardabweichung δ berechnet werden.

$$\delta = \pm \sqrt{\frac{\Sigma\,(a-M)^2}{n}} \tag{2}$$

Daraus errechnet sich der mittlere Fehler des Mittelwertes:

$$m = \frac{\delta}{\sqrt{n}} \tag{3}$$

Liegt eine Differenz zwischen zwei Meßreihen vor, so berechnet sich der mittlere Fehler der Differenz:

$$m_{Diff.} = \sqrt{m_1{}^2 + m_2{}^2} \tag{4}$$

Das Ergebnis wird dann so protokolliert, daß folgende Daten angegeben werden: 1. Die Einzelwerte a, 2. die Standardabweichung δ und 3. der Mittelwert $M \pm m$.

Erst aus einer derartigen Behandlung der Einzelmessungen kann man einen Schluß auf Verschiedenheiten der Strömungsgeschwindigkeiten ziehen. (7, 16, 18, 22, 26, 30, 33, 34, 35, 36, 37, 38, 39, 54, 66, 67, 68, 72, 78, 96, 98, 99, 100, 102, 103, 107, 123, 126, 140, 166, 170, 171, 177, 181, 182 195, 202, 226, 231)

Versuch 5.

Der aktive Ausfluß des Protoplasmas aus durchschnittenen Internodialzellen von Chara.

Die Internodialzellen der Characeen stellen die größten Zellen dar, die dem Experimentator zur Verfügung stehen. Sie besitzen ein unmittelbar an der Wand liegendes, gelartiges Kortikalplasma, in dem sich die Plastiden befinden. Dieser Kortikalplasmaschicht ist das flüssige, in rascher Rotationsströmung befindliche Binnenplasma aufgelagert, welches durch die schraubig verlaufenden Indifferenzstreifen getrennt in zwei breiten Plasmaströmen in schraubig gewundenen Bahnen akropetal und basipetal strömt (vgl. Abb. 18, S. 33).

Ein größeres Internodium von *Chara fragilis* wird durch Abschneiden der angrenzenden Internodien und Seitenzweige hinter den beiden Knoten freipräpariert und mit einer scharfen Schere durchschnitten. Das durchschnittene Internodium wird mit seiner Schnittfläche auf einen Objektträger in Kulturwasser eingelegt und mit einem Deckglase bedeckt. Sofort nach dem Durchschneiden wird die geöffnete Seite des Internodiums im Hell- und Dunkelfelde aufmerksam beobachtet. Es genügt eine schwache Vergrößerung.

Zunächst fließt aus der Wunde der Zellsaft aus, der im Dunkelfelde an dem Ausströmen feiner Teilchen erkenntlich ist. Nach $1-1^1/_2$ Minuten beginnt an einer Stelle der Schnittfläche der aktive Plasmaausfluß. Bald bildet sich eine an der Schnittfläche haftende Plasmakugel (Abb. 19), die in 10 Minuten bereits zu stattlicher Größe herangewachsen ist. Wenn dafür Sorge getragen wird, daß jede Erschütterung des Präparates ausbleibt, gelingt es auf diese Weise, Plasmakugeln bis zu 2 mm Durchmesser zu erhalten. Sowohl im Hell- als auch im Dunkelfelde ist nach einiger Zeit eine Schichtenbildung in der Kugel zu beobachten (Abb. 20). Nach außen hin bildet sich eine im Dunkelfelde deutlich sichtbare Plasmamembran. Sie ist zweifellos zunächst flüssig, denn im Dunkelfelde erkennt man an ihr eine zitternde Bewegung, welche durch die aufprallenden, in Molekularbewegung befindlichen submikroskopischen Teilchen hervorgerufen wird. Nach innen zu bildet sich eine optisch leere Randzone, die

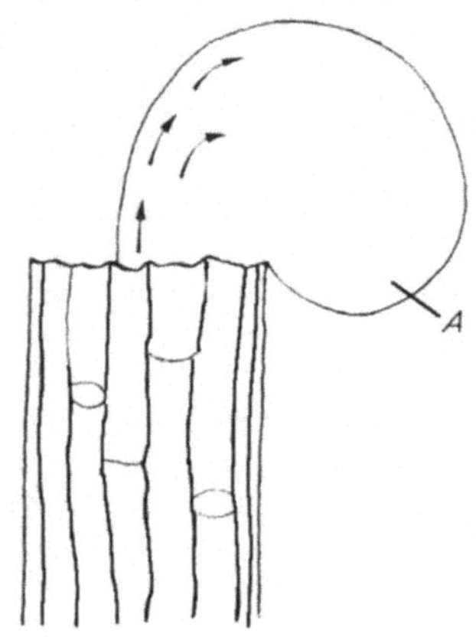

<table>
<tr><td>

Abb. 19. Der aktive Plasmaausfluß aus einem durchschnittenen Internodium von *Chara fragilis*. *A* bezeichnet die Stelle der Plasmakugel, welche sich durch den Einfluß des Mediums optisch zuerst verändert. Aus STRUGGER (1928).

</td><td>

Abb. 20. Der Plasmaausfluß aus einem durchschnittenen Internodium von *Chara fragilis*. Ältere Kugel. Der dreischichtige Bau ist deutlich zu sehen. *H* Haptogenmembran, *Z* optisch leere Zwischenschicht, *I* Innenschicht mit zahlreichen Mikrosomen. Aus STRUGGER (1928).

</td></tr>
</table>

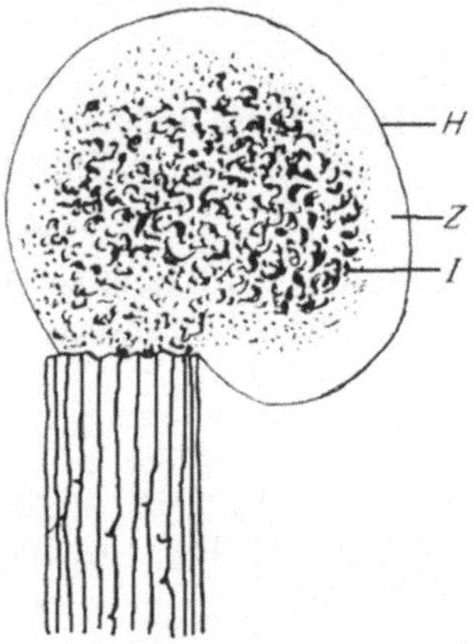

aus verwässertem Protoplasma besteht. Der Innenraum der Kugel ist mit unverändertem Protoplasma gefüllt. Zahlreiche Kerne strömen aus der Zelle in die Plasmakugel. Das weitere Verhalten dieser Kerne wird im Versuch 17, S. 53 geschildert. Nachdem die Kugel bei vorsichtiger Behandlung etwa 20 Minuten alt geworden ist, wird die Plasmamembran brüchig. Die Kugel platzt dann beim geringsten mechanischen Anlaß meist an der Stelle (in Abb. 19 mit *A* bezeichnet), wo die Plasmamembran ihr höchstes Alter erreicht hat. Dabei strömt das verwässerte, stark peptisierte Plasma unter gleichzeitiger Vermischung mit dem Kulturwasser aus. Dieses Plasma der Randzone hat die Fähigkeit der Neubildung einer Plasmamembran verloren. Das Innenplasma dagegen zerfällt beim Platzen in zahlreiche Plasmakugeln, von denen jede eine neue Grenzschicht besitzt. (102, 104, 182, 201.)

Versuch 6.

Die Wiederherstellung der Plasmakonfiguration nach der Verlagerung durch Zentrifugierung.

Die Zentrifugierungsmethode ist für den Zellphysiologen daher besonders bedeutungsvoll, weil sie auf einfache, schonende und gut dosierbare Art gestattet, mit Hilfe der Zentrifugalkraft die normale Anordnung der Plasmakomponenten in der lebenden Zelle weitgehend zu stören. Dabei wird der Protoplast auch bei stärkerer und längerer Zentrifugierung nicht abgetötet.

Die Anordnung des Zellkernes, der Plasmastränge, der Chromatophoren pflegt sowohl in Protophytenzellen wie auch in Metaphytenzellen recht charakteristisch zu sein. Wir müssen also annehmen, daß bestimmte

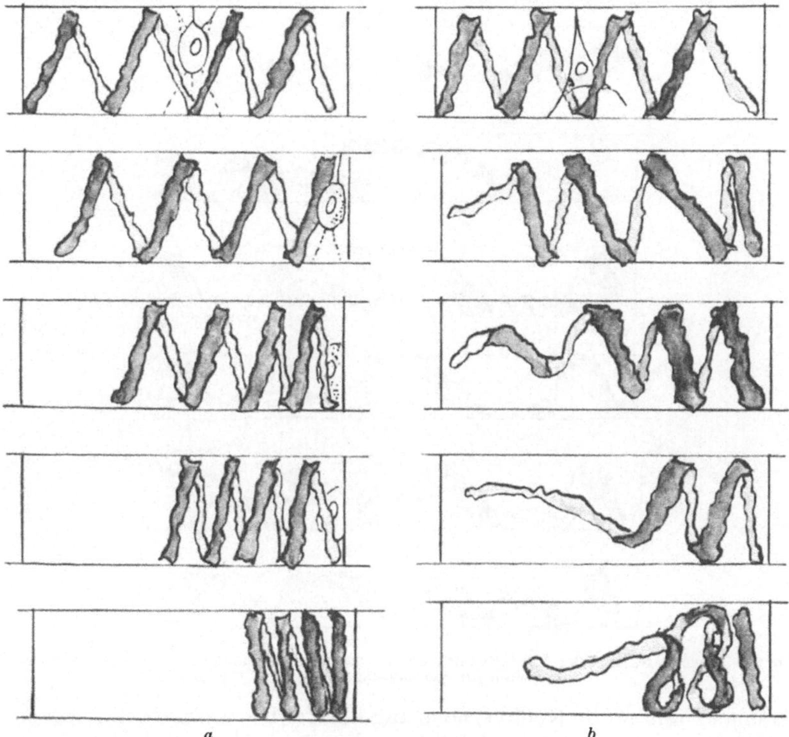

a　　　　　　　　b

Abb. 21. *a* Mehrere Stadien der Zentrifugalverlagerung des Inhaltes einer *Spirogyra*-Zelle nach verschieden langer Zentrifugierung. *b* Einzelne Stadien der regenerativen Rückverlagerung. Nach EIBL (1939).

Korrelationen die morphologische Gestaltung der Plasmakonfiguration in der lebenden Zelle herbeiführen und aufrecht erhalten. Durch die Zentrifugierung wird dieser Zustand unter Beibehaltung des Lebens gestört. Es ist daher von großem Interesse, nach erfolgter zentrifugaler Verlagerung der Plasmakomponenten die Frage experimentell zu prüfen, ob die im Protoplasten waltenden Korrelationen in der Lage sind, den genotypisch festgelegten Ordnungszustand wieder herzustellen.

Als einfachstes Versuchsobjekt wählt man die großen Deckhaare von der Stengeloberfläche der Kürbispflanze. Junge Sproßglieder mit reichlichem Haarbestand werden vorsichtig in Stücke zerschnitten (etwa 3 cm lang) und in Leitungswasser in Zentrifugenröhrchen in der Längsrichtung mit 2500 Touren 15—20 Minuten lang zentrifugiert. Zur Kontrolle werden einige Stengelstückchen ohne Zentrifugierung so präpariert, daß mit einem scharfen Rasiermesser einige Haare an ihrer Basis abgeschnitten und in Leitungswasser liegend im Hellfeldmikroskop auf ihre normale Plasmakonfiguration hin untersucht werden. Die zentrifugierten Stengelstückchen werden ebenso präpariert. Die basalen Haarzellen zeigen dann eine sehr starke Querverlagerung des Zytoplasmas, der Plastiden und des Zellkernes. Die Plasmaströmung ist durch die Zentrifugierung in keiner Weise beeinträchtigt. Sofort beginnt infolge der

Abb. 22. Einzelne Stadien der Wiederherstellung der normalen Plasmakonfiguration in einer zentrifugierten *Spirogyra*-Zelle. Nach EIBL (1939).

Plasmaströmung die Rückverlagerung der Zellbestandteile. Nach 30—40 Minuten ist die ursprüngliche Plasmakonfiguration wieder hergestellt.

Noch schöner läßt sich das erstaunliche Restitutionsvermögen an zentrifugierten Spirogyren beobachten. Werden frisch gesammelte *Spirogyra*-Watten im Teichwasser liegend in Zentrifugenröhrchen mit einer Tourenzahl von 2500 5, 10, 20, 40, 80 und 120 Minuten lang zentrifugiert, so läßt sich zunächst die von der jeweiligen Zytoplasmaviskosität und Chromatophorenkonsistenz abhängige Verlagerungszeit bestimmen. Diese wechselt je nach Species und Jahreszeit recht beträchtlich. Ebenso sind bei verschiedenen Spirogyren die Verlagerungsbilder verschieden. Es gibt Spirogyren mit steifen Chromatophoren, welche sich nur wie eine Spiralfeder zusammenschieben (vgl. Abb. 21), und solche mit weichen Chromatophoren, welche sich zu einem fast ungeformten Haufen an das zentrifugale Zellende verlagern.

Hierauf werden die zentrifugierten Spirogyren in Kulturwasser übertragen und von Zeit zu Zeit untersucht. Nach 1—3 Tagen ist in allen lebenden Zellen die Rückverlagerung eingetreten. Abb. 21 zeigt links verschiedene Verlagerungsgrade, rechts einzelne Stadien der Rückverlagerung. Abb. 22 gibt die letzten Phasen der Wiederherstellung des Schraubenchromatophors wieder, nachdem er sich in der Längsachse gestreckt hatte. Die alte Zellordnung ist wieder hergestellt. Es besteht kein Zweifel, daß die Plasmaströmung an der Wiederherstellung der Plasmakonfiguration wesentlich beteiligt ist. (2, 3, 28, 29, 84, 99, 108, 157.)

Versuch 7.

Die Feststellung von Viskositätsänderungen mit Hilfe der Zentrifugierungsmethode (Relative Viskositätsbestimmung).

Viskositätsänderungen sind der feinste Indikator für die Erkennung von Zustandsänderungen hydrophiler Kolloide. Für den Zellphysiologen ist daher die Erfassung von Viskositätsänderungen im Protoplasma und im Zellsaft von größter Bedeutung. Zur Messung der Protoplasma- und Zellsaftviskosität sind in der Literatur mehrere Methoden ausgearbeitet worden, von denen zwei in diesem Praktikum herausgegriffen sind.

Die Physik bedient sich zur Messung der Viskosität zäher Flüssigkeiten der Fallkugelmethode. Die durch die Schwerkraft bewegten Kugeln legen eine bestimmte Fallstrecke in der zu untersuchenden Flüssigkeit zurück, wobei die Fallzeiten um so länger ausfallen, je viskoser die Flüssigkeit ist. Die Berechnung der absoluten Viskosität erfolgt durch die Formel von STOKES. Bei dieser Versuchsanordnung kann man die Schwerkraft auch durch die Zentrifugalkraft ersetzen. Die Verlagerungszeiten werden dann auf bestimmte Strecken bezogen, die um so länger ausfallen, je zähflüssiger das Medium ist, vorausgesetzt, daß der Verlagerungskörper immer dasselbe spezifische Gewicht beibehält.

Am biologischen Objekt kann man diese Zentrifugierungsmethode zur Bestimmung von Viskositätsunterschieden heranziehen. Man verzichtet dabei auf die Messung der absoluten Viskosität, da schon die quantitative Erfassung relativer Viskositätsunterschiede für die Bedürfnisse des Biologen in den meisten Fällen ausreichend ist.

Für solche Untersuchungen verwendet man am zweckmäßigsten eine gleichmäßig laufende, mit einem Glyzerin-Tourenzähler versehene elektrische Zentrifuge. Unter der Voraussetzung, daß die Verlagerung identischer Elemente in den Zellen verglichen wird, gibt bei gleichbleibender Tourenzahl die zur Erreichung einer totalen Verlagerung an das zentrifugale Zellende notwendige Zeit den Maßstab für die relative Viskosität des Plasmas an, in welcher die Verlagerung stattgefunden hat.

Das geeignetste Versuchsobjekt ist eine großzellige, frischgesammelte *Spirogyra* sp. Für vergleichende Versuche müssen die Kontroll- und Versuchsportionen demselben Fadenbündel entnommen werden. Als Verlagerungskörper im Zytoplasma dienen uns die Chromatophoren (vgl. Versuch 6). Als verlagert werden solche Chromatophoren bezeichnet, die vollständig zum zentrifugalen Ende geworfen wurden. Zwischen dieser totalen Verlagerung und dem nicht verlagerten Chromatophor lassen sich unter geeigneten Umständen alle Zwischenstadien beobachten (vgl. Abb. 21).

Zunächst muß die für das Versuchsmaterial normale Zentrifugierungsdauer festgelegt werden, welche für die totale Verlagerung nötig ist. Da sich verschiedene Spirogyren in dieser Hinsicht sehr wechselnd verhalten, und auch die jeweiligen Standortsbedingungen von Bedeutung sind, kann über die zur Verlagerung notwendige Zentrifugierungsdauer hier kein fester Wert angegeben werden. Ein Fadenbündel der Versuchsspirogyra wird in das mit Teichwasser gefüllte Zentrifugenröhrchen gebracht. Am besten beschickt man auch das zweite Zentrifugenröhrchen mit einem Fadenbündel. Wenn auch nicht alle Zellen so liegen, daß eine Verlagerung in der Längsrichtung erfolgt, so tritt dies doch so häufig ein, daß mit dieser einfachen Versuchstechnik gearbeitet werden kann.

Die Folgen einer solchen Inhaltsverlagerung für die Zellen sind überraschenderweise nicht sehr groß (vgl. Versuch 6).

Nachdem die für die Verlagerung notwendige Zentrifugierungszeit bei entsprechender Wahl der Tourenzahl festgestellt ist, können folgende Versuche mit dem Spirogyramaterial durchgeführt werden:

1. Man teilt eine Spirogyrawatte in zwei Schalen auf. Zur Versuchsschale wird eine wechselnde Menge Ätherwasser (0,1%) zugesetzt. Die Kontrollschale bleibt unverändert. Nach 30 Minuten langer Einwirkungszeit werden sowohl die Spirogyren aus der Versuchsschale als auch solche aus der Kontrollschale zentrifugiert. Es zeigt sich dann, daß für die ätherisierten Spirogyren eine wesentlich kürzere Zentrifugierungszeit zur Verlagerung notwendig ist. Das Narkotikum hat sonach die Plasmaviskosität in der Spirogyrazelle herabgesetzt.

2. Es werden wiederum 2 Portionen von einer frischen Algenwatte in zwei Schalen verteilt. Zur Versuchsschale wird dem Teichwasser eine Spur $CuSO_4$ zugesetzt. Schwermetallionen erhöhen schon in Spuren die Plasmaviskosität beträchtlich. Daher findet man, daß nach der kritischen Zentrifugierungsdauer zwar wohl die Kontrollspirogyren eine Verlagerung aufweisen, nicht aber die Versuchsspirogyren. (2, 3, 40. 55, 56, 57, 84, 122, 127, 143, 146, 165, 196, 208, 209.)

Versuch 8.

Die Messung der absoluten Plasma- und Zellsaftviskosität mit Hilfe der
BROWNschen Molekularbewegung.

Zur Bestimmung der absoluten Viskosität einer Flüssigkeit führte der Physiker FÜRTH eine Methode ein, die es erlaubt, mit Hilfe der B.M.B. absolute Viskositätsmessungen vorzunehmen. PEKAREK hat in verdienstvoller Weise die FÜRTHsche Methode zum ersten Male am biologischen Objekte angewandt und für die speziellen Erfordernisse der Biologie ausgearbeitet.

Die wahre Geschwindigkeit der B.M.B. ist freilich nicht meßbar, wohl aber läßt sich die mittlere horizontale Verschiebung der Teilchen in der Zeiteinheit im Mikroskop messend verfolgen. Die Bestimmung des mittleren Quadrates der horizontalen Verschiebung gibt uns ein Maß für die Lebhaftigkeit der B.M.B. Diese hängt aber von der Größe der suspendierten Teilchen, von der Viskosität der Flüssigkeit und von der Temperatur ab. FÜRTH hat die quantitative Auswertung der B.M.B.

noch weiter durch die Methode der Messung der „mittleren doppelseitigen Erstpassagezeiten" erweitert, die auch den Messungen an der Zelle als Grundlage dient. Den Ausdruck der „mittleren doppelseitigen Erstpassagezeit" kann man am besten durch die Besprechung der praktischen Durchführung ihrer Bestimmung an Hand der Abb. 23 dem Verständnis näher bringen.

Wir verfolgen ein kugelförmiges, mikroskopisch kleines Teilchen in einer Flüssigkeit bei sehr starker Vergrößerung unter dem Mikroskop. Von der B.M.B. erkennen wir dann nur die seitliche Verschiebung des Teilchens als Projektion in einer Ebene. Im Okular befindet sich ein Raster aus parallelen Linien mit gleichem Abstand, der zahlenmäßig genau definiert ist (a, b, c, d, e, f). Außerdem benötigen wir noch ein gutes Thermometer und eine genaue Stoppuhr. Das ausgewählte Teilchen wird bei starker Vergrößerung scharf in die Mitte des Gesichtsfeldes eingestellt und seine Wanderung in der Horizontalen genau verfolgt. Berührt es mit seiner linken Seite zum ersten Male einen Rasterstrich, so wird die Stoppuhr ausgelöst, und diese kann bis zur Beendigung der Auszählung der doppelseitigen Erstpassagen weiterlaufen. Die Bahn des Teilchens ist in der Abbildung als mannigfach verschlungene Linie eingetragen. Es bewegt sich zunächst nach oben und passiert zweimal die gleiche Rasterlinie. Diese Passagen werden nicht vermerkt. Erst wenn das Teilchen eine neue Rasterlinie passiert hat, wird dies als Passage gezählt. Dabei wird als „einseitige Erstpassage" eine Berührung einer neuen Rasterlinie nur nach einer Seite hin (in unserem Falle nach rechts) bezeichnet.

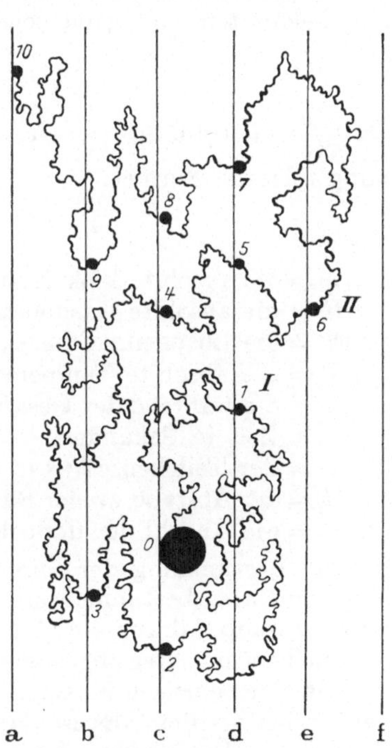

Abb. 23. Bahn eines Teilchens bei der BROWNschen Molekularbewegung. Sie beginnt bei *0* und endet bei *10*. Es bedeuten *1—10* „doppelseitige Erstpassagen", *I—II* „einseitige Erstpassagen", *a—f* stellen die vertikalen Rasterlinien des Okularrasters vor. Aus PEKAREK (1930).

Diese einseitigen Erstpassagen sind in der Abbildung mit römischen Zahlen angeführt. Unter „doppelseitigen Erstpassagen" versteht man dagegen das Passieren einer neuen Rasterlinie nach beiden Seiten hin. Diese doppelseitigen Erstpassagen sind für uns von Wichtigkeit. Sie sind in der Abb. 23 mit arabischen Ziffern bezeichnet. Während also die Stoppuhr von der ersten Passage an weiterläuft, wird die Anzahl der doppelseitigen Erstpassagen gezählt. Praktisch zählt man in der Regel zehn doppelseitige Erstpassagen und stoppt bei der 10. ab. Als n bezeichnen wir die Zahl der doppelseitigen Erstpassagen, t ist die Zeit, in der n gezählt wurde. Dann ist die „mittlere doppelseitige Erstpassagezeit" τ.

$$\tau = \frac{t}{n} \tag{1}$$

Sie charakterisiert zahlenmäßig die Intensität der B.M.B. Unter Berücksichtigung der EINSTEINschen und STOKESschen Formeln berechnet sich dann die Viskosität η:

$$\eta = \frac{R}{N}\, T \cdot \frac{t}{3\,\pi\,a\,l^2\,n} \tag{2}$$

Wir schreiben die Formel für unsere Zwecke am besten so an, daß wir alle bekannten und gemessenen Größen zusammenfassen. Dann ist:

$$\eta = \frac{R}{N\,3\,\pi} \cdot \frac{T\,t}{a\,l^2\,n} \tag{3}$$

Da $\dfrac{R}{N\,3\,\pi} = 0{,}145 \cdot 10^{-16}$ ist, so erhalten wir zur praktischen Berechnung folgende Formel:

$$\eta = 0{,}145 \cdot 10^{-16} \cdot \frac{T\,t}{a\,l^2\,n} \tag{4}$$

$\eta =$ die absolute Viskosität, ausgedrückt im CGS-System.
$R =$ die absolute Gaskonstante.
$N =$ die LOSCHMIDTsche Zahl.
$T =$ die absolute Temperatur.
$t =$ die während der Gesamtheit der gezählten Passagen verflossene Zeit in Sekunden.
$a =$ der Teilchen*radius* in cm.
$l =$ der Abstand zweier Rasterstriche des Okularmikrometers in cm.
$n =$ die Anzahl der doppelseitigen Erstpassagen.

Zur Bestimmung der absoluten Viskosität brauchen demnach nur folgende Daten bestimmt werden: t mit der Stoppuhr, a durch Messung im Mikroskop, l durch ein Objektmikrometer, n wird gezählt, und T ist die am Thermometer abgelesene Temperatur in Celsius-Graden plus 273.

Mit einer einzigen Messung würde aber keine hinreichende Genauigkeit erzielt werden. Es ist daher notwendig, eine größere Anzahl von Passagen zu bestimmen oder, was noch besser ist, an mehreren Teilchen in derselben Flüssigkeit viele Messungen in der oben beschriebenen Weise durchzuführen. Die Ergebnisse der Messungen werden dann als Mittelwert berechnet. Wenn wir als $\overline{\eta}$ den mittleren Wert für die Viskosität, als $\Sigma\,n\,\eta$ die Summe aller Produkte $n \cdot \eta$ und als $\Sigma\,n$ die Summe aller doppelseitigen Erstpassagen bezeichnen, so ist:

$$\overline{\eta} = \frac{\Sigma\,n\,\eta}{\Sigma\,n} \tag{5}$$

Die praktische Durchführung einer solchen Messungsreihe wollen wir schließlich an Hand der Bestimmung der Zellsaftviskosität lebender oberseitiger Epidermiszellen der Zwiebelschuppe von *Allium Cepa* besprechen.

Nach der Präparation werden die Epidermishäutchen mit ihrer Unterseite auf eine Farblösung von Azur I in Leitungswasser in einer Konzentration von 0,002% gelegt. Nach einer Stunde ist im Zellsaft eine nicht zu reichliche Tröpfchenspeicherung eingetreten. Wir bedienen uns der kleinen Azurtröpfchen im Zellsaft als Probekörper, mit deren

Hilfe nunmehr die mittlere doppelseitige Erstpassagezeit in einer Reihe von Messungen an verschiedenen Tröpfchen (immer 10 Passagen zählen) bestimmt wird. Als Objektiv verwenden wir einen Apochromat 60- oder 90-fach, als Okular ein Kompensationsokular 20-fach, in dem sich ein Raster befindet, dessen Teilstriche eine Entfernung von beispielsweise $1{,}7 \cdot 10^{-4}$ cm besitzen. Auch ein Okularnetzmikrometer ist verwendbar. Der Durchmesser des Teilchens wird nach erfolgter Eichung mit einem Objektmikrometer mit Hilfe eines Okularmikrometers abgemessen. Der Radius wird zur Berechnung herangezogen.

Die folgende Tabelle gibt uns ein Beispiel, wie die Ergebnisse protokolliert werden sollen.

Tabelle. Aus PEKAREK (1930).

Versuchsprotokolle über Viskositätsmessungen an Zwiebelepidermiszellen von *Allium Cepa.* Alle Versuche wurden bei 23 Grad C vorgenommen. Es bedeuten: T = absolute Temperatur; V.-Nr. = Versuchsnummer; t = die während der Gesamtheit aller gezählten Passagen eines Versuches verflossene Zeit; a = Partikelradius; n = Zahl der Passagen; η = absolute Viskosität; $n\,\eta$ = Produkt aus der Anzahl der Passagen und der absoluten Viskosität eines jeden einzelnen Versuches.

$$T = 296^0$$

V.-Nr.	t	a	n	η	$n \cdot \eta$
6	157	$7{,}5 \ \cdot 10^{-5}$	5	0,0288	0,1440
15	66	$1{,}0 \ \cdot 10^{-4}$	5	0,0091	0,0456
16	55	$9{,}17 \cdot 10^{-5}$	10	0,0093	0,0929
17	76	$1{,}08 \cdot 10^{-4}$	4	0,0272	0,1088
18	79	$1{,}08 \cdot 10^{-4}$	5	0,0226	0,1130
19	109	$1{,}08 \cdot 10^{-4}$	7	0,0223	0,1561
25	60	$9{,}17 \cdot 10^{-5}$	5	0,0204	0,1020
26	66	$8{,}33 \cdot 10^{-5}$	8	0,0153	0,1224
27	50	$6{,}67 \cdot 10^{-5}$	8	0,0145	0,1160
28	75	$7{,}5 \ \cdot 10^{-5}$	8	0,0194	0,1552
29	100	$1{,}0 \ \cdot 10^{-4}$	6	0,0258	0,1548
31	41	$6{,}67 \cdot 10^{-5}$	8	0,0119	0,0952
32	95	$6{,}67 \cdot 10^{-5}$	10	0,0221	0,2210
33	57	$6{,}67 \cdot 10^{-5}$	6	0,0221	0,1326
34	65	$6{,}67 \cdot 10^{-5}$	10	0,0151	0,1510
37	77	$8{,}33 \cdot 10^{-5}$	5	0,0286	0,1430
38	57	$8{,}33 \cdot 10^{-5}$	5	0,0212	0,1060
39	38	$5{,}83 \cdot 10^{-5}$	5	0,0202	0,1010
40	66	$7{,}5 \ \cdot 10^{-5}$	5	0,0273	0,1365
41	61	$7{,}5 \ \cdot 10^{-5}$	6	0,0210	0,1260
42	107	$8{,}33 \cdot 10^{-5}$	10	0,0199	0,1990
45	45	$6{,}67 \cdot 10^{-5}$	5	0,0209	0,1045
46	62	$5{,}0 \ \cdot 10^{-5}$	10	0,0192	0,1920
49	64	$5{,}83 \cdot 10^{-5}$	10	0,0170	0,1700
50	75	$5{,}83 \cdot 10^{-3}$	10	0,0200	0,2000
51	78	$5{,}83 \cdot 10^{-5}$	10	0,0207	0,2070
			186		3,5956

$$\bar{\eta} = 0{,}0193$$

Zur Messung an der Zelle sind noch einige wichtige Punkte zu beachten:

1. Die Zelle muß wirklich lebend sein. Geschädigte Zellen sind auszuschließen. Bei Verwendung von Schnitten muß der Wundreiz erst ausklingen, was in der Regel nach einigen Stunden der Fall ist.

2. Es ist darauf zu achten, daß sich der Probekörper wirklich in der zu messenden Flüssigkeit (Zytoplasma oder Zellsaft) befindet.

3. Teilchen, die zu sehr am Rande von Flüssigkeitsgrenzflächen sind, dürfen nicht zu Messungen herangezogen werden, da Störungen auftreten.

4. Es dürfen nicht zu viele Teilchen vorhanden sein, da sie sich durch ihre „Wirkungssphäre“ gegenseitig beeinflussen.

5. Die Teilchen müssen während der Messung gleich groß bleiben.

6. Es dürfen keine Strömungserscheinungen vorhanden sein.

7. Nur die Ergebnisse von Experimenten mit physiologisch gleichartigen Zellen können verglichen werden.

Zu den Messungen des Zellsaftes von *Allium Cepa*, welche in der vorstehenden Tabelle niedergelegt sind, ist noch zu bemerken, daß bei 23º C die Zellsaftviskosität doppelt so groß ist wie die Viskosität des reinen destillierten Wassers (0,01). (17, 69, **130**, **131**, 132, 133, 135, 136, 137, 138, 139, 168, 169, 180, 181.)

Abb. 24. Säureplasmoptyse der Wurzelhaare von *Hordeum vulgare* im Dunkelfeld. Original.

Versuch 9.

Die Plasmoptyse der Spirogyra-Zellen in Alkohol.

Unter Plasmoptyse versteht man ganz allgemein das Platzen von Zellen, wobei das Plasma und der Zellsaft oft explosionsartig aus der Zelle austreten. Wenn auch morphologisch gesehen diese Erscheinung recht einheitlich ist, so kann sie physiologisch in verschiedener Weise zustande kommen. So können Zellen im hypotonischen Medium durch eine plötzliche, starke Wasseraufnahme rein osmotisch explodieren. Bei Meeresalgen und Pollenschläuchen ist dieser Fall nach Übertragung in Wasser die Regel. Werden die Zellen von Wasser in rasch permeierende Alkohole übertragen, so tritt unter der Voraussetzung, daß der Alkohol schneller als das Wasser permeiert, die Plasmoptyse ein.

Legt man einige Fäden einer großzelligen Spirogyraart in einen Tropfen von 40—50%igem Methylalkohol auf dem Objektträger ein, so erfolgt schon nach kurzer Zeit eine starke Aufblähung der Zellen und ein Platzen der Zellmembranen. (15, **65**, **232**.)

Versuch 10.

Die Säureplasmoptyse der Wurzelhaare.

Auch durch eine plötzliche Änderung des pH-Wertes des umgebenden Mediums kann ein explosionsartiges Platzen lebender Zellen bedingt sein. Durch eine augenblicklich eintretende Steigerung der Wasserpermeabilität und durch eine gleichzeitige Beeinflussung der Quellung der Plasma- und der Zellwandkolloide ist diese Erscheinung zu erklären.

Wir kultivieren uns im feuchten Raume auf Filterpapier unter einer Glasglocke junge Keimwurzeln von *Hordeum vulgare* durch Auslegen angequollener Körner. Nachdem die Wurzeln eine Länge von 1 cm erreicht haben, werden sie mit der Schere entnommen und in Pufferlösungen (Herstellung auf S. 134 beschrieben) von ungefähr pH 2, 3, 4, 5, 7 übertragen. Dann erfolgt so rasch wie möglich die Beobachtung der Wurzelhaare im Dunkelfelde bei mittlerer Vergrößerung. Wenige Minuten nach der Übertragung beginnen die Wurzelhaare an der Spitze explosionsartig zu platzen. Plasma und Zellsaft werden dabei buchstäblich aus der Haarzelle herausgeschossen. Diese Explosionen können mehrmals am selben Haar hintereinander erfolgen. Das hinausgeschossene Protoplasma koaguliert im Medium durch den Einfluß der Säure fast augenblicklich und bleibt als grell leuchtende Wolke an der Spitze des Wurzelhaares hängen (Abb. 24). Unter Anwendung verschiedener pH-Stufen können wir beobachten, daß diese Säureplasmoptyse nicht in allen pH-Bereichen gleich häufig auftritt. Es sind mindestens zwei Optima und zwei Minima feststellbar. (15, 23, 129, **180**, 181, 199, 200.)

2. Der Zellkern.

Versuch 11.

Der lebende Ruhekern.

Die mikroskopische Analyse des lebenden Ruhekernes ergibt unter Berücksichtigung verschiedener Untersuchungsobjekte das Resultat, daß der Zellkern entweder strukturiert erscheint oder optisch homogen ist. Fast alle Arbeiten der letzten Jahre über die Analyse der Kernstruktur in vivo drehen sich um den Punkt, diese optische Homogenität bestimmter Kerne näher zu analysieren. Theoretisch gesehen muß eine optische Homogenität des Zellkernes nicht identisch sein mit seiner Strukturlosigkeit. Abgesehen davon, daß vom Standpunkte der Genetik aus strukturlose Solkerne gar nicht zu erwarten sind, ist es auch optisch gesehen unwahrscheinlich, daß homogene Kerne keine Chromonemastruktur besäßen. Wenn das Karyotin (Chromonema) denselben Brechungsindex besitzt wie die Karyolymphe, so ist bereits die Voraussetzung für eine optische Homogenität des Kerninneren gegeben. Sowohl im Hellfelde als auch im Dunkelfelde wird ein solcher Kern optisch leer erscheinen. Fixiert und färbt man ihn, so wird eine retikuläre Struktur sichtbar; doch sagt diese zunächst nichts Beweisendes für die Existenz eines Retikulums in vivo aus, da ja experimentell erzeugte Solkerne nach Fixation und Färbung ebenso ein Retikulum ergeben (vgl. Versuch 19, S. 58). Der einzige Ausweg, das Geheimnis der optisch homogenen Kerne zu lüften, ist die vitale Fluorochromierung der Kerne mit Acridinorange. Für diesen Farbstoff ist es bewiesen, daß die Wachstums-, Kern- und Zellteilungserscheinungen bei entsprechend vorsichtiger Anfärbung der Protoplasten normal weiterlaufen. Als basischer Farbstoff färbt das Acridinorange das Karyotin. Besitzen homogene Kerne ein Karyotingerüst, so wird es nach Vitalfärbung mit

Acridinorange sichtbar sein. Die Untersuchung verschiedener homogener Kerntypen hat tatsächlich gezeigt, daß sogenannte homogene Kerne eine feine Struktur besitzen.

Hellfeldanalyse.

Junge Knospenblätter von *Helodea densa* werden mit einer guten Ölimmersion auf die Struktur der Kerne hin untersucht. Die Kerne sind linsenförmig abgeplattet und zeigen in lebenden Zellen keinerlei Struktur. Nur die Nukleolen sind sichtbar. Hier liegt also der optisch homogene Kerntypus vor. Fixiert man während der Dauerbeobachtung durch seitliches Hinzufügen einer konzentrierten alkoholischen Pikrinsäurelösung, so wird im Augenblick der Fixierung plötzlich eine deutliche Kernstruktur sichtbar.

Um lebende, strukturiert erscheinende Kerne zu untersuchen, wird die obere Epidermis der Zwiebelschuppe von *Allium Cepa* in gewohnter Weise präpariert. Die Kerne sind flach linsenförmig gestaltet. Sie besitzen eine sehr feinkörnige Struktur, welche vom Chromonema herrührt (Retikulum, vgl. Abb. 25, 26,

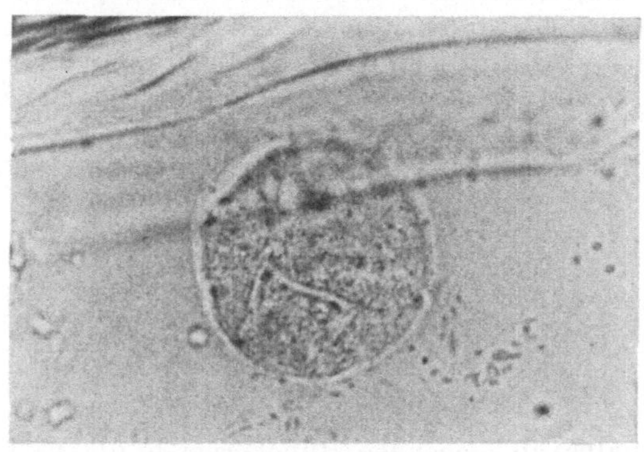

Abb. 25. Ruhekern einer oberen Epidermiszelle der Zwiebelschuppe von *Allium Cepa*, lebend im Hellfelde. Im Zytoplasma sind einige Chondriosomen zu erkennen. Der flache Zellkern ist deutlich strukturiert (Karyotingerüst). Die beiden Nukleolen und die Kernfurchen sind zu erkennen. Die Aufnahme wurde mit dem Apochromat von ZEISS n. A. 1,3 gemacht. Original.

28). Wird während der Beobachtung ein solcher Kern fixiert, so tritt wohl der Kern selbst und seine Struktur etwas schärfer und deutlicher hervor, aber wesentliche Veränderungen treten bei guter Fixierung nicht ein. Bemerkenswert ist bei diesem Objekt das häufige Auftreten feiner Kernrillen an der Oberfläche des Kernes. Hier erscheint die Kernmembran rinnenartig eingefaltet (vgl. Abb. 25, 28).

Dunkelfeldanalyse.

Objekt: Obere Zwiebelschuppenepidermis von *Allium Cepa*. Bei Betrachtung der Kerne mit einer Immersion im lichtstarken Dunkelfelde tritt die retikuläre Struktur ganz besonders deutlich hervor (Abb. 26). Das Retikulum ist als silbrig leuchtende Struktur im lebenden Zellkern sichtbar. Auch die Kernmembran pflegt sich recht deutlich im Dunkelfelde abzuheben, so daß sie als leuchtende Linie sichtbar ist. Werden die Epidermiszellen durch Erhitzen oder durch Einwirkung von verdünnter Salzsäure getötet, so ist bei Dunkelfeldbeobachtung wohl ein Retikulum festzustellen. Der Kern erscheint im ganzen entquollen, und das Gleichmaß der retikulären Struktur ist oft weitgehend gestört, was schon bei der Betrachtung im Hellfelde deutlich hervortritt (vgl. Abb. 27).

Fluoreszenzanalyse.

Objekt: Obere Zwiebelschuppenepidermis von *Allium Cepa*. Die Bedeutung der Fluorochromierung der Zellstrukturen in vivo besteht in erster Linie darin, daß schon sehr geringe intraplasmatische Konzentrationen der Fluorochrome genügen, um feinste Strukturen im Fluoreszenzmikroskop sehr deutlich sichtbar zu machen. Wählt man außerdem noch möglichst ungiftige Fluorochrome mit wechselnden physiko-chemischen Eigenschaften zur Vitalfärbung aus, so ist nach erfolgter mikroskopischer bzw. bei Mikroorganismen auch kultureller Prüfung die Vitalität der nachgewiesenen Strukturen außer Zweifel gestellt. Diese Vorteile der Fluoreszenzanalyse treten besonders bei der Analyse der Struktur des Ruhekernes hervor.

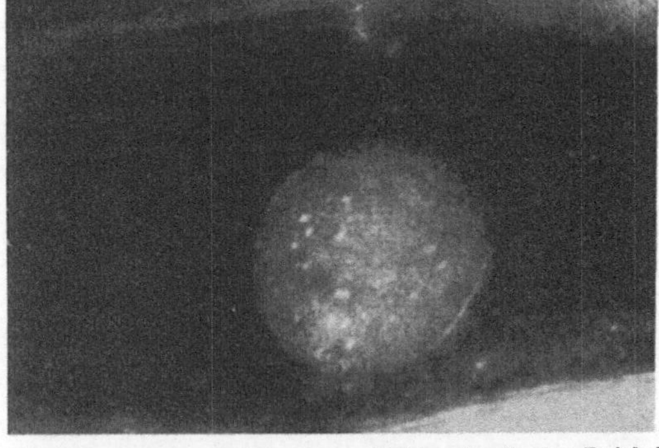

Abb. 26. Ruhekern einer oberen Epidermiszelle der Zwiebelschuppe von *Allium Cepa*, lebend im Dunkelfelde. Die Kernmembran ist deutlich sichtbar. Das Karyotingerüst hebt sich silbrig leuchtend hervor. Die Nukleolen sind dagegen optisch leer. Originalaufnahme mit dem Kardioidkondensor (ZEISS).

Mit vitalfärbenden basischen Fluorochromen färbt sich im ruhenden Zellkern regelmäßig in erster Linie das Karyotingerüst. Dieses enthält die Thymonukleinsäure und ist infolgedessen stark negativ geladen. Die positiv geladenen Farbkationen können am Kernretikulum elektroadsorptiv gebunden werden. Der Kernsaft (Karyolymphe) färbt sich dagegen mit basischen Fluorochromen nicht, so daß die Zwischenräume des Retikulums dunkel erscheinen. Für solche Färbungen, welche die vitale Chromonemastruktur der Ruhekerne in vivo erkennen lassen, eignet sich besonders der Vitalfarbstoff Acridinorange. Er wird in einer Konzentration 1 : 10000 (in Leitungswasser gelöst) 10—15 Minuten lang einwirken gelassen.

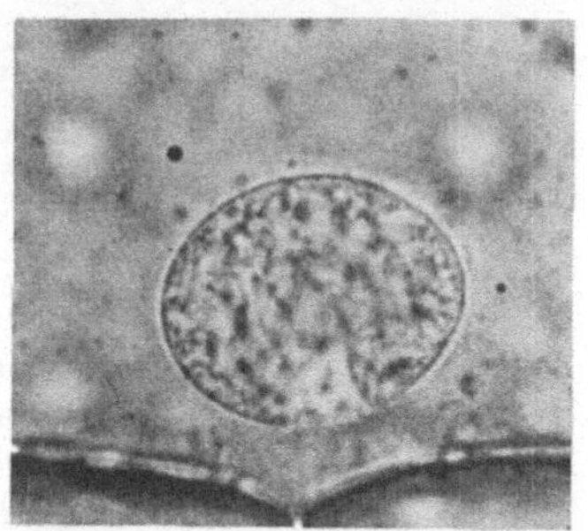

Abb. 27. Ruhekern einer oberen Epidermiszelle der Zwiebelschuppe von *Allium Cepa*, geschädigt im Hellfeld. Nekrobiotische Veränderung der Kernstruktur. Die Kernmembran ist sehr vergröbert. Der hier in Seitenansicht abgebildete Kern ist stark aufgequollen. Das Karyotingerüst ist deformiert und stark vergröbert. Große mit Karyolymphe ausgefüllte Zwischenräume sind zu sehen. Nach schlechter Fixierung treten solche Bilder häufig auf. Original.

Dann wird in Leitungswasser ausgewaschen und im Blaulichtfluoreszenzmikroskop untersucht. Neben dem Kernretikulum färben sich noch die Nukleolen gelbrötlich.

Die Acridinorangefluorochromierung ist zur Strukturanalyse an lebenden Ruhekernen besonders geeignet, da es experimentell erwiesen ist, daß Mikroorganismen (Pilze), deren Kerne vital gefärbt sind, normal weiterwachsen können. Die Teilungsfähigkeit der Kerne wird durch diese Fluorochromierung bei vorsichtigem Arbeiten in keiner Weise gestört.

Die zweite kolloidale Hauptphase des Zellkernes ist der Kernsaft oder die Karyolymphe. Das Chromonema ist im Kernsaft eingebettet. Er färbt sich intra vitam mit sauren Farbstoffen. Als Beispiel sei die Kaliumfluoreszeinfärbung des Zellkernes angegeben.

Epidermishäutchen von *Allium Cepa*-Zwiebelschuppen werden in eine Kaliumfluoreszeinlösung 1:10000 eingelegt, welche auf pH 3,5—4 gepuffert ist. Nach 10 Minuten langer Färbung wird in Leitungswasser sehr gut ausgewaschen.

Die fluoreszenzmikroskopische Analyse im Blaulicht zeigt eine diffuse, homogene Grünfluoreszenz der Zellkerne. Auch die Nukleolen heben sich nicht besonders hervor. Das Kaliumfluoreszein färbt als saurer Farbstoff das elektropositiv geladene System der Karyolymphe homogen an. Dadurch müssen die Kerne strukturlos erscheinen, und die Anwesenheit eines retikulären Chromonemas ist auf diesem Wege nicht zu erkennen.

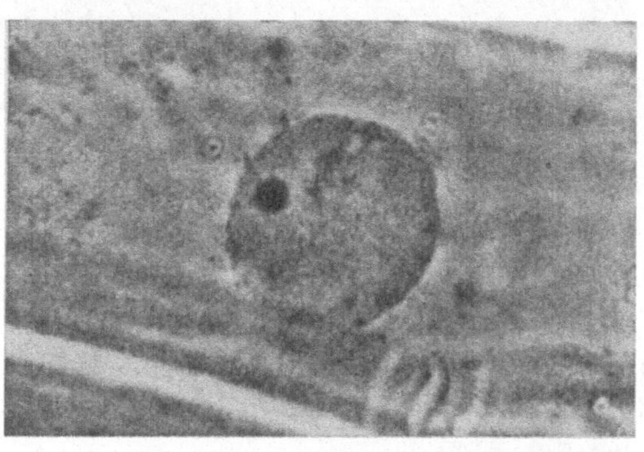

Abb. 28. Ruhekern einer oberen Epidermiszelle der Zwiebelschuppe von *Allium Cepa*, Phasenkontrastbild des lebenden Kernes. Hier wird der große Vorteil des Phasenkontrastverfahrens deutlich offenbar. Die Kernmembran ist als feine schwarze Kontur sichtbar. Das Karyotingerüst (Chromomeren) hebt sich dunkel und sehr scharf hervor ebenso der Nucleolus. Original.

Auch die Kernmembran läßt sich mit Hilfe fluoreszenzoptischer Methoden sehr klar intra vitam darstellen.

Die Zwiebelhäutchen werden zu diesem Zwecke in einer Pyroninlösung 1:10000 (pH 11,3) 5—10 Minuten lang eingefärbt. Bei diesem pH-Wert ist das Pyronin nicht mehr dissoziiert, sondern es sind in der Farblösung nur die stark lipophilen Farbbasenmoleküle enthalten, welche azurblau fluoreszieren. Mit der Pyroninbase lassen sich alle Baulipoide des Protoplasmas elektiv herausfärben. Neben einer diffusen ultramarinblauen Fluoreszenz des Zytoplasmas ist bei Verwendung von UV-Licht die Kernmembran als azurblau gefärbte Linie in schönster Weise zu beobachten. Die Kernmembran existiert also in vivo und besteht unter anderem aus einer lipoiden Komponente.

Phasenkontrastanalyse.

Objekt: Obere Schuppenepidermis der Küchenzwiebel. Für die Strukturanalyse tierischer Kerne in Ruhe und in der Teilung hat in der letzten Zeit das Phasenkontrastverfahren an Bedeutung gewonnen. Der vorstehende Versuch soll aber zeigen, daß auch für karyologische Studien an pflanzlichen Zellen die Phasenkontrastanalyse mit Erfolg Verwendung finden kann.

Durch die Anwendung der Phasenkontrastoptik ist es möglich, nukleinsäurehaltige Strukturen, wie sie das Chromonema, die Nukleolen, die Chromosomen darstellen, kontrastreich ohne Färbung in vivo hervorzuheben. Untersucht man lebende Zellen der oberen Zwiebelschuppenepidermis mit der Phasenkontrastoptik von Zeiß (homogene Immersion, Ph 90), so ist der Zellkern als dunkle, klar erscheinende Scheibe zu erkennen. Die Kernmembran hebt sich als scharfe dunkle Grenze deutlich ab. Kernrillen, welche bei *Allium* regelmäßig vorkommen, erscheinen infolge der scharfen Kontrastierung der Kernmembran sehr deutlich. Besonders auffallend sind die dunkel erscheinenden Nukleolen. Das retikuläre Chromonema ist mit Hilfe der Phasenkontrastoptik mit großer Klarheit zu differenzieren. Die nukleinsäurehaltigen Chromomeren heben sich als dunkle, feinste Körnchen in raumgitterartiger Anordnung ab. Die Karyolymphe ergibt dagegen keinen Kontrast und erscheint hell. Abb. 28 gibt eine Mikroaufnahme wieder. Auf der Aufnahme sind noch die dunkel sich abhebenden Chondriosomen im Zytoplasma deutlich zu sehen.

Es empfiehlt sich, bei lebendzytologischen Analysen von Zellkernen auch wenn möglich das Phasenkontrastverfahren regelmäßig anzuwenden. (13, 19, 24, 92, 111, 112, 113, 134, 153, 154, 156, 158, 159, 173, 179, 190, 191, 192, 193, 197.)

Versuch 12.

Die Rhizoidenkerne von Chara.

Die Fadenkerne der Rhizoiden von *Chara* gehören zu den größten und eigenartigsten Zellkernen, die wir im Pflanzenreiche vorfinden. Sie können eine Länge von $2^3/_4$ mm und eine Breite von $^1/_4$ mm erreichen. Während in den großen Internodialzellen die Kernsubstanz durch ständig vor sich gehende Fragmentationen und paralleles Kernwachstum vermehrt wird, treten in den Rhizoiden nur selten Fragmentationen auf. Der junge Rhizoidenkern wächst vielmehr zu dieser außergewöhnlichen Größe heran, wobei er Fadenform annimmt. Des öfteren erscheint er netzig gespalten oder geweihartig verzweigt. Für die Beobachtung der Rhizoidenkerne eignen sich: *Chara fragilis, Ch. rudis, Ch. foetida, Ch. baltica, Ch. ceratophylla* und *Nitella mucronata*. Die Pflanzen werden sorgfältig dem Schlamme entnommen und gut ausgewaschen. Aus den Knoten entwickeln sich im Schlamme reichlich Rhizoiden, welche für die Kernbeobachtungen brauchbar sind. Der Basalteil eines Pflänzchens wird auf den Objektträger in Kulturwasser gelegt, und die Rhizoiden werden zunächst im lebenden Zustande beobachtet. Das wandständige Zytoplasma strömt in regelmäßiger Rotationsströmung. Am akroskopen Ende eines jeden Rhizoids sieht man in einer ruhenden Plasmakomponente den langgestreckten, bandförmigen Zellkern liegen. Wird ein solches Präparat mit einer Neutralrotlösung 1 : 10000 (hergestellt in Leitungswasser) vitalgefärbt, so erfolgt intra vitam eine starke Farbstoffspeicherung in der Vakuole der Rhizoiden. Wird auf derartig gefärbte Rhizoidenzellen mit einer Nadel so lange ein Deckglasdruck ausgeübt, bis die Rhizoidenzellen irreversibel mechanisch geschädigt sind, so erfolgt eine spontane Entfärbung des Zellsaftes und der Kern färbt sich postmortal deutlich rot. Werden Rhizoiden mit Karminessigsäure (vgl. Versuch 20, S. 59) kurze Zeit aufgekocht, so färben sich die Rhizoidenkerne in schönster Weise. Abb. 29 gibt einige Kernformen wieder. (45, **101**.)

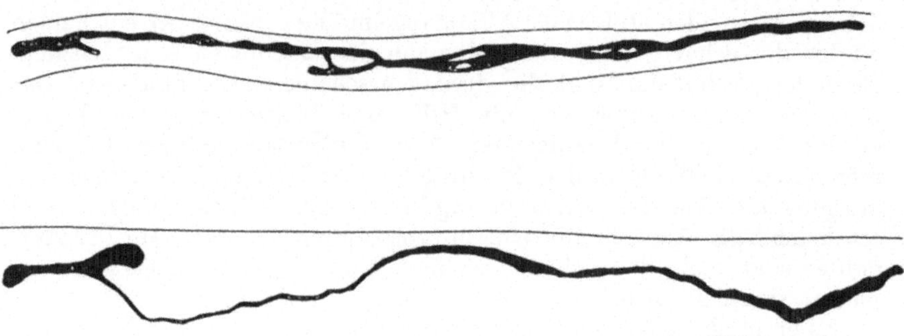

Abb. 29. Fadenkerne in den Rhizoiden von *Chara rudis*. Nach LINSBAUER (1927).

Versuch 13.
Eiweißkristalle im Zellkern.

Eiweißkristalle kommen im Zellkern als Reservestoff recht häufig vor. Für ganze Familien (Scrophulariaceen) ist dies sogar ein Merkmal.

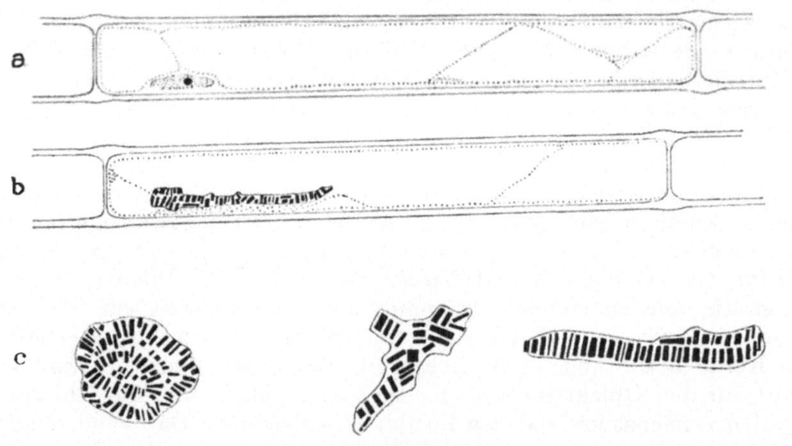

Abb. 30. *a* Zelle der Mittelpartie eines Haares am Kelchblatt von *Melampyrum nemorosum* (Kern ohne Kristalle). *b* Zelle der gleichen Region mit einem Kern, der reichlich Eiweißkristalle führt (man vergleiche den Unterschied gegenüber der Kerngröße bei *a*). *c* Die Anordnung der Kristalle im Kern. Nach GICKLHORN (1931).

Besonders schön sind die Eiweißkristalle an den Kernen der Haarzellen der Kelchblätter von *Melampyrum nemorosum* zu beobachten. Von einem jungen Kelchblatt wird die Außenepidermis mit der Pinzette abgezogen. Das Häutchen gelangt in einen Tropfen Leitungswasser und wird mit der V.I.M. entlüftet. In den langgestreckten Zellen der Haare ist ein dünner, fast strukturloser Plasmabelag zu erkennen. Die Plasmaströmung ist wie in allen Haargebilden sehr intensiv. Der große Zellkern enthält häufig zahlreiche Eiweißkristalle (Abb. 30). In einzelnen Zellen jedoch ist er kristallfrei und erscheint rundlich abgeplattet. Die Kernform wird durch das Auftreten der Kristalle häufig eigenartig verändert. Die Lagerung der Kristalle ist sehr regelmäßig. Sie gehören dem regulären System an. Wird mit einer 1 molaren KNO_3-Lösung plasmolysiert, so tritt in vielen Zellen eine Schädigung der Kerne ein. Sie werden rund, und die Kristalle verquellen häufig (Salzintrabilität). Jodzusatz färbt die Kristalle gelblich an. Mit zunehmendem Alter der Kelchblätter verschwinden auch die Eiweißkristalle in den Kernen. (48, 197.)

Versuch 14.

Kernform- und Nukleolenformänderungen in den lebendén Epidermisblasenzellen von Mesembryanthemum cristallinum.

Die Epidermis von *Mesembryanthemum cristallinum* besitzt zahlreiche stark reduzierte Trichome, die mit freiem Auge sichtbare Blasenzellen darstellen und die Oberfläche der Pflanze dicht bedecken. Wir präparieren diese Zellen am besten dadurch, daß wir von einer Stengelpartie dickere, radiale Längsschnitte anfertigen. Die Schnitte müssen freilich so dick sein, daß sie unverletzte Blasenzellen am Rande enthalten. Die Untersuchung erfolgt in Leitungswasser. Die nichtverletzten Blasenzellen können bei mittlerer Vergrößerung trotz der Dicke des Präparates gut beobachtet werden. Sie besitzen einen zarten, plasmatischen Wandbelag, in dem sich kleine, blaßgrün gefärbte Plastiden befinden. Von die-

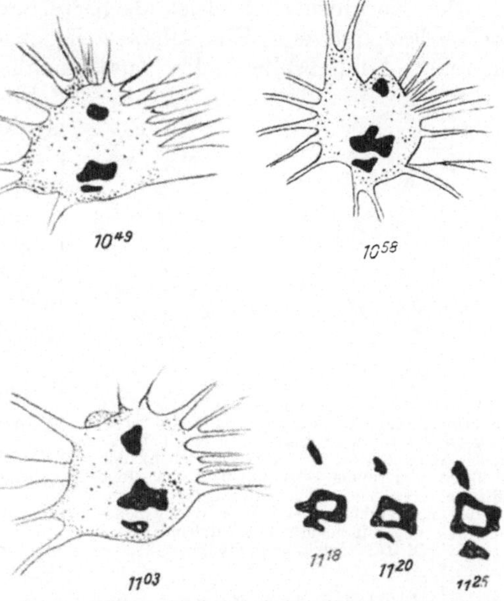

Abb. 31. Kernform- und Nukleolenformänderung in den lebenden Blasenzellen der Epidermis von *Mesembryanthemum cristallinum*. Nach Linsbauer (1932).

sem Wandbelag gehen zahlreiche Plasmafäden und -stränge zur Plasmaansammlung, die sich um den Kern herum befindet (Kerntasche). Der Kern ist recht groß und meist an diesen Plasmafäden in der Kerntasche aufgehängt. Seine Form ist unregelmäßig. Eine distinkte Kernmembran kann nicht beobachtet werden. Die Nukleolen, die in ihrer Zahl und Form recht mannigfaltig sind, heben sich deutlich ab.

Eine solche Zelle, die deutliche Plasmaströmung aufweist, wird eingehend mit guter Optik einer Dauerbeobachtung unterworfen. Mit dem Zeichenapparat entwerfen wir von 10 zu 10 Minuten ein Bild der Kern- und Nukleolenform. Abb. 31 gibt uns solche Bilder wieder. Sowohl die Kernform als auch die Nukleolenform sind in diesen Zellen einem ständigen Wechsel unterworfen. Nicht selten treten in den Nukleolen Vakuolen auf, die nach einiger Zeit wiederum verschwinden können.

Oberflächenspannungsänderungen dürften im Zusammenhange mit den regen Stoffwechselbeziehungen des Kernes zum umgebenden Zytoplasma mit die Ursache der Erscheinungen sein. Auch die Plasmaströmung kann formend beteiligt sein. Jeder Beobachter wird an diesen Kernen zur Überzeugung gelangen, daß der Begriff Ruhekern durchaus unlogisch ist, und wir werden PETER wohl zustimmen können, daß der Ruhekern in Wirklichkeit Arbeitskern heißen müßte. (**103**, 141.)

<h3 align="center">Versuch 15.</h3>

<h3 align="center">Kernformänderungen in funktionierenden Schließzellen.</h3>

Der Kernformwechsel ist als Kriterium für lebhaft funktionierende Zellen aufzufassen. Ein schönes Beispiel dafür bieten uns funktionierende Schließzellen. Im Zusammenhange mit der Funktion der Schließzellen spielen sich grundlegende Änderungen in ihrem Plasma ab. Im geschlossenen Zustande haben die Plastiden viel Stärke, im offenen nur sehr wenig. Veränderungen der Plasmolyseform werden in Versuch 41, S. 88 im Zusammenhange mit der Funktion besprochen.

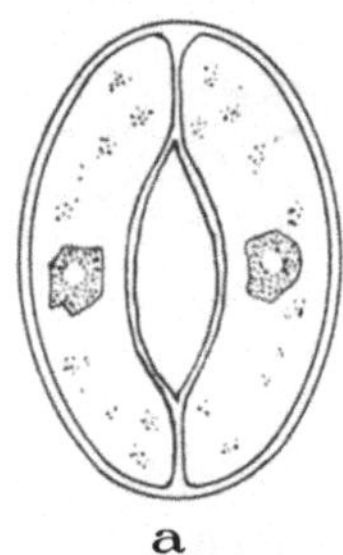

a   b

Abb. 32. Kernform- und Stärkewechsel bei funktionierenden Schließzellen von *Dahlia variabilis*. *a* Spaltöffnung geöffnet, in den Schließzellen wenig Stärke (schwarze Pünktchen), der Zellkern abgerundet oder amöboid, in seiner Mitte eine Vakuole. *b* Spaltöffnung geschlossen, in den Schließzellen viel Stärke, der Zellkern spindelförmig, mit einem großen Nukleolus in der Mitte. Nach WEBER (1931).

Um die Kernformänderungen in den Schließzellen zu beobachten, verwenden wir als Versuchspflanzen am besten *Vicia faba* und *Dahlia variabilis*. Wir untersuchen den Öffnungszustand der Stomata durch direkte Beobachtung des Blattes im durchfallenden Licht, wobei die Blattunterseite nach oben liegen muß. Mit dem Objektiv 5 läßt sich der Öffnungszustand der Stomata gut feststellen. Dann ziehen wir ein Epidermishäutchen vorsichtig ab und untersuchen es in Leitungswasser. Waren die Spalten offen, so sind die Kerne in den Schließzellen rundlich bis leicht amöboid; waren die Stomata dagegen geschlossen, so sind alle Kerne der Schließzellen spindelförmig geformt. Zugleich mit dem Stärkewechsel läßt sich die Kernformänderung noch deutlicher mit einer alkoholischen Jodlösung, der etwas Essigsäure zugefügt wurde, erkennen. Es gelingt dann je nach dem Öffnungszustande der Stomata, die in Abb. 32a und b dargestellten Bilder zu beobachten. (**210, 211,** 212.)

Versuch 16.

Die reversible Entquellung der Zellkerne durch mechanische Reizung.

Bělař machte uns mit einer eigenartigen reversiblen Strukturänderung lebender Kerne bekannt, die auf Wund- und Druckreize hin erfolgt. Für die Technik der Lebendbeobachtung der Kernstrukturen ist diese Erscheinung von großer Bedeutung. Durch den mechanischen Reiz wird eine reversible Entquellung einer Strukturkomponente des Zellkernes bewirkt. Dadurch ändert sich das Lichtbrechungsvermögen dieses Kernbestandteiles, und die notwendige Folge davon ist eine optisch leicht bemerkbare Strukturänderung. Diese Erscheinung beobachten wir am besten an den jungen Blütenblättern von *Tradescantia virginica.*

Aus einer Knospe wird ein junges Blütenblatt entnommen und in einer 2,5%igen Rohrzuckerlösung (hergestellt mit Leitungswasser) infiltriert. Dann legen wir das durchsichtig gewordene Blütenblatt auf den Objektträger in die Zuckerlösung und bedecken sorgfältig mit einem Deckglas. Die Kerne der jungen Blütenblattepidermiszellen sind rund und besitzen eine feinkörnige, regelmäßig erscheinende Chromonemastruktur. Mit einer Präpariernadel drücken wir dann mehrmals auf das Deckglas. Die Kerne reagieren innerhalb von 10 Minuten auf den Druck. Sie werden hyalin, wobei die Struktur ganz undeutlich wird. Um die Reversibilität der Erscheinung zu prüfen, legen wir das Blattstück in einen kleinen Tropfen der Rohrzuckerlösung auf ein Deckglas und legen dieses mit dem Tropfen nach unten auf einen hohlgeschliffenen Objektträger (hängender Tropfen). Um eine Verdunstung zu vermeiden, wird mit Vaseline abgedichtet. Nach 24 Stunden beobachten wir dieselbe Stelle wieder. Die Kernstruktur ist normal geworden; die Plasmaströmung ist deutlich zu beobachten. (**14,** 173)

Versuch 17.

Die Untersuchung der degenerativen Kernform- und Strukturänderungen an den Kernen im ausgeflossenen Protoplasma von Chara-Internodialzellen.

Ein Internodium von *Chara fragilis* wird freipräpariert und dann mit einer Schere durchschnitten. Wir lassen nunmehr unter Deckglas das Protoplasma aus der Schnittfläche austreten, wie es in Versuch 5 beschrieben ist. Als Medium wählen wir das Kulturwasser. Die Beobachtung des ausfließenden Protoplasmas erfolgt im Hell- und Dunkelfelde bei mittlerer Vergrößerung. Mit dem Binnenplasma treten zahlreiche, verschieden geformte, aber meist sehr große Zellkerne aus. Im Moment des Austretens sind sie im Dunkelfelde grell leuchtend erkennbar. Später werden sie bläulich leuchtend und schließlich kaum mehr sichtbar. Da in normalen, unverletzten Internodialzellen die Kerne im

Dunkelfelde nicht deutlich sichtbar hervortreten, so handelt es sich dabei um eine Folge des Wundreizes. In einer älteren Plasmakugel erkennen wir die Kerne daran, daß sie im Dunkelfelde optisch vollkommen leer erscheinen. Nur die Kernmembran ist als helle Linie deutlich sichtbar. Mit weiter zunehmendem Alter der Plasmakugel werden die Kerne im Dunkelfelde wieder bläulich. Dieses bläuliche Leuchten ist der Nachweis für eine Dispersitätsverminderung. Da außer dem diffusen Leuchten keinerlei disperse Phasen sichtbar werden, bezeichnen wir das Leuchten als Amikronenlicht. Nach 20—30 Minuten platzt schließlich die Plasmakugel, deren Haptogenmembran brüchig geworden ist, und es beginnen nunmehr recht eigenartige Veränderungen der Zellkerne. Das bläuliche Amikronenlicht nimmt an Stärke sofort zu. Es geht schließlich bald in ein silbriges Leuchten über. Dann ist die Dispersitätsverminderung so weit vorgeschritten, daß bereits feinste Teilchen (disperse Phasen) im Kerne sichtbar werden, die im Dunkelfelde grell aufleuchten und in reger B.M.B. tanzen. Es handelt sich demnach um Solkerne, in denen eine Dispersitätsverminderung einer Kernphase vor sich geht.

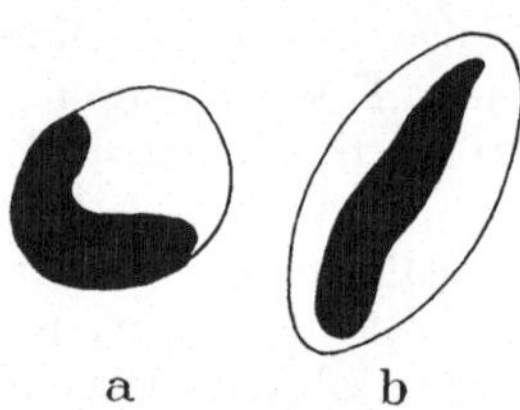

Abb. 33. Isolierte Kerne aus der Internodialzelle von *Chara fragilis*. Entmischung unter Sol- und Gelteilbildung. *a* Kernmembran einseitig abgehoben, *b* Kernmembran allseitig abgehoben. Aus STRUGGER (1928).

Die B.M.B. wird immer langsamer, die Teilchen agglutinieren, und schließlich kann der Kern völlig erstarren. Er ist zum Gelkern geworden. In vielen Fällen aber können wir die Beobachtung machen, daß sich im Kerne bei der Koagulation eine Entmischung der beiden Kernhauptphasen abspielt. Durch die quellende Kerngrundsubstanz (Karyolymphe) wird die Kernmembran während der Koagulation der Kerngerüstsubstanz (Karyotin) blasenförmig abgehoben, und der Kern sondert sich so in einen im Dunkelfelde grell aufleuchtenden Gelteil und in einen bläulich leuchtenden Solteil. Abb. 33a, b gibt uns schematisch solche Kerne wieder. Der Gelteil ist schwarz, der Solteil weiß gezeichnet. Des öfteren erfolgt auch eine totale Abhebung der Kernmembran. Dabei umgibt der Solteil den Gelteil vollständig. Der Gelteil ist der färbbare Anteil des Kernes. Er enthält also das Chromatin. Der Solteil läßt sich dagegen nur schwach färben und enthält die Karyolymphe. Diese macht nun nach einiger Zeit auch eine Koagulation durch. Das bläuliche Amikronenlicht wird allmählich stärker. Silbriges Leuchten tritt ein, wobei zahlreiche feine Teilchen sichtbar werden, die sich in B.M.B. befinden. Der Solteil flockt schließlich ganz aus, und es bildet sich ein zartes, flockiges Netzwerk.

Zusammenfassend können wir sagen, daß die Desorganisation der Kerne mit Hilfe der Dunkelfeldbeleuchtung besonders schön analysierbar ist. Vom kolloidchemischen Standpunkte aus erfolgt beim Durchschneiden der Internodialzelle durch den Wundreiz eine Koagulation und eine Lichtbrechungsänderung der Kerne. In der ausgeflossenen Plasmakugel nehmen die Kerne sowie das Protoplasma Wasser auf und gehen allmählich in den Solzustand über. Sie werden dann optisch leer. Mit zunehmendem Alter der Plasmakugel erfolgt eine allmähliche Dispersitätsvergröberung, so daß Amikronenlicht auftritt. Durch das Platzen der Plasmakugeln wird der Koagulationsprozeß stark beschleunigt, und das Karyotin flockt ziemlich schnell aus. Dabei treten durch eine gleichzeitige Quellung der Karyolymphe Entmischungserscheinungen auf, die zur Gel- und Solteilbildung führen. Die Karyolymphe unterliegt später auch der Koagulation. (182, 183, 184, 185.)

<h3 style="text-align:center">Versuch 18.</h3>

Die experimentell hervorgerufene Entmischung der Kernphasen durch die Wirkung bestimmt konzentrierter Kalisalze.

Gelingt es, Kerne aus lebenden Zellen möglichst rasch zu isolieren und sie in ein definiertes Medium zu bringen, so muß es möglich sein, den Verlauf der Desorganisationserscheinungen künstlich zu beeinflussen. Dies läßt sich recht leicht an den Internodialzellen der Characeen durchführen.

Wir schneiden ein freipräpariertes Internodium von *Chara fragilis* an einem Ende mit der Schere durch und quetschen den Zellinhalt mit einer Nadel in einen Tropfen des gewählten Mediums aus. Dabei gelangen neben Protoplasmatropfen und Plastiden zahlreiche Zellkerne in ein definiertes Medium. Nachdem wir mit einem Deckglas bedeckt haben, wird im Dunkelfeld der Verlauf der Desorganisation der isolierten Kerne untersucht. Als Medium werden für die Versuche KNO_3-Lösungen in folgenden Konzentrationsstufen verwendet: Lösung 1 : 0,1 mol., Lösung 2 : 0,2 mol., Lösung 3 : 0,4 mol.

Lösung 1. Anfänglich leuchten die Kerne grell auf. Bald aber erfolgt eine Verflüssigung der Kerne; die silbrig leuchtenden Teilchen des Karyotins bewegen sich in B.M.B.; weitere Änderungen erfolgen nicht.

Lösung 2. Die Kerne leuchten bald nach der Übertragung bläulich auf. Nach 10 Minuten ist das Karyotin auskoaguliert, und die B.M.B. der Karyotinteilchen kommt zum Stillstand. Gleichzeitig ist fast in allen Kernen eine Entmischung der Kernhauptphasen zu erkennen. Es bilden sich deutliche Solblasen aus, die bläulich leuchten und die Kernmembran abheben (vgl. Abb. 33a, b). Nach einiger Zeit koaguliert auch der Inhalt der Solblasen langsam aus. In 0,2 mol. KNO_3 gelingt es gleichzeitig, das Karyotin zur Ausflockung und die Karyolymphe zur Quellung zu veranlassen, wodurch die Entmischung bedingt wird.

Lösung 3. Es erfolgt keine Entmischung, sondern eine zunehmende Dispersitätserhöhung des Karyotins. Allmählich werden die Kerne optisch vollkommen leer. Vorher aber ist an der B.M.B. der Karyotinteilchen der Solcharakter der Kerne deutlich zu erkennen. Optisch leere Randvakuolen treten auf.

Aus dieser Versuchsreihe ersehen wir, daß das Kaliumnitrat die Kolloidstruktur der Kerne recht gesetzmäßig beeinflußt. Es ergibt sich eine eigenartige Abhängigkeit der erhaltenen Bilder von der Konzentration der KNO_3-Lösung. Die Flockung des Karyotins ist in Form einer Optimumskurve von der Konzentration abhängig. In 0,2 Mol erfolgt seine maximale Flockung. Man vergleiche dazu auch die Kurve in Abb. 35.

Dieser Versuch soll uns auch die Vorteile einer eingehenden Dunkelfeldanalyse vor Augen führen. Die gleichzeitige Hellfelduntersuchung lehrt, daß Dispersitätsänderungen von solcher Feinheit niemals im Hellfelde so gut zu erkennen sind.

Der Versuch der Beeinflussung der Dispersität des Karyotins durch eine Konzentrationsänderung des Kaliumnitrats kann in vereinfachter Form auch an einem Gewebe vorgenommen werden.

Wir verwenden dazu nicht zu dicke Querschnitte durch die Zwiebelschuppe von *Allium Cepa*. An ihrer Schnittfläche enthalten solche Schnitte zahlreiche, verletzte Mesophyllzellen, in die das Kaliumsalz ungehindert bis zu den Kernen vordringen kann. In intakte Zellen dagegen kann das Salz nicht in den gewünschten Konzentrationen ohne weiteres eintreten.

Auf Grund der vorliegenden Erfahrungen stellt man sich folgende KNO_3-Lösungen in doppelt destilliertem Wasser her.

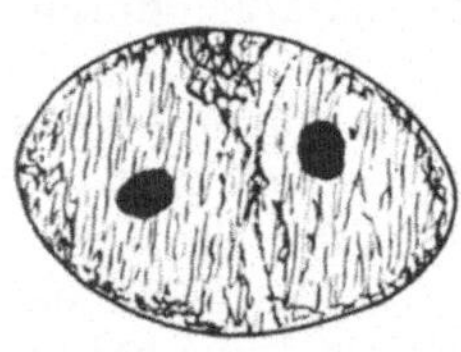

Abb. 34. Zellkern aus dem Mesophyll der Zwiebelschuppe von *Allium Cepa*. 10 Minuten mit einer 0,17 molaren Lösung von KNO_3 behandelt. Fädig deformiertes Kernretikulum. Aus STRUGGER (1930).

1. 0,05 mol., 2. 0,17 mol., 3. 0,3 mol.

Diese drei Lösungen gibt man dann in drei Esmarchschälchen, und die frisch hergestellten Schnitte werden in die drei Lösungen verteilt. Nach 5—10 Minuten wird im Hellfelde aus jeder Konzentration ein Schnitt genauestens untersucht. Dabei werden nur die angeschnittenen, oberflächlich gelegenen Zellen berücksichtigt.

Lösung 1. Die Kerne sind als kreisrunde Kugeln sichtbar und sind von einer prall gespannten Kernmembran begrenzt. Struktur ist keine zu beobachten, nur die Nukleolen (meist 2) sind deutlich zu erkennen. Untersuchungen im Dunkelfelde und vergleichende Fixationsstudien haben die Solnatur dieser Kerne erwiesen.

Lösung 2. Die Kerne sind deutlich schon bei schwächerer Vergrößerung zu erkennen. Ihre Form ist ellipsoid bis rund. Sie besitzen ein deutlich sichtbares, fädiges Gerüstwerk. Das Karyotin ist in 0,17 mol. KNO_3 ausgeflockt, wodurch sich das Gerüstwerk bildet. Die fädige Form des Gerüstes entsteht durch eine nachträgliche Aufquellung des ursprünglich linsenförmigen Kernes zu einer Kugel (Quellung der Karyolymphe). Dadurch entsteht im Querdurchmesser des ellipsoidischen Kernes die fadenförmige Struktur des offenbar zähflüssigen Karyotins. Abb. 34 gibt uns die Struktur eines solchen Kernes wieder.

Lösung 3. Die Kerne sind nur schwer erkennbar, denn sie besitzen keinerlei Struktur und sind als völlig optisch leere, kreisrunde Blasen sichtbar, die von der scharf umrissenen Kernmembran umgeben sind. Die Nukleolen sind unsichtbar. Diese Kerne befinden sich im Solzustande und besitzen nachgewiesenermaßen keinerlei Struktur. Das Karyotin ist hoch dispers in der Karyolymphe zerteilt.

Es gelingt sonach, die Struktur der Kerne durch eine planmäßige Veränderung der Konzentration des Kaliumnitrates willkürlich zu ändern. Es ergibt sich für die Abhängigkeit der Dispersität des Karyotins von der Konzentration des Kaliumnitrates die in Abb. 35 wiedergegebene Kurve. In 0,17—0,20 mol. liegt das Maximum der Ausflockung des Karyotins, während links und rechts von dieser Konzentration die Dispersität zunimmt. Ein und derselbe Kern kann durch Änderung der Konzentration diese Kurve durchlaufen, so daß es sich zweifellos um eine (rein kolloidchemisch betrachtet) reversible Strukturänderung der

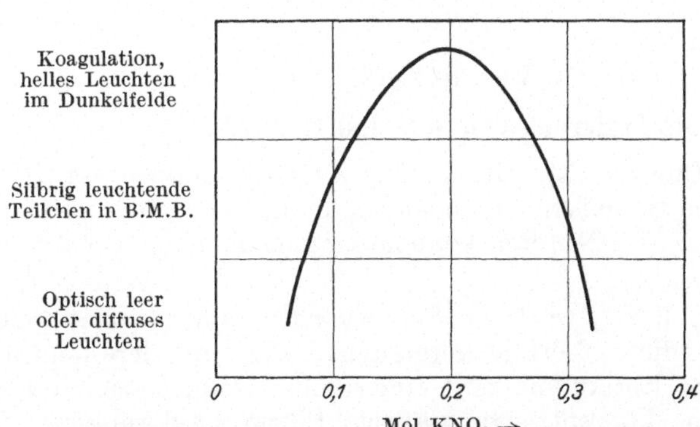

Abb. 35. Die für alle bis jetzt untersuchten Pflanzen gültige Abhängigkeit der Dispersität und Flockung des Karyotins von der Konzentration einer KNO₃-Lösung. Aus STRUGGER (1930).

Kerne handelt. Die Gesetzmäßigkeit gilt auch in quantitativer Hinsicht für alle bis jetzt untersuchten Kerne, so daß das Konzentrationsgebiet um 0,2 mol. KNO_3 bei den verschiedensten Pflanzenarten das Flockungsmaximum des Karyotins darstellt.

Es ist für uns die Frage wichtig, inwieweit solche Veränderungen der Kerne auch an lebenden Zellen beobachtet werden können. Dies ist aber in erster Linie ein Intrabilitätsproblem. Normalerweise intrameiert das Kaliumnitrat nur sehr langsam in das Protoplasma. Fälle, in denen jedoch an noch lebenden Zellen solche Veränderungen der Kerne durch gesteigertes Eintreten des Kaliumsalzes zu beobachten sind, mögen aufgezählt werden.

1. Bei längerer Plasmolyse der Epidermiszellen von *Allium Cepa*-Schuppen treten Kappenplasmolysen in den Salzen der Alkalimetalle auf. Dabei quellen das Zytoplasma und der Zellkern durch das eintretende Salz. Der Kern wird hyalin und geht in den Solzustand über (vgl. Versuch 55, S. 109).

2. Bei Plasmolyse der Epidermiszellen der Zwiebelschuppen von *Allium Cepa* in KCNS wird die Intrabilität pathologisch so gesteigert, daß Kappenplasmolyse und Tonoplastenplasmolyse sehr schnell zustande kommen. Dabei schwillt der Kern und geht in den optisch leeren Solzustand über; es flockt das Karyotin vorübergehend aus (vgl. Versuch 56, S. 111).

3. Die Epidermiszellen von *Allium* weisen bei gleichzeitiger Vitalfärbung mit Neutralrot und Wundreizwirkung eine Vakuolenkontraktion auf. In solche Zellen kann das Kaliumsalz ohne weiteres in den gewünschten Konzentrationen eintreten, und es erfolgt genau wie bei den angeschnittenen Zellen eine Reaktion der Zellkerne (vgl. Versuch 33, S. 72).

4. Nach Vitalfärbung mit Erythrosin und bei nachfolgender Plasmolyse der *Allium*-Epidermen mit KNO_3 tritt eine Anschwellung und Verflüssigung der Kerne auf (vgl. Versuch 87, S. 176).

5. Leicht gelingt es, durch eine fein abgestufte Ammoniakbehandlung die Intrabilität für KNO_3 so zu steigern, daß die Kernstrukturänderungen zustande kommen (vgl. Versuch 60, S. 115). (4, 6, 74, 77, 174, 179, **182, 183, 184, 185**, 186.)

Versuch 19.

Die Fixierung von Sol- und Gelkernen.

Wir stellen Querschnitte durch die Zwiebelschuppe von *Allium Cepa* her und legen sie teils in ein Schälchen in 0,17 mol., teils in 0,3 mol. KNO_3 ein. Nach 5—10 Minuten können wir mit dem Fixationsversuch beginnen.

Aus 0,17 mol. KNO_3 wird ein Schnitt entnommen und zunächst in einem Tropfen dieser Lösung untersucht. Ein besonders deutlicher Kern mit fädigem Retikulum wird eingestellt. Dann setzen wir seitlich sorgfältig eine konzentrierte, wäßrige Pikrinsäurelösung zu. Wir können an der Verfärbung des Gesichtsfeldes ohne weiteres im Mikroskop den Zeitpunkt des Fixierungsbeginnes erkennen. Die Kernstruktur ändert sich dabei nicht.

Aus 0,3 mol. KNO_3 wird derselbe Versuch an einem hyalinen Solkern wiederholt. In dem Augenblick, in welchem das Fixiermittel den Kern erreicht, können wir im ursprünglich homogenen Kern feine Teilchen auftreten sehen, die sich in B.M.B. befinden. Allmählich kommt die Molekularbewegung zum Stillstande, und der ganze Kern besitzt eine starre, feinkörnige Struktur. Das Fixiermittel hat demnach eine Koagulation des hochdispersen Karyotins bewirkt, so daß eine Artefaktstruktur entstanden ist.

Genaue Untersuchungen dieser Art haben gezeigt, daß Gelkerne bei guter Fixierung naturgetreu erhalten bleiben, während Solkerne immer infolge der eintretenden Koagulation des Karyotins im fixierten Zustande eine Artefaktstruktur besitzen. Die Schnitte werden in einer entsprechenden KNO_3-Lösung vorbehandelt. Dann werden sie mit verschiedenen Fixiermitteln fixiert. Die Färbung erfolgt mit Eisenhämatoxylin nach HAIDENHAIN.

Solkerne ergeben beim Fixieren eine Struktur, die von der ausflockenden Wirkung des Fixierungsmittels abhängig ist. Sie ist aber immer eine Artefaktstruktur.

Gelkerne lassen sich dagegen bei guter Fixation strukturtreu konservieren.

Dieser Versuch soll für den normalen Kern keine Aussage gestatten. Als Grundlage für eine experimentell aufgebaute Kritik der Fixationsstrukturen ist er aber sicherlich von Bedeutung. (32, 112, 153, 154, 156, 182, 183, 184, 197, 229, 230.)

scharfen Rasiermesser wird von einem jungen 3—6 cm langen Triebe eine Freipräparation der Blattbasen durchgeführt. Einige mehrere Millimeter breite Blattbasenstücke werden mit Hilfe der V.I.M. mit Leitungswasser infiltriert. Dadurch wird das meristematische Blattstückchen lichtdurchlässiger. Die meristematische Epidermis läßt sich mit einem Immersionsobjektiv dann gut beobachten. Eine Schädigung des Gewebes ist bei diesem Objekte weitgehend ausgeschlossen. Die meristematischen Epidermiszellen sind recht klein und besitzen im Verhältnis zu ihrer Größe einen sehr großen, kugelförmigen, zentral gelegenen Kern. Er erscheint dicht feinkörnig strukturiert (Chromonemastruktur). Nur geschädigte Kerne weisen eine Homogenisierung auf. An solchen Blattstückchen aus der Meristemzone lassen sich Kernteilungen ganz außergewöhnlich leicht und in großer Zahl beobachten. Es gibt Präparate, in denen fast die Hälfte aller Epidermiszellen Kernteilungsstadien aufweisen. Infolge der Raumverhältnisse sind in diesen Zellen die Teilungsfiguren deutlicher zu erkennen als in den schmalen Staubfadenhaaren. Auch laufen die Mitosen unter den Augen des Beobachters häufiger ungestört weiter. Dieses Objekt ist für den Unterricht ganz besonders zu empfehlen.

Parallel zur Lebendbeobachtung dürfte zur Unterstützung des Anfängers eine Fixation und Färbung der Präparate von Nutzen sein. Am besten verwendet man folgendes Schnellfärbeverfahren:

In heißem, 50%igen Eisessig wird Karmin bis zur Sättigung aufgelöst. Dann wird die Farbstofflösung filtriert. Mit Hilfe dieser Karmin-Essigsäure lassen sich durch Erhitzen bis zum Aufkochen sehr schnell gute und brauchbare Kontrastfärbungen der Kerne und der Chromosomen erzielen. Eine vorangehende Fixierung mit Carnoy (4 Teile absoluter Alkohol und zwei Teile Eisessig) ist für die Durchführung dieser Färbung günstig. Die Färbung selbst wird technisch so durchgeführt, daß das zerkleinerte Objekt in Karmin-Essigsäure auf dem Objektträger über der Gasflamme einige Male zum Aufkochen gebracht wird. Dann wird mit dem Deckglas etwas gequetscht und der Farbstoff durch Zugeben von Glyzerin und Absaugen der Karmin-Essigsäure ausgewaschen.

Als praktischer Wink für die Kultur junger Blätter von *Tradescantia virginica* sei erwähnt, daß die Materialbeschaffung zu jeder Jahreszeit möglich ist. Rhizomstecklinge müssen in Erde eingesetzt werden und im Winter im Warmhaus aufgestellt sein. Die Austriebe liefern das beste Versuchsmaterial. (9, 10, 11, 12, **13**, 19. 20, 44, **47**, **59**, 60, 78, 87, 88, 89, 90, 91, **92**, 93, 94, 95, 110, 111, 112, 113, 114, 120, 125, 134, 147, 149, 151, 152, 153, 155, 156, 157, 160, 178, 194, 197, 198, 203, 204, 205, 206, 207, 228.)

Versuch 21.

Die Traumatotaxis des Zellkernes.

Jüngere Blätter von *Tradescantia fluminensis* werden an ihrer Unterseite mit einer Nadel verwundet. Das Blatt wird an der ganzen Pflanze belassen. Nach 24 Stunden wird an einem Flächenschnitt, der von der

Wundstelle abgehoben wurde, die Lage der Zellkerne in den Epidermiszellen, welche um die Wunde herum intakt geblieben sind, mikroskopisch

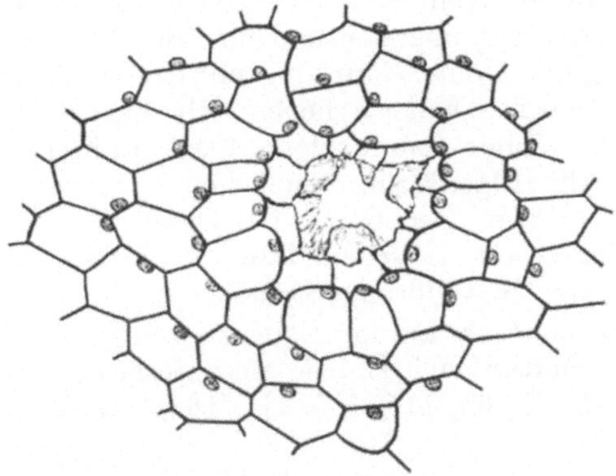

Abb. 38. Traumatotaxis der Zellkerne im Umkreise einer Stichwunde in den Epidermiszellen des Blattes von *Tradescantia fluminensis*. Nach MIEHE aus TISCHLER (1934).

untersucht. Durch den Wundreiz ist eine Verlagerung der Kerne zur Wunde hin erfolgt, welche als positive Traumatotaxis bezeichnet wird. (Vgl. Abb. 38). (106, 121, 126, 148.)

3. Die Chloroplasten.

Versuch 22.

Die Struktur der Chloroplasten.

Die Chloroplasten sind ernährungsphysiologisch betrachtet wohl die bedeutungsvollsten Organelle pflanzlicher Zellen. Während sie bei den Protophyten mannigfaltige Formen und Größen besitzen, sind sie bei den Metaphyten in ihrer Form und Größe recht konstant. Ihre Struktur, welche erst in den letzten Jahren genauer analysiert wurde, ist in der Regel einheitlich. Die Mehrzahl der Chloroplasten läßt bei der Beobachtung mit einer Ölimmersion eine granulöse Feinstruktur erkennen (Granastruktur). Nur bei einzelnen Pflanzen, wie z. B. *Anthoceros*, ist der ganze Chloroplast mikroskopisch homogen.

Um die Granastruktur der Chloroplasten an günstigen Objekten zu studieren, werden Flächen-

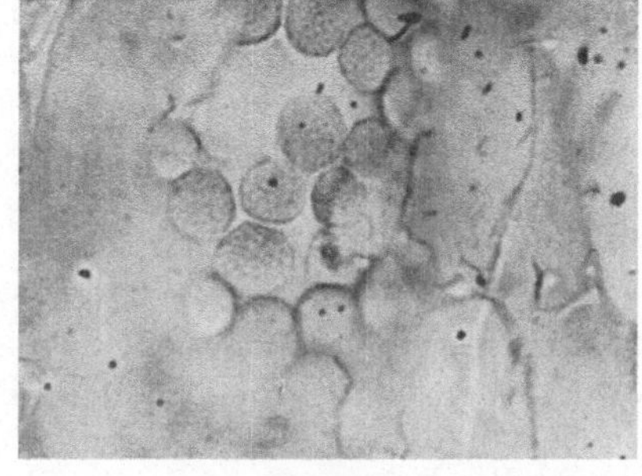

Abb. 39. Die Chloroplasten einer lebenden Mesophyllzelle des Blattes von *Dracaena deremensis*. Die Grana sind deutlich zu erkennen. Original.

schnitte von der Blattober- bzw. Blattunterseite frischer Blätter von *Aspidistra, Agapanthus umbellatus* oder am besten von *Dracaena deremensis* mit dem Rasiermesser hergestellt. Die Schnitte werden mit der

Epidermisseite nach unten in einen Tropfen mit Brunnenwasser zwischen dem Objektträger und einem Deckglase eingelegt. Hierauf wird mit Hilfe der V.I.M. die Interzellularenluft entfernt. Die Beobachtung erfolgt mit einer guten 1/12 Ölimmersion und mit künstlichem Licht, welches zur Verbesserung der Kontrastwirkung mit einem Rotfilter von Schott (RG 3) filtriert wird. Dadurch heben sich die chlorophyllführenden Grana als dunkle Gebilde vom farblosen Stroma ab. Die Grana erscheinen als chlorophyllhaltige, kleine Scheibchen, welche einen Durchmesser von 0,2—0,7 μ besitzen. Am Rande der Chloroplasten ist häufig eine Profilstellung der Grana zu sehen. Dann kann man beobachten, daß es sich um schmale, linsenförmige Scheibchen handelt (vgl. Abb. 39).

Auch an Moosblättern, an den Blättern von *Helodea densa* u. a. ist die feine Granastruktur nach einiger mikroskopischer Übung leicht zu erkennen. (41, 43, **61**, **62**, 115, 116, 118, **161**, 224, 225, 227.)

Versuch 23.

Die Doppelbrechung der Chromatophoren von Mougeotia.

Das lebende Protoplasma besteht im wesentlichen aus Eiweißkörpern und Lipoiden, welche ein hochgeordnetes submikroskopisch strukturiertes System bilden. Man müßte eigentlich erwarten, daß im polarisierten Lichte zwischen gekreuzten Nicolprismen im lebenden Protoplasma eine Doppelbrechung zu bemerken sei. Die polarisationsmikroskopische Untersuchung des lebenden Zytoplasmas und Zellkernes läßt aber normalerweise nur sehr schwer eine Doppelbrechung erkennen. Die Ursache dafür liegt im großen Wasserreichtum des Zytoplasmas. Die geordneten submikroskopischen Eiweißstrukturen reichen demnach nicht aus, um eine deutlich nachweisbare Doppelbrechung zu erzeugen. Durch Dehydratation mit absolutem Alkohol oder durch stärksten plasmolytischen Wasserentzug ist es jedoch möglich, die Doppelbrechung des Zytoplasmas und Zellkernes so deutlich zu machen, daß sie polarisationsmikroskopisch nachzuweisen ist.

Die Chloroplasten sind im Vergleich zum Zytoplasma wesentlich kompakter gebaut. Außerdem enthalten sie neben dem Stromaeiweiß noch sehr reichlich Lipoide, welche infolge ihrer molekularen Ordnung das Auftreten einer starken Doppelbrechung sehr begünstigen (man vergleiche die Doppelbrechung der Myelinfiguren, S. 109).

Die Zellfäden der Konjugate *Mougeotia* eignen sich für solche Untersuchungen ganz besonders gut. Jede Zelle enthält einen plattenförmigen axial gelagerten Chromatophor. Bei diffuser Beleuchtung ist er in Flächenstellung, bei stärkerer in Profilstellung zu beobachten. Frisch hergestellte Präparate zeigen die Chromatophoren immer in wechselnder Ansicht (vgl. Versuch 28, S. 68).

Untersucht man dieses Objekt im lebenden Zustande zwischen gekreuzten Nicolprismen, so fällt sofort die sehr deutliche Doppelbrechung der Chromatophoren auf, welche in Profilstellung liegen (vgl. Abb. 40). In der Flächenansicht ist keine Spur von Doppelbrechung an den Chromatophoren zu erkennen. Die in der Profilstellung liegenden

Chromatophoren leuchten nur dann in smaragdgrüner Polarisationsfarbe, wenn sie in bezug auf die Schwingungsrichtung der Nicol's mit ihrer Längsachse in der Diagonalstellung liegen. Dreht man den Objekttisch solange, bis die Längsachse der Chromatophoren mit der Schwingungsrichtung eines Nicolprismas übereinstimmt, so löschen sie vollständig aus. Nach unseren bisherigen Kenntnissen ist die Doppelbrechung der *Mougeotia*-Chromatophoren als negativ einachsig mit der optischen Achse senkrecht zur Fläche des Chromatophors zu bezeichnen. Die im Chromatophor reichlich vorhandenen lipoiden Substanzen müssen für die Doppelbrechung verantwortlich gemacht werden.

Closterium und *Spirogyra* sind für solche Untersuchungen ebenfalls geeignet. Hier leuchten die jeweils in Profilstellung sich bietenden Leisten im Polarisationsmikroskop auf. In Profilstellung zeigen auch die Chloroplasten der Kormophyten eine deutliche Doppelbrechung als Ausdruck ihrer geordneten submikroskopischen Lamellenstruktur. (79, 81, **116**, 117, 118, 119, 164, 219, 220, 221, 222, 223.)

Versuch 24.
Chromatwirkung auf Chloroplasten.

Durch Zusatz von 0,05%igem Kaliumchromat zum Kulturwasser läßt sich die Form und Struktur der Chloroplasten von *Helodea* in charakteristischer Weise verändern. Es tritt eine starke Reduktion der Chloroplasten auf, das Chlorophyll wird abgebaut und die Karotinoide bleiben erhalten, so daß aus den Chloroplasten auf experimentellem Wege Chromoplasten entstehen. Sprosse von *Helodea canadensis* werden in größeren Glasgefäßen in Leitungswasser kultiviert, dem K_2CrO_4, $K_2Cr_2O_7$ oder Na_2CrO_4 in einer Konzentration von 0,05 g pro 100 ccm zugesetzt wird. Man stellt diese Kulturen in einem Kalthause unter Vermeidung direkter Sonnenbestrahlung auf. Von Woche zu Woche werden ältere und jüngere Blätter der *Helodea*-Sprosse mikroskopisch untersucht. Innerhalb der ersten Woche treten zunächst an den Chloroplasten keine Veränderungen auf. In der zweiten Versuchswoche beginnt die Färbung der Chlorophyllkörner abzublassen. Sie werden allmählich gelbgrün und nach Ablauf von 5 Wochen schließlich rein gelb. Gleichzeitig tritt eine bedeutende Verkleinerung der Chloroplasten ein. Ist der ursprüngliche Durchmesser 5 μ, so ist er im Durchschnitt nach 5 Wochen nur 1,5 μ groß. Auch die Struktur der Chloroplasten ändert sich. Die Grana, welche ursprünglich kleine Scheibchen darstellten, sind kugelförmig geworden und heben sich scharf ab. Ihre ursprüngliche Färbung hat sich in eine gelborange Färbung umgewandelt. Es empfiehlt sich, den allmählichen Abbau des Chlorophylls im Fluoreszenzmikroskop zu verfolgen.

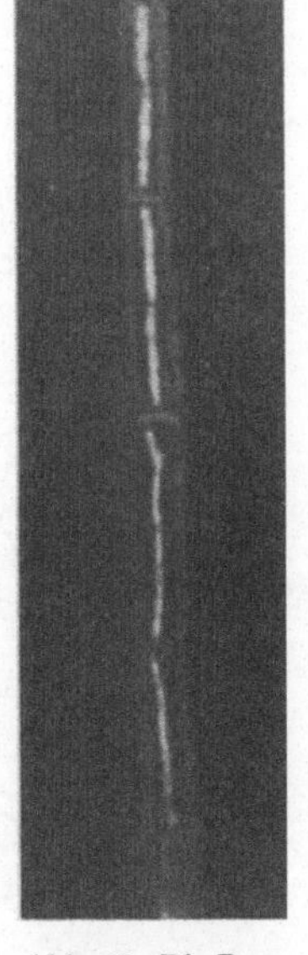

Abb. 40. Die Doppelbrechung der Chromatophoren von *Mougeotia*. Aufnahme im polarisierten Licht zwischen gekreuzten Nicol's. Chromatophoren in Profilstellung und Diagonalstellung in bezug auf die Schwingungsebene der Nicol's. Original.

Vergleicht man das Verhalten der Plastiden in ausgewachsenen und jungen, noch wachsenden Blättern, so sind charakteristische Unterschiede festzustellen. Die Chromatreduktion der Plastiden tritt nämlich nur in vollständig ausgewachsenen Blättern ein, während die noch wachsenden jungen Blätter auch im Chromat zunächst normal ergrünen und erst nach vollendetem Wachstum durch die Einwirkung des Chromsalzes sekundär in der angegebenen Weise reduziert werden. (8, 71, 97, 109.)

Versuch 25.

Rubidiumwirkung auf Chloroplasten.

Rubidiumchlorid bewirkt in 1/100 molarer Lösung eine pathologische Änderung der Chloroplastenteilung von Wasserpflanzen, so daß unregelmäßige Chloroplasten entstehen.

Kräftige Sprosse von *Helodea canadensis* werden in größeren Glasgefäßen in Leitungswasser kultiviert, dem Rubidiumchlorid in einer Konzentration von 0,01 Mol pro Liter zugesetzt wurde. Die Kulturgefäße sollen an einem schattigen Ort aufgestellt werden. Die Versuchspflanzen wachsen in der Rubidiumchloridlösung zunächst kräftig weiter und treiben zahlreiche Seitensprosse. Die neugebildeten Blätter sind im Vergleich zu rubidiumfreien Kontrollkulturen etwas kleiner. Nach einigen Wochen stellen der Hauptsproß und auch die neugebildeten Seitensprosse das Wachstum ein. Eine Neubildung von Seitensprossen mit begrenztem Wachstum ist jedoch noch wochenlang zu beobachten. An alten, vor Beginn des Versuches bereits fertig entwickelten Blättern sind keine

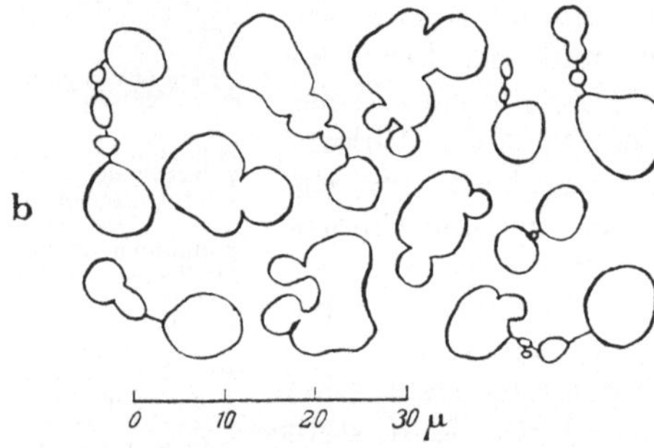

Abb. 41. Die Wirkung von Rubidiumsalzen auf das Wachstum der Chloroplasten von *Helodea densa*. *a* Zelle in rubidiumfreier Kultur aufgewachsen, normal geformte Chloroplasten. *b* Chloroplasten aus einer Rubidiumkultur, Kettenbildung mit Riesen- und Zwergformen, hervorgerufen durch ungleiche Teilungen. Nach Lärz (1942).

Chloroplastenveränderungen zu sehen. An den in der Rubidiumlösung neugebildeten Blättern sind die Chloroplastenformen auffällig verändert. Während normalerweise bei der Teilung der Chloroplasten immer zwei gleichgroße Teilstücke entstehen, treten in den Rubidiumkulturen ungleiche Teilungen regelmäßig auf. Es entstehen große und sehr kleine Tochterchloroplasten, welche in der Regel sich voneinander nicht ganz trennen und nach Art der bekannten Chloroplastenketten von *Selaginella* mit feinen Stromafäden miteinander in

Verbindung bleiben. Die größten aus diesem Vorgang resultierenden Chloroplasten erreichen einen Durchmesser von 10 μ. Neben diesen Riesenchloroplasten treten Zwergchloroplasten auf, deren Durchmesser 1 μ beträgt. Schon am 4. Tage nach Beginn des Versuches sind solche ungleiche Teilungen in den Wachstumszonen sich entwickelnder Blätter zu beobachten. Abb. 41b gibt uns die pathologisch veränderten Chloroplasten wieder.

Auch die Granastruktur erfährt eine Änderung. Die Zahl der Grana in den Riesenchloroplasten ist relativ gering und ihre Größe erreicht den doppelten Wert. (97.)

Versuch 26.

Cocain- und Nikotinwirkung auf Chloroplasten.

Durch Cocain- und Nikotingaben lassen sich funktionierende Chloroplasten unter gleichzeitiger Belichtung vakuolisieren. Diese Erscheinung läßt sich darauf zurückführen, daß der bei der Assimilation gebildete Zucker normalerweise bei saccharophyllen Pflanzen aus den Chloroplasten sofort herausdiffundiert und sich in der Zelle verteilt. Ist dagegen bei submersen saccharophyllen Wasserpflanzen Cocain oder Nikotin als Wirkstoff in geringer Konzentration zugegen, so wird die Plastidengrenzschicht für Zucker durch eine von den Alkaloiden herrührende Wirkung impermeabel, und der im Laufe der Assimilationstätigkeit während der Belichtung entstehende Zucker häuft sich im Stroma der Chloroplasten allmählich so stark an, daß die semipermeable Chloroplastengrenzschicht sich infolge der osmotischen Vorgänge blasenartig abhebt. Dabei kommt es im Nikotinversuch zu einer gleichzeitigen Auflockerung der Plastidensubstanz, im Cocainversuch dagegen bleibt die Plastidensubstanz etwas fester. Im Dunkeln treten diese Erscheinungen nicht auf. Auch wenn durch Phenylurethan die Assimilationstätigkeit der Plastiden gehemmt wird, unterbleibt die Vakuolisation im Lichte. Die Cocain- und Nikotinreaktion funktionierender Plastiden ist daher als Prüfmethode für die Assimilationstüchtigkeit der Plastiden bei submersen saccharophyllen Pflanzen anwendbar.

Wird *Helodea densa* in Leitungswasser, dem Nikotin im Verhältnis 1:2000 zugefügt wurde, stark belichtet (15000 Lux), so treten bereits nach 15 Minuten die ersten charakteristischen Veränderungen an den Plastiden in Erscheinung. Die Granastruktur ist noch normal, die Chloroplasten verdicken sich jedoch in der Seitenansicht. Nach 20 bis 25 Minuten schwellen die Chloroplasten weiter an. Die Linsenform (bei Seitenansicht) geht allmählich in eine Kugelform über und durch die Auflockerung der Granastruktur ist ein Streifigwerden (Aufblätterung) ihrer Struktur zu beobachten. Nach 45 Minuten beginnt die eigentliche Vakuolisation. Die äußerste farblose Plastidengrenzschicht wölbt sich entweder an beiden Frontalseiten oder an einer unter gleichzeitiger Loslösung vom Plastidenstroma vor. Nach 2—3 Stunden ist das Höchstmaß der Aufblähung erreicht (vgl. Abb. 42). Benachbarte Plastiden können zu einem schaumförmigen Aggregat verschmelzen.

Auch durch Cocain erreicht man bei Anwendung einer Konzentration von 1:5000 im schwach alkalischen Medium unter gleichzeitiger Belichtung eine ähnliche starke Vakuolisation.

Dieselben Versuche im Dunkeln ausgeführt ergeben ein negatives Resultat, ebenso kann im Licht bei einer gleichzeitigen Anwendung von Phenylurethan (1:2000) die Vakuolisation gehemmt werden. Auch eine Temperaturerniedrigung auf $+2$ bis $+5°$ C hemmt die Vakuolisation der Chloroplasten im Lichte weitgehend. Es ist bemerkenswert, daß die Vakuolisation der Plastiden sich nach Plasmolyse der Blattzellen mit bestimmt konzentrierten Traubenzuckerlösungen völlig rückgängig machen läßt. Die anzuwendende Konzentration des Plasmolytikums muß jeweils durch Konzentrationsreihen ausprobiert werden, und bei geeigneter Versuchsanstellung läßt es sich zeigen, daß im allgemeinen zwischen der Konzentration des Plasmolytikums und der Zeitdauer der Belichtung direkte Proportionalität herrscht. Je länger die Plastiden belichtet wurden, desto höher liegt die zur Rückgängigmachung der Vakuolisation notwendige Grenzkonzentration. Beispielsweise ist im Cocainversuch 1:5000 bei einer Belichtung von 15000 Lux an *Helodea densa* die Vakuolisation nach 25 Minuten langer Belichtung in 0,45 mol. Traubenzuckerlösung rückgängig zu machen, nach 60 Minuten langer Belichtung in 0,65 mol., nach 120 Minuten langer Belichtung in 1,1 mol. Traubenzuckerlösung.

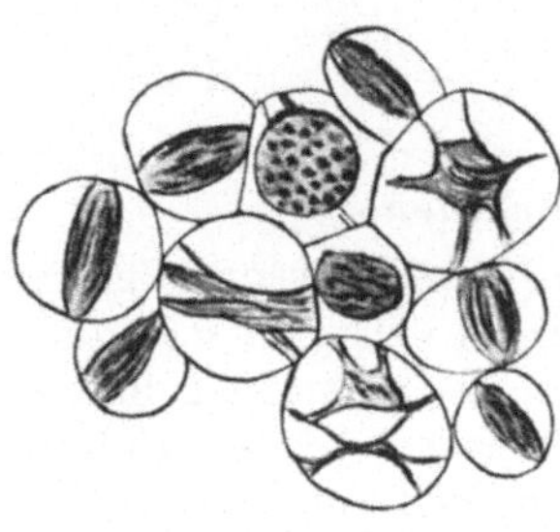

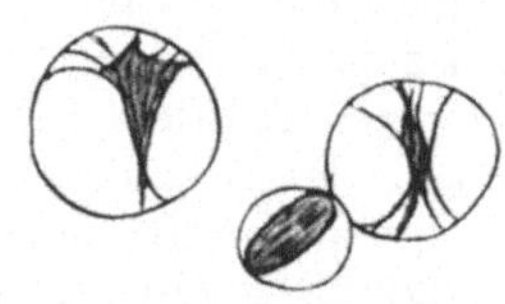

Abb. 42. Die Wirkung von Nikotinzusatz unter gleichzeitiger Beleuchtung auf die Chloroplasten von *Helodea densa*. Starke Vakuolisierung unter gleichzeitiger Aufblätterung des lamellar gebauten Stromas. Nach LÄRZ (1942).

Durch einen geeigneten Ausbau solcher Versuchsreihen läßt sich die zunehmende Zuckerproduktion eines Chlorophyllkornes während der Assimilation verfolgen.

Die Alkaloidvakuolisation ist im Dunkeln in reinem Wasser reversibel. (97.)

Versuch 27.

Etiolierte Plastiden und Ergrünen.

Helodea canadensis-Sprosse werden in Tonschalen in flachem Wasser kultiviert. Es empfiehlt sich, mehrere Tonschalen, welche mit *Helodea*-Material beschickt sind, übereinander zu stellen, damit eine Erneuerung des Wassers nicht notwendig wird. Das Ganze wird mit einem Dunkelsturz bedeckt und 2—3 Wochen lang bei 20° C stehen gelassen. Man erhält auf diese Weise kleinblättrige, schwach gelblich gefärbte Austriebe, die meist in dem feuchten Luftraum zwischen den Schalen am besten wachsen. Untersucht man diese etiolierten Blätter mikroskopisch, so zeigen die Zellen reichlich Zytoplasma, in welchem die Chondriosomen ganz besonders schön zu beobachten sind. Die Plastiden zeigen ein völlig ungewohntes Bild. In ihrem farblosen Stroma führen sie große

Stärkekörner (1—4). Das Stroma ist im Verhältnis zum Stärkeinhalt klein, umgibt aber die großen Stärkekörner völlig und ist meist einseitig in größerer Masse sichtbar. Es entsteht dadurch der Eindruck, als ob das Stroma einseitig als Band, Zunge oder Ausbuchtung dem großen Stärkekorn ansitzen würde. An besonders günstig gelegenen Plastiden sind im Stroma bei Anwendung stärkerer Vergrößerungen 1—4 größere, etwas anders lichtbrechende und sehr schwach gelblich gefärbte Tropfen zu erkennen (vgl. Abb. 43).

Färbt man solche Blätter mit einer in Leitungswasser hergestellten Lösung von Rhodamin B 1:1000 mehrere Stunden lang im Dunkeln, so läßt sich besonders bei Anwendung eines Grünfilters eine streng lokalisierte Speicherung dieses lipophilen Vitalfarbstoffes in den karotinoidhaltigen, tropfenähnlichen Gebilden (primäre Grana) beobachten.

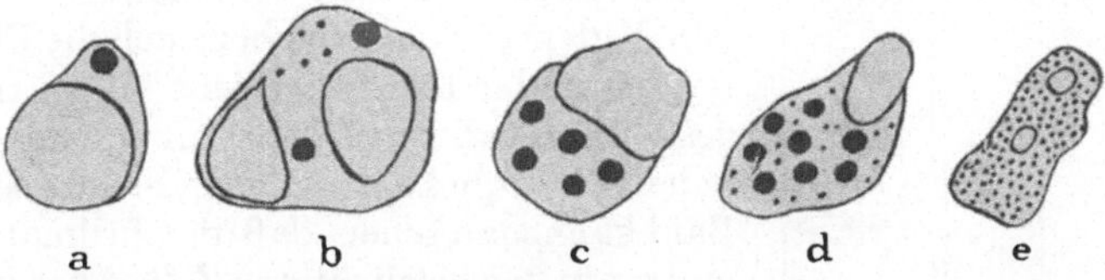

Abb. 43. *a* Etiolierter Chloroplast von *Helodea canadensis*. Primäres Granum (schwarz), großes einseitig im Stroma liegendes Stärkekorn. *b—e* Ergrünungsstadien nach längerer Belichtung. Die Stärke wird abgebaut und es bildet sich eine normale Granastruktur. Die Grana enthalten das Chlorophyll. Aus STRUGGER (1938).

Daraus ist der Schluß zu ziehen, daß die pigmentführenden Tropfen lipoider Natur sind und mit den Grana, welche am normalen Chloroplasten ebenfalls mit Rhodamin B vital gefärbt werden können, in Beziehung zu bringen sind. Bezüglich der Konsistenz des Stromas gibt die Beobachtung amöboider Formänderungen desselben wertvolle Aufschlüsse.

Besonders reizvoll ist es, das Ergrünen etiolierter Plastiden an diesem Versuchsobjekte mikroskopisch zu verfolgen. Werden etiolierte Sprosse dem Tageslichte oder konstanter künstlicher Beleuchtung ausgesetzt, so läßt sich innerhalb eines Tages der Ergrünungsvorgang bis zur Entstehung normaler Chloroplasten verfolgen. Zunächst wird im Lichte die Stärke abgebaut. Dieser Vorgang geht in einem Blatte nicht gleichmäßig vor sich, sondern die einzelnen Blattregionen verhalten sich verschieden. Es gilt im allgemeinen die Regel, daß sowohl der Stärkeabbau wie das Ergrünen in der Spitzenregion der Blätter am schnellsten, in der Mittelregion langsamer und an der Blattbasis am langsamsten vor sich gehen. Die Chlorophyllbildung läßt sich zytologisch streng lokalisiert in den primären Grana (vgl. Abb. 43) direkt mikroskopisch beobachten. Gleichzeitig mit dem Stärkeabbau vermehren sich die nunmehr grünen Granagebilde. Es entstehen zunächst mehrere Grana, welche Chlorophyll enthalten; diese sind gleichmäßig im Stroma verteilt. Und schließlich nimmt die Zahl der Grana beträchtlich zu, während gleichzeitig ihre Größe bis zur normalen Größe abnimmt.

Ob es sich dabei um eine Neubildung der Grana oder um eine Zerteilung der ursprünglichen primären Granasubstanz handelt, ist noch nicht entschieden. (187, **189**.)

5*

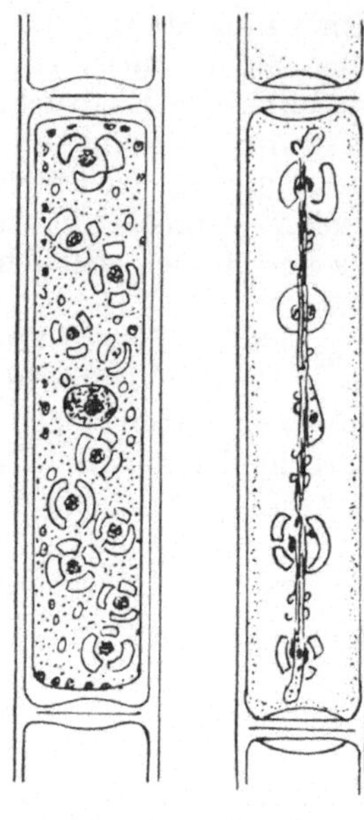

a   b

Abb. 44. Phototaxis der Chromatophoren in den Zellen von *Mougeotia*. *a* im schwachen Licht, *b* im starken Licht. Nach PALLA aus SCHÜRHOFF (1924).

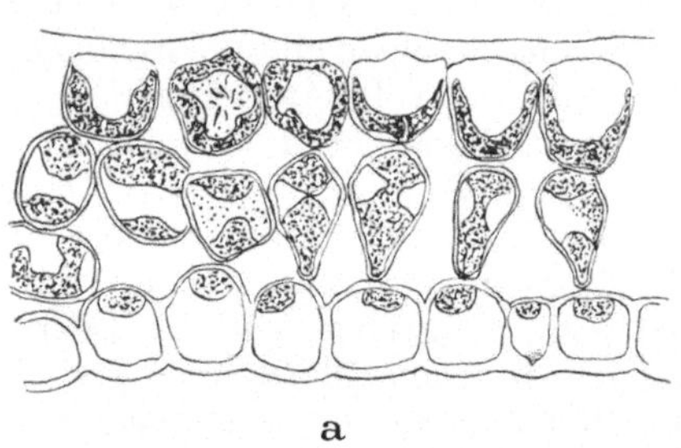

a

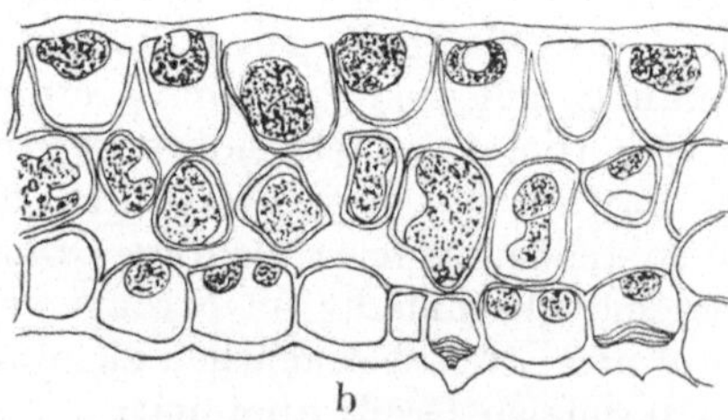

b

Abb. 45. Phototaktische Verlagerung und Formänderung der Chromatophoren in der oberen Epidermis des Blattes von *Selaginella serpens*. *a* Morgenstellung der Plastiden, *b* Abendstellung. Nach SUESSENGUTH aus SCHÜRHOFF (1924).

Versuch 28.

Die Phototaxis der Chromatophoren in den Zellen von Mougeotia.

Die fadenförmige Konjugate *Mougeotia* ist im Frühling und im Herbst in Tümpeln und Gräben recht häufig anzutreffen. In ihren langgestreckten, zylindrischen Zellen befindet sich axial gelagert ein großer, plattenförmiger Chromatophor, in dem mehrere Pyrenoide sichtbar sind. Abb. 44a, b zeigt uns den Chromatophor in der Flächen- und Seitenansicht. Stellen wir einige Algenfäden im Mikroskop ein, so finden wir beide Ansichten vor. Ein Fadenstück, in welchem sich die Chromatophoren in der Flächenansicht bieten, wird ausgesucht. Dann beleuchten wir mit einer künstlichen Lichtquelle bei offener Blende sehr stark. Bald kann man sehen, daß die Chromatophorenplatten in den beleuchteten Zellen sich zu drehen beginnen, so daß schließlich alle Chromatophoren nur mehr in der Seitenansicht zu sehen sind. Beleuchtet man manche Zellen nur zur Hälfte, so dreht sich auch nur die halbe Chromatophorenplatte. Wird hierauf mit schwachem diffusen Licht beleuchtet, so stellen sich die Chromatophoren wieder senkrecht zum Lichteinfall ein. Das Vermögen der Chromatophoren, auf wechselnde Lichtintensitäten in der oben beschriebenen Weise zu reagieren, stellt einen wirksamen Schutz gegen zu starke Beleuchtung dar. (**128**, 167, 172.)

Versuch 29.

Die Formänderung und Bewegung der Chloroplasten in den Epidermiszellen von Selaginella serpens.

Selaginella serpens zeigt schon makroskopisch eine Änderung des grünen Farbtones zu verschiedenen Tageszeiten. Am Morgen sind die Blätter lebhaft grün gefärbt, während sie am Abend weniger freudig grün erscheinen.

Untersucht man an einem Blattquerschnitt die Plastidenform und Lage am Morgen, so erhält man das in Abb. 45 dargestellte Bild. Die Chloroplasten der Epidermiszellen sind napfförmig am Grunde der Zellen ausgebreitet und füllen die ganze Zellbreite aus. Beobachtet man aber einen Blattquerschnitt, der in den Abendstunden von derselben Pflanze angefertigt wurde, so ist leicht festzustellen, daß die Chloroplasten kugelig geworden sind und der äußeren Membran anliegen. Sie füllen dann nicht mehr den ganzen Zellquerschnitt aus, wodurch die Farbänderung ihre Erklärung findet (vgl. Abb. 45b). (167, **176**.)

Versuch 30.

Die Phototaxis der Chloroplasten in den Zellen von Lemna trisulca.

Lemna trisulca ist das Paradebeispiel für die Bewegungserscheinungen der Plastiden im Zusammenhange mit der Beleuchtungsintensität. Werden die Wasserlinsen längere Zeit hindurch dunkel gehalten, so zeigt sich am Querschnitt das in Abb. 46 b schematisch dargestellte Bild. Die Chloroplasten sind alle an den inneren Zellwänden gelagert. Diese Dunkelstellung wird als Fugenwandlage oder als Apostrophe bezeichnet. In diffusem Tageslicht dagegen tritt die in a angegebene Lagerung der Plastiden ein. Sie wird als Vor-Rücklage oder Diastrophe bezeichnet. Im starken Sonnenlichte tritt die in c angegebene Lagerung auf. Es ist dies die Flankenlage oder Parastrophe.

Leider wissen wir über die Mechanik dieser Chloroplastenbewegung sehr wenig. Es ist ziemlich sicher, daß die Bewegung passiv erfolgt und vielleicht durch Protoplasmaströmungen erklärt werden kann. (105, 167, 172, **177**.)

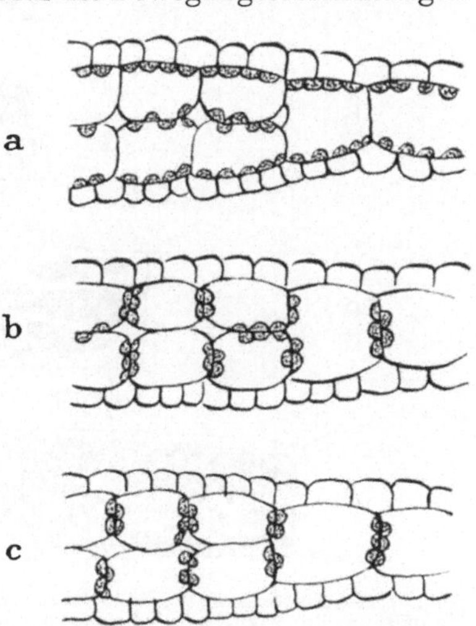

Abb. 46. Phototaxis der Chloroplasten in den Zellen von *Lemna trisulca*. Beschreibung im Text. Nach STAHL aus SCHÜRHOFF (1924).

4. Das Vakuolensystem.

Versuch 31.

Die Vakuolenentwicklung in der Keimwurzel von Triticum vulgare.

Die Zellsafträume erfahren mit zunehmender Differenzierung und Alterung einer Pflanzenzelle sehr bedeutende Veränderungen. Während junge, meristematische Zellen ein Vakuolensystem besitzen, welches aus zahlreichen, nur wenige μ großen, im Zytoplasma verteilten Einzelvakuolen besteht, erfahren die Vakuolen mit zunehmender Streckung der Zelle eine beträchtliche Größenzunahme, wobei sie zu größeren

Zellsafträumen und schließlich in den meisten Fällen zu einem zentralgelegenen, einheitlichen Zellsaftraum zusammenfließen. Schon aus dieser morphologischen Entwicklung ist es deutlich ersichtlich, daß wachsende Zellen große Wassermengen aufnehmen müssen.

Um die Entwicklung des Vakuolensystems an lebenden Zellen zu verfolgen, bedienen wir uns am besten der elektiven Anfärbung der Zellsafträume durch den Vitalfarbstoff Neutralrot. Ein besonders anschauliches Beispiel für die Demonstration der Vakuolenentwicklung sind junge Keimwurzeln.

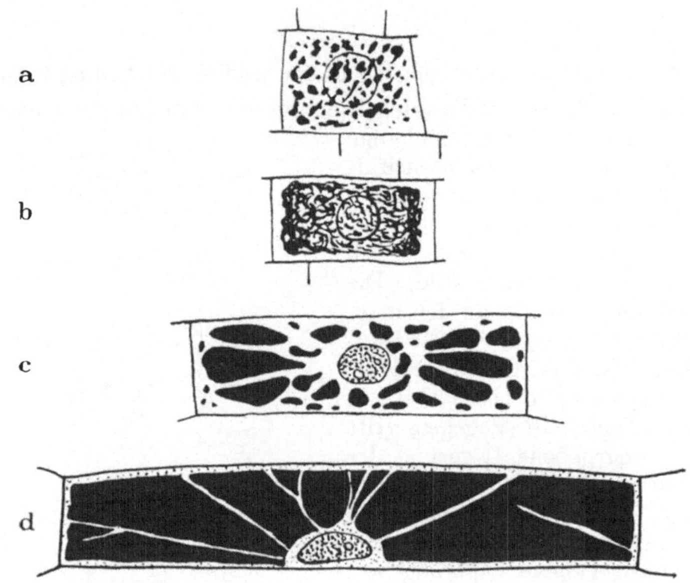

Abb. 47. Die Entwicklung des Vakuolensystems in den Wurzelepidermiszellen von *Triticum vulgare*. Vitalfärbung der Vakuolen mit Neutralrot. *a* Zelle aus dem Meristem. *b* Beginn der Streckungszone. *c* Streckungszone. *d* Dauerzone. Vakuolen schwarz gehalten, Plasma weiß. Original.

Unter einer Glasglocke auf feuchtem Filterpapier werden Körner von *Triticum vulgare* so lange zum Keimen gebracht, bis etwa 1 cm lange Sekundärwürzelchen entstanden sind. Man entnimmt hierauf dieser Kultur mit Hilfe der Schere mehrere Wurzeln und legt sie in ein Schälchen, in dem sich eine Neutralrotlösung 1 : 10000, frisch hergestellt in Leitungswasser, befindet. Nach 10—15 Minuten werden die Wurzeln mikroskopisch bei schwacher Vergrößerung kontrolliert, ob die Epidermis der Meristem- und Streckungszone bereits deutlich gefärbt ist. Ist dies der Fall, so wird eine Wurzelspitze zwischen Daumen und Zeigefinger der linken Hand ohne Ausübung eines zu starken Druckes eingelegt und mit einem scharfen Rasiermesser die Wurzel durch einen zwischen die Finger geführten, ziehenden Schnitt halbiert. Die beiden Wurzellängshälften werden mit der Schnittfläche nach unten auf einen Objektträger in Leitungswasser gelegt und mit einem Deckglase bedeckt. Hierauf wird das Präparat mit Hilfe eines Rezipienten und der Wasserstrahlluftpumpe entlüftet. Die mikroskopische Beobachtung der Wurzelepidermis wird mit einer 1/12 Ölimmersion vorgenommen. In der Meristemzone (vgl. Abb. 47a) sind zahlreiche kleine, rotgefärbte Tröpfchen zu sehen. Diese sind die kleinen Einzelvakuolen der Meristemzellen. b stellt eine Zelle aus dem Beginn der Streckungszone dar. Die Teilvakuolen sind hier fädig und netzartig um den Kern gelagert. c gibt eine Zelle aus der älteren Streckungszone wieder. Größere, durch Plasmalamellen getrennte Safträume sind neben kleineren Vakuolen zu erkennen. Auffallend ist die deutliche Zentrierung des Vakuolensystems um den Zellkern. d stellt eine ausgewachsene Oberhautzelle dar, deren einheitlicher Vakuolenraum von Plasmasträngen durchzogen wird. Dieser Typus der Vakuolenentwicklung ist nicht nur bei der Wurzel, sondern auch in den Vegetationspunkten des Sproßsystems zu beobachten. (52, 142, 150.)

<h3 style="text-align:center">Versuch 32.</h3>

<h3 style="text-align:center">Die Spontankontraktion der Vakuole in alternden Zellen.</h3>

Die Fruchtfleischzellen einiger Beerenfrüchte sind im reifen, also gealterten Zustande, besonders für die Vakuolenkontraktion disponiert. Dieser Vorgang tritt schon allein durch die Präparation der isolierten Zellen in Wasser in Erscheinung.

Vom Oktober bis tief in den Winter hinein steht als vortreffliches Versuchsmaterial die reife Beerenfrucht von *Ligustrum vulgare* zur Verfügung. Aus einer geöffneten Beere wird mit einem Lanzett eine Portion von Fruchtfleischzellen entnommen. Hierauf werden die isolierten Zellen sorgfältig in einem Tropfen Leitungswasser auf dem Objektträger verteilt. Zur Vermeidung eines zu starken Druckes wird das Deckglas mit Deckglassplitterchen abgestützt. Die mikroskopische Beobachtung ergibt schon nach 10—15 Minuten meist das folgende Bild: Die durch Anthocyan gefärbte Vakuole hat sich kontrahiert, und das Zytoplasma ist so stark gequollen, daß der Raum zwischen der kontrahierten Vakuole und der Zellwand mit dem gequollenen Zytoplasma ausgefüllt ist. Wird eine solche Zelle mit einer 0,7 mol. Traubenzuckerlösung plasmolysiert, so gleichen die Plasmolysebilder vollkommen einer Kappenplasmolyse (vgl. Versuch 55, S. 109).

Auch die Zellen alternder, bereits verwelkter Blütenblätter ergeben häufig nach dem Einlegen in Wasser dasselbe Bild. Am geeignetsten sind die Blütenblätter von *Thea japonica* oder von Camelliaarten. Wird ein Epidermisstreifen von der Ober- oder Unterseite eines solchen Blütenblattes abgezogen und legt man ihn in einen Tropfen Leitungswasser, so ist die Spontankontraktion der Vakuole in schönster Weise zu beobachten.

Ältere, abgefallene Blütenblätter weisen auch ohne Präparation bei Beobachtung im infiltrierten Zustande eine einheitliche Kontraktion der Vakuolen der Epidermiszellen auf. Auch diese Zellen sind noch plasmolysierbar (*Hyacinthus*). (53, 58, 75, 83, 86, 215, 216.)

Versuch 33.
Die Vakuolenkontraktion nach Neutralrotfärbung.

1. Versuch an der Zwiebelschuppe von Allium Cepa.

Epidermishäutchen von der Oberseite der Zwiebelschuppe von *Allium Cepa* werden in einer Neutralrotlösung 1 : 10000 (um pH 7,2), hergestellt mit Leitungswasser, 30 Minuten lang schwimmend eingefärbt. Die mikroskopische Beobachtung läßt eine einheitliche Vakuolenkontraktion aller vitalgefärbten Zellen erkennen (vgl. Abb. 48). Daß es sich bei dieser Vakuolenkontraktion um denselben Typus handelt, wie bei den Fruchtfleischzellen, lehrt die mikroskopische Untersuchung

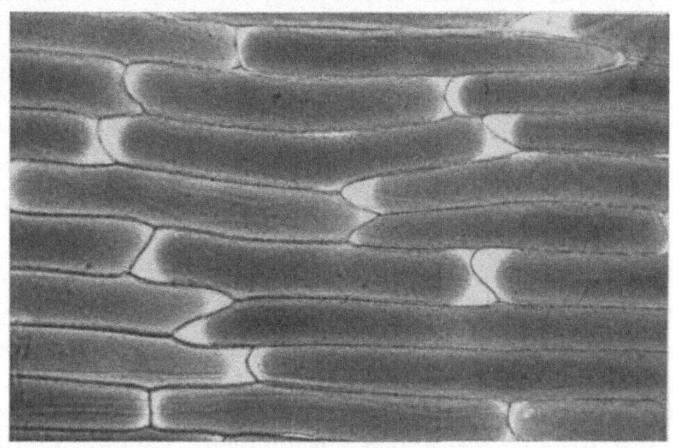

Abb. 48. Obere Epidermiszellen der Zwiebelschuppe von *Allium Cepa* nach der Vitalfärbung ihrer Vakuolen mit Neutralrot. In allen Zellen ist eine sehr gleichmäßige Vakuolenkontraktion eingetreten. Original.

der Bilder. Auch hier quillt das Plasma auf, während sich die Vakuole kontrahiert.. Legt man solche Häutchen in eine Schale mit Leitungswasser, so erfolgt innerhalb von 24 Stunden eine totale Entfärbung der Zellen des Innenfeldes (vgl. Abb. 104, S. 150). Mit der Entfärbung geht die Vakuolenkontraktion vollständig zurück, so daß die Plasmakonfiguration wieder normal ist. Sonach ist die Vakuolenkontraktion nach Neutralrotfärbung ein durchaus reversibler Prozeß.

Auch mit anderen basischen Farbstoffen, wie Acridinorange, Methylenblau und Auramin läßt sich im Falle einer Vakuolenfärbung eine Vakuolenkontraktion erzielen.

Die Epidermiszellen der Schuppenunterseite sind durch eine bloße Neutralrotfärbung allein nicht zur Vakuolenkontraktion zu bringen. Hier muß noch ein Wundreiz hinzutreten, der allerdings dann zu einer sehr starken Vakuolenkontraktion einzelner Zellen führt.

Flächenschnitte von der unterseitigen Epidermis werden mit feinen Nadeln durch Stichwunden lokal verletzt. Hierauf werden die Schnitte mit einer Neutralrotlösung 1 : 10000 (Leitungswasser) infiltriert und 1—2 Stunden lang eingefärbt. Die mikroskopische Untersuchung zeigt in der Nähe der Stichwunden Zellen mit starker Vakuolenkontraktion.

2. *Versuch an Blütenblättern der Boraginoideen.*

Die Blütenblattzellen der Boraginoideen enthalten im Zellsaft besonders reichlich Kolloide (vgl. Versuch 40, S. 87). Werden geöffnete Blüten von *Symphytum tuberosum, Pulmonaria officinalis, Pulmonaria stiriaca, Anchusa italica* oder *Mertensia sibirica* in einer Neutralrotlösung 1:1000 (Leitungswasser) mit Hilfe der V.I.M. infiltriert, so beginnt bereits wenige Minuten nach der Infiltration sowohl in den Epidermis- als auch in den Mesophyllzellen eine deutliche Vakuolenkontraktion sichtbar zu werden. Abb. 49 gibt uns das Bild einer solchen Vakuolenkontraktion wieder. Der Zellsaft hat sich kontrahiert, wobei er infolge des Wasserverlustes fest geworden ist und daher die Zellform streng beibehält. Das wandständige Zytoplasma ist unverändert

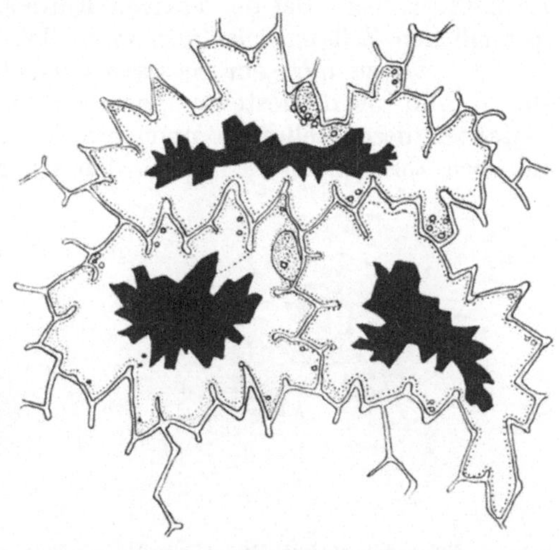

Abb. 49. „Vakuolenkontraktion" in den Mesophyllzellen der Korolle von *Anchusa officinalis*. Nach GICKLHORN und WEBER (1926).

normal geblieben. Der Raum zwischen dem Protoplasma und der „Vakuole" erscheint dem Beobachter zunächst „leer". Plasmolysiert man diese Zellen mit einer 0,6 mol. Traubenzuckerlösung, so tritt Plas-

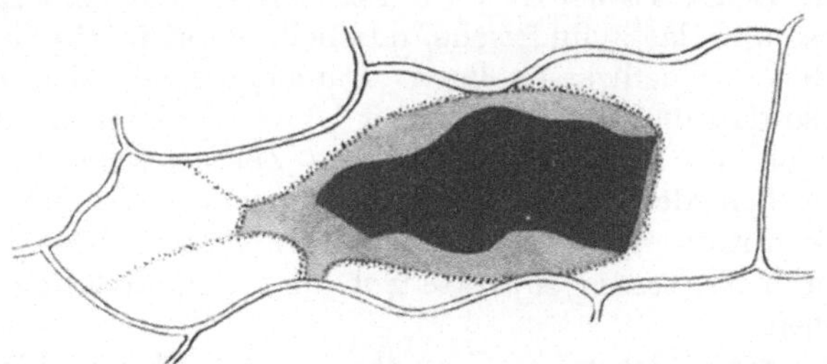

Abb. 50. *Symphytum tuberosum*. Epidermiszelle der Blütenkrone. Vitalfärbung mit Neutralrot. In der Mitte die spontan kontrahierte, primäre Vakuole dunkelrot gefärbt (schwarz), um diese herum der sekundäre Zellsaft hellrot gefärbt (grau). Das Zytoplasma (punktiert) nachträglich durch Plasmolyse von der Wand abgehoben. Nach WEBER (1934).

molyse ein. Der Raum zwischen der „Vakuole" und dem Plasma erleidet dabei eine Volumverminderung. Dies ist bereits der Beweis dafür, daß dieser Raum mit flüssigem Zellsaft erfüllt sein muß (vgl. Abb. 50). Anfänglich speichert bei fortwährendem Liegen der Zellen in der Farblösung diese flüssige Komponente des Zellsaftes keinen Farbstoff. Erst nach mehreren Stunden (bis 48) erfolgt auch im flüssigen

Teil des Zellsaftes eine Farbstoffspeicherung, die besonders nach Plasmolyse infolge der Konzentrationserhöhung deutlicher hervortritt. Der ursprüngliche Zellsaft (der feste Teil) hat sich als Zellsaftinkluse kontrahiert. Er ist intensiv gefärbt und hat Gelcharakter, denn er behält die Zellform bei. Bei der aktiven Entquellung des kolloidreichen, ursprünglichen Zellsaftes ist also zweifellos Quellflüssigkeit ausgetreten, die den zweiten nur sehr schwach gefärbten, flüssigen Zellsaft liefert. Die in Abb. 50 dargestellte Plasmolyseform beweist den Flüssigkeitscharakter dieser Zellsaftkomponente, da der Protoplast das Bestreben hat, sich abzurunden. Es spielt sich sonach derselbe Vorgang ab, wie

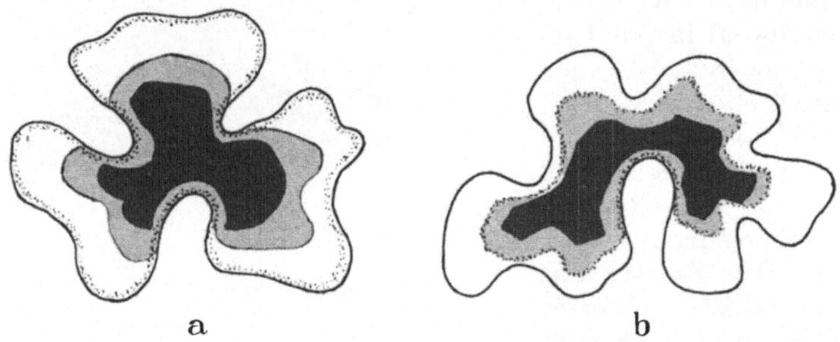

Abb. 51. *Pulmonaria stiriaca*. Mesophyllzellen der Blumenkrone. *a* Neutralrotfärbung. Zwei in einem Zeitraume von 36 Stunden aufeinanderfolgende Vakuolenkontraktionen. Schwarz der primäre, dunkelrot gefärbte und kontrahierte „Zellsaft". Grau der schwach gefärbte zweite „Zellsaft", ebenfalls kontrahiert. Weiß der farblose dritte Zellsaft. *b* eine gleiche Zelle mit anosmotischer Reizplasmolyse. Nach WEBER (1934).

man ihn in vitro bei der synaeretischen Entquellung eines Geles beobachten kann. Erfüllt ein Gel einen Zylinder, so erfolgt bei der spontanen, aktiven Entquellung (Synaerese) eine Zusammenziehung (Kontraktion) des Geles. Es behält die Gefäßform bei und sondert das Quellwasser ab, so daß das zylindrische, nunmehr verkleinerte Gel in seinem ausgeschiedenen Quellwasser liegt. Dasselbe spielt sich an unseren Zellen ab, so daß die Mechanik dieser „Vakuolenkontraktion" höchstwahrscheinlich auf einer Synaerese des Zellsaftes beruht. Bei den Blütenblattzellen der Boraginaceen kann man also nicht von einer „Vakuolenkontraktion" sprechen. Es wäre besser, diese Erscheinung als eine durch Synaerese bewirkte Sol- und Gelteilbildung im Zellsaft zu bezeichnen.

Nach längerem Liegen der Versuchsobjekte in der Farblösung durch mehrere Tage hindurch tritt häufig eine zweite Sonderung in Sol- und Gelteil zonal in Erscheinung. Innerhalb des flüssigen Zellsaftes sondert sich wieder ein sich kontrahierender schwächer gefärbter Gelteil ab, während der Solteil den Zwischenraum zum Plasma hin als farblose Flüssigkeit erfüllt (Abb. 51a). Des öfteren bleibt aber das Plasma am zweiten Zellsaftgel haften und es tritt eine anormale Reizplasmolyse ein (Abb. 51b).

Diese Beobachtungen zeigen, wie innerhalb einer Zelle ein konzentrischer Bau durch bestimmte physikalisch-chemische Vorgänge zustande kommen kann.

Wie sehr die Vitalfärbung mit Neutralrot als Reizanlaß eine primäre Rolle spielt, lehrt folgende Beobachtung: Ein Stück eines Blumenkronzipfels von *Anchusa italica* wird in eine frisch angesetzte Neutralrotlösung (Leitungswasser) ohne vorherige Infiltration eingelegt. Zunächst färben sich nur die Zellen am Wundrande, so daß infolge der einseitigen Diffusionsrichtung der Farblösung manche Zellen des Mesophylls oft nur teilweise gefärbt erscheinen. In Abb. 52 ist ein solcher Fall dargestellt. Nur der gefärbte Teil des Zellsaftes weist eine synaeretische Sonderung in einen Sol- und Gelteil auf. (5, 25, 49, 50, 58, 64, 70, 73, 75, 82, 85, 188, 213, 215, 216, 217, 218.)

Versuch 34.

Synaerese des Zellsaftes in den Blütenblattzellen der Boraginoideen nach Verwundung und mechanischer Beeinflussung.

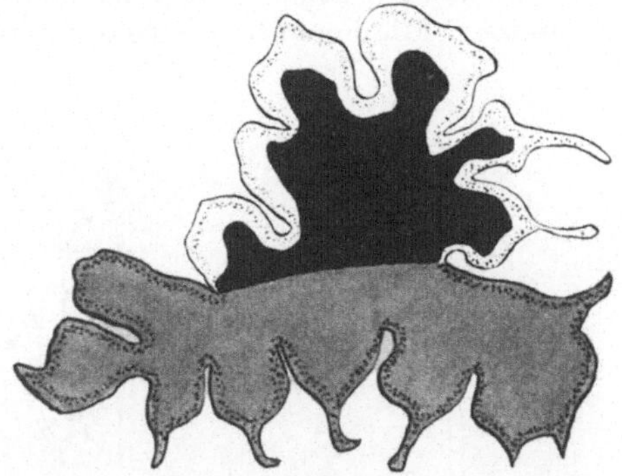

Abb. 52. *Anchusa italica*. Mesophyllzelle der Blumenkrone. Partielle Vitalfärbung mit Neutralrot. Ein Teil des Zellsaftes rot angefärbt (schwarz) und kontrahiert, der andere Teil ist vom eindiffundierenden Farbstoff noch nicht erreicht und weist die natürliche blaue Färbung auf (grau), nicht kontrahiert. Nach WEBER (1934).

Die Gel- und Solteilbildung läßt sich an den Blütenblättern der Boraginoideen nicht nur durch Vitalfärbung mit Neutralrot, sondern auch durch Wundreiz und mechanische Beeinflussung erzielen. Neben den in Versuch 33 genannten Pflanzen können *Echium italicum*, *Echium vulgare*, *Lycopsis arvensis*, *Cynoglossum coelestinum* und *Nonnea rosea* zu solchen Versuchen herangezogen werden.

Ein Blumenkronzipfel wird sorgfältig abpräpariert und mit Hilfe der V.I.M. mit Leitungswasser infiltriert. Außer den Wundrändern soll das Gewebestück keinerlei Verletzungen aufweisen. 5—10 Minuten nach der Infiltration treten an einzelnen Zellen des Wundrandes Sol- und Gelteilbildungen auf, die bereits an der stärkeren Färbung der anthocyanhaltigen Gelinklusen schon bei schwacher Vergrößerung auffallen. Die unverletzten Teile des Zipfels weisen dagegen keine Veränderung der Zellen auf. Wird mit einem Glasstäbchen oder besser Holzstäbchen etwa 20—30mal auf das Deckglas geklopft, so treten verstreut im ganzen Kronzipfel Synaeresen des Zellsaftes in Erscheinung.

Ein anderes Präparat wird mit Stichwunden versehen. Auch um diese Stichwunden herum treten sofort Synaeresen auf. Dabei bleibt die Gelinkluse an der der Wunde unmittelbar benachbarten Zellseite am Zytoplasma haften, so daß Bilder entstehen, wie sie in den Versuchen 42 u. 43, Seite 89 u. 91, für nekrotisch bedingte Plasmolyseorte beschrieben sind. (49, 64, 70, 217.)

Versuch 35.
Vakuolenkontraktion und Aggregation in den Epidermiszellen der Tentakeln von Drosera.

Die Epidermiszellen der Randtentakeln von *Drosera rotundifolia*, *Drosera capensis* und *Drosera binata* neigen besonders leicht zur Vakuolenkontraktion.

Mit einer kleinen Schere werden einige Randtentakeln basal abgeschnitten. Mit einem Rasiermesser werden die Tentakeln nochmals durchschnitten und dann in Leitungswasser liegend mikroskopisch beobachtet. Die der Schnittwunde genäherten Zellen lassen schon nach kurzer Zeit eine schöne Vakuolenkontraktion erkennen. Werden Tentakeln 1—2 Sekunden Ammoniakdämpfen ausgesetzt, so wird augenblicklich eine Vakuolenkontraktion hervorgerufen.

Die Vakuolenkontraktion steht in enger Beziehung zu der von Darwin entdeckten Aggregationserscheinung. Abb. 53 zeigt einige aufeinanderfolgende Stadien der Aggregationserscheinung der Vakuolen in den Tentakelzellen der Halsregion. Diese Erscheinung tritt besonders nach Eiweißfütterung des Blattes auf. Im Experiment läßt sie sich mit einer 0,1 mol. Harnstofflösung leicht erzielen.

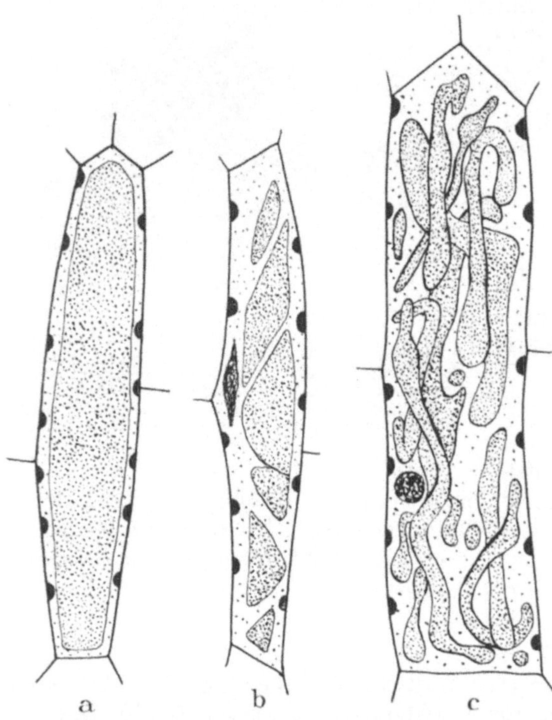

a   b   c

Abb. 53. Die Aggregation in den Epidermiszellen der Tentakeln von *Drosera rotundifolia*. *a* ungereizte Zelle, *b* Beginn der Vakuolenzerklüftung, *c* Höhepunkt der Vakuolenzerklüftung. Es haben sich zahlreiche fadenartige Teilvakuolen gebildet. Nach Åkermann aus Küster (1928).

Nach erfolgter Reizung beginnt sich unter Beteiligung des Protoplasmas die Zentralvakuole in Teilvakuolen zu zerfurchen, bis schließlich wurm- oder fadenförmige Teilvakuolen die Zelle dicht erfüllen. Die Vakuolenzerklüftung geht dabei so rasch vor sich, daß deutliche Bewegungserscheinungen in der gereizten Zelle zu beobachten sind. Ein engerer Zusammenhang der Aggregation mit der Chemonastie ist wahrscheinlich. (1, 21, 70, 214.)

Literatur zu III.

1 Åkermann, A.: Untersuchungen über die Aggregation in den Tentakeln von *Drosera rotundifolia*. Bot. Notiser 145 (1917). — 2 Andrews, F. M.: Die Wirkung der Zentrifugalkraft auf Pflanzen. Jb. Bot. 38, 1 (1903). — 3 Die Wirkung der

Zentrifugalkraft auf Pflanzen. Jb. Bot. **56**, 221 (1915). — 4 BANCHER, E.: Mikrochirurgische Kernstudien. Protoplasma **31**, 301 (1938). — 5 BANK, O.: Über den Mechanismus der Vakuolenkontraktion (Beobachtungen an *Allium*-Epidermen). Protoplasma **23**, 447 (1935). — 6 Abhängigkeit der Kernstruktur von der Ionenkonzentration. Protoplasma **32**, 20 (1939). — 7 BARG, T.: Über die Indifferenzstreifen der *Characeen*. Protoplasma **37**, 293 (1943). — 8 BAUER, L.: Untersuchungen zur Entwicklungsgeschichte und Physiologie der Plastiden von Laubmoosen. Flora (Jena) **136**, 30 (1942). — 9 BECKER, W. A.: Experimentelle Untersuchungen über die Vitalfärbung sich teilender Zellen. Studien über die Zytodinese. Acta Soc. Bot. Pol. **9**, Nr. 3—4, 381 (1932). — 10 Experimentelle Untersuchungen über die Vitalfärbung sich teilender Zellen. III. Studien über Zytokinese. Acta Soc. Bot. Pol. **11**, Nr. 2, 139 (1934). — 11 Experimentelle Untersuchungen über die Vitalfärbung sich teilender Zellen. II. Zytoplasmafärbungen mit Azofarbstoffen; vitale Mehrfachfärbungen. Cytologia **6**, 377 (1935). — 12 Recent investigations in vivo on the division of plant cells. Botanical Rev. **4**, 446 (1938). — 13 BĚLAŘ, K.: Beiträge zur Kausalanalyse der Mitose. III. Untersuchungen an den Staubfadenhaarzellen und Blattmeristemzellen von *Tradescantia virginica*. Z. Zellforschg. **10**, 73 (1929). — 14 Über die reversible Entmischung des lebenden Protoplasmas. I. Protoplasma **9**, 209 (1929). — 15 BONTE, H.: Vergleichende Permeabilitätsstudien an Pflanzenzellen. Protoplasma **22**, 209 (1934). — 16 BOTTELIER, H. P.: Über den Einfluß äußerer Faktoren auf die Protoplasmaströmung in der *Avena*-Koleoptile. Rec. Trav. bot. néerl. **31**, 474 (1934). — 17 BROWN, R.: Edinburgh Phil. J. **5**, 358 (1828). — 18 BÜNNING, E.: Einige Beobachtungen über die Körnchenströmung in den Staubfadenhaaren von *Tradescantia*. Nebst Bemerkungen über die Verwendbarkeit des Mikropolychromars bei zellphysiologischen Studien. Z. Mikrosk. **52**, 166 (1935). — 19 CASPERSON, T.:Über den chemischen Aufbau der Strukturen des Zellkerns. Protoplasma **27**, 463 (1937). — 20 DARLINGTON, C. D.: Recent advances in cytology. Second edition. London: J. and A. Churchill 1937. — 21 DARWIN, CH.: Insektenfressende Pflanzen. Stuttgart 1876. — 22 DEHNEKE, C.: Einige Beobachtungen über den Einfluß der Präparationsmethode auf die Bewegungen des Protoplasmas der Pflanzenzellen. Flora (Jena) **64**, Nr. 1 und 2 (1881). — 23 DEMETER, K.: Über „Plasmoptysen“-Mycorrhiza. Flora (Jena) **116**, 405 (1923). — 24 DÖRING, H.: Versuche über die Aufnahme fluoreszierender Stoffe in lebende Pflanzenzellen. Ber. dtsch. bot. Ges. **53**, 415 (1935). — 25 DRAWERT, H.: Beiträge zur Entstehung der Vakuolenkontraktion nach Vitalfärbung mit Neutralrot. Ber. dtsch. bot. Ges. **56**, 123 (1938). — 26 DUTROCHET, H. J.: Sur la circulation des fluides chez le *Chara fragilis*. Ann. des Sci. natur. Sér. II, **9** (1838). — 27 EIBL, K.: Plasmolytische Untersuchungen an den Plastiden von *Spirogyra*. Protoplasma **33**, 161 (1939). — 28 Das Verhalten der *Spirogyra*-Chloroplasten bei Zentrifugierung. Protoplasma **33**, 73 (1939). — 29 Die Restitution der Chromatophoren bei *Micrasterias rotata* nach Schleuderung. Protoplasma **35**, 595 (1941). — 30 EWART, A.: On the physics and physiology of protoplasmic streaming in plants. Oxford 1903. — 31 FISCHER, A.: Über Plasmoptyse der Bakterien. Ber. dtsch. bot. Ges. **24**, 55 (1906). — 32 Fixierung, Färbung und Bau des Protoplasmas. Jena 1899. — 33 FITTING, H.: Untersuchungen über die Auslösung von Protoplasmaströmung. Jb. Bot. **64**, 281 (1925). — 34 Untersuchungen über Chemodinese bei *Vallisneria*. Jb. Bot. **67**, 427 (1928). — 35 Über die Auslösung von Protoplasmaströmung durch optisch aktive Aminosäuren. Jb. Bot. **70**, 1 (1929). — 36 Untersuchungen über den Plasmaströmung auslösenden Reizstoff in den Blattextrakten von *Vallisneria*. Jb. Bot. **78**, 319 (1933). — 37 Über die Auslösung von Protoplasmaströmung bei *Vallisneria* durch einige Histidinverbindungen. Jb. Bot. **82**, 613 (1936). — 38 Über die Auslösung von Protoplasmaströmung durch chemische Wirkstoffe. Forschg. u. Fortschr. **12**, 160 (1936). — 39 Beiträge zur Physiologie der Protoplasmaströmung in den Blättern von *Vallisneria spiralis*. Ber. dtsch. bot. Ges. **55**, 525 (1937). — 40 FLURI, M.: Der Einfluß der Aluminiumsalze auf das Protoplasma. Flora (Jena) **99**, 81 (1909). — 41 FREY-WYSSLING, A.: Der Aufbau der Chlorophyllkörner. Protoplasma **29**, 279 (1938). — 42 GAIDUKOV, N.: Dunkelfeldbeleuchtung und Ultramikroskopie in Biologie und Medizin. Jena 1910. — 43 GEITLER, L.: Über den Granabau der Plastiden. Planta (Berl.) **26**, 463 (1937). — 44 Chromosomenbau. Protoplasma-Monogr. **14**. Berlin: Borntraeger

1938. — 45 Schnellmethoden der Kern- und Chromosomenuntersuchung. Berlin: Borntraeger 1940. — 46 GESSNER, FR.: Die Assimilation vitalgefärbter Chloroplasten. Planta (Berl.) **32**, 1 (1941). — 47 GICKLHORN, J.: Zur Frage der Lebendbeobachtung und Vitalfärbung von Chromosomen pflanzlicher Zellen. Protoplasma **10**, 345 (1929). — 48 Notiz über die Eiweißkristalle im Zellkern der Haare von *Melampyrum nemorosum*. Protoplasma **15**, 276 (1931). — 49 GICKLHORN, J. u. FR. WEBER: Über Vakuolenkontraktion und Plasmolyseform. Protoplasma **1**, 427 (1926). — 50 GICKLHORN, J. u. L. MOESCHL: Vitalfärbung und Vakuolenkontraktion an Zellen mit stabilem Plasmaschaum. Protoplasma **9**, 521 (1929). — 51 GUILLIERMOND, A.: La structure des cellules végétales à l'ultramicroscope. Protoplasma **16**, 454 (1932). — 52 GUILLIERMOND, A., MANGENOT G. et L. PLANTEFOL: Traité de cytologie végétale. Paris: E. Le François 1933. — 53 HARTMAIR, V.: Über Vakuolenkontraktion in Pflanzenzellen. Protoplasma **28**, 582 (1937). — 54 HAUPTFLEISCH, P.: Untersuchungen über die Strömung des Protoplasmas in behäuteten Zellen. Jb. Bot. **24**, 173 (1892). — 55 HEILBRONN, A.: Über Methoden zur Messung der Protoplasma-Viskosität. Ber. dtsch. bot. Ges. **36**, (5) (1918). — 56 HEILBRUNN, L. V.: The centrifuge method of determining protoplasmic viscosity. J. of exper. Zool. **43**, 313 (1926). — 57 The colloid chemistry of protoplasm. Protoplasma-Monogr. **1** (1928). Berlin: Borntraeger. — 58 HENNER, J.: Untersuchungen über Spontankontraktion der Vakuolen. Protoplasma **21**, 81 (1934). — 59 HEITZ, E.: Der Nachweis der Chromosomen. Vergleichende Studien über ihre Zahl, Größe und Form im Pflanzenreich. I. Z. Bot. **18**, 625 (1926). — 60 Die Nukleal-Quetschmethode. Ber. dtsch. bot. Ges. **53**, 870 (1935). — 61 Untersuchungen über den Bau der Plastiden. I. Die gerichteten Chlorophyllscheiben der Chloroplasten. Planta (Berl.) **26**, 134 (1936). — 62 Gerichtete Chlorophyllscheiben als strukturelle Assimilationseinheiten der Chloroplasten. Ber. dtsch. bot. Ges. **54**, 362 (1936). — 63 HOFMEISTER, L.: Die Wirkung von Äthylenglykol auf die Plastiden von *Spirogyra*. Protoplasma **28**, 48 (1937). — 64 Mikrurgische Studien an *Boraginoideen*-Zellen. I. und II. Protoplasma **35**, 65 und 161 (1941). — 65 HOLDHEIDE, W.: Über Plasmoptyse bei *Hydrodictyon utriculatum*. Planta (Berl.) **15**, 244 (1932). — 66 HÖRMANN, G.: Studien über die Protoplasmaströmung bei den *Characeen*. Jena 1898. — 67 JOHANNSEN, W.: Elemente der exakten Erblichkeitslehre. Jena 1926. — 68 JÜRGENSEN, R.: Über die in den Zellen der *Vallisneria spiralis* stattfindenden Bewegungserscheinungen. Stud. des Phys. Inst. Breslau **1**, 87 (1861). — 69 KATO, K.: Viscosity changes in the cytoplasm during mitosis as indicated by Brownian movement. 1933. — 70 KEIL, R.: Über systolische und diastolische Veränderungen der Vakuole in den Zellen höherer Pflanzen. Protoplasma **10**, 568 (1930). — 71 KLEBS, G.: Beiträge zur Physiologie der Pflanzenzelle. Unters. Bot. Inst. Tübingen **2**, 489 (1888). — 72 KLEMM, P.: Desorganisationserscheinungen der Zelle. Jb. Bot. **28**, 627 (1895). — 73 KUNZE, R.: Der Einfluß der Wasserstoffionenkonzentration auf die Bildung der Vakuolenkontraktion vitalgefärbter *Helodea*-Zellen. Protoplasma **12**, 161 (1930). — 74 KÜSTER, E.: Über Schwellungsdeformationen bei pflanzlichen Zellkernen. Z. Mikrosk. **38**, 350 (1921). 75 Beiträge zur Kenntnis der Plasmolyse. Protoplasma **1**, 73 (1926). — 76 Das Verhalten pflanzlicher Zellen in vitro und vivo. Arch. exper. Zellforschg. **6**, 28 (1928). — 77 Über die Bildung semipermeabler Kernmembranen. Ber. dtsch. bot. Ges. **50**, 350 (1932). — 78 Hundert Jahre *Tradescantia*. Jena: Fischer 1933. — 79 Anisotrope Plastiden und Zellkerne. Ber. dtsch. bot. Ges. **52**, 626 (1935). — 80 Über das Fadenziehen der Plastidensubstanz. Ber. dtsch. bot. Ges. **53**, 834 (1936). — 81 Anisotrope Plastiden. Z. Mikrosk. **54**, 88 (1937). — 82 Über Vakuolenkontraktion und Membranfärbung bei *Helodea* nach Behandlung mit Vitalfärbemitteln (Beiträge zur zellenphysiologischen Methodik V:) Z. Mikrosk. **54**, 433 (1937). — 83 Über *Hyacinthus*, ein neues zur Untersuchung der Vakuolenkontraktion geeignetes Objekt. Z. Mikrosk. **55**, 26 (1938). — 84 Über die Wirkung des Zentrifugierens auf die Viskosität des lebenden Protoplasmas. Kolloid-Z. **89**, 237 (1939). — 85 Über Vakuolenkontraktion und Anthozyanophoren bei *Pulmonaria*. Cytologia **10**, 44 (1939). — 86 Neue Objekte für die Untersuchung der Vakuolenkontraktion. Ber. dtsch. bot. Ges. **58**, 413 (1940). — 87 KUWADA, Y.: The double coiled spiral structure of chromosomes. Botanical Mag. (Tokyo) **46**, No. 544

(1932). — 88 Behaviour of chromonemata in mitosis. V. A probable method of formation of the double coiled chromonema spirals and the origin of coiling of the chromonemata into spirals. Cytologia 6, 308 (1935). — 89 Chromosome structure. A critical review. Cytologia 10, 213 (1939). — 90 KUWADA, Y. and T. NAKAMURA: Behaviour of chromonemata in mitosis. I. Observation of pollen mother cells in *Tradescantia reflexa*. Mem. Coll. of Sci. Kyoto imp. Univ. Ser. B. 9, 129 (1933). — 91 Behaviour of chromonemata in mitosis. II. Artificial unravelling of coiled chromonemata. Cytologia 5, 244 (1934). — 92 Behaviour of chromonemata in mitosis. III. Observation of living staminate hair cells in *Tradescantia reflexa*. Mem. Coll. of Sci. Kyoto imp. Univ. Ser. B, 9, 343 (1934). — 93 Behaviour of chromonemata in mitosis. IV. Double refraction of chromosomes in *Tradescantia reflexa*. Cytologia 6, 78 (1934). — 94 Behaviour of chromonemata in mitosis. VI. Metaphasic and anaphasic longitudinal split of chromosomes in the homotype division in pollen mother cells in *Tradescantia reflexa*. Cytologia 6, 314 (1935). — 95 KUWADA, Y., N. SHINKE u. Z. NAKAZAWA: The hydration and dehydration phenomena in mitosis. II. A consideration of the spiral stage with the results of experiments and observation. Cytologia 9, 393 (1939). — 96 LAKON, G.: Beiträge zur Kenntnis der Protoplasmaströmung. Ber. dtsch. bot. Ges. 32, 421 (1914). — 97 LÄRZ, H.: Beiträge zur Pathologie der Chloroplasten. Flora (Jena) 135, 319 (1942). — 98 LAUTERBACH, L.: Untersuchungen über die Beeinflussung der Protoplasmaströmung der *Characeen* durch mechanische und osmotische Eingriffe. Beih. Bot. Zbl. 38, I, 1 (1921). — 99 LEGLER, F. u. H. SCHINDLER: Zentrifugierungsversuche an *Diatomeen*-Zellen. Protoplasma 33, 469 (1939). — 100 LEPESCHKIN, W. W.: Über den Aggregatzustand der protoplasmatischen Fäden und Stränge der Pflanzenzellen. Ber. dtsch. bot.Ges. 43, 21 (1925). — 101 LINSBAUER, K.: Über eigenartige Zellkerne in *Chara*-Rhizoiden. Österr. bot. Z. 76, 249 (1927). — 102 Untersuchungen über Plasma und Plasmaströmung an *Chara* - Zellen. I. Beobachtungen an mechanisch und operativ beeinflußten Zellen. Protoplasma 5, 563 (1929). — 103 Kerne, Nukleolen und Plasmabewegungen in den Blasenzellen von *Mesembryanthemum cristallinum*. Sitzgsber. Akad. Wiss. Wien, Math.-naturwiss. Kl. Abt. I, 141, 1 (1932). — 104 Untersuchungen über Plasma und Plasmaströmung an *Chara*-Zellen. V. Untersuchungen des Protoplasmas mittels der Ausflußmethode. Protoplasma 18, 554 (1932). — 105 LINSBAUER, K. u. E. ABRAMOWICZ: Untersuchungen über die Chloroplastenbewegung. Sitzgsber. Akad. Wiss. Wien, Math.-naturwiss. Kl. I, 127, 1227 (1909). — 106 LOOS, W.: Zur Kenntnis der Wundreaktion des pflanzlichen Zellkernes. Protoplasma 14, 331 (1931). — 107 LUNDEGÅRDH, H.: Zelle und Cytoplasma. LINSBAUER, Handbuch der Pflanzenanatomie, Bd. I, 1. Berlin: Borntraeger 1932. — 108 LUYET, B. J. u. R. A. ERNST: On the comperative specific gravity of some cell components. Biodynamica 2, 1 (1934). — 109 MACKE, W.: Untersuchungen über die Wirkung des Bors auf *Helodea canadensis*. Z. Bot. 34, 241 (1939). — 110 MARQUARDT, H.: Untersuchungen über den Formwechsel der Chromosomen im generativen Kern des Pollens und Pollenschlauchs von *Allium* und *Lilium*. Planta (Berl.) 31, 670 (1941). — 111 MARTENS, P.: Le cycle du chromosome somatique dans les phanerogames. III. Récherches expérimentales sur la cinèse dans la cellule vivante. Cellule 38, 69 (1927). — 112 Récherches expérimentales sur la cinèse dans la cellule vivante. Cellule 38, 67 (1928). — 113 Nouvelles récherches expérimentales sur la cinèse dans les cellules vivantes. Cellule 39, 169 (1929). — 114 Étude experimentale des sporocytes de *Tradescantia*. II. Action du suc de la plante sur 'les cellules vivantes. Z. Mikrosk. 51, 88 (1934). — 115 MENKE, W.: Chloroplastenstudien. II. Mitt. Protoplasma 22, 56 (1935). — 116 Über den Feinbau der Chloroplasten. Kolloid-Z. 85, 256 (1935). — 117 Polarisationsoptische Untersuchungen zur Frage der Chloroplastenstruktur. Ber. dtsch. bot. Ges. 56, 27 (1938). — 118 Die Lamellarstruktur der Chloroplasten im ultravioletten Licht. Naturwiss. 28, 158 (1940). — 119 MENKE, W. u. H. J. KÜSTER: Dichroismus und Doppelbrechung vergoldeter Chloroplasten. Protoplasma 30, 283 (1938). 120 MICHEL, K.: Die Darstellung von Chromosomen mittels des Phasenkontrastverfahrens. Naturwiss. 29, 61 (1941). — 121 MIEHE, H.: Über Wanderungen des pflanzlichen Zellkernes. Flora (Jena) 88, 105 (1900). — 122 MISSBACH, G.: Versuche zur Prüfung der Plasmaviskosität. Protoplasma 3, 327 (1927). — 123 MOHL, H.v.:

Über die Saftbewegung im Innern der Zellen. Bot. Zeitung 4, 89 (1846). — 124 NAKAMURA, T.: Double refraction of the chromosomes in paraffin sections. Cytologia Fujii, Jubiläumsband, 482 (1937). — 125 NEBEL, B. R. and M. L. RUTTLE: The cytological and genetical significance of colchicin. J. Hered. 29, 3 (1938). — 126 NESTLER, A.: Über die durch den Wundreiz bewirkten Bewegungserscheinungen des Zellkernes und des Protoplasmas. Sitzgsber. Akad. Wiss. Wien, Math.-naturwiss. Kl. Abt. I, 107, 708 (1898). — 127 NORTHEN, H. T.: Studies of protoplasmic structure in Spirogyra. I. Elasticity. Protoplasma 31, 1 (1938). — 128 PALLA, ED.: Über ein neues Organ der Konjugatenzelle. Ber. dtsch. bot. Ges. 12, 153 (1894). — 129 PANTANELLI, E.: Contribuzione alla mecanica dell'accrescimento. II. L'explosione delle cellule vegetali. Ann. di Bot. 2, 297 (1903). — 130 PEKAREK, J.: Absolute Viskositätsbestimmung mit Hilfe der BROWNschen Molekularbewegung. I. Protoplasma 10, 510 (1930). — 131 Absolute Viskositätsmessungen mit Hilfe der Brownschen Molekularbewegung. II. Viskositätsbestimmung des Zellsaftes der Epidermiszellen von Allium Cepa und des Amöbenprotoplasmas. Protoplasma 11, 19 (1930). — 132 Absolute Viskositätsmessungen mit Hilfe der Brownschen Molekularbewegung. III. Protoplasma 13, 637 (1931). — 133 Absolute Viskositätsmessungen mit Hilfe der Brownschen Molekularbewegung. IV. Plasmaviskositätsmessungen an Rhizoiden von Chara fragilis Desv. Protoplasma 17, 1 (1932). — 134 Ein vergessenes Objekt für das Studium der Kern- und Zellteilungsvorgänge im Leben. Planta (Berl.) 16, 788 (1932). — 135 Absolute Viskositätsmessungen mit Hilfe der Brownschen Molekularbewegung. V. Plasmolyse und Zellsaftviskosität. Protoplasma 18, 1 (1933). — 136 Absolute Viskositätsmessungen mit Hilfe der Brownschen Molekularbewegung. VI. Der Einfluß der Temperatur auf die Zellsaftviskosität. Protoplasma 20, 251 (1933). — 137 Absolute Viskositätsmessungen mit Hilfe der Brownschen Molekularbewegung. VII. Der Einfluß des Lichtes auf die Zellsaftviskosität. Protoplasma 20, 359 (1933). — 138 Absolute Viskositätsmessungen mit Hilfe des Brownschen Molekularbewegung. VIII. Die Zellsaftviskosität in ihrer Abhängigkeit von Temperatur und Licht. Protoplasma 24, 128 (1935). — 139 Absolute Viskositätsmessungen mit Hilfe der Brownschen Molekularbewegung. IX. Die Viskosität des Protoplasmas bei Kappenplasmolyse. Protoplasma 34, 177 (1940). — 140 PEKAREK, J. u. R. FÜRTH: Über die Richtung der Protoplasmaströmung in benachbarten Elodea-Blattzellen. Protoplasma 13, 666 (1931). — 141 PETER, K.: Die Beziehungen zwischen Zellteilung und Zelltätigkeit, Darstellung und Versuch einer kausalen Betrachtung (Sammelreferat). Protoplasma 10, 613 (1930). — 142 PFEFFER, W.: Über Aufnahme von Anilinfarbstoffen in lebende Zellen. Unters. Bot. Inst. Tübingen 2, 179 (1886). — 143 PFEIFFER, H.: Literature on adhesiveness (stickiness) of protoplasm and related topics. Protoplasma 23, 270 (1935). — 144 PIRSON, A. u. F. ALBERTS: Über die Assimilation von Helodea-Blättchen nach Vitalfärbung mit Rhodamin B. Protoplasma 35, 131 (1940). — 145 PRÁT, S.: The polarity of the vacuole. Protoplasma 15, 612 (1932). — 146 PRUD'HOMME VAN REINE, JR. W. J.: Versuche über die Konsistenz des Protoplasmas. Rec. Trav. bot. néerl. 22, 467 (1935). — 147 RESENDE, F.: Chromosome structure as observed in root tips. Nature (Lond.) 144, 481 (1939). — 148 RITTER, G.: Über Traumatotaxis und Chemotaxis des Zellkernes. Z. Bot. 3, 1 (1911). — 149 RUCH, F.: Zur Schraubenstruktur des Metaphasenchromosoms der 1. meiotischen Teilung bei Tradescantia virginica. Vjschr. naturforsch. Ges. Zürich 90, 215 (1945). — 150 RUHLAND, W.: Über die Verwendbarkeit vitaler Indikatoren zur Ermittlung der Plasmareaktion. Ber. dtsch. bot. Ges. 41, 252 (1923). — 151 SAKAMURA, T.: Chromosomenforschung am frischen Material. Protoplasma 1, 537 (1926). — 152 Fixierung von Chromosomen mit siedendem Wasser. Botanical Mag. (Tokyo) 41, 59 (1927). — 153 SCHAEDE, R.: Untersuchungen über Zelle, Kern und ihre Teilung am lebenden Objekt. Beitr. Biol. Pflanz. 14, 231 (1925). — 154 Über die Struktur des Ruhekernes. Ber. dtsch. bot. Ges. 44, 298 (1926). — 155 Austreiben der Zwiebeln von Allium Cepa infolge von Wasseraufnahme nach Verletzung. Beitr. Biol. Pflanz. 15, 118 (1927). — 156 Vergleichende Untersuchungen über Zytoplasma, Kern und Kernteilung im lebenden und fixierten Zustande. Protoplasma 3, 145 (1928). — 157 Zentrifugalversuche mit Kernteilungen.

Planta (Berl.) **11**, 243 (1930). — 158 Über die Struktur des ruhenden Kernes. Ber. dtsch. bot. Ges. **48**, 342 (1930). — 159 Beiträge zum Artefaktproblem. Protoplasma **23**, 466 (1935). — 160 Untersuchungen mit der Nuklealreaktion an Kern und Kernteilung. Planta (Berl.) **26**, 167 (1936). — 161 SCHIMPER, A. F. W.: Untersuchungen über die Chlorophyllkörner und ihre homologen Gebilde. Jb. Bot. **16**, 1 (1885). — 162 SCHINDLER, H.: Tötungsart und Absterbebild. I. Der Alkalitod der Pflanzenzelle. Protoplasma **30**, 186 (1938). — 163 Tötungsart und Absterbebild. II. Der Säuretod der Pflanzenzelle. Protoplasma **30**, 547 (1938). — 164 SCHMIDT, W. J.: Die Doppelbrechung von Karyoplasma, Zytoplasma und Metaplasma. Protoplasma-Monogr. **11**. Berlin: Borntraeger (1937). — 165 SCHMIDT, H.: Plasmazustand und Wasserhaushalt bei *Lamium maculatum*. Protoplasma **33**, 25 (1939). — 166 SCHRÖTER, A.: Über Protoplasmaströmung bei *Mucorineen*. Flora (Jena) **95**, 1, (1905). — 167 SCHÜRHOFF, P. N.: Die Plastiden. LINSBAUER, Handbuch der Pflanzenanatomie, Bd. I, 1. Berlin: Borntraeger 1924. — 168 SEIFRITZ, W.: Elasticity as an indicator of protoplasmic structure. Amer. Naturalist **60**, 124 (1926). — 169 The structure of protoplasm. Botanical Rev. **1**, 18 (1935). — 170 Protoplasma. New York and London: McGraw-Hill, Book Company 1936. — 171 A theory of protoplasmic streaming. Science (N.Y.) **86**, 397 (1937). — 172 SENN, G.: Die Gestalts- und Lageveränderung der Pflanzenchromatophoren. Leipzig 1908. — 173 SHINKE, N.: An experimental study on the structure of living nuclei in the resting stage. Cytologia Fujii, Jubiläumsband, 449 (1937). — 174 Experimental studies of cell-nuclei. Memoirs of the Coll. Sci. Kyoto imp. Univ. Ser. B. **15**, 1 (1939). — 175 SOROKIN, H.: Mitochondria and plastids in living cells of *Allium Cepa*. Amer. J. Bot. **25**, 28 (1938). — 176 SÜSSENGUTH, K.: Über den tagesperiodischen Farbwechsel von *Selaginella serpens Spring*. Biol. Zbl. **43**, 123 (1923). — 177 STAHL, E.: Über den Einfluß von Richtung und Stärke der Beleuchtung auf einige Bewegungserscheinungen im Pflanzenreich. Bot. Zeitung **38**, 297 (1880). — 178 STRAUB, J.: Chromosomenstruktur. Naturwiss. **31**, 97 (1943). — 179 STROHMEYER, G.: Beiträge zur experimentellen Zytologie. Planta (Berl.) **24**, 470 (1935). — 180 STRUGGER, S.: Untersuchungen über den Einfluß der Wasserstoffionen auf das Protoplasma der Wurzelhaare von *Hordeum vulgare L.* I. Sitzgsber. Akad. Wiss. Wien, Math.-naturwiss. Kl., Abt. I, **135**, 453 (1926). — 181 Untersuchungen über den Einfluß der Wasserstoffionen auf das Protoplasma der Wurzelhaare von *Hordeum vulgare L.* II. Sitzgsber. Akad. Wiss. Wien, Math.- naturwiss. Kl., Abt. I, **137**, 143 (1928). — 182 Untersuchungen über Plasma und Plasmaströmung an *Characeen*. III. Beobachtungen am ausgeflossenen Protoplasma durchschnittener *Chara*-Internodialzellen. Protoplasma **7**, 23 (1928). — 183 Untersuchungen an isolierten Kernen der Internodialzellen von *Chara fragilis Desv.* Planta (Berl.) **8**, 717 (1929). — 184 Beitrag zur Kolloidchemie des pflanzlichen Ruhekernes. Protoplasma **10**, 363 (1929). — 185 Zur Kolloidchemie des ruhenden Zellkernes. Mitt. Naturwiss. Ver. Neuvorpommern u. Rügen, **57** (1930). — 186 Über das Verhalten des pflanzlichen Zellkernes gegenüber Anilinfarbstoffen. Ein Beitrag zur Methodik der Bestimmung des isoelektrischen Punktes der Kernphasen. Planta (Berl.) **18**, 561 (1932). — 187 Die Vitalfärbung der Chloroplasten mit Rhodaminen. Flora (Jena) **131**, 113 (1936). — 188 Beiträge zur Analyse der Vitalfärbung mit Neutralrot. Protoplasma **26**, 56 (1936). — 189 Weitere Untersuchungen über die Vitalfärbung der Chloroplasten mit Rhodaminen. Flora (Jena) **131**, 324 (1937). — 190 Fluoreszenzmikroskopische Untersuchungen über die Speicherung und Wanderung des Fluoreszeinkaliums in pflanzlichen Geweben. Flora (Jena) **132**, 253 (1938). — 191 Die Vitalfärbung der Chromosomen. Dtsch. tierärztl. Wschr. 645 (1940). — 192 Fluoreszenzmikroskopische Untersuchungen über die Aufnahme und Speicherung des Akridinorange durch lebende und tote Pflanzenzellen. Jena. Z. Naturwiss. **73**, 97 (1940). — 193 Zellphysiologische Studien mit Fluoreszenzindikatoren. I. Basische, zweifarbige Indikatoren. Flora (Jena) **135**, 101 (1941). — 194 Die Anwendung des Phasenkontrastverfahrens zum Studium der Pflanzenzelle. Z. Naturforschg. **2** b, 146 (1947). — 195 STÜEBL, H.: Zur Kenntnis der Plasmaströmung in Pflanzenzellen. Z. allg. Physiol. **8**, 267 (1908). — 196 TIMMEL, H.: Zentrifugierungsversuche über die Wirkung chemischer Agentien, insbesondere des Kaliums auf die Viskosität des Protoplasmas. Protoplasma **3**, 197

(1927). — 197 Tischler, G.: Allgemeine Pflanzenkaryologie. 1. u. 2. Aufl. Linsbauer, Handbuch der Pflanzenanatomie, Bd. I, 2. Berlin: Borntraeger 1934.— 198 Pflanzliche Chromosomenzahlen. IV. Tab. Biol. 16, 162 (1938). — 199 Uléhla, V. u. V. Moravek: Über die Wirkung von Säuren und Salzen auf *Basidiobolus ranarum*. Eid. (vorl. Mitt.) Ber. dtsch. bot. Ges. 40, 8 (1922). — 200 Uléhla, V.: Die Quellungsgeschwindigkeit der Zellkolloide als gemeinschaftlicher Faktor in Plasmolyse, Plasmoptyse und ähnlichen Veränderungen des Zellvolumens. Planta (Berl.) 2, 617 (1926). — 201 Umrath, K.: Über Protoplasma-Tropfen aus *Chara*-Zellen. Protoplasma 24, 92 (1935). — 202 Vouk, V.: Untersuchungen über die Bewegung der Plasmodien. II. Studien über die Protoplasmaströmung. Denkschr. Akad. Wiss. Wien 88 (1912). — 203 Wada, B.: Mikrurgische Untersuchungen lebender Zellen in der Teilung. III. Die Einwirkung der Plasmolyse auf die Mitose bei den Staubfadenhaarzellen von *Tradescantia reflexa*. Cytologia 7, 198 (1936). — 204 Mikrurgische Untersuchungen lebender Zellen in der Teilung. V. Die Einwirkung des Ammoniakdampfes auf die Mitose bei den Staubfadenhaarzellen von *Tradescantia reflexa*. Cytologia Fujii, Jubiläumsband, 785 (1937). — 205 Experimentelle Untersuchungen lebender Zellen in der Teilung. I. Die Einwirkung des Chloroform- und Ätherdampfes auf die Mitose bei den *Tradescantia*-Haarzellen. Cytologia 9, 97 (1938). — 206 Experimentelle Untersuchungen lebender Zellen in der Teilung. II. Die Einwirkung des Normalbutylalkoholdampfes auf die Mitose bei den *Tradescantia*-Haarzellen. Cytologia 9, 110 (1938). — 207 Experimentelle Untersuchungen lebender Zellen in der Teilung. III. Die Einwirkung der Dämpfe verschiedener Substanzen auf die Mitose bei den *Tradescantia*-Haarzellen. Cytologia 9, 460 (1939). — 208 Weber, Fr.: Zentrifugierungsversuche mit ätherisierten *Spirogyren*. Biochem. Z. 126, 21 (1921). — 209 Methoden der Viskositätsbestimmung des lebendigen Protoplasmas. Abderhalden, Handbuch der biologischen Arbeitsmethoden, Abt. XI, Teil 2, 656 (1924). — 210 Der Zellkern der Schließzellen. Planta (Berl.) 1, 441 (1925). — 211 Plasmolyseform und Kernform funktionierender Schließzellen. Jb. Bot. 64. 687 (1925). — 212 Cytoplasma- und Kernzustandsänderungen bei Schließzellen. Protoplasma 2, 305 (1927). — 213 Vakuolenkontraktion vitalgefärbter *Elodea*-Zellen. Protoplasma 9, 106 (1930). — 214 Vakuolenkontraktion, Tropfenbildung und Aggregation in Stomatazellen. Protoplasma 9, 128 (1930). — 215 Vakuolenkontraktion und Vitalfärbung in Blütenblattzellen. Protoplasma 11, 312 (1930). — 216 Vakuolenkontraktion und Protoplasmaentmischung in Blütenblattzellen. Protoplasma 10, 598 (1930). — 217 Vakuolenkontraktion der *Borraginaceen*. Blütenzellen als Synärese. Protoplasma 22, 4 (1935). — 218 Vakuolenkontraktion und Anthozyanophoren in *Pulmonaria*-Blütenzellen. Protoplasma 26, 100 (1936). — 219 Doppelbrechung und Grana der Chloroplasten. Mikrochem. Molisch - Festschrift, 447 (1936). — 220 Doppelbrechung der Chloroplasten von *Anthoceros*. Protoplasma 26, 312 (1936). — 221 Die Doppelbrechung der Chloroplasten. Protoplasma 27, 280 (1937). — 222 Assimilationsfähigkeit und Doppelbrechung der Chloroplasten. Protoplasma 27, 460 (1937). — 223 Plastidenstudien. Protoplasma 28, 283 (1937). — 224 Weier, E.: Viability of cells containing chloroplasts with an optical homogeneous or granular structure. Protoplasma 31, 346 (1938). — 225 The microscopic appearance of the chloroplast. Protoplasma 32, 145 (1939). — 226 Wiegand, A.: Studien über die Protoplasmaströmung in der Pflanzenzelle Bot. Hefte 1, Nr. VI, 11 (1885). — 227 Wieler, A.: Über den Bau der Chlorophyllkörner. Protoplasma 26, 295 (1936). — 228 Wulf, H. D.: Zur Zytologie des männlichen Gametophyten der Angiospermen. Planta (Berl.) 19, 651 (1933). — 229 Yamaha, G.: Experimentelle cytologische Beiträge. I. Orientierende Versuche an Wurzelspitzen der Pflanzen. J. Fac. Sci. imp. Univ. Tokyo. Sect. III. Bot. 2, 1 (1927). — 230 Experimentelle cytologische Beiträge. II. Über die Wirkung des destillierten Wassers auf die Wurzelspitzenzellen von *Vicia faba* bei verschiedenen Temperaturen. J. Fac. Sci. imp. Univ. Tokyo. Sect. III. Bot. 2, 215 (1927). — 231 Yamaha, G. u. J. Minoru: Protoplasmaströmung. Literaturzusammenstellung. Protoplasma 17, 146 (1932). — 232 Zehenter, H.: Untersuchungen über die Alkoholpermeabilität des Protoplasmas. Jb. Bot. 80, 505 (1934).

IV. Der plasmolytische Eingriff und seine methodische Auswertung.

1. Morphologie der Plasmolyse.

Versuch 36.

Grundversuch zum Nachweis des osmotischen Wasseraustrittes aus plasmolysierenden Zellen.

Um auf möglichst einfache Weise den osmotischen Wasseraustritt aus einem plasmolysierenden Gewebe nachzuweisen, bedient man sich am besten der in Abb. 54 abgebildeten Versuchsanordnung. Die Glasküvette wird mit käuflichem konzentrierten Glyzerin (*G*) gefüllt. Dieses wirkt als stark hypertonisches Plasmolytikum. Ein kleines Bleiblöckchen *B* (es kann auch ein Glasstäbchen nach einseitigem Ausziehen und entsprechendem Biegen verwendet werden), in welches der am umgebogenen Ende zugespitzte Draht *D* eingeschmolzen ist, wird mit einem lebenden Stück Kartoffelgewebe durch Aufstecken desselben an den Draht versehen. Das Kartoffelgewebe stanzt man am besten mit Hilfe eines Korkbohrers aus. Bevor das Bleiblöckchen mit dem aufgesteckten Kartoffelstück in das Glyzerin eingesenkt wird, muß das Kartoffelstück sorgfältig mit Filterpapier abgetrocknet werden. Nach erfolgtem Einsenken des Bleiblöckchens in die mit Glyzerin gefüllte Küvette, wird sofort mit der Beobachtung begonnen, wobei die Küvette in völliger Ruhe stehen bleibt. Das infolge der Plasmolyse der einzelnen Gewebszellen austretende

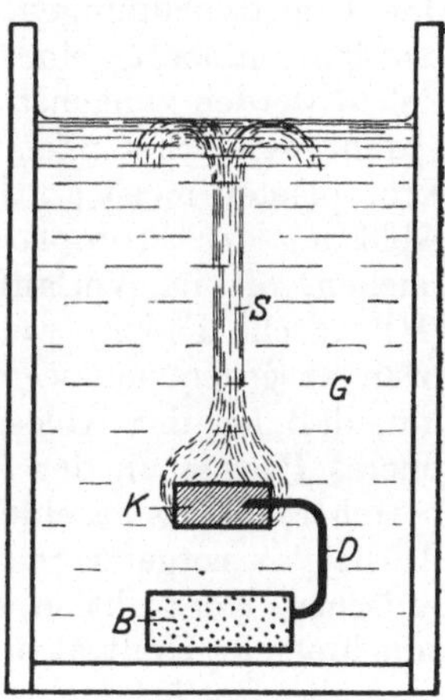

Abb. 54. Versuchsanordnung zur Demonstration des Wasseraustrittes aus lebenden Zellen in hypertonischer Lösung. Erklärung im Text. Original.

Wasser ist spezifisch wesentlich leichter als das konzentrierte Glyzerin und mischt sich mit diesem nur sehr langsam. Infolgedessen entsteht oberhalb des Kartoffelstückchens im Glyzerin ein ständig aufwärts steigender Schlierenstrom. Diese Versuchsanordnung kann mit Hilfe eines Projektionsapparates besonders schön dadurch zur Demonstration gebracht werden, daß eine etwa fünfpfennigstückgroße Zentralblende unmittelbar vor der Frontlinse des Objektives angebracht wird (Dunkelfeldprojektion).

Versuch 37.

Die Beobachtung des Plasmolyse- und Deplasmolyseverlaufes.

Flächenschnitte von der unteren Epidermis des Blattes von *Rhoeo discolor*, die gut entlüftet sind, werden in Brunnenwasser liegend so im Mikroskop bei mittlerer Vergrößerung eingestellt, daß man rote lebendige Zellen im Gesichtsfelde erblickt. Geschädigte Zellen sind bei diesem

6*

Versuchsobjekte durch den Verlust des roten Zellsaftes besonders leicht
zu erkennen. Mit Hilfe des ABBESchen Zeichenapparates werden die
Zellumrisse einer markanten Stelle des Präparates auf ein Blatt Papier
entworfen. An einer Seite des Deckglases setzen wir einen Tropfen
0,6 mol. Rohrzuckerlösung sorgfältig zu und saugen an der entgegengesetzten Seite, ohne das Präparat zu verschieben, das Wasser mit einem
Filterpapierstreifen ab. Nachdem der Zeitpunkt des Beginns der
plasmolytischen Abhebung notiert ist, werden von 5 zu 5 Minuten
die Umrisse der plasmolysierenden Protoplasten in unsere Zellumrißzeichnungen eingetragen. Auf diese Weise erhält man einen guten
Einblick in den morphologischen Ablauf der plasmolytischen Abhebung
der Protoplasten. Vor Beginn der sichtbaren Abhebung ist mit Hilfe
der Umrißzeichnungen, welche am turgeszenten Material gewonnen
wurden, eindeutig eine Volumabnahme der Zellen zu beobachten. Die
Zellen werden zunächst turgeszenzlos und die gedehnte Membran entspannt sich. Erst nach dieser Entspannung beginnt die Abhebung der
Protoplasten meist an den Zellecken. Daß die Plasmolyse keine glatte
Ablösung des Protoplasten von der Membran ist, beweisen die zahlreichen, oft im Verlaufe der Kontraktion zerreißenden Plasmafäden
(HECHTsche Fäden), welche zwischen dem Protoplasten und der Membran ausgesponnen werden. Diese HECHTschen Fäden deuten darauf
hin, daß bei der Ablösung des Protoplasten von der Membran peripheres Plasma an der Membran verbleibt und daß ein Zerreißen der
peripheren Plasmaschicht bei der Plasmolyse eintritt. Die durch
Anthocyan rotgefärbten Zellsafträume verlieren im Laufe der plasmolytischen Kontraktion reichlich Wasser, wodurch der Farbstoff mit
zunehmender Kontraktion immer konzentrierter wird. Dementsprechend
wird die Rotfärbung der Zellsafträume plasmolysierter Zellen immer
dunkler erscheinen als die unplasmolysierter Zellen. Ist die plasmolytische Kontraktion zum Stillstande gekommen, so setzen wir langsam
seitlich Leitungswasser zu, so daß die Zuckerlösung durch sorgfältiges
Absaugen aus dem Gewebeschnitt allmählich ausgewaschen wird. Wird
die Wasserzufuhr möglichst schonend durchgeführt, so kann man in
solchen Präparaten den Rückgang der Plasmolyse, die Deplasmolyse,
in schöner Weise verfolgen. Erfolgt aber die Wässerung zu schnell, so
werden die Protoplasten mechanisch geschädigt und sterben unter
gleichzeitiger Entfärbung der Vakuolen ab. (1, 16, 17, 18, 25, 29, 30,
31, 32, 39, 44.)

Versuch 38.

Die Beobachtung des Plasmolyseverlaufes im Dunkelfelde.

Die Untersuchung plasmolysierender Zellen bei Dunkelfeldbeleuchtung ist besonders aufschlußreich, da die Zerreißung der peripheren
Plasmagrenzschicht ungemein deutlich sichtbar gemacht werden kann.
Die obere Epidermis der Zwiebelschuppe von *Allium Cepa* wird im gut
entlüfteten Zustande in Leitungswasser liegend im Dunkelfelde mit dem
Objektiv 20fach und einem stärker vergrößernden Okular eingestellt.
Unter gleichzeitiger Beobachtung wird dem Präparate seitlich ein

Tropfen einer 1 mol. CaCl$_2$-Lösung zugesetzt, wobei das Wasser sorgfältig an der entgegengesetzten Seite des Präparates abgesaugt wird. Die Loslösung der Protoplasten von der Membran ist in allen Einzelheiten zu verfolgen. Erst bei Dunkelfeldbeobachtung erkennt man, wie viele HECHTsche Fäden, deren Dimensionen an der Grenze der

mikroskopischen Sichtbarkeit liegen, zwischen der Membran und dem Protoplasten ausgesponnen werden. An der Zellwand sind deutliche Plasmareste zu beobachten. Derselbe Versuch ist auch mit einer 1 mol. KNO$_3$-Lösung durchzuführen. In diesem Plasmolytikum bilden sich besonders feine HECHTsche Fäden aus. Abb. 55 zeigt ein Dunkelfeldbild der HECHTschen Fäden.

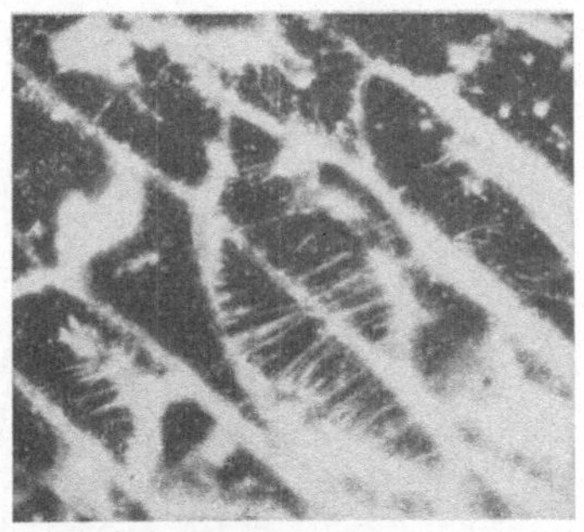

Abb. 55. Dunkelfeldaufnahme von oberen Epidermiszellen der Zwiebelschuppe von *Allium Cepa*, plasmolysiert in 1 mol. CaCl$_2$. 10 Minuten nach dem Beginn der Plasmolyse aufgenommen. Die HECHTschen Fäden sind deutlich zu sehen. Plasmolyseform stark konkav. Original.

Die plasmatische Grenzschicht verdient im Hinblick auf solche Dunkelfeldbeobachtungen eine besondere Aufmerksamkeit. Nach HANSTEEN-CRANNER besteht die Grenzschicht vornehmlich aus Phosphatiden. Es tritt bei der Plasmolyse ein Zerreißen der ursprünglichen Grenzschicht ein. Der sich weiter kontrahierende Protoplast vermag eine neue Grenzschicht zu bilden, welche für die Intrabilitäts- und Permeabilitätsverhältnisse plasmolysierter Zellen verantwortlich zu machen ist. (**16, 17, 40, 46, 57**.)

Versuch 39.

Die Plasmolyseform und -zeit.

Die Beobachtung der Umrißform des plasmolysierten Protoplasten ist methodisch für die Zellphysiologie von Wichtigkeit. Da das Protoplasma mehr oder weniger zähflüssig ist, hat es das Bestreben, den Kräften der Oberflächenspannung zu gehorchen und sich allmählich kugelförmig nach erfolgter plasmolytischer Kontraktion abzurunden. Es tritt also in der Regel eine Abrundung der Protoplasten schon während der plasmolytischen Abhebung ein. Eine solche runde Plasmolyseform wird als Konvexplasmolyse bezeichnet (Abb. 56a). In isodiametrischen Parenchymzellen bleibt der Protoplast im Verlaufe der Plasmolyse ungeteilt. In langgestreckten Zellen dagegen erfährt er im Verlaufe der Plasmolyse des öfteren eine Zerteilung in Teilprotoplasten. Diese bleiben meist mit dünnen Plasmafäden miteinander in Verbindung. Auch eine solche in Abb. 57 abgebildete Zelle wird als perfekt konvex plasmolysiert zu bezeichnen sein.

Ist dagegen das Haftvermögen der Plasmagrenzschicht an der Membran oder die Zytoplasmaviskosität sehr groß, so kann der plasmolysierende Protoplast den Kräften der Oberflächenspannung nur sehr langsam oder überhaupt nicht gehorchen. Es kommt dann nicht zu

einer Konvexplasmolyse, sondern der Protoplast weist eine mehr konkave Plasmolyseform auf (Abb. 56b). Wird die Konkavplasmolyse
sehr extrem ausgebildet, so spricht man von einer Krampfplasmolyse
(Abb. 56c und d). Das Auftreten einer bleibenden Krampfplasmolyse

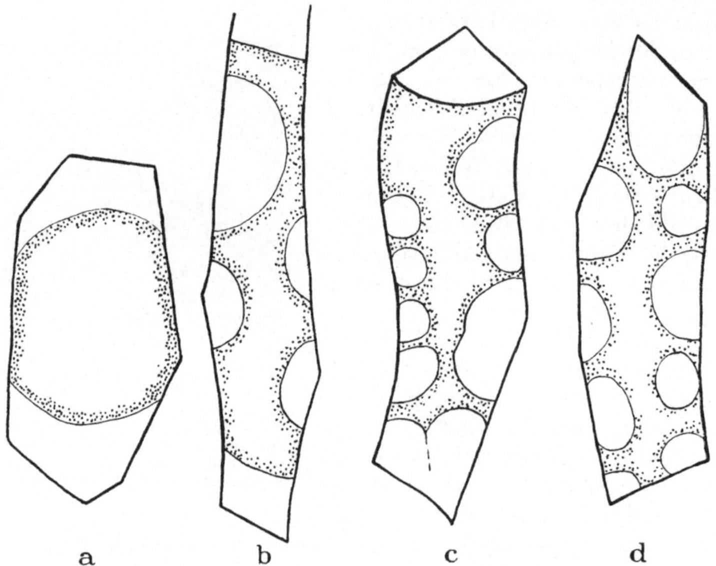

Abb. 56. Verschiedene Plasmolyseformen. *a* Konvexplasmolyse, *b* Konkavplasmolyse, *c* und *d* Konkav- und Krampfplasmolysen verschiedener Grade. Nach KÜSTER (1929).

weist immer auf ein sehr starkes Haftvermögen des Protoplasten an der
Membran und auf eine hohe Zytoplasmaviskosität hin. Bei einigen
Zellformen, wie z. B. bei *Spirogyra*, kann man außer der Konvex- und
Konkavform bei erhöhter Plasmaviskosität noch eine eckige Abhebung

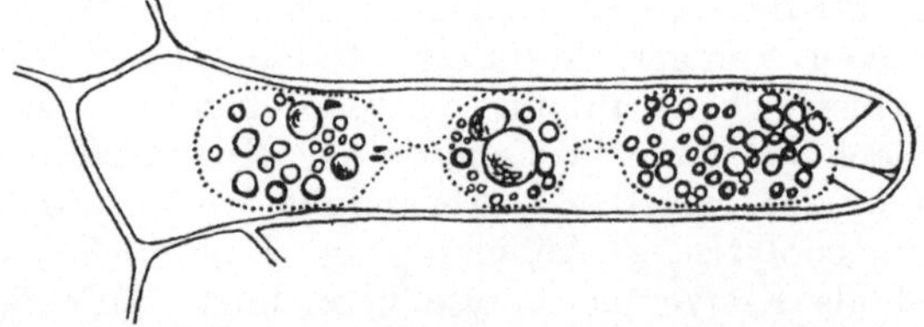

Abb. 57. Plasmolytische Kontraktion und Zerlegung der Protoplasten eines jungen Wurzelhaares
von *Trianea Bogotensis*. Nach PFEFFER aus KÜSTER (1929).

des Plasmaleibes beobachten. Diese Plasmolyseform wird als „eckig"
bezeichnet.

Die auftretenden Plasmolyseformen sind nicht stabil. Fast jede
plasmolytische Abhebung beginnt anfangs konkav, um im weiteren
Verlaufe der Kontraktion allmählich eine immer vollkommenere runde
Form anzunehmen. Als Plasmolysezeit wird diejenige Zeitdauer bezeichnet, welche vom Einlegen der lebendigen Zellen in das Plasmolytikum bis zur Erreichung der Konvexform verstreicht. Diese Plasmo-

lysezeit ist für Zellen und Gewebe oft außerordentlich und in spezifischer Weise verschieden. Sie kann zwischen 0 und Unendlich liegen.

Zur Verfolgung der wechselnden Plasmolyseform und zur Messung der Plasmolysezeit bedient man sich am besten folgender Methoden.

Flächenschnitte von der unteren Epidermis der Zwiebelschuppe von *Allium Cepa* werden in einer 0,6 mol. Lösung verschiedener Plasmolytika (Traubenzucker, KCl, CaCl$_2$, KCNS) eingelegt (Röhrchen) und unter der Wasserstrahlluftpumpe infiltriert. Hierauf werden die Schnitte im Plasmolytikum liegend mit einem Deckglas zugedeckt und zwecks Vermeidung des weiteren Verdunstens des Plasmolytikums so schnell wie möglich mit flüssig gemachter Vaseline umrandet. Vom Zeitpunkte der Infiltration ab wird die Plasmolysezeit gerechnet. Man verfolgt zweckmäßigerweise an ausgewählten Zellen den Wechsel der Plasmolyseformen. Auch der Einfluß verschiedener Plasmolytika tritt bei dieser Versuchsanordnung klar zu Tage. Bemerkenswert ist, daß in der Nähe der Wundränder die Plasmolysezeiten wesentlich abgekürzt sind. (6, 18, 19, 38, 42, 47, 48, 49, 50, 51, 52, 55.)

Versuch 40.

Plasmolyseform von Zellen mit festem „Zellsaft".

Der Zellsaft der Blütenblattzellen vieler Boraginoideenblüten hat eine gallertige Beschaffenheit. Durch den plasmolytischen Wasserentzug

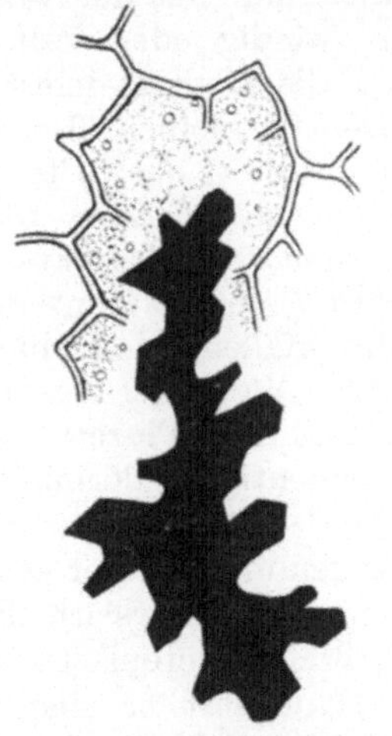

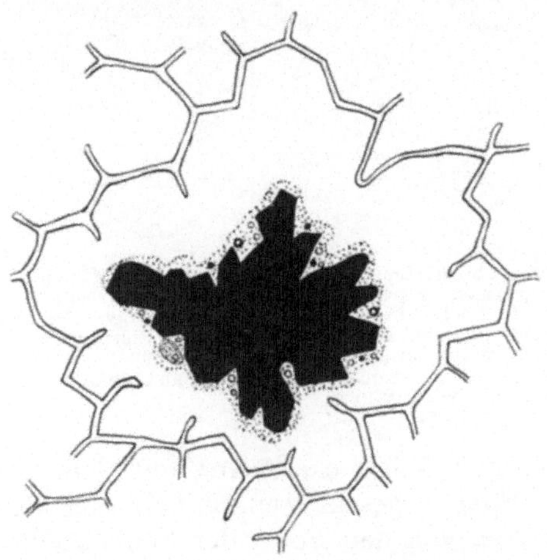

Abb. 58. Frei ins Wasser ragender Zell-„Saft"-Stern von *Echium italicum* (Mesophyllzelle eines Blütenblattes). Nach GICKLHORN und WEBER (1926).

Abb. 59. Mesophyllzelle des Blütenblattes von *Echium italicum*. Perfekte Plasmolyse in 30%igem Rohrzucker. Der feste Zell-„saft" bestimmt die Plasmolyseform. Nach GICKLHORN und WEBER (1926).

tritt eine völlige Verfestigung des „Zellsaftes" ein. Zur Untersuchung dieser Erscheinungen eignen sich am besten die Korollen von *Echium italicum* und *Anchusa officinalis*. Auch die Korollen von *Echium vulgare*, *Lycopsis arvensis*, *Cynoglossum coelestinum* und *Symphytum tuberosum* geben schöne Bilder. Ein Korollenzipfel wird mit Hilfe der V.I.M.

mit Leitungswasser infiltriert. Hierauf wird ein infiltrierter Zipfel mit 2 Präpariernadeln auf dem Objektträger liegend zerrissen, wodurch einzelne Zellen des Mesophylls aufgerissen werden. Wäre der Zellsaft flüssig, so müßte er austreten und sich mit dem Wasser vermischen. Das ist aber bei diesen Objekten nicht der Fall. Der „Zellsaft“ der anthocyanführenden Mesophyllzellen bleibt trotz der Zerreißung der Zellen in der zierlichen Sternform erhalten, wie dies in Abb. 58 dargestellt ist.

Plasmolysiert man eine ganze Korolle durch Infiltration mit einer 30—40%igen Rohrzuckerlösung oder einer 1 mol. KNO_3-Lösung, so beobachtet man das in Abb. 59 dargestellte Bild. Die gallertige Vakuole hat sich plasmolytisch kontrahiert, wobei sie ein getreues Abbild der Zellform liefert. Der Protoplast liegt der so geformten Vakuole eng an. Hier handelt es sich um den seltenen Fall, daß die Plasmolyseform durch die feste Beschaffenheit des Zell-„saftes“ bedingt ist. (12, 22.)

Versuch 41.

Die Plasmolyseform funktionierender Schließzellen.

Daß im Zusammenhange mit der Funktion der Schließzellen auch plasmatische Änderungen nachweisbar sind, zeigt folgender Versuch. Als Versuchsobjekt wählt man die Blätter von *Vicia faba*, deren Stomata bei schönem, windstillen Wetter vormittags immer weit geöffnet sind. Ist das Wetter trübe, windig oder kalt, so pflegen die Stomata meist geschlossen zu bleiben. Der Öffnungszustand der Stomata wird am unverletzten Blatte am besten durch direkte Beobachtung der Blattunterseite im durchfallenden Licht bei mittlerer Vergrößerung beurteilt. Mit der Pinzette werden vorsichtig Epidermisstreifen von der Blattunterseite abgezogen und in einer 40 prozentigen Rohrzuckerlösung auf dem Objektträger plasmolysiert. Sind die Spalten geschlossen, so hebt sich der Schließzellenprotoplast zuerst konvex von den Polen der Schließzellen ab. Dann löst er sich von der der Spalte gegenüberliegenden Rückseite der Schließzelle. Die Bauchseite dagegen bleibt immer mit der Membran in enger Verbindung. Die Spaltenseite ist also sonach ein negativer Plasmolyseort, während die Rückseite als positiver Plasmolyseort bezeichnet werden kann. Unter Berücksichtigung der Zwangsform kann die Plasmolyseform geschlossener Schließzellenapparate als perfekt konvex bezeichnet werden (Abb. 60). Untersucht man auf gleiche Weise Schließzellen von Blättern mit maximal geöffneten Stomata, so erhalten wir ganz andere Plasmolysebilder. Es entstehen an der Rückseite der Schließzellen zahlreiche

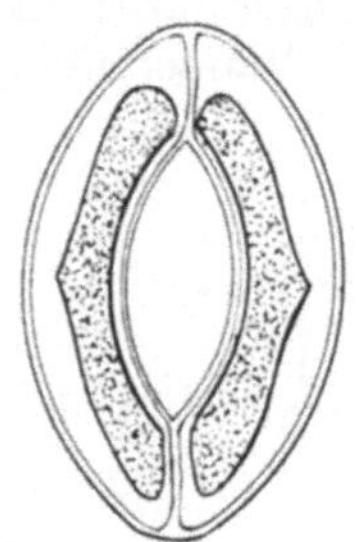

Abb. 60. Spaltöffnung vor der Plasmolyse geschlossen. Plasmolyse in 40%igem Rohrzucker. Konvexe Plasmolyseform. Plasmolyseorte gesetzmäßig verteilt. Nach WEBER (1925).

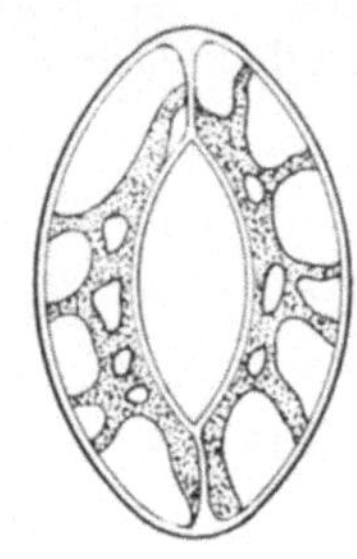

Abb. 61. Spaltöffnung vor der Plasmolyse weit offen. Plasmolyse in 40%igem Rohrzucker. Krampfplasmolyse. Nach WEBER (1925).

konkave Einbuchtungen, so
daß der Protoplast von oben
gesehen oft siebartig durch-
löchert erscheint. Eine Abrundung ist auch nach 10—24
Stunden nicht zu beobach-
ten. In Abb. 61 ist eine
Krampfplasmolyse in vorher
geöffnet gewesenen Schließzellen dargestellt. (53, 54, 56.)

Versuch 42.

**Der Plasmolyseort
bei einseitiger Diffusion
des Plasmolytikums.**

Schon aus Versuch 41
war zu ersehen, daß bei manchen Zellen der Ort der plasmolytischen Abhebung eine
bestimmte Lage haben kann.
Dabei versteht man unter
positiven Plasmolyseorten
solche Membranstellen, an
denen eine plasmolytische
Abhebung des Protoplasten
rasch und leicht erfolgt. Als
negative Plasmolyseorte werden diejenigen Stellen der
Zelle bezeichnet, an denen
es zu keiner oder doch nur
zu einer sehr spät eintretenden Abhebung des Proto-
plasten kommt.

Die Ursache für das Auf-
treten solcher Plasmolyseorte
kann recht verschiedenartig
sein. In diesem Versuch soll
zunächst das Auftreten positiver und negativer Plasmolyseorte im Zusammenhange
mit der Diffusionsrichtung
des Plasmolytikums inner-
halb des Gewebes behandelt
werden. Die Blättchen von
Mnium splendens oder von
Catharinea bestehen aus einer
Zellschicht. Die Außenmembranen der Zellen besitzen

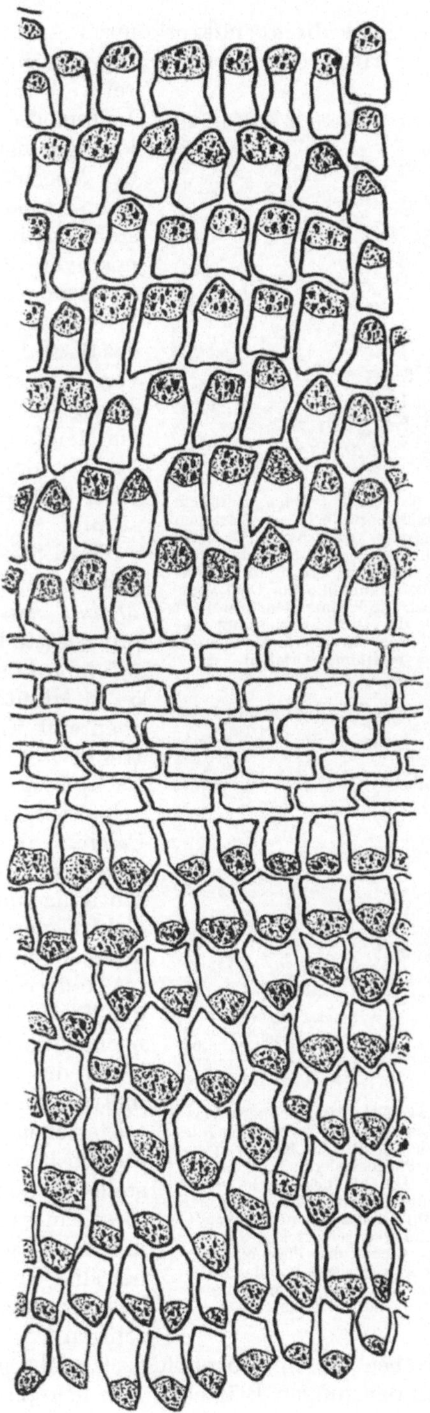

Abb. 62. Mittlerer Teil eines Blättchens von *Catharinea* in 1 mol. Maltose plasmolysiert. Einseitige Plasmolyse hervorgerufen durch die Diffusionsrichtung des Plasmolytikums im Blättchen. Nach Brilliant aus Weber (1929).

eine nicht direkt mikroskopisch nachweisbare Kutikula, welche dem Durchtritt bestimmter Plasmolytika einen großen Widerstand entgegensetzt. Wird ein jüngeres Blättchen dieser Laubmoose in eine 1—1$^1/_2$ mol. Maltoselösung eingelegt, so tritt trotz der Zartheit des Moosblättchens eine sichtbare Plasmolyse erst nach 1—2 Stunden auf. Dabei entsteht das in Abb. 62 dargestellte Bild. Alle positiven Plasmolyseorte sind der Mittelrippe zugekehrt, da das Plasmolytikum vom Wundrand ausgehend längs der Mittelrippe des Blättchens vordringt und links und rechts von der Mittelrippe innerhalb des Blättchens seitlich in die Blattflächen durch die Membranen eindiffundiert. Hierbei wird der Ort der plasmolytischen Abhebung in jeder Zelle durch die Diffusionsrichtung bestimmt.

Daß dieser Schluß richtig ist, zeigt folgender Versuch. Ein ganzes Pflänzchen von *Mnium splendens*, an dem sich viele jüngere unverletzte Blättchen befinden, wird in eine 0,5 mol. Lösung von $CaCl_2$ eingelegt. Nach 5—10 Minuten werden mehrere junge Blättchen mit ihrer Blattbasis sorgfältig abgetrennt und in einem Tropfen der 0,5 mol. $CaCl_2$-Lösung mikroskopisch untersucht. Es zeigt sich, daß die Zellaußenwände für das Calciumchlorid nicht ganz impermeabel sind. Einzelne punktförmige Stellen innerhalb der Kutikula müssen für das Plasmolytikum elektiv permeabel sein, da sich von dort aus das Plasmolytikum im Inneren des Blattes konzentrisch weiter ausbreitet, was an der Plasmolysierung der Zellen leicht zu beobachten ist. Die Folge davon ist das Auftreten des in Abb. 63 wiedergegebenen Plasmolysebildes. Die Zellen sind um solche Eintrittsstellen herum gut plasmolysiert, wobei alle positiven Plasmolyseorte zur Eintrittsstelle hin konzentrisch angeordnet sind. Da diese Eintrittsstellen für das Plasmolytikum mikroskopisch in keiner Weise gekennzeichnet sind, so nennen wir diese unsichtbaren Membranlücken anekrotische Diffusionszentren.

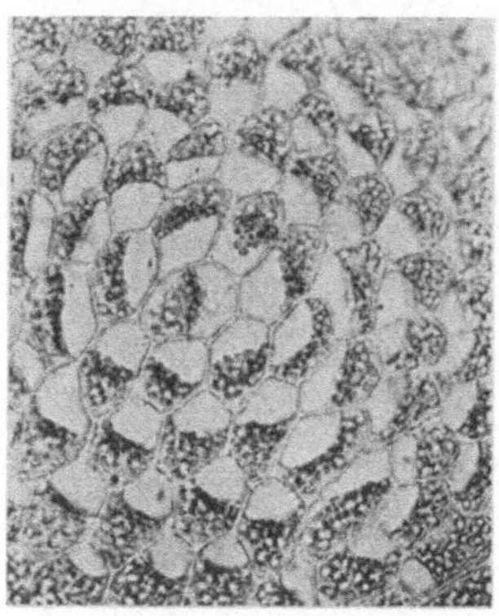

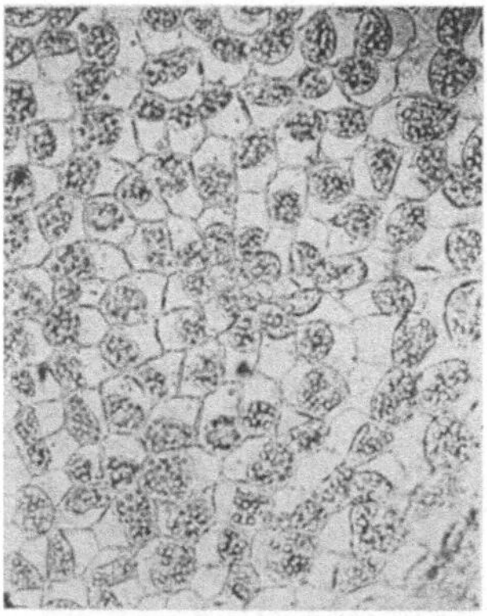

Abb. 63. Konzentrisch angeordnete Plasmolyseorte in einem Blättchen von *Mnium splendens*. In der Mitte ist eine mikroskopisch nicht sichtbare Stelle der Membran für das Plasmolytikum (0,5 mol. $CaCl_2$) permeabel. Die Plasmolyseorte werden durch die Diffusionsrichtung des Plasmolytikums im Gewebe bestimmt. Original.

Abb. 64. Nekrotisch bedingte Plasmolyseorte in den Zellen eines jungen Blättchens von *Mnium splendens*. Plasmolysiert in 0,5 mol. $CaCl_2$. Um die nekrotische Stelle sind die positiven Plasmolyseorte vom Diffusionszentrum abgewandt. Erst im weiteren Umkreise davon treten wieder die ·Plasmolyseorte in der Abhängigkeit von der Diffusionsrichtung des Plasmolytikums auf. Original.

Neben diesen morphologisch nicht gekennzeichneten Zentren gibt es an den jungen Blättchen von *Mnium splendens* noch rein nekrotisch bedingte Eintrittsstellen für das Plasmolytikum. Abb. 64 gibt einen solchen Fall wieder. In der Mitte sind deutlich mehrere abgestorbene kollabierte Zellen zu erkennen, durch deren Außenmembranen das Plasmolytikum leicht in das Gewebe eindringen kann. In der unmittelbaren Nachbarschaft der toten Zellen sind die positiven Plasmolyseorte dem Diffusionszentrum abgewandt. Erst die weiteren Zellenlagen zeigen das durch die Diffusionsrichtung bedingte Verhalten. Es wird also die Lage der positiven Plasmolyseorte in unmittelbarer Wundnähe durch den nekrotischen Einfluß bestimmt.

Es muß noch einmal betont werden, daß für diese Versuche nur jüngere Blättchen mit Erfolg verwendet werden können, da die Außenmembranen der älteren Blättchen für $CaCl_2$ permeabel sind. (3, 4, 5, 13, 15, 26, 31, 36, 56.)

Versuch 43.

Plasmolyseort und Wundreiz.

Wie schon im vorigen Versuch gezeigt, kann der Plasmazustand der Nachbarzellen durch abgestorbene Zellen so beeinflußt werden, daß das Auftreten bestimmter Plasmolyseorte hervorgerufen wird.

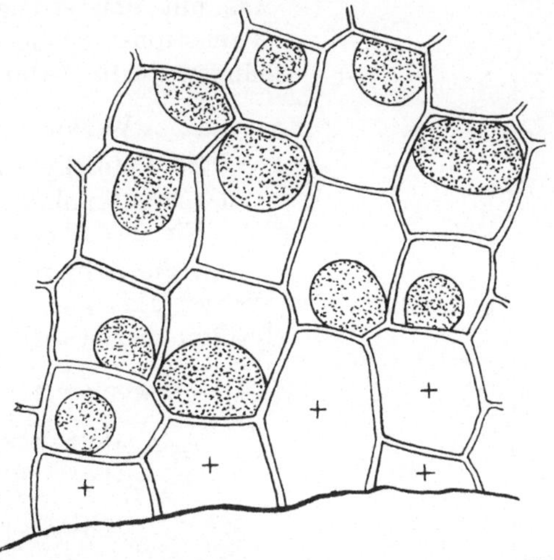

Abb. 65. Blattzellen von *Helodea canadensis*. Plasmolyseorte der Wundzone. Die mit + bezeichneten Zellen sind infolge der angebrachten Schnittverletzung abgestorben. Nach WEBER (1929).

Um dies noch eindringlicher für frische Wunden zu zeigen, wird mit einem scharfen Rasiermesser ein Blatt der *Helodea canadensis* quer zerschnitten und beide Blatthälften unter ein Deckglas in eine 1 mol. Traubenzuckerlösung gelegt. Die verletzten Zellen sind abgestorben und weisen daher keine Plasmolyse auf. Die daran angrenzenden, noch intakten Zellen plasmolysieren einseitig, wobei die negativen Plasmolyseorte immer der Wunde zugekehrt sind. Erst die weiter entfernten Zellen plasmolysieren so, wie es nach der Diffusionsrichtung des Plasmolytikums zu erwarten ist. Durch den Wundreiz ist demnach das Haftvermögen der Protoplasten an der Wundseite bedeutend vergrößert worden. Abb. 65 zeigt den Ausfall des Versuches. (**56.**)

Versuch 44.

Plasmolyseort und Polarität der Zelle.

Auch die physiologische Polarität der Zelle kann für das Auftreten negativer und positiver Plasmolyseorte entscheidend sein. Ein treffendes Beispiel dafür gibt uns die Grünalge *Oedogonium*. Schon morphologisch läßt sich an den Zellen dieser Fadenalge eine gut ausgeprägte Polarität feststellen. An einem Pol der Zellen liegen die Membrankappen, die uns den Ort anzeigen, an welchem die Wachstumsvorgänge streng lokalisiert verlaufen. Am besten werden zu Plasmolyseversuchen gut wachsende Fäden einer größerzelligen *Oedogonium*-Form herangezogen. Die Plasmolyse erfolgt unter dem Deckglas in einer 0,8 mol. Lösung von KNO_3. Die Plasmolyse tritt schnell ein. Der Kappenpol ist immer der negative Plasmolyseort, was mit den streng lokalisierten Wachstumsvorgängen zusammenhängen dürfte (Abb. 66). (**4, 42.**)

Versuch 45.

Die Cytorrhyse als Folge der Membranimpermeabilität für das Plasmolytikum.

Ist die Zellwand wohl für das Wasser, aber nicht für das Plasmolytikum permeabel, so kann es zu

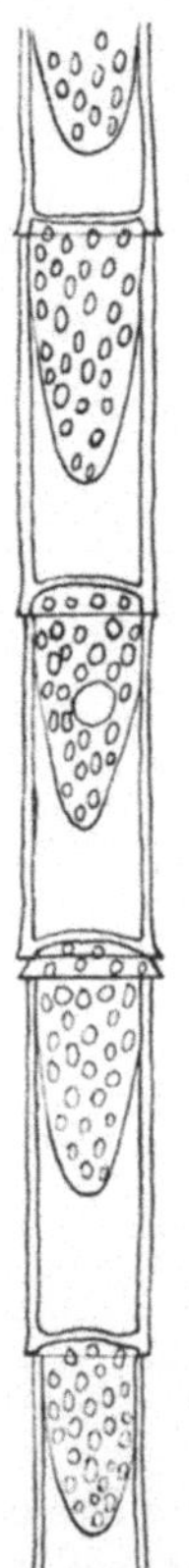

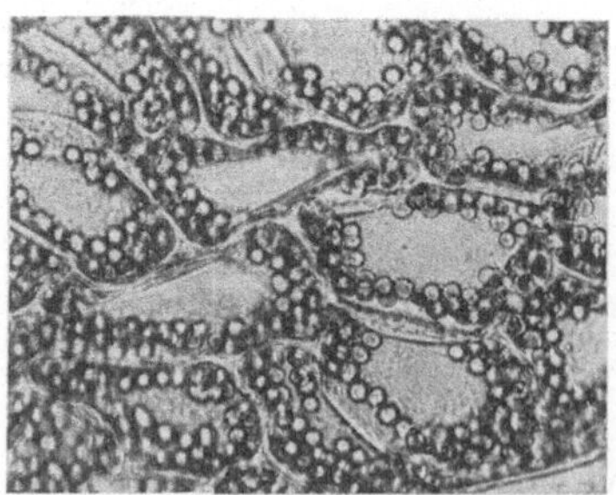

Abb. 66. Plasmolyseort und physiologische Polarität eines *Oedogonium*-Fadens. Plasmolyse mit 1 mol. KNO_3. Original.

Abb. 67. Cytorrhyse der Blattzellen von *Mnium splendens* in 1 mol. Rohrzucker. Aus KRESSIN (1935).

keiner Plasmolyse kommen. Durch den osmotischen Wasserverlust muß eine Volumverkleinerung der ganzen Zelle erfolgen, so daß die Zellmembran in Falten gelegt oder eingedellt wird. Diese Erscheinung nennt man im Gegensatze zur Plasmolyse Cytorrhyse.

Die Außenmembranen junger Blätter von *Mnium splendens* sind für Rohrzucker fast impermeabel. Legt man ein ganzes, unbeschädigtes Pflänzchen von *Mnium* in eine $1^1/_2$ mol. Rohrzuckerlösung, so wird den Zellen, da die Membranen für Wasser permeabel sind, osmotisch Wasser entzogen. Infolge der Impermeabilität der Außenmembranen für den Rohrzucker stellt sich in 30—60 Minuten eine sehr stark ausgeprägte Cytorrhyse ein. Abb. 67 gibt diese Zellschrumpfelung mikrophotographisch wieder. Nach tagelangem Verweilen des Pflänzchens im Plasmolytikum geht diese Cytorrhyse allmählich zurück und es beginnt eine plasmolytische Abhebung. Wird ein Pflänzchen aus der Rohrzuckerlösung in Leitungswasser übertragen, so geht die Cytorrhyse sehr schnell zurück, und die Zellen weisen wiederum ihre normale Form auf. (2, **3**, **26**, 37.)

Versuch 46.

Die Cytorrhyse als Folge des Austrocknens der Zellen.

Trocknen Zellen aus, so tritt grundsätzlich derselbe Vorgang ein wie beim Einlegen einer Zelle mit impermeablen Außenwänden in ein Plasmolytikum. Wenn die Membranen elastisch sind, so stellt sich eine Cytorrhyse ein. Die Austrocknung und die damit verbundene Cytorrhyse kann von der Pflanzenzelle bis zu einem gewissen Grade ertragen werden. Dies gilt besonders für solche Pflanzen, die unter natürlichen Verhältnissen häufig der Austrocknung ausgesetzt sind. Deshalb sollen die Vorgänge bei der Austrocknung an dem Laubmoose *Mnium splendens* untersucht werden.

Auf einem Objektträger wird ein $^1/_2$—1 cm hoher Glasring von etwa 1 cm Durchmesser dicht aufgekittet. Die Kanten dieses Ringes sollen gut plan geschliffen sein. In den durch den Ring geschaffenen Hohlraum werden 2—3 Tropfen konzentrierter Schwefelsäure eingefüllt. Ein frisch von dem *Mnium*-Pflänzchen abgetrenntes junges Blättchen wird sorgfältig zwischen Filterpapier abgetrocknet und auf ein Deckglas gelegt. Mit einem kleinen Tropfen erwärmter Vaseline wird das Blättchen mit seiner Basis auf das Deckglas aufgeklebt. Hierauf wird das Deckglas mit dem Blättchen nach unten auf den mit Vaseline bestrichenen Glasring dicht aufgesetzt, so daß das Blattgewebe infolge der Schwefelsäurefüllung allmählich austrocknet. Dann wird die Zellfläche des Blättchens mikroskopisch beobachtet. Schon nach 10 Minuten beginnt die Schrumpfung der Zellen, welche sich in weiteren 10 Minuten extrem steigert (vgl. Abb. 67). Eine Übertragung solcher Blättchen in eine 2 molare KNO_3-Lösung zeigt, daß eine Plasmolyse eintritt und sonach die Zellen nicht irreversibel geschädigt sind. (2, 7, **23**, **24**, **33**, 37, 41.)

Versuch 47.

Formänderung der Plastiden bei Plasmolyse.

Daß bei der Plasmolyse auch tiefgreifende Veränderungen am Protoplasten vor sich gehen, soll an Hand eines Beispieles über amöboide Formänderungen der Plastiden während der plasmolytischen Kontraktion gezeigt werden.

Von der Unterseite eines jüngeren Blattes von *Orchis latifolia* oder *Orchis maculata* wird mit Hilfe einer Pinzette ein Epidermisstück sorgfältig abgezogen und in Leitungswasser auf den Objektträger gelegt. Zunächst beobachte man das Bild der unbeeinflußten Zellen. Sie enthalten reichlich Protoplasma, in dem der Zellkern des öfteren in der Mitte der Zelle zu beobachten ist. In der Plasmaansammlung um den Zellkern herum liegen zahlreiche farblose Plastiden (Leukoplasten), deren Form rund ist. Durch längere Beobachtung der Leukoplasten kann man sich davon überzeugen, daß sie ihre Umrißformen zunächst nicht zu ändern vermögen (Abb. 68a).

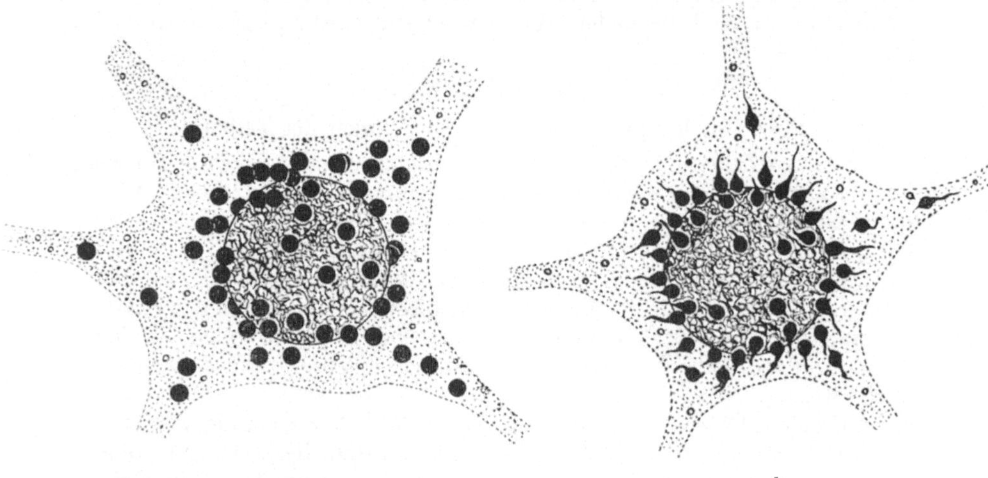

a   b

Abb. 68. *a* Die Lage und Form der unbeeinflußten Leukoplasten in einer Epidermiszelle des Blattes von *Orchis latifolia*. In einer größeren Plasmaansammlung befindet sich der Zellkern. *b* eine gleichartige Stelle nach Plasmolyse mit 0,7 mol. KNO₃. Die Leukoplasten sind schwarz gezeichnet. Nach GICKLHORN (1931).

Unter gleichzeitigem Absaugen des Wassers wird nunmehr dem Präparate seitlich eine 0,6 mol. Lösung von KNO_3 als Plasmolytikum zugesetzt. Es tritt ziemlich schnell eine glatte Konvexplasmolyse in den Epidermiszellen ein. Beobachten wir mit einer Ölimmersion die um den Kern versammelten Leukoplasten, so beginnt 5—10 Minuten nach dem Plasmolyseeintritt plötzlich eine lebhafte amöboide Formänderung der Plastiden, welche aber nur 1—2 Minuten andauert. Nach Erlöschen dieser Formänderung nehmen die Plastiden wieder ihre normale Form an. Abb. 68b gibt uns die Formänderung der Plastiden wieder. Es ist bemerkenswert, daß die von den Plastiden ausgehenden, pseudopodienähnlichen Fortsätze regelmäßig an der dem Zellkerne abgewandten Seite auftreten. (**14.**)

Versuch 48.

Das Gelauflage-Plasmolysierverfahren, systrophische Erscheinungen.

Im allgemeinen pflegt man Plasmolyse durch das Einlegen lebender Zellen in hypertonische Lösungen zu erzielen. Zur Erreichung einer möglichst schonenden Plasmolysierung ist es notwendig, eine allmähliche

Konzentrationserhöhung des Außenmediums durchzuführen. Je kontinuierlicher die Außenkonzentration ansteigt, um so schonender ist der plasmolytische Eingriff. Dieses Ziel läßt sich auf zweierlei Weise erreichen:

1. Durch allmähliche Übertragung in immer höher konzentrierte Lösungen unter Verwendung möglichst kleiner Konzentrationssprünge.

2. Durch das Gelauflage-Plasmolysierverfahren.

Da das zweite Verfahren einen ganz allmählichen linearen Anstieg der Außenkonzentration herbeiführt, ist es als das schonendste Plasmolysierverfahren zu bezeichnen und soll daher in diesem Versuche beschrieben werden.

Blätter der *Helodea densa* dienen als Versuchsobjekt. Zur Plasmolysierung wird eine erstarrte Gelatine- oder Agargallerte verwendet,

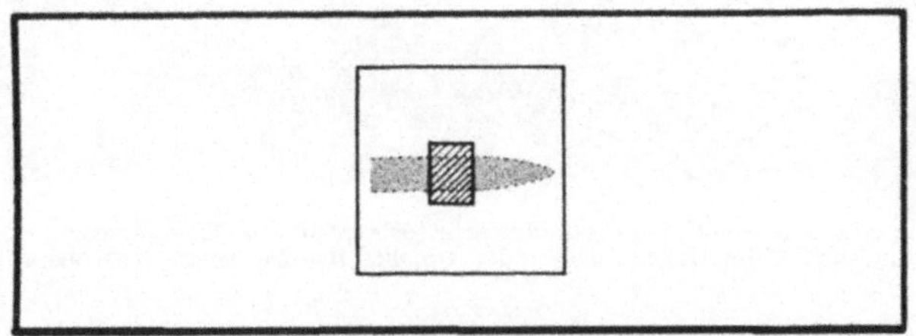

Abb. 69. Schema der Versuchsanordnung beim Gelauflage-Plasmolysierverfahren. Zwischen Deckglas und Objektträger befindet sich in Paraffinöl liegend das *Helodea*-Blatt, bedeckt mit dem schraffiert eingezeichneten, plasmolytikumhältigen Agarplättchen. Original.

welche das Plasmolytikum in 1 mol. Lösung enthält. Diese hypertonische Gelatine wird folgendermaßen hergestellt.

Eine 1 mol. Lösung von KNO_3 wird im Wasserbade mit Gelatine oder Agar-Agar so vermengt, daß eine 10%ige Gelatinelösung entsteht. Hierauf wird die noch flüssige KNO_3-haltige Gelatine in eine Petrischale ausgegossen, so daß eine 1—2 mm hohe Schicht gebildet wird. Nach erfolgter Erstarrung ist die Gelatine für den Versuch bereit. Manche Gelatinesorten machen beim Erstarren Schwierigkeiten. Dann nehme man Agar-Agar.

Ein ausgewachsenes Blatt von *Helodea densa* wird der Aquariumskultur entnommen und rasch zwischen zwei Filterpapierstreifchen unter ganz gelindem Druck äußerlich abgetrocknet. Hierauf wird das Blatt auf einen trockenen Objektträger gelegt und mit einem möglichst dünnen, aus der Gelatineplatte herausgestochenen Gelatineblättchen von 2 mm Breite und etwa 4 mm Länge mit der glatten Oberfläche bedeckt. Hierauf wird, um ein weiteres Austrocknen des Blattes zu vermeiden, möglichst schnell das ganze Helodeablatt mit einem Tropfen Paraffinöl bedeckt und mit einem Deckglase versehen (vgl. Abb. 69). Mit der Beobachtung kann sofort im Hellfeldmikroskop begonnen werden. Von der mit Gelatine bedeckten Stelle ausgehend beginnen die Blattzellen-Protoplasten fortschreitend mit ihrer plasmolytischen Kontraktion. Dieselbe geht langsam und kontinuierlich vor sich, gemäß der durch die

Diffusion bedingten allmählichen Ausbreitung des Konzentrationsgefälles in den Membransystemen. Bemerkenswert ist zunächst die strenge Gesetzmäßigkeit im Auftreten der Plasmolyseorte. Die Zellen

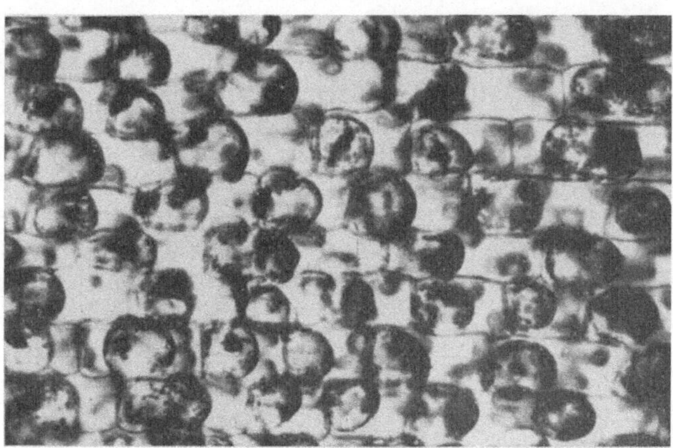

Abb. 70. Streng einseitig orientierte Plasmolyseorte. Die positiven Plasmolyseorte sind infolge der Diffusionsrichtung dem Gelplättchen zugewandt. Objekt: *Helodea densa*, Blattoberseite. Original.

plasmolysieren immer zuerst an der Seite, welche der Gelauflage zugekehrt ist (vgl. Versuch 42, S. 89). Die Plasmolyse beginnt meist in konvexer Form und ergreift allmählich das ganze Blattfeld (vgl. Abb. 70).

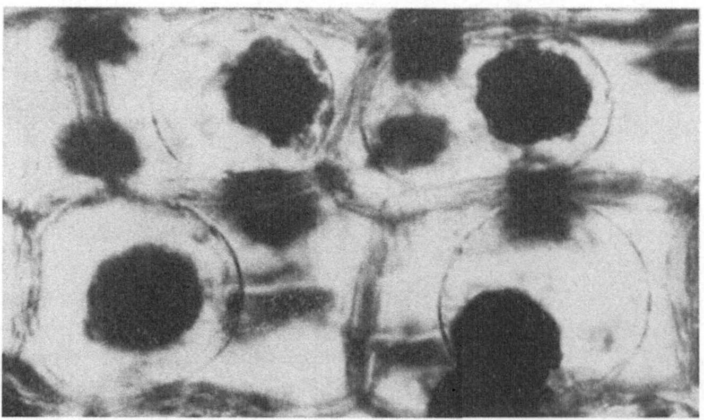

Abb. 71. Gelauflage-Plasmolysierverfahren, *Helodea densa*, Blattoberseite. Plasmolytikum 1 Mol KNO₃. Perfekte Abrundung der Protoplasten. Die Plasmolysesystrophe ist in schönster Weise eingetreten (Zeichen einer möglichst schonenden Plasmolyse). Original.

Das KNO_3 vermag sich sonach durch das submikroskopische Kapillarensystem der Zellwände mit Leichtigkeit im Gewebe auszubreiten. Der allmähliche linear ansteigende Wasserentzug bringt es mit sich, daß im Verlaufe der Plasmolyse Erscheinungen an den Protoplasten zu beobachten sind, welche bei einer so derben Konzentrationssteigerung, wie sie beim Einlegen in eine hypertonische Lösung vorgenommen wird, nicht auftreten. Die Plasmaströmung wird während des allmählichen Plasmolysierungsvorganges oft stark stimuliert. Die plasmolysierenden Protoplasten lassen gelegentlich eine sehr ausgeprägte Rotationsbewegung erkennen. Kommt die plasmolytische Kontraktion zum Stillstande, so hört der osmotische Wasserentzug auf. Damit kommt auch die stark stimulierte Rotationsbewegung allmählich zum Stillstande. Dann setzt eine neue Phase von Reizbewegungen ein, die man kurz als Plasmolysesystrophe bezeichnen kann. Sie ist dadurch charakterisiert, daß durch lokale Plasmaströmungen die einzelnen Chloroplasten sich in dichter Häufung um den Zellkern zusammenballen. Diese Plasmolysesystrophe ist nicht unmittelbar neben der Gelauflage zu beobachten, sondern sie beginnt erst einige Zellreihen hinter der Gelauflage. Abb. 71 gibt uns das Endstadium einer Plasmolysesystrophe wieder. Das Auftreten dieser Erscheinung ist das sicherste Zeichen für eine schonende Plasmolyse.

Dieser lehrreiche Versuch ist auch für das Verständnis der Salzwanderung im Gewebe bedeutungsvoll. Er beweist, daß Salze durch die Membransysteme leicht diffundieren und weite Gewebsstrecken durchsetzen können, ohne die lebenden Protoplasten zu passieren. Die Stimulation der Rotationsströmung während des allmählich ansteigenden osmotischen Wasserentzuges bedarf noch einer kausalen Klärung.

Es ist zu empfehlen, diesen Versuch mit verschiedenen Plasmolyticis durchzuführen. (9, 10, 11, 27, 28, 31, 43.)

2. Die quantitative Auswertung der Plasmolyse.

Versuch 49.

Die Bestimmung des osmotischen Wertes von Geweben mit Hilfe der Grenzplasmolyse.

Legt man eine Zelle, deren Zellsaftkonzentration 0,3 Mol beträgt, in eine 0,5 mol. Zuckerlösung, so muß Plasmolyse eintreten, wobei die plasmolytische Kontraktion des Protoplasten erst dann zum Stillstande kommt, wenn die Zellsaftkonzentration der plasmolysierenden Zelle 0,5 Mol geworden ist. Behandeln wir dagegen unsere Zelle mit einer 0,3 mol. Zuckerlösung, so tritt keine sichtbare Plasmolyse ein. Erhöhen wir nunmehr die Konzentration des Plasmolytikums auf 0,31 Mol, so wird sich eine eben sichtbare Plasmolyse einstellen. Wir bezeichnen eine solche Plasmolyse als Grenzplasmolyse einer Zelle, wobei unter dem grenzplasmolytischen Wert diejenige Konzentration des Plasmolytikums verstanden wird, in der gerade eine eben sichtbare Abhebung des Protoplasmas erfolgt. Infolge bestimmter Fehlerquellen läßt sich die grenzplasmolytische Methode an einer einzelnen Zelle nicht durchführen. Der Grenzplasmolysewert wird immer höher liegen als der wirkliche Wert der Zellsaftkonzentration der Zelle.

Um diesem Übelstande zu begegnen, hat man die grenzplasmolytische Methode als statistisch arbeitendes Verfahren für ganze Gewebe ausgebaut. Der osmotische Wert der einzelnen Zellen eines Gewebes ist nicht konstant, sondern es ergeben sich immer kleinere Unterschiede. Man ermittelt daher diejenige Konzentration des Plasmolytikums, in der 50% der Zellen Grenzplasmolyse aufweisen und 50% noch unplasmolysiert sind. Diese Konzentration bezeichnen wir als den *grenzplasmolytischen Wert des Gewebes*. Er entspricht dem osmotischen Durchschnittswert der Zellen.

Die Durchführung eines solchen Versuches sei an Hand eines gebräuchlichen Versuchsmaterials unter der Berücksichtigung aller wichtigsten Fehlerquellen beschrieben. Um falsche Resultate zu vermeiden, müssen wir folgende Tatsachen sorgfältig beachten.

1. Man kann nur dann von Grenzplasmolyse reden, wenn das osmotische Gleichgewicht zwischen den Zellvakuolen und dem Plasmolytikum wirklich erreicht ist. Dies ist der Fall, wenn das Plasmolytikum in seiner vollen Konzentration jede einzelne Zelle umspült. Es kann daher nicht ohne weiteres eine bestimmte Norm für die Zeit des Verweilens der Schnitte im Plasmolytikum angegeben werden. Von Objekt zu Objekt und für jedes angewandte Plasmolytikum muß immer die Zeitdauer bestimmt werden, die bis zum Eintritt des osmotischen Gleichgewichtes verstreicht. Dies erreicht man durch folgendes Verfahren. Ein Schnitt wird in der Nähe der grenzplasmolytischen Konzentration plasmolysiert, und die plasmolysierten und unplasmolysierten Zellen werden nach 20 Minuten langem Verweilen im Plasmolytikum ausgezählt. Wir bekommen z. B. 30% plasmolysierte und 70% unplasmolysierte Zellen. Nach weiteren 20 Minuten zählen wir nochmals aus. Erhalten wir dann dasselbe Ergebnis, so können wir mit Sicherheit sagen, daß das osmotische Gleichgewicht schon eingetreten war. Ist dies nicht der Fall, so müssen wir durch weitere Auszählungen erst die Zeitdauer bestimmen, in der die Konstanz der Prozentzahlen erreicht wird. Nimmt die Zahl der plasmolysierten Zellen zu, so ist dies ein untrügliches Zeichen, daß das osmotische Gleichgewicht nocht nicht hergestellt war. Verwenden wir aber ein Plasmolytikum, welches im Laufe einiger Zeit auch in den Zellsaftraum einzudringen vermag, so kann auch der Fall eintreten, daß die Zahl der plasmolysierten Zellen abzunehmen beginnt. Dies muß aber auf jeden Fall vermieden werden. Bei Rohrzucker und Traubenzucker kommt diese Möglichkeit praktisch nicht in Frage. Vorsicht ist jedoch bei anderen organischen Stoffen und Elektrolyten am Platze.

2. Die Schnitte sollen nicht zu dünn sein. Ist die Wundreizschädigung zu stark, so erfolgt eine pathologische Erhöhung der Permeabilität. Der osmotische Wert solcher Zellen kann durch Exosmose bis zur Hälfte des ursprünglichen Wertes sinken.

3. Bei der Verwendung von Flächenschnitten der unteren Blattepidermis von *Rhoeo discolor* ist immer zu bedenken, daß das Plasmolytikum infolge der Impermeabilität der Kutikula nur von unten einzudringen vermag. Dadurch ist das Auftreten von negativen Plasmolyseorten an den Außenseiten der Epidermiszellen sehr begünstigt. Abb. 72 gibt uns einen solchen Fall bei den Epidermiszellen des Blattes von *Rhoeo discolor* wieder. Besonders der Anfänger wird solche Zellen als

unplasmolysiert zählen. Erst bei genauester Beobachtung unter gleichzeitiger Feinanwendung der Mikrometerschraube sieht man an solchen Zellen hellere Teile des roten Zellsaftraumes, die aber infolge der konkaven unteren Abhebung nicht scharf umrissen erscheinen, sondern die langsam in den dunklen Farbton der unplasmolysierten Teile der Zelle übergehen. Solche Zellen müssen als plasmolysiert mitgezählt werden, sonst fallen die gefundenen Werte zu hoch aus. Wir verhindern weitgehend diese Erscheinung dadurch, daß wir die Schnitte im Plasmolytikum liegend mit Hilfe der V.I.M. infiltrieren.

Ausführung einer Untersuchung. Wir untersuchen zweckmäßigerweise in mehreren Reihen. Zunächst stellen wir eine orientierende Reihe auf, die uns die ungefähre Lage der grenzplasmolytischen Konzentration anzeigen soll. Flächenschnitte der unteren Epidermis von *Rhoeo discolor* werden derartig gewonnen, daß man in der Nähe der Mittelrippe mit einem Rasiermesser eine Reihe senkrecht zueinander geführte Einschnitte anbringt, so daß die Epidermis und das darunter liegende Mesophyll in quadratförmige Flächen von etwa 2—3 mm Seitenlänge eingeteilt wird. Mit einem mäßig dick geführten Flächenschnitte heben wir dann die Quadrate vom Blatt ab und verteilen sie in die Konzentrationsreihen.

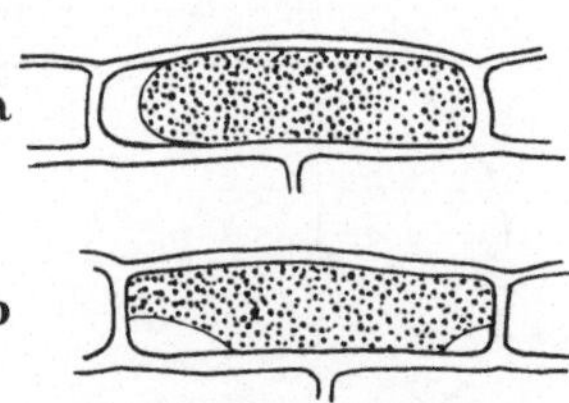

Abb. 72. Epidermiszellen von *Rhoeo discolor* im Querschnitt. *a* normale seitliche (von oben gut sichtbare) Plasmolyse. *b* das Plasmolytikum dringt von unten ein. Die Abhebung erfolgt daher an der unteren Membran. Nach COLLANDER (1933).

In dicht verschließbaren Wägegläschen stellen wir uns folgende volummolare Traubenzuckerlösungen zurecht:

0,6   0,5   0,4   0,3   0,2   0,1 Mol.

Mit dem Entlüftungsapparat entlüften wir die in den Gläschen liegenden Schnitte. Die Zeit des Versuchsbeginnes muß sorgfältig für jede Konzentrationsstufe aufgeschrieben werden. Da bei *Rhoeo* meist in 40 Minuten das osmotische Gleichgewicht erreicht ist, werden wir nach dieser Zeit eine Konstanz der Verhältniszahlen bereits feststellen können. Zur Zählung ist noch zu bemerken, daß die unmittelbar an den Wundrand grenzenden Zellen nicht mitgezählt werden dürfen, da sie durch den Wundreiz pathologisch beeinflußt sind. Haben wir nunmehr die orientierende Versuchsreihe durchgezählt, so finden wir, daß der fragliche Wert zwischen 0,2 und 0,3 Mol liegen muß.

Nunmehr folgt die zweite, verfeinerte Versuchsreihe. Sie muß am selben Blatt und mit dem Zellmaterial von derselben Blattstelle vorgenommen werden. Man stellt sich folgende Lösungen zurecht:

Traubenzucker 0,28   0,26   0,24   0,22   0,20 Mol.

In diesen Lösungen wird in gleicher Weise die Versuchsreihe wiederholt. Wir finden nun etwa bei 0,22 die gesuchte Gleichheit der Prozentzahlen der plasmolysierten und unplasmolysierten Zellen. 0,22 Mol Traubenzucker ist also der grenzplasmolytische Wert der unteren Epidermiszellen. Es gelingt durch das Aufstellen einer dritten Reihe, die Methode noch weiter zu verfeinern.

7*

Weitere Objekte sind *Spirogyra* und Epidermen mit anthocyanhaltigem Zellsaft. (2, 5, 8, 21, 34, 35, 45.)

Versuch 50.

Die plasmometrische Methode zur Bestimmung des osmotischen Wertes einer Pflanzenzelle.

Plasmolysieren wir eine Pflanzenzelle mit einem Plasmolytikum von bekannter Konzentration und finden wir, daß das Volumen des plasmolysierten Protoplasten um die Hälfte kleiner geworden ist als das Innenvolumen der Zelle, so muß unter der Voraussetzung, daß weder das Plasmolytikum eingedrungen, noch eine Exosmose gelöster Zellsaftkomponenten stattgefunden hat, die Konzentration des Zellsaftes sich genau verdoppelt haben. Da aber die Konzentration des Zellsaftes einer plasmolysierten Zelle bei eingetretenem osmotischen Gleichgewicht gleich ist der Konzentration des Plasmolytikums, läßt sich durch Bestimmung des Volumverhältnisses der osmotische Wert einer Zelle leicht errechnen. Diese plasmometrische Methode wurde von HÖFLER (1918) in die

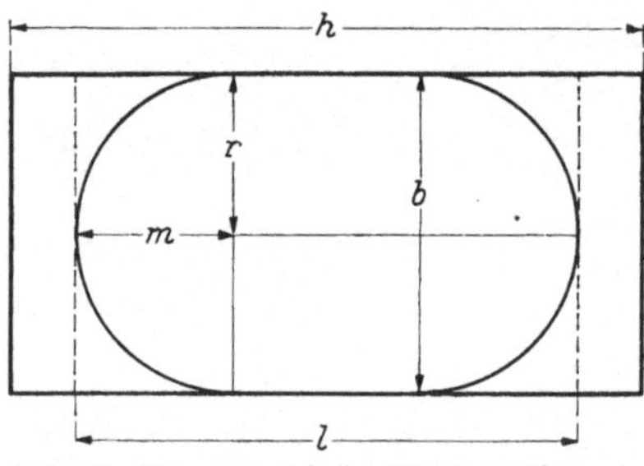

Abb. 73. Plasmometrische Volumbestimmung an einer Zelle von zylinderförmiger Gestalt mit halbkugelförmigen Plasmamenisken.

Zellphysiologie eingeführt und mit großem Erfolge für verschiedene Arbeitsgebiete ausgebaut. Sie arbeitet nicht, wie die grenzplasmolytische Methode mit gerade noch plasmolysierenden Lösungen, sondern mit stark hypertonischen Plasmolyticis.

Wir bezeichnen als V_p das Volumen des plasmolysierten Protoplasten, mit V_z das Volumen der entspannten Zelle. O ist der gesuchte osmotische Wert der Zelle bei Grenzplasmolyse und C die Konzentration des angewandten Plasmolytikums. O und C werden in GM (Gramm-Mol pro Liter) ausgedrückt.

Dann ist auf Grund unserer Überlegung:

$$V_p : V_z = O : C \tag{1}$$

Demnach ist:

$$V_p \cdot C = V_z \cdot O \tag{2}$$

$$O = C \cdot \frac{V_p}{V_z} \tag{3}$$

Das Verhältnis $V_p : V_z$ wird als Plasmolysegrad bezeichnet und dafür das Symbol G eingeführt.

Die plasmometrische Grundgleichung (3) lautet dann:

$$O = C \cdot G \tag{4}$$

Für die Anwendung der Methode ist in der Praxis weitaus die Möglichkeit einer annähernd exakten Volumbestimmung der Zelle und des plasmolysierten Protoplasten ausschlaggebend. Diese ist im allgemeinen nur an zylindrischen und prismatischen Zellen, die außerdem noch perfekte Konvexplasmolyse ergeben, möglich. Es soll nun an Hand einiger Beispiele die Berechnung des Plasmolysegrades für verschiedene, in der Natur vorkommende Fälle klargelegt werden.

1. *Die Zelle ist zylindrisch und der plasmolysierte Protoplast ist durch zwei halbkugelförmige Menisci begrenzt.*

Abb. 73 gibt uns einen solchen Fall wieder. Die Meniskushöhe m ist gleich dem halben Innendurchmesser der Zelle r. Die Innenlänge der Zelle sei h, die größte Länge des plasmolysierten Protoplasten l.

Das Innenvolumen V_z der zylindrischen Zelle ist dann gleich dem Produkte $q \cdot h$, wobei q der Querschnitt ist.

$$V_z = q \cdot h \qquad (5)$$

Das Volumen des plasmolysierten Protoplasten denken wir uns aus 3 Teilen zusammengesetzt. Der mittlere Teil hat als Zylinder das Volumen q mal seiner Länge. Die beiden Menisken sind Halbkugeln. Das Volumen eines Meniskus ist sonach $\frac{2}{3} r^3 \pi$. Denken wir uns nunmehr jeden Meniskus mit einem Zylinder umschrieben, so wäre das Volumen dieses

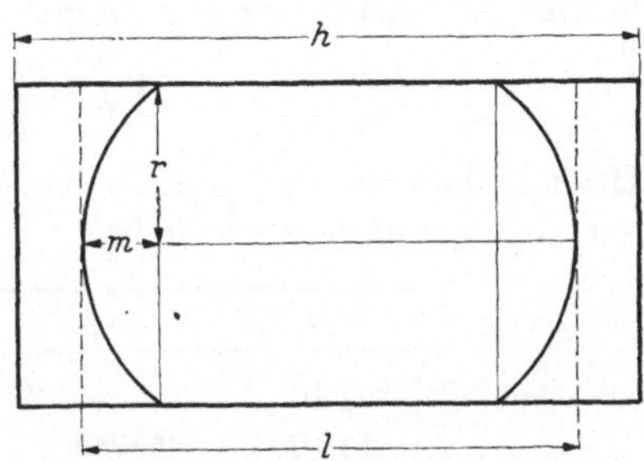

Abb. 74. Plasmometrische Volumbestimmung an einer zylindrischen Zelle mit kugelsegmentförmigen Plasmamenisken.

Zylinders $m \cdot q$. Jeder Meniskus füllt sonach $^2/_3$ des Volumens des umschriebenen Zylinders aus, denn $\frac{2}{3} r^3 \pi = \frac{2}{3} r \cdot q$, da q gleich $r^2 \pi$ und r in unserem Falle gleich m ist. V_p ist dann:

$$q \cdot l - 2\, q \frac{m}{3} = q\left(l - 2\frac{m}{3}\right) \qquad (6)$$

Aus den Gleichungen (5) und (6) ist dann das Verhältnis $V_p : V_z$, also der Plasmolysegrad G:

$$G = q \frac{\left(l - 2\frac{m}{3}\right)}{q \cdot h} = \frac{l - 2\frac{m}{3}}{\cdot\, h} \qquad (7)$$

Da $2\,m$ die innere Zellbreite b ist, so lautet unsere Gleichung:

$$G = \frac{l - \dfrac{b}{3}}{h} \qquad (8)$$

Zur Bestimmung des Plasmolysegrades einer zylindrischen Zelle, deren Menisci annähernd Halbkugeln darstellen, brauchen wir also nur folgende Daten an der plasmolysierten Zelle zu bestimmen:

Die innere Länge der Zelle h.

Die größte Länge des plasmolysierten Protoplasten l.

Die innere Zellbreite b.

Die Maßzahlen für diese Werte werden nur in Mikrometerteilstrichen notiert. Absolute Werte sind unnötig.

2. Die Zelle ist zylindrisch, die beiden Menisci sind keine Halbkugeln, sondern Kugelsegmente.

Dieser Fall ist in der Natur weitaus der häufigste und kommt demnach für die praktische Anwendung der Methode in erster Linie in Betracht. In Abb. 74 ist ein solcher Fall dargestellt.

Das Volumen des halbkugelförmigen Meniskus war um $^1/_3$ kleiner als das Volumen des umschriebenen Zylinders. Ist der Meniskus aber flacher, so ändert sich diese Zahl, die wir als den Meniskusfaktor bezeichnen. Je kleiner m wird, desto größer wird der Meniskusfaktor. Die funktionale Beziehung zwischen dem Meniskusfaktor und dem Verhältnis $m:r$ wird durch folgende Gleichung bestimmt:

$$\lambda = \frac{l}{2} - \frac{l}{6}\left(\frac{m}{r}\right)^2 \tag{9}$$

HÖFLER hat für den praktischen Gebrauch eine Tabelle berechnet, die ich im folgenden wiedergebe[1].

$m:r$	λ	$m:r$	λ
0 : 10	0,5 = 1/2	6 : 10	0,44
1 : 10	0,4983̇	7 : 10	0,4183
2 : 10	0,493̇	8 : 10	0,393̇ = 2/5
3 : 10	0,485	9 : 10	0,365
4 : 10	0,473̇	10 : 10	0,3̇ = 1/3
5 : 10	0,4583̇		

Hat der plasmolysierte Protoplast kugelsegmentförmige Menisken, so gilt für die Berechnung des Plasmolysegrades folgende Formel:

$$G = \frac{l - 2\,\lambda\,m}{h} \tag{10}$$

Außer den Größen h, l, m_1 und m_2 ist noch die halbe innere Zellbreite r zu bestimmen.

3. Wenn die Endflächen der Zelle nicht senkrecht stehen, sondern schräg sind, so ist die mittlere Zellänge als h zu nehmen.

4. Ist der Querschnitt der Zelle nicht kreisförmig, sondern prismatisch, so kann das Volumverhältnis durch die gleiche Methode mit ausreichender Genauigkeit bestimmt werden.

5. Bilden sich im Endstadium der Plasmolyse bei langgestreckten, schmalen Zellen Teilprotoplasten aus, so wird der Plasmolysegrad durch Addition der einzelnen Größen bestimmt. So gilt für den Fall, daß bei halbkugelförmigen Menisken 2 Teilprotoplasten gebildet werden, folgende Gleichung:

$$G = \frac{l_1 + l_2 - \dfrac{2\,b}{3}}{h} \tag{11}$$

---

[1] Es empfiehlt sich, die Werte für λ auf 2 Dezimalen abzurunden.

Abbildung 75 gibt uns auch ein anschauliches Bild verschiedener Plasmolysegrade ein und derselben Zelle in verschieden konzentrierten Plasmolyticis; *a* ist in 0,40 GM Rohrzucker, *b* in 0,60 GM Rohrzucker plasmolysiert. Die Art der Ablesung und Berechnung ist aus folgender Tabelle, die ich der Abhandlung Höflers entnehme, ersichtlich.

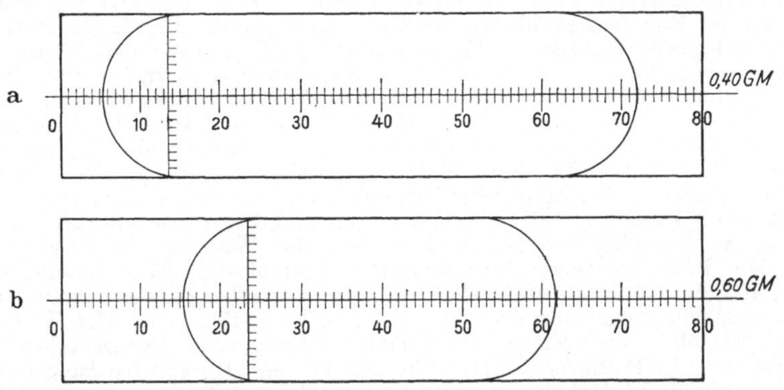

Abb. 75. Die Messung des Plasmolysegrades. Nach Höfler (1918).

$$\lambda = \frac{2}{5}$$

C	$\dfrac{l}{h}$	$2\,m$	$2\,r$	$\dfrac{l-2\,\lambda\,m}{h} = G$	$G \times C = 0$
0,40 GM Rohrzucker	$\dfrac{72 - 5^{1}/_{2}}{80}$	2×8	20	$\dfrac{66,5 - 6,4}{80} = 0,75$	$0,75 \times 0,40 = 0,30$ GM Rohrzucker
0,60 GM Rohrzucker	$\dfrac{62 - 15^{1}/_{2}}{80}$	2×8	20	$\dfrac{46,5 - 6,4}{80} = 0,50$	$0,50 \times 0,60 = 0,30$ GM Rohrzucker

Wenn das Plasmolytikum nicht eindringt und auch keine Exosmose stattfindet, so ergibt sich tatsächlich eine strenge Proportionalität zwischen Plasmolysegraden ein und derselben Zelle in verschieden konzentrierten Lösungen.

Zellen mit dickem plasmatischen Wandbelag sind im allgemeinen für solche Messungen ungeeignet. Für unsere Objekte kommt aber diese Fehlerquelle kaum in Betracht, und ich verweise bezüglich der Plasmakorrektur auf die Ausführungen Höflers.

Für Unterrichtszwecke ist die Methode am besten an folgenden Objekten anzuwenden:

Einbändrige, nicht zu zarte *Spirogyra*-Arten. Die Zellreihen der Wasserblätter von *Salvinia*. Die Zellen sind schwach konisch, was aber zu vernachlässigen ist. Das Protoplasma ist außerordentlich dünn und die Plasmolyse tritt immer konvex ein. Die Menisci sind annähernd halbkugelförmig. Stengellängsschnitte von *Callisia* und *Tradescantia albiflora*.

Als Plasmolytikum verwendet man am besten Rohr- oder Traubenzucker, da sie innerhalb der Versuchszeiten kaum permeieren. Auch ist darauf zu achten, daß unbedingtes osmotisches Gleichgewicht (insbesondere bei Schnitten) eingetreten und die betreffende Zelle unverletzt ist. (20, 21.)

Literatur zu IV.

1 ALBACH, W.: Über die schädigende Wirkung der Plasmolyse und der Deplasmolyse. Protoplasma 12, 255 (1930). — 2 BRAUNER, L.: Das kleine pflanzenphysiologische Praktikum. II. Die physikalische Chemie der Pflanzenzelle Jena: Fischer 1932. — 3 BRILLÏANT, B.: Les formes de la plasmolyse produits par des solutions concentrées de sucres et de sels dans les cellules de *Mnium* et de *Catharinea*. C. r. Acad. Sci. L'Urs. 1927. — 4 CHOLNOKY, B. v.: Untersuchungen über den Plasmolyseort der Algenzellen. IV. Die Plasmolyse der Gattung *Oedogonium*. Protoplasma 12, 510 (1931). — 5 COLLANDER, R.: Plasmolytische Beobachtungen an den Epidermiszellen von *Rhoeo discolor*. Protoplasma 21, 226 (1933). — 6 DERRY, B. EL: Plasmolyseform- und Plasmolysezeitstudien Protoplasma 8, 1 (1929). — 7 ETZ, K.: Über die Wirkung des Austrocknens auf den Inhalt lebender Pflanzenzellen. Protoplasma 33, 481 (1939). — 8 FITTING, H.: Untersuchungen über isotonische Koeffizienten und ihren Nutzen für Permeabilitätsbestimmungen Jb. Bot. 57, 553 (1917). — 9 GERM, H.: Untersuchungen über die systrophische Inhaltsverlagerung in Pflanzenzellen nach Plasmolyse. I. Protoplasma 14, 566 (1931). — 10 Untersuchungen über die systrophische Inhaltsverlagerung in Pflanzenzellen nach Plasmolyse. II. Protoplasma 17, 509 (1932). — 11 Untersuchungen über die systrophische Inhaltsverlagerung in Pflanzenzellen nach Plasmolyse. III. Protoplasma 18, 260 (1932). — 12 GICKLHORN, J. u. FR. WEBER: Über Vakuolenkontraktion und Plasmolyseform. Protoplasma 1, 427 (1926). — 13 GICKLHORN, J.: Plasmolyseorte verschiedener Entwicklungsstadien einer Zelle. Protoplasma 12, 79 (1930). — 14 Vorübergehende Formänderung von Plastiden während der Plasmolyse. Protoplasma 15, 71 (1931). — 15 GRATZY, E. u. FR. WEBER: Plasmolyseort und Membranwachstum. Protoplasma 12, 559 (1931). — 16 HANSTEEN-CRANNER, B.: Beiträge zur Biochemie und Physiologie der Zellwand und der plasmatischen Grenzschichten. Ber. dtsch. bot. Ges. 37, 380 (1919). — 17 Zur Biochemie und Physiologie der Grenzschichten lebender Pflanzenzellen. Meld. Norg. Landbrukshoisk. 2, 1 (1922). — 18 HECHT, K.: Studien über den Vorgang der Plasmolyse. Beitr. Biol. Pflanz. 11, 137 (1912). — 19 HELLWEGER, H.: Über Plasmolyseorte, -form und -zeit im Zusammenhang mit der Chloroplastenstellung (Untersuchungen an Farnprothallien). Protoplasma 23, 221 (1935). — 20 HÖFLER, K.: Eine plasmolytisch-volumetrische Methode zur Bestimmung des osmotischen Wertes von Pflanzenzellen. Denkschr. Akad. Wiss. Wien, Math.-naturwiss. Kl. 95, 99 (1918). — 21 Ein Schema für die osmotische Leistung der Pflanzenzelle. Ber. dtsch. bot. Ges. 38, 288 (1920). — 22 HOFMEISTER, L.: Mikrurgische Untersuchungen an *Boraginoideen*-Zellen. I. und II. Protoplasma 35, 65 und 161 (1941). — 23 ILJIN, W. S.: Über die Austrocknungsfähigkeit des lebenden Protoplasmas der vegetativen Pflanzenzelle. Jb. Bot. 66, 947 (1927). — 24 Über Absterben der Pflanzengewebe durch Austrocknung und über ihre Bewahrung vor dem Trockentode. Protoplasma 19, 414 (1933). — 25 KARZEL, R.: Über die Nachwirkungen der Plasmolyse. Jb. Bot. 65, 551 (1926). 26 KRESSIN, G.: Beiträge zur vergleichenden Protoplasmatik der Mooszellen. Diss., Greifswald 1935. — 27 KÜSTER, E.: Über den Einfluß wasserentziehender Lösungen auf die Lage der Chromatophoren. Ber. dtsch. bot. Ges. 24, 255 (1906). — 28 Über Inhaltsverlagerungen in plasmolysierten Zellen. Flora (Jena) 100, 267 (1910). — 29 Über Veränderungen der Plasmaoberfläche bei Plasmolyse. Z. Bot. 2, 689 (1910). — 30 Über Vakuolenteilung und grobschaumige Protoplasten. Ber. dtsch. bot. Ges. 36, 283 (1918). — 31 Pathologie der Pflanzenzelle. Teil II. Pathologie des Protoplasmas. Protoplasma-Monogr. 3 (1929). Berlin: Borntraeger. 32 Über Plasmolyse und Deplasmolyseform pflanzlicher Protoplasten. Protoplasma 36, 134 (1941). — 33 LAUE, E.: Untersuchungen an Pflanzenzellen im Dampfraum. Flora (Jena) 132, 193 (1938). — 34 OPPENHEIMER, H. R.: Über Zuverlässigkeit und Anwendungsgrenzen der üblichen Methoden zur Bestimmung

der osmotischen Konzentration pflanzlicher Zellsäfte. Planta (Berl.) **16**, 467 (1932). 35 PFEFFER, W.: Osmotische Untersuchungen. Leipzig 1877. — 36 REINHARDT, M. O.: Plasmolytische Studien zur Kenntnis des Wachstums der Zellmembranen. Festschr. Schwendener. Berlin 1899. — 37 RENNER, O.: Zur Kenntnis des Wasserhaushaltes javanischer Kleinepiphyten. Mit einem Anhang: Zu den osmotischen Zustandsgrößen. Planta (Berl.) **18**, 215 (1932). — 38 SCARTH, G. W.: Adhesion of protoplasm to cell wall and the agents which cause it. Trans. roy. Soc. Canada **17**, 137 (1923). — 39 SCHNEIDER, E.: Über die Plasmolyse als Kennzeichen lebender Zellen. Z. Mikrosk. **42**, 32 (1925). — 40 SERNARD, F. O.: Phosphatides in the living protoplasmic surface. A review, with special reference to the plant protoplast. Protoplasma **7**, 602 (1929). — 41 STEINBRINK, C.: Über Schrumpfungs- und Kohäsionsmechanismen von Pflanzen. Biol. Zbl. **26**, 657 (1906). — 42 STRUGGER, S.: Beiträge zur Physiologie des Wachstums. I. Zur protoplasmaphysiologischen Kausalanalyse des Streckungswachstums. Jb. Bot. **79**, 406 (1933). — 43 Fluoreszenzmikroskopische Untersuchungen über die Speicherung und Wanderung des Fluoreszeinkaliums in pflanzlichen Geweben. Flora (Jena) **132**, 253 (1938). — 44 TIROLD, M.: Untersuchungen über das Plasmolyseverhalten von *Vaucheria*. Protoplasma **18**, 345 (1933). — 45 DE VRIES, H.: Zur plasmolytischen Methodik. Bot. Zeitung **42**, 289 (1884). — 46 WEBER, FR.: Das Fadenziehen und die Viskosität des Protoplasmas. Österr. Bot. Z. **70**, 172 (1921). — 47 Plasmolyseform und Protoplasmaviskosität. Österr. Bot. Z. **73**, 261 (1924). — 48 Krampfplasmolyse bei *Spirogyra*. Pflügers Arch. **206**, 629 (1924). — 49 Protoplasmaviskosität kopulierender *Spirogyren*. Ber. dtsch. bot. Ges. **42**, 279 (1924). — 50 Über die Beurteilung der Plasmaviskosität nach der Plasmolyseform (Untersuchungen an *Spirogyra*). Z. Mikrosk. **42**, 146 (1925). — 51 Schraubenplasmolyse bei *Spirogyra*. Ber. dtsch. bot. Ges. **43**, 217 (1925). — 52 Plasmolyseform und Ätherwirkung. Pflügers Arch. **208**, 705 (1925). — 53 Plasmolyseform und Kernform funktionierender Schließzellen. Jb. Bot. **64**, 687 (1925). — 54 Die Schließzellen (Sammelreferat). Arch. exper. Zellforschg. **3**, 101 (1925). — 55 Plasmolysezeitmethode. Protoplasma **5**, 622 (1928). — 56 Plasmolyseort. Protoplasma **7**, 583 (1929). — 57 WEIS, A.: Beiträge zur Kenntnis der Plasmahaut. Planta (Berl.) **1**, 145 (1926).

V. Stoffaufnahme.

1. Intrabilität, Ionenwirkung, Grenzschichten.

Versuch 51.

Plasmolyseform und Ionenwirkung.

Mit Hilfe der Plasmolyseformuntersuchung läßt sich die Wirkung von Elektrolyten auf das Protoplasma nachweisen. Auf diesem Wege ist es möglich, entgegengesetzte Wirkungen der mono- und bivalenten Metallionen zu beobachten, welche auch beim Experimentieren mit leblosen hydrophilen Kolloiden in Erscheinung treten. Von den lebenswichtigsten Metallen bewirkt das Ca eine Verfestigung und Entquellung, während K quellend und verflüssigend wirkt. Derselbe Einfluß dieser beiden Metallionen ist auch am lebenden Protoplasma durch folgendes Experiment festzustellen.

Da in den Lösungen von Salzen der einwertigen Metalle zwei, in den Lösungen der zweiwertigen Metalle aber 3 Ionen zur Wirkung gelangen, so muß man zur Erzielung vergleichbarer Resultate die Ca-Salzlösung im Vergleich zur K-Salzlösung im Konzentrationsverhältnis 2 : 3 wählen.

Die Versuche werden an der Innenepidermis von *Allium Cepa*-Zwiebelschuppen durchgeführt. Es ist darauf zu achten, daß die im

Versuch verglichenen Epidermishäutchen von derselben Schuppe und
von derselben Schuppenregion stammen.

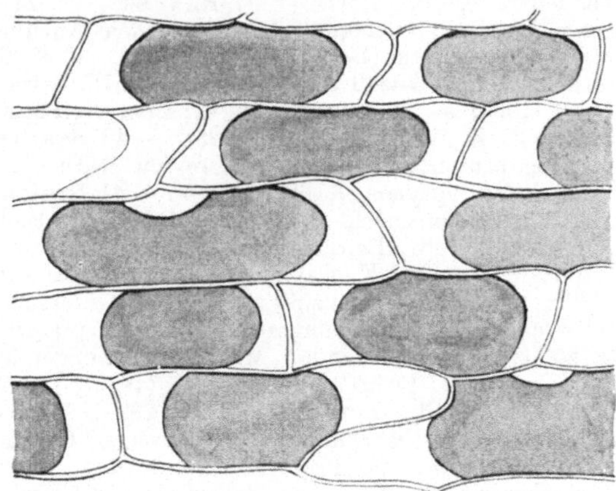

Abb. 76. Obere Epidermis der Zwiebelschuppe von *Allium Cepa*. 24 Stunden mit $^1/_{40}$ mol. KCl-
Lösung vorbehandelt und dann 25—35 Minuten mit 0,75 Mol Rohrzucker plasmolysiert. Konvexe
Plasmolyseform. Nach CHOLODNY und SANKEWITSCH (1933).

Mehrere Epidermishäutchen werden 20—24 Stunden lang schwimmend
in einer $^1/_{60}$ mol. $CaCl_2$ und $^1/_{40}$ mol. KCl-Lösung gehalten. Nach dieser

Abb. 77. Obere Epidermis der Zwiebelschuppe von *Allium Cepa*. 24 Stunden mit $^1/_{60}$ mol. $CaCl_2$-
Lösung vorbehandelt und dann 25—35 Minuten mit 0,75 Mol Rohrzucker plasmolysiert. Konkave
Plasmolyseform. Nach CHOLODNY und SANKEWITSCH (1933).

Vorbehandlung werden die Epidermishäutchen in einer 0,75 mol. hypertonischen Rohrzuckerlösung plasmolysiert. Im Laufe von 25 Minuten
wird an diesen Präparaten die Plasmolyseform beurteilt. Die mit dem
K-Salz vorbehandelten Zellen zeigen glatte Konvexplasmolysen (Abb.76),
während die mit dem Ca-Salz vorbehandelten Zellen krampfartig konkav
plasmolysiert sind (Abb. 77). Die Salze müssen demnach zumindest in

die peripheren Schichten der Protoplasten eingetreten sein und dort ihre kolloidphysikalische Wirkung entfaltet haben (Salzintrabilität). (22, **23**, 95, 150.)

Versuch 52.

Plasmolyseform und -zeit mit Ca- und K-Salzen als Plasmolytika.

In Versuch 51 gelang es, die Intrabilität der Salze nach längerer Vorbehandlung mit hypotonischen Elektrolytlösungen durch die nachträgliche Untersuchung der Plasmolyseformen im indifferenten Plasmolytikum nachzuweisen. Es ist also in Versuch 51 die Normalintrabilität für K- und Ca-Salze nachgewiesen worden. Bei direkter Plasmolyse mit diesen Salzen ist mit der Normalintrabilität nicht zu rechnen. Durch die Verletzung der Plasmagrenzschichten während der Plasmolyse wird die Normalintrabilität zweifellos pathologisch verändert. Wir sprechen dann von der Plasmolyseintrabilität.

Epidermishäutchen von *Allium-Cepa*-Zwiebelschuppen werden auf dem Objektträger einerseits in einer 0,7 mol. Ca-Nitratlösung und andererseits in einer 1 mol. K-Nitratlösung plasmolysiert. Zur Vermeidung der Verdunstung wird der Deckglasrand mit Vaseline abgedichtet. Zur Beurteilung der Plasmolyseform und -zeit muß der Beginn der Plasmolyse notiert werden. Die Wundrandzonen werden nicht berücksichtigt. Während in der K-Nitratlösung die Zellen anfänglich konkav plasmolysieren und nach 20 Minuten in diesem Plasmolytikum eine schöne Konvexplasmolyse erreicht ist, kann man beobachten, daß in der Ca-Nitratlösung eine krampfartige Konkavplasmolyse eintritt, welche auch nach einer Stunde noch nicht zur Abrundung gelangt. Auch in diesem Versuche ist die verfestigende Wirkung des Ca und die verflüssigende Wirkung des K auf das Protoplasma eindeutig zu beobachten. (**34, 205**.)

Versuch 53.

Plasmolyseform und -zeit mit KNO_3 und KCNS als Plasmolytika.

Werden die Alkalisalze mit verschiedenem Anion nach ihrer Wirksamkeit auf den Quellungszustand der Eiweißkörper geordnet, so erhält man die in der Kolloidchemie konstant wiederkehrende lyotrope Anionenreihe: Zitrat $<$ Tartrat $<$ Sulfat $<$ Azetat $<$ Chlorid $<$ Nitrat $<$ Jodid $<$ Rhodanid. Auch bei Versuchen am lebenden Objekt sind solche Reihen in bezug auf die Wirksamkeit der Salze zu beobachten. Das Zitrat wirkt am wenigsten quellend, während das Rhodanid die Quellung am stärksten fördert. Durch die Beobachtung der Plasmolyseform und Messung der Plasmolysezeit kann die Wirkung verschiedener Anionen auf das Protoplasma im Sinne dieser Reihe nachgewiesen werden.

Eine 1 mol. K-Nitrat- und K-Rhodanidlösung werden als Plasmolytika für Epidermishäutchen der Zwiebelschuppe von *Allium Cepa* verwendet. Die Plasmolyse wird auf dem Objektträger im vaselineumrandeten Präparat durchgeführt. Im K-Nitrat ist nach 20—30 Minuten eine perfekte Konvexplasmolyse erreicht. Die Plasmolysezeit in K-Rhodanid ist dagegen 0, d. h. die Abrundung erfolgt augenblicklich.

Daraus können wir ersehen, daß das Rhodanid den Protoplasten außerordentlich rasch verflüssigt, während das Nitrat dazu nicht in der Lage ist.

Es empfiehlt sich, denselben Versuch mit den Kaliumsalzen anderer Anionen der lyotropen Reihe durchzuführen. (157, 158.)

Versuch 54.

Die Bildung intrazellulärer Myelinfiguren bei Plasmolyse mit den Salzen der Alkalimetalle.

Als Folge der quellenden Wirkung bilden sich bei Plasmolyse mit den Salzen der Alkalimetalle an der Grenzschicht Protoplasma-Zellsaft

Abb. 78. Die Bildung von mikroskopisch dimensionierten Myelinfiguren an der Grenzfläche Lezithin-Wasser. Hellfeldaufnahme. Original.

Myelinfiguren aus, die wie Protuberanzen oft weit in den Zellsaftraum hineinragen. An der Bildung dieser Myelinfiguren sind stark oberflächenaktive und quellbare Lipoide beteiligt. Die Myelinfiguren zeigen Doppelbrechung infolge der schichtenmäßigen Ordnung der Lipoidmoleküle und Wassermoleküle. Sie sind oft in schlängelnder Bewegung begriffen.

Man kann die Entstehung mikroskopisch dimensionierter Myelinfiguren zunächst im Modellversuch beobachten. Etwas Lezithin ex ovo wird zu diesem Zwecke auf einem Objektträger leicht verschmiert und mit einem Deckglas bedeckt. Dann wird seitlich Wasser zugesetzt. Das Lezithin ist ein quellbares Lipoid, so daß sehr schön geformte Myelinfiguren an der Grenze Lezithin-Wasser entstehen. Mit Hilfe von Polarisationsfiltern untersuche man auch die Doppelbrechung der Myeline (vgl. Abb. 78 und 79). Auch an der Grenzschicht Ölsäure-Ammoniak entstehen schöne Myelinfiguren.

Der Versuch an der Zelle wird folgendermaßen durchgeführt. Ein Stück der oberen Epidermis der Zwiebelschuppe von *Allium Cepa* wird in Leitungswasser unter ein Deckglas gebracht. Von der Intaktheit der

Zellen überzeugt man sich am besten durch die Beobachtung der Plasmaströmung. Dann wird seitlich unter gleichzeitigem Absaugen ein Tropfen einer 0,8 mol. KNO_3-Lösung zugesetzt, so daß allmählich eine Plasmolyse eintritt. Der langsame Plasmolyseeintritt ist wichtig, da bei zu schnellem Plasmolysieren die Bildung der Myelinfiguren nicht so schön zu beobachten ist. Nachdem die Protoplasten sich an den Zellpolen abgehoben haben, beginnt an den Plasmakuppen die Bildung der Myelinfiguren in der Grenzschicht Zellsaft-Protoplasma. In Form von Zungen und Schleifen wachsen zierliche Myelinfiguren in den Zellsaftraum oft mit erheblicher Geschwindigkeit hinein, wobei sie eine schlängelnde Bewegung ausführen. Nach einiger Zeit werden die Myelinfiguren wieder ein-

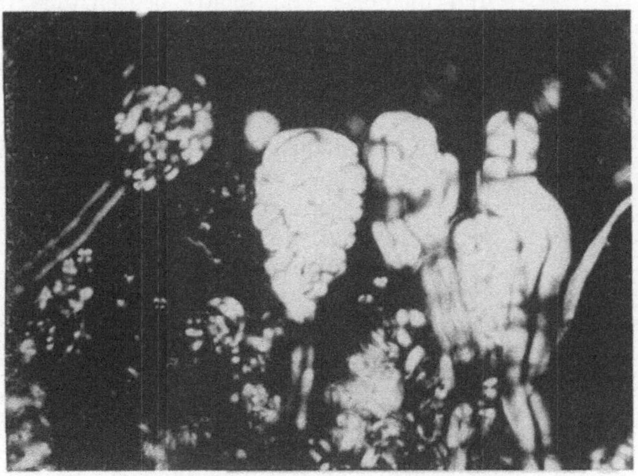

Abb. 79. Mikroaufnahme der Myelinfiguren zwischen gekreuzten Nicols. Die Doppelbrechung und das Sphäritenkreuz sind sehr deutlich. Original.

gezogen und bilden größere, stark lichtbrechende rundliche Massen. Die Bildung dieser Myelinfiguren in K-, Na- und Li-Salzlösungen ist eine Vorstufe zur Kappenplasmolyse, die bei noch stärkerer Salzintrabilität durch die Salze der Alkalimetalle hervorgerufen wird. (55, 74, 108, 109.)

Versuch 55.

Die Kappenplasmolyse.

Nach längerer Plasmolyse in hypertonischen Li-, K- und Na-Salzen erfolgt ein stärkeres Eintreten der Plasmolytika in den lebenden Protoplasten. Diese Salze können dann ihre quellende Wirkung auf das Protoplasma noch deutlicher entfalten. Es tritt Kappenplasmolyse ein. Sie ist eine unmittelbare Folge der Salzintrabilität. Gleichzeitig aber ist es erwiesen, daß die Salzpermeabilität solcher Zellen gehemmt ist. Die Kappenplasmolyse ist sonach ein sichtbarer Beweis für das verschiedene Durchlässigkeitsverhalten der äußeren und inneren Plasmagrenzschicht bei plasmolysierten Zellen.

Am sichersten kann man die Kappenplasmolyse durch eine bis zu
12 Stunden andauernde Plasmolyse in 0,6 bis 1 Mol KNO_3 erzielen.
Flächenschnitte von der unteren (äußeren) Epidermis der Zwiebelschuppe
einer anthocyanhaltigen Varietät von *Allium Cepa* werden mit dem
Plasmolytikum infiltriert und in einem verschlossenen Schälchen im
Plasmolytikum 6—12 Stunden lang liegen gelassen. Die mikroskopische
Durchmusterung dieser im Plasmolytikum liegenden Schnitte läßt be-
sonders an den Randteilen des Schnittes eine sehr deutliche Kappen-

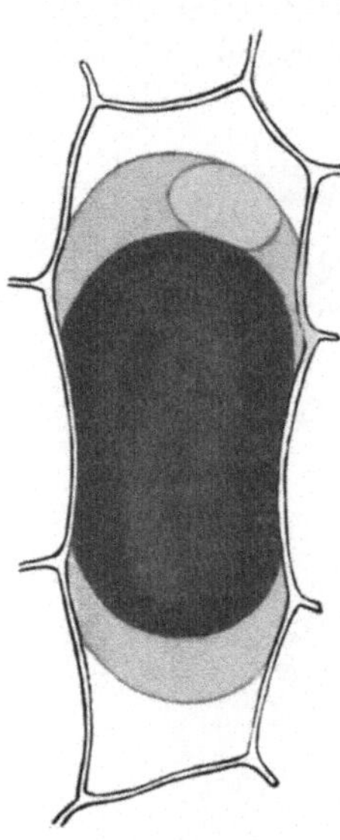

plasmolyse erkennen (vgl. Abb. 80). Der Protoplast
ist perfekt konvex plasmolysiert. An beiden Zellpolen ist das Plasma außerordentlich aufgequollen
und in Form von scharf begrenzten Kappen zu
beobachten. Sowohl eine äußere als auch eine
innere Grenzschicht hebt sich als scharfe, vollkommen gespannte Kontur ab. Das Mesoplasma im
Inneren der Kappen erscheint hyalin, die Mikrosomen befinden sich in reger BROWNscher Molekularbewegung. Die äußere Plasmagrenzschicht
wird Plasmalemma, die innere Tonoplast genannt.
Das Bild zeigt also erhebliche Abweichungen von
einer normal plasmolysierten Zelle. Auch der Zellkern erleidet durch die eintretende Salzlösung
charakteristische Veränderungen. Während er in
der normalen Zelle linsenförmig ist und eine sehr
regelmäßige dichte Körnchenstruktur aufweist, ist
er nach Eintritt der Kappenplasmolyse kugelförmig
aufgetrieben und hat seine Struktur völlig verloren.
Eine deutliche Kernmembran ist als Grenzschicht

Abb. 80. Die Kappen-
plasmolyse. Untere Epi-
dermis der Zwiebelschup-
pe von *Allium Cepa*.Nach
HÖFLER (1928).

sichtbar. Der Zellkern ist durch die quellende
Wirkung des Kaliumsalzes zu einer Solblase geworden (vgl. Versuch 18, S. 55). Aus diesen Kern-
veränderungen konnte durch vergleichende Untersuchungen mit ziemlicher Sicherheit der Schluß gezogen werden, daß
bei vollendeter Kappenplasmolyse mindestens 0,3—0,4 Mol des Salzes
in das Zytoplasma eingetreten sind.

Macht man dagegen einen entsprechenden Parallelversuch mit
Calciumnitrat, so erhält man keine Kappenplasmolyse. Auch mit einem
Plasmolytikum, das aus 9 Teilen Kaliumsalz und einem Teil Calciumsalz
besteht, kann man keine Kappenplasmolyse erreichen, da die hemmende
Wirkung des Calciums außerordentlich stark ist. Erst bei $1/_{25}$ bis $1/_{50}$
Volumzusatz von Calciumsalz gelingt es, eine Kappenplasmolyse her-
vorzurufen.

Calciumsalze hemmen aber nicht nur die Kappenplasmolyse, sondern
sie gestalten dieselbe auch reversibel. Nach 12—24 stündigem Aufent-
halt eines Gewebes in einer 0,8 mol. KCl-Lösung wird das Gewebestück
in eine isotonische $CaCl_2$-Lösung übertragen. Nach 1—2 Tagen ist die
Kappenplasmolyse rückgebildet und zu einer normal aussehenden Plas-
molyse geworden. (20, 21, **69**, **74**, **79**, **80**, **90**, **100**, **138**, **139**, **157**.)

Versuch 56.
Der Plasmolyseversuch mit Kaliumrhodanid. Die Tonoplastenplasmolyse.

Das Kaliumrhodanid entfaltet die stärkste quellende Wirkung auf die Plasmakolloide. Unter der Voraussetzung, daß eine hypertonische KCNS-Lösung allmählich in den Protoplasten intrameiert, sind bei einer Dauerplasmolyse starke pathologische Änderungen zu erwarten.

Werden präparierte Epidermishäutchen der oberseitigen Schuppenepidermis von *Allium Cepa* auf dem Objektträger in einer 1 mol. Lösung von KCNS plasmolysiert, so erfolgt der Eintritt der Plasmolyse sehr

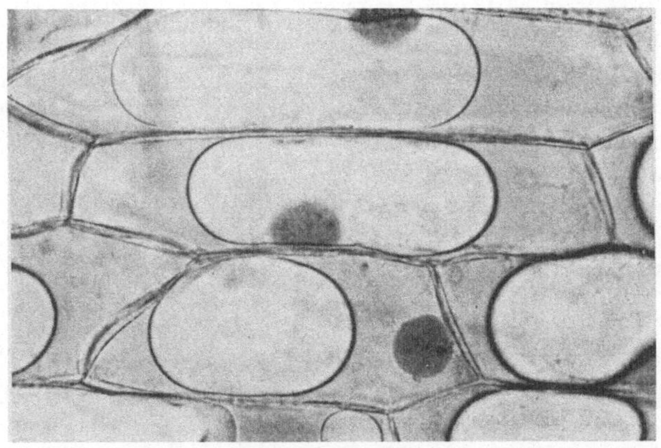

Abb. 81. Die Tonoplastenplasmolyse. Obere Epidermis der Zwiebelschuppe von *Allium Cepa*. Original.

rasch. Die Plasmolyseform ist sofort perfekt konvex, und in wenigen Minuten sind Myelinbildungen als erste Anzeichen der Salzintrabilität zu beobachten. Nach 5—10 Minuten ist in der Regel eine typische Kappenplasmolyse eingetreten, welche zweifellos durch die quellende Wirkung des Rhodanids hervorgerufen wird. Die weitere Volumvergrößerung der Plasmakappen infolge der starken Plasmaquellung kann mit dem Okularmikrometer messend verfolgt werden, während der Tonoplast seinen Plasmolysegrad konstant beibehält. Dadurch scheint es, als ob die Plasmolyse langsam zurückginge, während in Wirklichkeit durch das in starkem Maße eintretende Plasmolytikum nur die Plasmakappen weiter aufquellen. Nach 10—30 Minuten ist der Innenraum der Zellen (der extraplasmatische Raum) durch die aufgequollenen Plasmakappen völlig ausgefüllt. Nur der Tonoplast ist im plasmolysierten Zustande noch zu erkennen. Eine solche Plasmolyse wird als Tonoplastenplasmolyse (Abb. 81) bezeichnet. Die äußere Plasmagrenzschicht ist demnach für das Plasmolytikum permeabel geworden, während die innere Grenzschicht ihre Semipermeabilität beibehalten hat. Gleichzeitig ändert sich während des Entstehens der Kappen- und Tonoplastenplasmolyse auch die Struktur des Zellkernes. Zunächst quillt er kugelförmig auf und wird optisch homogen. Beim Übergang der Kappenplasmolyse in die Tonoplastenplasmolyse platzt die Kernmembran häuf`g und der Kerninhalt ergießt sich in das Zytoplasma, wobei keine Vermischung stattfindet. Dieses Platzen des Kernes wird als Karyoptyse bezeichnet.

Daß die Intrabilität für das KCNS durch die Plasmolyse verursacht ist, zeigt folgender Versuch. Epidermishäutchen werden in eine 0,2 mol. Lösung von KCNS, welche für die Alliumzellen hypotonisch ist, eingelegt. Die unverletzten Zellen weisen nach mehrstündiger Einwirkung der Lösung eine normale Plasmaströmung und keine Änderung der Plasma- und Kernstruktur auf. In hypotonischer Lösung vermag sonach das KCNS nicht zu intrameieren. Wird dagegen ein Epidermisstück in eine 0,4 molare, schwach hypertonische Lösung eingelegt, so ändern sich die Verhältnisse im Augenblick des Plasmolyseeintrittes sofort grundlegend. Die Plasmaströmung hört auf. Das Zytoplasma und der Zellkern beginnen zu quellen und bald ist die Kappenplasmolyse sichtbar. Es muß also angenommen werden, daß im Augenblick des Zerreißens der äußeren Plasmagrenzschicht bei Beginn der plasmolytischen Abhebung die Intrabilität für das KCNS pathologisch gesteigert wird. Im Gegensatz zur normalen Intrabilität spricht man dann von der Plasmolyseintrabilität. (20, 21, 138, 139, 158, 189.)

Versuch 57.

Plasmolyseversuch mit KCNS an neutralrotgefärbten Zellen.

Die Plasmolyse in 1 Mol Kaliumrhodanid verläuft in den Epidermiszellen der oberen Zwiebelschuppe von *Allium Cepa*, deren Zellsafträume und Plasma mit Neutralrot vitalgefärbt sind, in anderer Form. Offenbar ist durch die Vitalfärbung die Empfindlichkeit der Zellen gegen das giftige Plasmolytikum verändert worden, denn man kann das Absterben aller Zellen im Verlaufe der Plasmolyse in schönster Weise beobachten.

Epidermishäutchen der oberen Zwiebelschuppe von *Allium Cepa* werden präpariert und für 20 Minuten auf eine Neutralrotlösung 1:10000 (hergestellt in Leitungswasser) gelegt. Es färben sich im Hellfelde nachweisbar die Zellsafträume diffus rot an. Diese vorgefärbten Zellen werden auf einen Objektträger zunächst in Wasser gelegt, mit einem Deckglase bedeckt und im Mikroskop eingestellt. Hierauf wird seitlich dem Präparate eine 1 mol. KCNS-Lösung zugesetzt, so daß eine allmähliche Plasmolyse eintritt. Die plasmolytische Kontraktion geht meist konvex vor sich. Die Neutralrotfärbung der Zellsafträume intensiviert sich in anschaulicher Weise mit zunehmender plasmolytischer Kontraktion. Das Plasma, welches im Hellfelde farblos erscheint, quillt zu den charakteristischen Kappenbildungen auf. Ein Rückgang der Plasmolyse ist zunächst nicht zu beobachten. Allmählich beginnt das Plasmolytikum das Plasma abzutöten. Es dringt zunächst in das Mesoplasma ein, bald aber platzen auch ruckartig die Tonoplasten. Jedem Platzen der Tonoplasten geht zunächst die Permeation des Plasmolytikums in den Zellsaftraum voraus. Man sieht, wie an einer Stelle des Zellsaftraumes das KCNS mit dem Neutralrot rasch einen Niederschlag zu bilden beginnt. Diese mikrokristalline Niederschlagsbildung ergreift relativ schnell den ganzen Zellsaftraum. Dann erst platzt der Tonoplast. Im Augenblicke des Platzens des Tonoplastens wird eine größere Menge Neutralrot zur Färbung des nunmehr abgestorbenen Protoplasmas frei. Zellkern und Zytoplasma färben sich dann schlagartig auf elektroadsorptivem Wege dunkelrot. Das lebende Plasma war nicht befähigt, das Neutralrot in ionisierter Form zu speichern. (**167**.)

Versuch 58.

Die Neubildung einer äußeren, semipermeablen Plasmagrenzschicht und die experimentelle Verhinderung dieser Neubildung.

Verletzt man ein Seeigelei, so fließt das Protoplasma aus der Wunde aus und bildet bei Anwesenheit von Ca eine neue Plasmahaut. Dieser Vorgang wird von HEILBRUNN als „surface prec pitation reaction" bezeichnet. Wird dagegen der Versuch unter gleichzeitigem Entzug des Ca durchgeführt, so unterbleibt die Neubildung einer Grenzschicht.

Da bei der Plasmolyse pflanzlicher Protoplasten ein Zerreißen der äußeren Plasmagrenzschicht erfolgt, muß am plasmolysierten Protoplasten eine neue äußere Grenzschicht gebildet werden. Daß die normale Grenzschicht bei der Plasmolyse zerstört wird, beweisen die Versuche über Plasmolyseintrabilität. Daß eine Neubildung der äußeren Plasmagrenzschicht am plasmolysierten Protoplasten erfolgt, wird im folgenden Versuch unter Beweis gestellt. Gelingt es, analog den Versuchen an tierischen Eiern auch an der Pflanzenzelle diese Neubildung durch Ca-Entzug zu verhindern, so ist der Beweis erbracht, daß bei der Plasmolyse eine „surface precipitation reaction" die Ursache für die Neubildung einer semipermeablen äußeren Plasmagrenzschicht ist.

Flächenschnitte der Außenepidermis der Zwiebelschuppen von *Allium Cepa* werden 1 Minute lang in einer 0,1 mol. Kaliumoxalatlösung vorbehandelt. Diese muß aus völlig reinem Oxalat und mit doppelt destilliertem Wasser hergestellt sein. Dann werden die Schnitte in eine 2 mol. Harnstofflösung (doppelt destilliertes Wasser und Harnstoff puriss.) eingelegt. Einige Schnitte werden als Kontrolle ohne Vorbehandlung direkt in die 2 mol. Harnstofflösung gelegt. Während in den unvorbehandelten Kontrollen normale Plasmolyse eintritt, weisen die vorbehandelten Schnitte durchgehend Tonoplastenplasmolysen auf. Durch den Ca-Entzug ist die Neubildung einer äußeren, semipermeablen Plasmagrenzschicht unterbunden worden, und nur die innere Plasmagrenzschicht hat ihre Semipermeabilität beibehalten. Das Plasma ist durch die Überschwemmung mit Harnstoff einer Desorganisation verfallen. Ein mit Oxalat vorbehandelter Schnitt wird nunmehr in 1 Mol $CaCl_2$ plasmolysiert. Es tritt eine vollkommen normale Plasmolyse ein. Das Ca bewirkte sofort wiederum die Bildung einer äußeren, semipermeablen Grenzschicht. Auch Ca-Zusatz zum Harnstoff (etwa 1%) ruft an vorbehandelten Zellen normale Plasmolysen hervor.

Es gelingt also, durch Ca-Entzug die Plasmolyseintrabilität so zu steigern, daß es sofort zu einer Tonoplastenplasmolyse kommt. Dadurch wird die Neubildung einer semipermeablen, äußeren Plasmagrenzschicht verhindert. Durch nachträglichen Zusatz von Ca tritt die Fähigkeit zur Neubildung an den mit Oxalat vorbehandelten Zellen wieder auf. (63, 190, **197**, 204.)

Versuch 59.
Wundreiz und Plasmolyseintrabilität.

Die Wundränder der Epidermishäutchen von *Allium Cepa* verhalten sich infolge der Wundreizwirkung gegenüber den Zellen des unbeeinflußten Innenfeldes verschieden. Der Wundreiz erhöht in allen Fällen

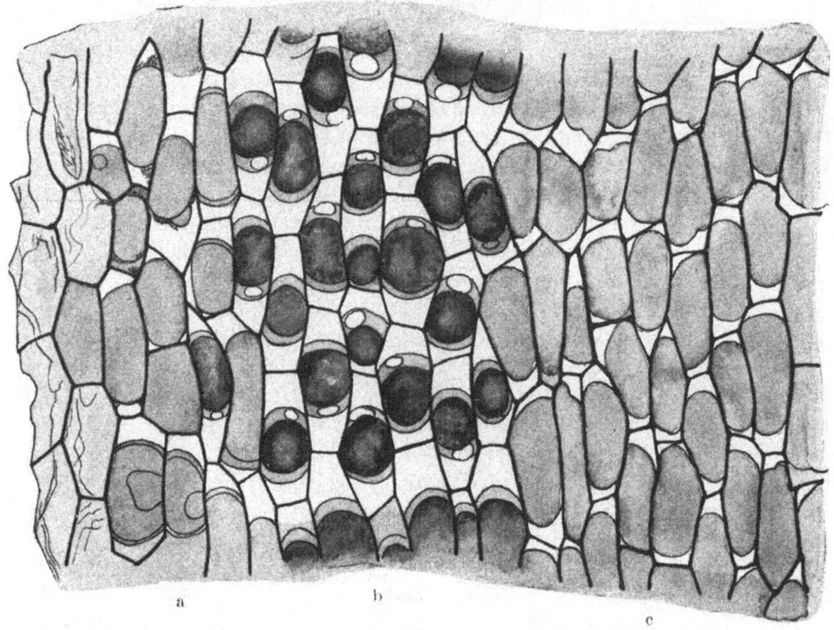

Abb. 82. Zonierung des Plasmolysebildes an einem Flächenschnitt von der unteren Epidermis der Zwiebelschuppe von *Allium Cepa*. *a* Randzone: Absterbeformen. *b* Außenzone: Kappenplasmolyse, *c* Innenzone: Normale zurückgehende Plasmolyse. In 0,60 Mol NaCl. Nach HÖFLER (1934).

die Plasmolyseintrabilität der Zellen für Salze der Alkalimetalle. Diese Wirkung kann man in der Praxis der Zellphysiologie direkt zur Erkennung von wundreizgeschädigten Zellen anwenden.

Wir fertigen von der unteren Epidermis einer roten Zwiebelvarietät Flächenschnitte an und legen dieselben in 0,60 Mol NaCl. Nach 12 bis 24 Stunden beobachten wir die Schnitte und finden am Wundrand die in Abb. 82 dargestellte, eigenartige Zonierung des Plasmolysebildes; *a* ist die Randzone, in der die Zellen durch die Verwundung teilweise abgestorben sind oder Absterbeformen der Plasmolysen aufweisen (unvollkommene Tonoplastenstadien); *b* ist die Außenzone, in der durch eine wundreizbedingte Steigerung der Plasmolyseintrabilität alle Zellen Kappenplasmolyse aufweisen; *c* ist die Innenzone, in der alle Zellen normal plasmolysiert sind. Vergleichen wir die Plasmolysegrade zwischen *b* und *c*, so fällt uns auf, daß sie in *c* wesentlich größer sind. Dies erklärt sich daraus, daß in der unbeeinflußten Innenzone das Kochsalz permeiert und so eine langsam eintretende Deplasmolyse bewirkt. In der Außenzone dagegen ist wohl die Salzintrabilität gesteigert, aber die Salzpermeabilität durch den Wundreiz gehemmt worden. *Diese Tatsache ist für die Trennung von Intrabilität und Permeabilität von grundlegender Bedeutung.*

Legen wir ein frisch präpariertes, quadratisches Epidermishäutchen von der oberen Epidermis der Zwiebelschuppe in eine 1 mol. KNO_3-Lösung, so läßt sich die Wundreizwirkung bereits in kurzer Zeit nachweisen. Die Zellen des Wundrandes zeigen in wesentlich kürzerer Zeit konvexe Plasmolyseformen als die Zellen des Innenfeldes.

Aus diesen Versuchen ersehen wir, daß nicht nur die an die Wunde unmittelbar angrenzenden Zellen von der Wundreizwirkung erfaßt werden, sondern daß der Wundreiz durch mehrere Zellen hindurch zur Auswirkung gelangt. (16, 17, 74, 110, 157.)

Versuch 60.

Die Analyse der Ammoniakvergiftung.

Durch Ammoniak werden Zellen schnell letal vergiftet. Läßt man jedoch Ammoniak in Gasform nur ganz kurze Zeit auf lebende Pflanzenzellen einwirken, so treten pathologische Veränderungen der Intrabilität als Vorstufen der letalen Schädigung ein. Mit Hilfe der Plasmolyseuntersuchung lassen sich solche Veränderungen studieren. Epidermishäutchen von der Oberseite der Zwiebelschuppe von *Allium Cepa* werden zur Kontrolle in einer 1 mol. Lösung von KNO_3 plasmolysiert. Nach 20—30 Minuten erfolgt Abrundung. Von ein und derselben Zwiebelschuppe werden einzelne Häutchen verschieden lange Zeit hindurch mit einer Pinzette in dem geöffneten Flaschenhals einer Ammoniakflasche der Begasung ausgesetzt und gleich anschließend in der 1 mol. KNO_3-Lösung plasmolysiert. Für die Durchführung dieses Versuches ist es wichtig, eine Zwiebelsorte zu benutzen, welche keine rollenden Häutchen liefert.

Exposition 1 Sek.: Nur an den Wundrändern treten Tonoplastenplasmolysen auf. Im Gegensatz zur nichtbegasten Kontrolle (Plasmolysezeit 20 Minuten) ist die Plasmolysezeit bei den Zellen des Innenfeldes 0 geworden, d. h. es tritt sofortige Abrundung ein.

Exposition 3 Sek.: An den Wundrändern nur Tonoplastenplasmolysen, im Innenfeld Tonoplasten- und Konvexplasmolysen. Außerdem noch Kappenplasmolysen häufig zu beobachten. Das Zytoplasma und die Kerne quellen auf.

Exposition 6—8 Sek.: Es ist durchgehend Tonoplastenplasmolyse zu beobachten. Das Plasmolytikum überschwemmt direkt das Protoplasma. Sofort nach dem Einlegen in das Plasmolytikum werden die Zellkerne hyalin, ihr Volumen wird vergrößert, und schließlich platzt die Kernmembran. Der Kerninhalt ergießt sich in das gequollene Zytoplasma, ohne sich damit zu vermischen (Karyoptyse). Auch die Tonoplastenplasmolyse geht innerhalb von 5—10 Minuten vollkommen zurück.

8*

Dieser Vorgang kann mit dem Okularmikrometer messend verfolgt werden und beruht im Gegensatze zu den vorangegangenen Erscheinungen auf einer Permeabilitätserhöhung.

Exposition 6—8 Sek.; dann Plasmolyse in 1 Mol $CaCl_2$: Es tritt eine völlig normale Plasmolyse ein.

Die Wirkung des Ammoniaks beruht darin, daß er die Intrabilität erhöht. Nicht nur die äußere Plasmagrenzschicht, sondern auch der Tonoplast wird bei stärkerer Dosierung pathologisch verändert, so daß auch eine Permeabilitätserhöhung zu beobachten ist. Wird $CaCl_2$ als Plasmolytikum verwendet, so wirkt es durch seine abdichtenden Einflüsse als Gegengift.

2. Die Permeabilität.

Versuch 61.

Die Permeabilität lebender und toter Zellen.

Viele Pflanzenzellen enthalten in ihrem Zellsaft Anthocyan. Aus der lebenden Zelle kann der Farbstoff nicht herausdiffundieren, weil das Plasma für das Anthocyan impermeabel ist. Tötet man dagegen eine solche Zelle ab, so wird das Plasma für den Farbstoff permeabel, und er diffundiert aus der absterbenden Zelle heraus. Dieser Vorgang wird als Exosmose bezeichnet.

Eine frische rote Beete *(Beta vulgaris forma rubra)* wird in kleine, etwa 1 cm lange Würfel geschnitten. Die Stückchen werden so lange in fließendem Wasser gewaschen, bis kein Farbstoff mehr austritt. Dann werden 4 Reagenzgläser mit Leitungswasser gefüllt und in jedes Glas 4 Würfel des lebenden Rübengewebes eingelegt. Reagenzglas 1 bleibt als Kontrolle unverändert stehen. Dem Reagenzglas 2 werden 5 ccm Eisessig zugefügt. In das Reagenzglas 3 werden 10 Tropfen Chloroform eingefüllt. Das Reagenzglas 4 wird einmal bis zum Aufkochen erhitzt. Darauf wird der Versuch einen Tag lang stehengelassen. Das Ergebnis ist eindeutig. Nur in Reagenzglas 1 ist keine Exosmose des Anthocyans eingetreten. In allen anderen Gläsern ist eine kräftige Farbstoffexosmose erfolgt, die das Permeabelwerden der Protoplasten nach dem Absterben kundgibt. (13.)

Versuch 62.

Die Impermeabilität isolierter Tonoplasten für Anthocyan.

Der Versuch 61 zeigte uns, daß der Protoplast im lebenden Zustand für Anthocyan impermeabel ist. An isolierten Zellsafträumen läßt es sich klar zeigen, daß schon der Tonoplast für das Anthocyan eine unpassierbare Schranke darstellt, solange er noch intakt ist.

Eine Zwiebelsorte, deren unterseitige Schuppenepidermis (Konvexepidermis) durch Anthocyan rot gefärbt ist, eignet sich für diesen Versuch. Flächenschnitte von der Konvexepidermis werden zunächst 1 Stunde lang in einem Schälchen in 1 Mol KNO_3 plasmolysiert. Eine gleichmäßige Plasmolyse wird durch eine Infiltration im Plasmolytikum gewährleistet. Dann wird ein so plasmolysierter Schnitt auf den Objektträger gelegt und mit einem scharfen Rasiermesser in zwei Hälften zerlegt. Dabei ist darauf zu achten, daß die Schnittrichtung senkrecht zur Längsstreckung der Epidermiszellen liegt. Dadurch werden die Epidermiszellen an verschiedenen Stellen quer durchschnitten. Es kommt nicht selten vor, daß zwar wohl die Zelle durchschnitten wird, aber der plasmolysierte Protoplast unversehrt bleibt. Nach Zusetzen des Plasmolytikums wird mit einem Deckglas abgedeckt und im Mikroskop eine eröffnete Zelle mit unverletztem Protoplasten gesucht. Ist eine solche gefunden, so wird unter gleichzeitiger mikroskopischer Beobachtung bei schwächerer Vergrößerung mit einer Präpariernadel so lange auf das Deckglas gedrückt, bis der plasmolysierte Protoplast aus der eröffneten Zelle in das Plasmolytikum austritt. Dabei pflegt das Protoplasma meist zu verquellen, und es schlüpft der Tonoplast mit dem Vakuoleninhalt alleine aus. Er rundet sich augenblicklich ab. Das Anthocyan vermag selbst aus solchen isolierten Tonoplasten nicht auszutreten. Abb. 83 gibt ein anschauliches Bild von der Tonoplastenisolierung. (19, 47, 56, 72, 73, 105, 106, 113, 114, 119, 128, 137, 191, 199.)

Versuch 63.

Die Erhaltung der Semipermeabilität der Plasmagrenzschichten beim Durchstechen des Plasmaleibes während der Plasmolyse.

Durchstichversuche an plasmolysierenden Protoplasten sind für den Zellphysiologen von Bedeutung, da sie einen Einblick in

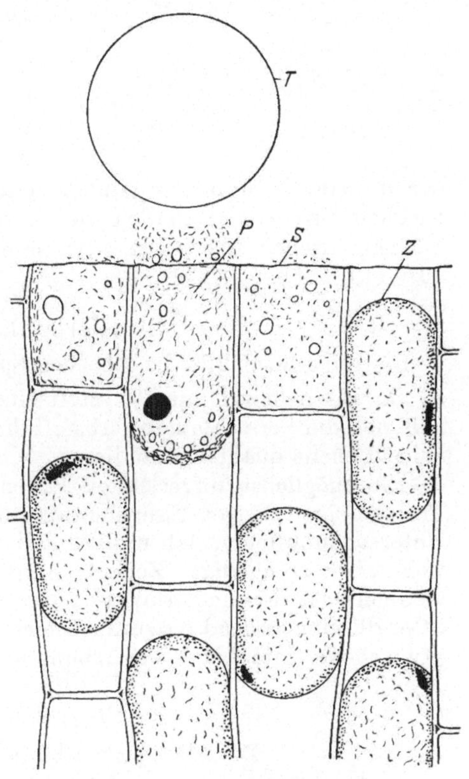

Abb.: 83. Die Tonoplastenisolierung aus einer unteren Epidermiszelle der Zwiebelschuppe von *Allium Cepa*. *S* der Schnittrand, *T* der isolierte Tonoplast, *P* das degenerierte Protoplasma, *Z* eine angeschnittene Zelle, deren plasmolysierter Protoplast unverletzt geblieben ist. Original.

die Beschaffenheit und Widerstandsfähigkeit der Plasmagrenzschichten zu geben imstande sind. Die Wurzelzellen von *Daucus Carota* (Mohrrübe) gestatten uns, einen solchen Versuch ohne die komplizierten Hilfsmittel der Mikrurgie durchzuführen. Sie enthalten lange, spießförmige Karotinkristalle, die bei starker Plasmolyse zu groß sind und so den Plasmaleib an einer oder zwei Stellen durchstechen. Ein Längsschnitt einer Rübenwurzel wird auf dem Objektträger liegend unter Deckglas in einer 2 mol. KNO_3-Lösung infiltriert, und die plasmolysierenden Zellen werden

sofort bei stärkerer Vergrößerung beobachtet. Abb. 84 gibt uns den
Erfolg eines solchen Plasmolyseversuches wieder. Die lange Karotinnadel hat beim Durchstechen des
Plasmaleibes noch eine Plasmaportion losgerissen, die am Kristall
kleben blieb. Trotz der Durchstechung geht die Plasmolyse normal
und ohne Unterbrechung weiter.
Die Semipermeabilität bleibt selbst
nach diesem Eingriff erhalten. Bei
langsamer Wasserzufuhr gelingt es
leicht, an solchen Zellen auch eine
Deplasmolyse durchzuführen. Die
Kristallnadeln werden dann wie-

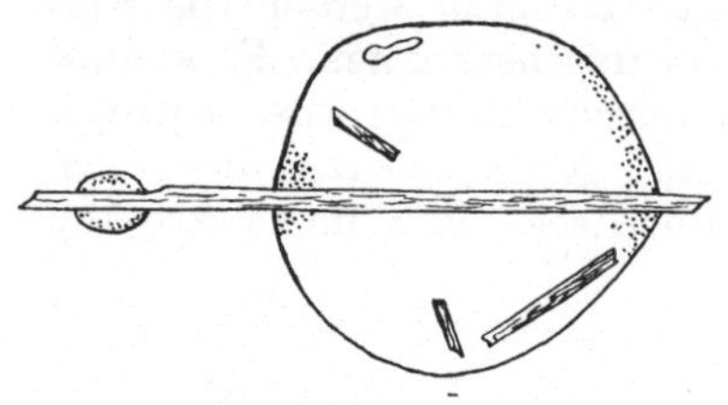

Abb. 84. Plasmolysierter Protoplast einer
Wurzelzelle von *Daucus Carota*. Die Karotin-
Kristallnadel hat den Protoplasten durch-
stochen. Nach KÜSTER (1928).

derum in den Protoplasten aufgenommen. Ob die Plasmagrenzschichten
wirklich durchstoßen werden oder ob die Kristallnadel mit einem Oberflächenhäutchen überzogen .wird, muß dahingestellt bleiben. (19, 72,
107, 113, 114.)

Versuch 64.

Die Impermeabilität der lebenden Spirogyra-Zelle für Eisenchlorid.

Da Eisenchlorid mit Gerbstoff eine tintenblaue Verfärbung liefert,
läßt sich die Permeabilität gerbstoffführender, lebender Zellen für Eisenchlorid leicht qualitativ studieren.

Ein möglichst unverletzter Faden von *Spirogyra* wird in einen
Tropfen einer 2%igen Eisenchloridlösung eingelegt. Die mikroskopische
Untersuchung lehrt, daß intakte Zellen keine Gerbstoffreaktion geben,
wohl aber beschädigte Zellen. Wird ein *Spirogyra*-Faden mit einer
alkoholischen Eisenchloridlösung behandelt oder wird er in der Eisenchloridlösung liegend bis zum Absterben erhitzt, so tritt in allen Zellen
eine schöne tintenblaue Verfärbung auf. (13, 207.)

Versuch 65.

Die Alkalipermeabilität lebender Zellen.

1. Das Anthocyan als Indikatorfarbstoff.

Ein Rotkohlkopf *(Brassica oleracea f. rubra)* wird fein zerschnitten
und in einem größeren Becherglase in destilliertem Wasser aufgekocht.
Dabei geht das Anthocyan in den Absud über. Die blaurote Lösung
wird filtriert. In einem Reagenzglase wird der Farblösung tropfenweise
eine 1%ige KOH-Lösung zugesetzt. Die rote Säurefarbe geht dabei in
die tiefblaue Alkalifarbe über. Wird noch mehr Alkali zugefügt, so
erfolgt der zweite Farbumschlag des Rotkohlanthocyans in ein leuchtendes Grün. Es gelingt, durch langsames Zusetzen einer $^1/_{10}$ n HCl die
Alkalifarben wiederum in die leuchtend rote Säurefarbe überzuführen.
Arbeitet man mit den auf Seite 134 angegebenen Pufferlösungen und mißt
man mit der Wasserstoffelektrode die kritischen pH-Werte aus, so lassen
sich die Umschlagsbereiche des Rotkohlanthocyans eindeutig festlegen.

2. Die makroskopische Untersuchung des Farbumschlages an Blüten.

Auch innerhalb der Zellen ist durch künstliche Änderung der Zellsaftreaktion ein Farbumschlag des Anthocyans erzielbar. Zwei weithalsige, größere Pulvergläser werden am Grunde mit Watte bedeckt. In das eine Glas gießt man einige Tropfen Ammoniak, in das andere konzentrierte Salzsäure. In das Ammoniakglas werden die Blüten einer leuchtend rot blühenden Feuerpelargonie *(Pelargonium zonale „Meteor")* eingelegt. Die Ammoniakdämpfe vermögen am Rande der Blütenblätter am schnellsten in die Zellen einzudringen, so daß vom Rande her der Farbumschlag in ein leuchtendes Blau beginnt und gegen die Basis der Blumenblätter fortschreitet. An denjenigen Stellen des Blütenblattes, welche leichte, oft unsichtbare Verletzungen tragen, tritt ebenfalls der Farbumschlag zuerst in Erscheinung. Das Anthocyan von Pelargonien schlägt bei weiterer Alkalinisierung in ein helles Gelb um. Dieser zweite Farbumschlag tritt nach einiger Zeit vom Rande ausgehend und gegen die Basis fortschreitend in Erscheinung. In das Salzsäureglas werden blaue Blüten von *Delphinium* oder *Viola* eingelegt. Die Säuredämpfe bewirken in wenigen Minuten eine Ansäuerung des alkalischen Zellsaftes, und die Blüten werden allmählich rot.

Auch im Laufe der Entwicklung anthocyanführender Blüten sind solche Farbumschläge von Natur aus zu beobachten. Die Blüten der Boraginaceen zeichnen sich besonders durch dieses Verhalten aus. Man kann sich an blühenden Exemplaren von *Pulmonaria officinalis* leicht davon überzeugen, daß die jugendlichen, noch nicht aufgeblühten Blüten rot (Säurefarbe), die alten, geöffneten Blüten blau (Alkalifarbe) sind.

3. Die mikroskopische Beobachtung des Farbumschlages an anthocyanhaltigen Zellen.

Zur mikroskopischen Beobachtung des Farbumschlages in einzelnen Zellen erweisen sich neben vielen anderen roten Pflanzenteilen die Laubblätter der Orchidee *Paphiopedilum venustum* als das geeignetste Objekt. Die Unterseite dieser Blätter besitzt eine dunkelrot gefleckte Epidermis. Mit Hilfe eines Rasiermessers wird von einer dunkelroten Stelle ein nicht zu dünner Flächenschnitt abgehoben. Um die Interzellularenluft zu verdrängen, wird in Leitungswasser eine Infiltration der Schnitte durchgeführt. Die mikroskopische Untersuchung zeigt uns die polygonal geformten Epidermiszellen, deren Zellsaft leuchtend dunkelrot gefärbt ist (Säurefarbe). Unter gleichzeitiger mikroskopischer Beobachtung wird dem Präparate seitlich ein Tropfen einer 0,5%igen Kalilauge zugesetzt, wobei durch geeignetes Absaugen darauf zu achten ist, daß die Kalilauge nur sehr langsam in den Flächenschnitt eindiffundieren kann. Erreicht die Lauge die eingestellten Epidermiszellen, so ist der Farbumschlag in ein leuchtendes Azurblau in schönster Weise zu beobachten. Dieser Farbumschlag schreitet langsam von Zelle zu Zelle fort. Es dauert immer einige Zeit, bis der Farbumschlag in der nächsten Zelle eintritt. Dies hat seinen Grund darin, daß die Plasmagrenzschichten der Diffusion der Lauge den größten Widerstand entgegensetzen. Der Umschlag innerhalb der Vakuolen erfolgt zwar schnell, aber auch nicht schlagartig. An einer Ecke der Zelle beginnt er und schreitet wie ein bewegter Vorhang allmählich vorwärts. (13, 14.)

Versuch 66.

Die Harnstoffpermeabilität von Zellen verschiedener Funktion.

Rohrzucker vermag nur in geringem Maße in die Zelle zu permeieren. Wird eine Zelle mit einer hypertonischen Rohrzuckerlösung plasmolysiert, so bleibt der erreichte Plasmolysegrad fast unverändert durch längere Zeit hindurch erhalten, da keine Endosmose des Rohrzuckers stattfindet. Anders verhält sich dagegen der Harnstoff. Er vermag in die meisten Pflanzenzellen mehr oder weniger schnell zu permeieren. Eine Zelle, die in Harnstoff plasmolysiert ist, behält ihren Plasmolysegrad nicht bei. Die Plasmolyse geht vielmehr infolge der Harnstoffendosmose langsam zurück, bis schließlich eine völlige Deplasmolyse eingetreten ist.

Es gelingt sonach mit Hilfe der Verfolgung dieses Vorganges, ein qualitatives und quantitatives Verfahren zur Beurteilung von Permeabilitätsunterschieden von Zellen und Geweben zu erhalten. Dabei müssen wir uns aber immer die Tatsache vor Augen führen, daß solche Permeabilitätsuntersuchungen nicht an der völlig ungeschädigten Zelle, sondern am plasmolysierten Protoplasten vorgenommen werden. Bei der Verwendung von giftig wirkenden Plasmolyticis wird immer die Gefahr bestehen, daß durch die Plasmolyse die Intrabilität pathologisch gesteigert wird. Dadurch können sich auch pathologische Änderungen der Permeabilität ergeben. Eine solche durch Plasmolyse veränderte Permeabilität wird als „*Plasmolysepermeabilität*" bezeichnet. Sie ist bisher bei der Verwendung von giftigen Plasmolyticis und in solchen Fällen beobachtet worden, in denen das Haftvermögen des Zytoplasmas an der Membran so groß war, daß eine mechanische Schädigung des Protoplasten und eine damit verbundene pathologische Permeabilitätsänderung eintrat.

Bei schonender Plasmolyse und bei Verwendung eines möglichst ungiftigen Plasmolytikums kann ein Auftreten der „Plasmolysepermeabilität" wohl umgangen werden.

Blätter von *Ranunculus ficaria* oder *Rumex patientia* werden frisch aus dem Freiland gesammelt. Von der Blattunterseite wird ein Epidermishäutchen sorgfältig abgezogen und in eine 4 mol. (24%) Harnstofflösung auf den Objektträger übertragen. Dann beobachten wir sofort die Epidermis- und Schließzellen mikroskopisch. Zunächst plasmolysieren die Epidermis- und Schließzellen gleichmäßig. Schon nach wenigen Minuten ist aber in den Schließzellen ein merklicher Rückgang der Plasmolyse zu beobachten. In 8—10 Minuten ist in den Schließzellen völlige Deplasmolyse eingetreten (Abb. 85 a, b, c. d). Waren die Spalten vor Beginn des Versuches geschlossen, so beginnen sie sich jetzt langsam zu öffnen. Die Epidermiszellen bleiben innerhalb der angegebenen Zeit maximal plasmolysiert. Erst nach mehreren Stunden erfolgt eine langsame Deplasmolyse. Die Öffnungsbewegung kann durch nachträgliches Überführen in Wasser extrem gesteigert werden, da ja durch die Harnstoffendosmose der osmotische Wert (und die Saugkraft) stark vergrößert wurde. Die Schließzellen sind demnach als Zellen besonderer Funktion durch eine hohe Harnstoffpermeabilität gegenüber den Epidermiszellen ausgezeichnet.

Es empfiehlt sich, diesen Versuch auch am ganzen Blatt durchzuführen. Das Blatt wird mit Hilfe der V.I.M. in der Harnstofflösung infiltriert. Wir legen es mit der Oberseite nach unten auf den Objektträger, bedecken einen Teil mit einem Deckglas und ·beobachten die untere Epidermis im durchfallenden Licht. Die Plasmolyse der Schließzellen ist nach diesen Vorbereitungen meist schon zurückgegangen. Die Spalten haben sich, wenn sie früher geschlossen waren, geöffnet. Die

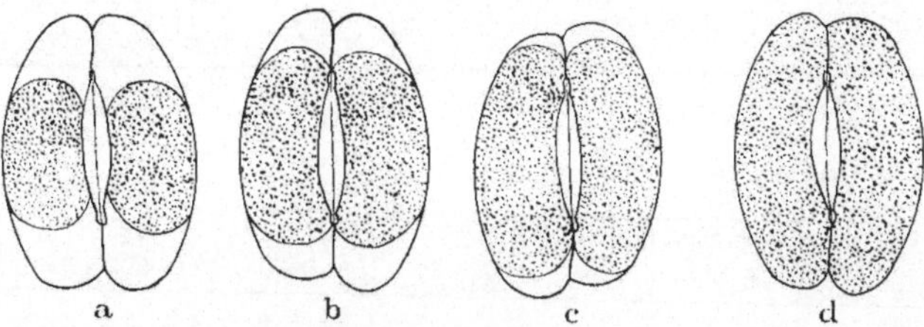

Abb. 85. Schließzellenpaar von *Ranunculus ficaria*. *a* sofort nach dem Einlegen in 24%ige Harnstofflösung. *b* 2 Minuten später, infolge der Harnstoffendosmose geht die Plasmolyse zurück, *c* weitere 2 Minuten später, *d* nach 8 Minuten langem Verweilen im Harnstoff ist eine völlige Deplasmolyse eingetreten. Nach WEBER (1930).

Epidermiszellen sind dagegen stark plasmolysiert. Legen wir das Blatt in Wasser ein, so erfolgt eine heftige Öffnungsbewegung der Stomata. Der Harnstoff beginnt aber dann alsbald wieder aus den Schließzellen auszutreten (Exosmose). Die Folge davon ist eine Erniedrigung des osmotischen Wertes innerhalb der Schließzellen und eine langsam eintretende Schließbewegung, die zum völligen Verschluß der Spalten führt.

Auf diese Weise ist es möglich, durch Endosmose und Exosmose eine willkürliche Regulation der Öffnungs- und Schließbewegung der Stomata zu erzielen. (49, 94, 143, 151, 152, 195, 196, 198, 200, 201, 203.)

Versuch 67.

Die Harnstoffpermeabilität ungleich alter Spirogyra-Zellen.

Die Zellen innerhalb eines *Spirogyra*-Fadens sind nicht gleich alt. Die Teilungen treten interkalar im Faden auf. Durch den Vergleich der Zellängen gelingt es, diese Altersunterschiede der einzelnen Zellen schon morphologisch zu erkennen.

Werden einige *Spirogyra*-Fäden einer großzelligen, frisch gesammelten Art mit einer 14%igen Rohrzuckerlösung plasmolysiert, so ist nach einiger Zeit eine perfekte, gleichmäßige Plasmolyse aller Zellen zu beobachten. Der Plasmolysegrad ist in den jungen und alten Zellen annähernd derselbe, so daß die osmotischen Werte keine größeren Schwankungen aufweisen.

Wird dagegen dasselbe Spirogyramaterial in einer 10%igen Harnstofflösung plasmolysiert, so erhält man das in Abb. 86 dargestellte Bild.

Die alten, ausgewachsenen Zellen plasmolysieren im Harnstoff überhaupt
nicht. Der Chromatophor verquillt allmählich und das Zytoplasma wird
grobkörnig. Der Harnstoff vermag augenblicklich in diese Zellen zu
permeieren und ruft in ihnen eine Desorganisation hervor. Die kürzeren,
also jungen Zellen, die soeben eine Teilung hinter sich haben, und die
Zellen, die sich gerade in der Teilung befinden, plasmolysieren in der

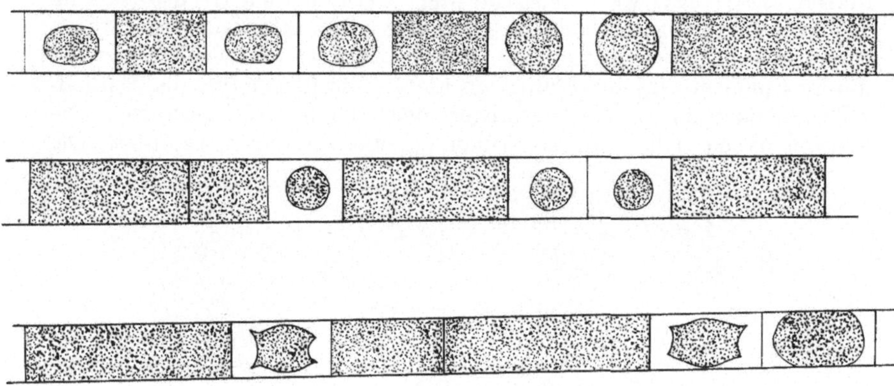

Abb. 86. *Spirogyra*-Fäden in hypertonischer Harnstofflösung. Der Protoplast ist in den Zellen durch
Punktierung angedeutet. Nur die jungen, soeben durch Teilung entstandenen Zellen weisen Plasmolyse auf. Die alten Zellen sind infolge ihrer hohen Harnstoffpermeabilität nicht mehr plasmolysiert. Nach WEBER (1930).

Harnstofflösung sehr gut und sind deshalb für Harnstoff in hohem Grade
impermeabel. Die jugendlichen Zellen eines *Spirogyra*-Fadens besitzen
demnach eine wesentlich geringere Harnstoffpermeabilität als die alten
Zellen. (77, 146, **196**.)

Versuch 68.

Die plasmometrische Bestimmung der Permeabilität.

Auf Grund der quantitativen Erfassung des Volumverhältnisses
zwischen dem plasmolysierten Protoplasten und der entspannten Zelle
kann man durch die einfache Gleichung

$$O = C \cdot G \tag{1}$$

den osmotischen Wert der Zelle berechnen (vgl. Versuch 50, S. 100).
Plasmolysieren wir eine Zelle mit Rohrzucker, so stellt sich nach einiger
Zeit das osmotische Gleichgewicht ein. Wir sprechen dann von einer
perfekten Plasmolyse oder der erreichten Endplasmolyse. Der Grad
dieser Endplasmolyse wird sich bei völliger Impermeabilität des Protoplasten für Rohrzucker nicht mehr ändern. Anders aber liegen die Verhältnisse, wenn der Protoplast für das Plasmolytikum permeabel ist,
wie wir das in den Versuchen 66, 67 bereits qualitativ studiert haben.
Dann wird nach erreichter Endplasmolyse kein Stillstand eintreten,
sondern es beginnt je nach der Permeiergeschwindigkeit eine mehr oder
weniger schnelle Wiederausdehnung des plasmolysierten Protoplasten,
so daß der Plasmolysegrad G numerisch größer wird.

Bestimmen wir nach eingetretener Endplasmolyse im Zeitpunkt t_1 den Plasmolysegrad G_1, so ist $O_1 = C \cdot G_1$. Nach einiger Zeit t_2 bestimmen wir den Plasmolysegrad G_2. Dann ist bei konstanter Konzentration des Plasmolytikums $O_2 = C \cdot G_2$. Aus der Differenz $O_2 - O_1$ errechnet sich die eingedrungene Menge des Plasmolytikums:

$$O_2 - O_1 = C \cdot (G_2 - G_1) \tag{2}$$

Beziehen wir diese Gleichung noch auf die Zeiteinheit, so ergibt sich für die Stoffaufnahme M (ausgedrückt in Gramm-Mol pro Liter) folgende Gleichung:

$$M = \frac{O_2 - O_1}{t_2 - t_1} \tag{3}$$

Die Änderung des Plasmolysegrades in der Zeiteinheit ist dann:

$$\varDelta G = \frac{G_2 - G_1}{t_2 - t_1} \tag{4}$$

Die Stoffaufnahme in der Zeiteinheit berechnet sich dann nach der plasmometrischen Grundgleichung aus folgender Formel:

$$M = C \cdot \varDelta G \tag{5}$$

Die Berechnung des Plasmolysegrades G (vgl. Versuch 50) erfolgt wiederum nach der Formel:

$$G = \frac{l - \dfrac{b}{3}}{h} \tag{6}$$

Dabei wird vorausgesetzt, daß die beiden Menisken Halbkugelform haben, was in der Tat bei regelmäßig geformten Zellen in Harnstoff erfahrungsgemäß mit großer Annäherung der Fall ist.

Im folgenden sei eine Messung der Harnstoffpermeabilität an Epidermiszellen von *Vallisneria spiralis* wiedergegeben, die im Laboratorium Höflers durchgeführt wurde.

l_1, l_2, l_3, l_4 sind die maximalen Längen des plasmolysierten Protoplasten in den einzelnen Messungsintervallen. Die Messung würde in 0,6 GM Harnstoff durchgeführt, wobei das Blatt in der Harnstofflösung etwa 2 Minuten infiltriert wurde. Beginn der Plasmolyse: 11/15 h. Objekt: 2 cm langes Blattstück von *Vallisneria spiralis*.

Messung an 6 Epidermiszellen von Vallisneria spiralis.
Nach Hurch (1933).

Z	1. Messung 11/37 — 11/40¹/₂ h		2. Messung 11/41 — 11/44¹/₂		3. Messung 11/45 — 11/49		4. Messung 11/55 — 11/57¹/₂	
	$\left(l_1 - \dfrac{b}{3}\right) : h$	G_1	l_2	$G_2 - G_1$	l_3	$G_3 - G_2$	l_4	$G_4 - G_3$
1	(20,6—2,8) : 29	0,614	21	0,014	21,4	0,014	22,5	0,037
2	(25,6—2,5) : 34	0,679	26	0,012	26,2	0,006	27,5	0,039
3	(23,6—2,7) : 31	0,674	23,8	0,006	24	0,007	25,5	0,048
4	(29,8—2,2) : 41	0,671	29,8	—	30	0,008	31,9	0,045
5	(24,5—2,7) : 34	0,641	25,5	0,030	26,2	0,020	27,8	0,048
6	(23,8—2,7) : 33	0,639	24,6	0,025	25	0,012	26,3	0,039

In 4 Min.:	In $3^3/_4$ Min.:	In $9^3/_4$ Min.:
$G_2 - G_1$ (Mittel) $= 0{,}0174$	$G_3 - G_2 = 0{,}0111$	$G_4 - G_3 = 0{,}0426$
$\varDelta G$ (pro Stunde) $= 0{,}261$	$\varDelta G = 0{,}177$	$\varDelta G = 0{,}262$
M_1 (pro Stunde) $= 0{,}156$ GM	$M_2 = 0{,}106$	$M_3 = 0{,}157$

Die Messungen in den Versuchsserien werden so angestellt, daß immer dieselbe Reihenfolge der Zellen beibehalten wird, so daß je zwei Meßintervalle zeitlich zu vergleichen sind. Dies erfordert etwas Übung, und man beginne bei der Einarbeitung daher nur mit Messungen an einer Zelle. Erst dann empfiehlt es sich, die Messungen auf mehrere Zellen gleichzeitig auszudehnen. Die Werte für l müssen möglichst genau bestimmt werden, da sonst größere Fehler unvermeidlich sind.

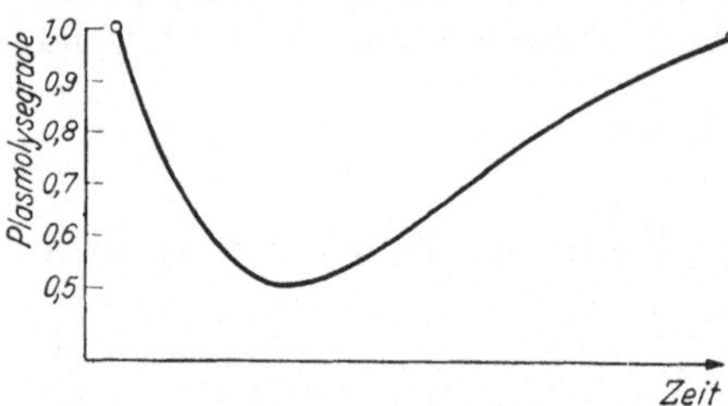

Abb. 87. Volumkurve des Protoplasten bei der plasmometrischen Permeabilitätsbestimmung nach dem Totalverfahren. Nach Höfler (1934).

Wir bezeichnen das eben geschilderte Verfahren der Permeabilitätsmessung als das plasmometrische Totalverfahren. Abb. 87 stellt den Verlauf der Volumänderung des Protoplasten beim Totalverfahren dar. Die Zelle wird im Diosmotikum plasmolysiert. Die Permeabilität wird aus der annähernd linear verlaufenden Rückdehnung, wie oben angeführt, berechnet.

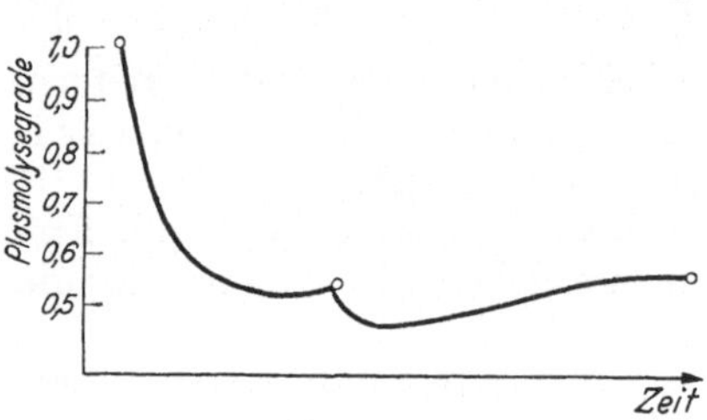

Abb. 88. Volumkurve des Protoplasten bei der plasmometrischen Permeabilitätsbestimmung nach dem Partialverfahren. Nach Höfler (1934).

Auf Overton zurückgreifend wurde ein *plasmometrisches Partialverfahren* ausgearbeitet. Dabei wird die Zelle zuerst in einem Plasmolytikum plasmolysiert, das praktisch kaum zu permeieren vermag und möglichst unschädlich ist. Dies ist z. B. 0,80 GM Traubenzucker. Ist der Plasmolyseendgrad erreicht, so wird dieselbe Zelle in einer kombinierten Lösung weiter plasmolysiert, die neben 0,80 GM Traubenzucker noch 0,20 GM Harnstoff enthält. Der Plasmolysegrad verkleinert sich dann weiter. Die nunmehr erfolgende Wiederausdehnung des Protoplasten auf den Endplasmolysegrad in der reinen Traubenzuckerlösung wird plasmometrisch ausgewertet. Abb. 88 gibt uns die Volumkurve beim Partialverfahren wieder.

Für die Permeabilitätsmessungen eignen sich naturgemäß, wie für die plasmometrische Methode überhaupt, am besten längsgestreckte, regelmäßig geformte Zellen, deren Protoplasten konvexe Endplasmolyse liefern wie: *Spirogyra, Vallisneria, Hemerocallis flava* (Stengelparenchym), *Tradescantia zebrina* (Stengelparenchym), *Lamium purpureum* (Epidermis), Wasserblätter von *Salvinia*.

Sollen für solche Messungen Schnitte verwendet werden, so empfiehlt es sich, dieselben zuerst eine Stunde lang in Leitungswasser zu wässern.

(4, 5, 6, 9, 25, 26, 27, 28, 48, 65, 66, 75, 76, 78, 81, 82, 83, 84, 85, 86, 87, 89, 93, 94, 96, 104, 120, 134, 135, 144, 149, 153, 187, 192, 193.)

Versuch 69.
Die Messung der Eintrittsgeschwindigkeit der Plasmolyse.
Die Wasserpermeabilität des Protoplasmas.

Die Geschwindigkeit des Plasmolyseeintrittes ist sehr verschieden. Sie hängt in erster Linie von der Austrittsgeschwindigkeit des Wassers aus dem Zellsaftraume ab. Abgesehen vom anfänglich sicher wirksamen Adhäsionswiderstand des Protoplasten an der Membran beim Losreißen, ist demnach bei Zellen mit permeablen Zellwänden die Wasserpermeabilität des Protoplasmas für die Geschwindigkeit des Plasmolyseeintrittes in erster Linie verantwortlich zu machen.

Quantitativ läßt sich diese Beziehung wiederum mit Hilfe der plasmometrischen Methode verfolgen. Dies gelingt aber nur an besonders günstigen Versuchsobjekten. Diese müssen außer den geometrischen Vorzügen noch die Eigenschaft besitzen, daß der Protoplast sich vom Anfange der Plasmolyse an nur an den Querwänden mit konvexen, annähernd halbkugelförmigen Menisken abhebt. Erst dann ist eine fortlaufende Messung der Plasmolysegrade innerhalb der ersten Zeitintervalle des Plasmolyseeintrittes an ein und derselben Zelle möglich. Als g wird dann der jeweilige Plasmolysegrad der plasmolysierenden Zelle bezeichnet. G ist der Plasmolyseendgrad, der nach Herstellung des osmotischen Gleichgewichtes erreicht wird. g wird an ein und derselben Zelle möglichst rasch nach dem Einlegen in das Plasmolytikum in möglichst kurzen Zeitabschnitten so lange immer wieder bestimmt, bis G erreicht ist. Unter t verstehen wir die jeweilige Gesamtdauer der Plasmolyse vom Einlegen in das Plasmolytikum an gerechnet. g berechnet sich dann bei halbkugelförmigen Menisken aus folgender Gleichung:

$$g = \frac{l - \dfrac{b}{3}}{h}$$

(vgl. Versuch 68, S. 122).

Für derartige Untersuchungen eignen sich am besten die Wasserblätter von *Salvinia auriculata*. Das fein zerschlitzte Wasserblatt ist in 12 Zipfel aufgeteilt, von denen unverzweigte Haare ausgehen. Die Zellen dieser Haare sind zylindrisch (bzw. leicht konisch, was aber für die Plasmometrie nichts ausmacht). Die überaus zarten Protoplasten runden sich gleich nach dem Plasmolyseeintritt sofort in idealer Weise ab, so daß bei diesem Objekte der Plasmolyseeintritt fast vom Anfange an messend verfolgt werden kann. Der Plasmolyseablauf erfolgt sehr langsam und dauert fast 20 Minuten, da die Wasserpermeabilität der Protoplasten relativ gering ist.

Wir verwenden für eine derartige Versuchsreihe eine 0,24 mol. KNO_3-Lösung als Plasmolytikum. Nach 4 Minuten ist bereits ein meßbares Plasmolysestadium eingetreten, und von da ab messen wir, so oft es technisch überhaupt möglich ist, fortlaufend die Länge des plasmolysierenden Protoplasten. Die Meniskushöhe (bzw. die innere Zellbreite)

bleibt immer gleich. Die Zeit der einzelnen Messungen wird daneben fortlaufend notiert. Aus den erhaltenen Werten ergibt sich durch Berechnung
der jeweilige Plasmolysegrad g und schließlich der Plasmolyseendgrad G.
Wir tragen nunmehr die ganzen Werte für g in der Abhängigkeit von
der Zeit in ein Koordinatensystem ein, so daß auf der Abszisse die Zeit t
und auf der Ordinate der Plasmolysegrad g (in Abb. 89 mit y bezeichnet)
aufgetragen wird. Dieser wird mit zunehmender Plasmolyse immer
kleiner, während er in der unplasmolysierten Zelle theoretisch 1 wäre.
Abb. 89 gibt uns nach HÖFLER und HUBER eine solche Kurve für *Salvinia*

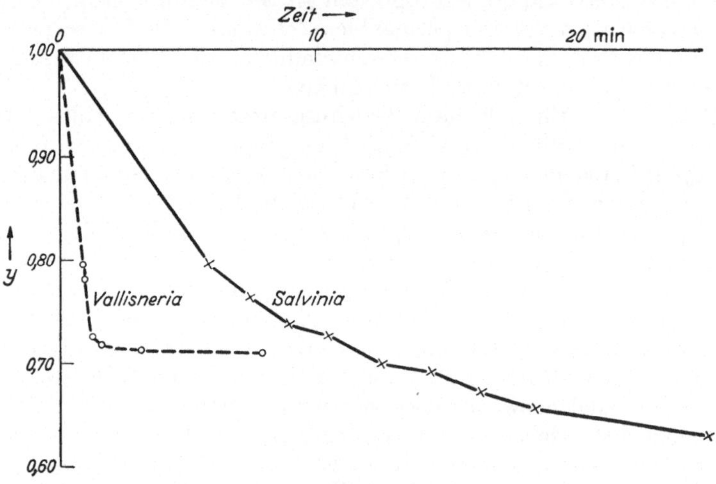

Abb. 89. Der zeitliche Verlauf des Plasmolyseeintrittes (Plasmolysegradkurven) bei Objekten mit
deutlich verschiedener Wasserpermeabilität. Nach HÖFLER und HUBER (1930).

auriculata und *Vallisneria spiralis* (Blattepidermis) wieder. Die Wasserpermeabilität ist bei *Vallisneria* bedeutend größer als bei *Salvinia*.
Näheres über die Berechnung der Eintrittskonstante für das Wasser
kann man aus den ausführlichen Darstellungen von HÖFLER und HUBER
entnehmen. (50, 60, 61, 70, 71, 88, 91, 92.)

3. Der optische Nachweis der Stoffaufnahme.
Die Vitalfärbung.
A. Zur Einführung.

Die Aufnahme und Speicherung von Stoffen durch lebende Zellen
kann mit Hilfe gefärbt erscheinender Substanzen besonders anschaulich
mikroskopisch verfolgt werden. Seitdem W. PFEFFER im Jahre 1886
zum ersten Male die Farbstoffaufnahme und Speicherung an Pflanzenzellen studierte, ist die Methode der Vitalfärbung von zahlreichen
Forschern verfolgt und weiter ausgebaut worden. Das Studium der
Vitalfärbung erstrebt dreierlei Ziele:

1. Mit Hilfe gefärbte · Substanzen die Gesetze der Stoffaufnahme,
Speicherung und Stoffabgabe bei lebenden Pflanzenzellen durch direkte

mikroskopische Analyse an möglichst ungeschädigten Zellen und Geweben zu verfolgen. Die angewandten Farbstoffe sind dann in der Hand des Experimentators als Modellsubstanzen mit bewußt ausgewählten physikalisch-chemischen Eigenschaften anzusehen.

2. Mit Hilfe der Vitalfärbung ist es möglich, die lebenden Bestandteile der Ze'le elektiv zu färben. Dadurch wird das Studium der Lebendzyto'ogie gefördert. Am zytologisch voll ausgefärbten Präparate können so die Entwicklungsprozesse insbesondere bei Protophyten analysiert werden.

3. Fußend auf den Erfahrungen der Farbstoffspeicherung in Zellen und Geweben können die Fragen des Stofftransportes im Pflanzenkörper studiert werden.

Aus diesen Zielsetzungen geht hervor, daß die Methode der Vitalfärbung innerhalb der Zellforschung eine wichtige Stellung einnimmt und auch in Zukunft zur Lösung bestimmter Fragen berufen sein wird.

a) Die grundlegenden Vorgänge bei der Vitalfärbung lebender Zellen.

Wird eine lebende Zelle in eine Farbstofflösung eingelegt, deren Konzentration X sei, so entscheidet für die Möglichkeit der intravitalen Farbstoffaufnahme in erster Linie das Vermögen des Farbstoffes durch die Zellmembran und die äußere Plasmagrenzschicht in das Zytoplasma einzutreten. Soll es auch zu einer Färbung der Vakuole kommen, so muß auch der Farbstoffdurchtritt durch die innere Plasmagrenzschicht möglich sein. Die Intrabilität bzw. Permeabilität der Zelle für den betreffenden Farbstoff ist also die unbedingte Voraussetzung für das Zustandekommen einer Vitalfärbung.

Permeiert ein Farbstoff, so kann das Diffusionsgefälle zwischen der äußeren Farbstofflösung von der Konzentration X und dem zunächst farbstofffreien Zellinneren wirksam werden, und es werden Farbstoffmoleküle in das Zellinnere eindiffundieren. Diese Diffusion ist sonach die Triebfeder für den Vorgang der *Farbstoffaufnahme*. Zunächst kann angenommen werden, daß die Farbstoffaufnahme so lange vor sich geht, als das Diffusionsgefälle bestehen bleibt. Dies ist normalerweise so lange der Fall, bis die Konzentration des Farbstoffes im Medium und im Inneren der Zelle gleich geworden ist. Eine solche Farbstoffaufnahme bis zum erreichten Konzentrationsausgleich würde aber zu keinem befriedigenden Resultat führen. In den mikroskopisch dünnen Schichtlagen unserer Präparate wäre dann kaum eine deutlich nachweisbare Färbung im Inneren der Zellen mikroskopisch zu beobachten. Es lohnt sich, verhältnismäßig konzentrierte Farbstofflösungen zwischen Objektträger und Deckglas in dünner Schicht auszubreiten und im durchfallenden Lichte mikroskopisch zu betrachten. Es ist kaum ein Farbton zu sehen. Eine solche Farbstoffaufnahme bis zum Konzentrationsgleichgewicht würde in den meisten Fällen zu keiner brauchbaren Anfärbung der Zellen führen.

Es ist zur Erreichung einer mikroskopisch gut zu beobachtenden Vitalfärbung (Amplitudenpräparat) notwendig, daß der Farbstoff durch die Vorgänge der *Farbstoffspeicherung* in bestimmten Teilen der Zelle angereichert wird. Diese Anreicherung muß zu verhältnismäßig hohen intrazellulären Farbstoffkonzentrationen führen, so daß eine mikroskopische Beobachtung leicht möglich ist.

Die Mechanik dieser scheinbar entgegen dem Konzentrationsgefälle entstehenden Farbstoffspeicherung kann verschiedener Natur sein. Im wesentlichen konnten bislang durch die Forschung 3 Möglichkeiten experimentell nachgewiesen werden:

1. Die Farbstoffspeicherung durch chemische Bindung des in die Zelle durch Diffusion eingedrungenen Farbstoffes. Der Farbstoff wird aus dem Diffusionsgefälle immer wieder entfernt, wodurch er unter gleichzeitiger chemischer Veränderung seine Farbe beibehalten muß und angereichert wird.

Die Bindung basischer Farbstoffe durch Gerbstoff in Pflanzenzellen ist für diesen Vorgang ein klassisches Beispiel.

2. Die Farbstoffspeicherung durch elektrische Bindung von farbigen An- und Kationen in der Zelle, welche wir auch als elektroadsorptive Bindung bezeichnen. Diese Form der Farbstoffspeicherung ist nur dann möglich, wenn der Farbstoff in der Zelle oder im betreffenden Zellbestandteil in dissoziierter Form vorliegt. Die Elektroadsorption von Farbstoffen spielt bei der Vitalfärbung eine ganz hervorragende Rolle.

3. Die Farbstoffspeicherung durch besondere Löslichkeitseigenschaften der Farbstoffmoleküle in bestimmten Substanzen der Zelle. Sie wird auch als Löslichkeitsspeicherung bezeichnet und hat ihre Ursache in einer besonderen Lösungsaffinität bestimmter Farben in bestimmten Stoffgruppen. Wir können die Farbstoffe von diesem Gesichtspunkte einteilen in solche, welche mehr wasserfreundlich sind, das sind die hydrophilen Farbstoffe und in solche, welche sich lieber in lipoidartigen Substanzen lösen, das sind die lipophilen Farbstoffe. Sudan III ist ein bekanntes Beispiel für einen lipophilen Farbstoff, der zum Fettnachweis in abgetöteten Zellen schon lange Verwendung findet. Die intravitale Lipoidkomponentenfärbung in lebenden Protoplasten kann durch viele lipophile Farbstoffe durchgeführt werden und ist für das Studium lebender Zellen von großer Wichtigkeit.

b) Die Farbstoffe und ihre Eigenschaften.
1. Optische Eigenschaften.
Hellfeldfarben oder Diachrome.

Die Farbstoffe sind Substanzen, deren Lösungen eine selektive Lichtabsorption zeigen und daher im durchfallenden Lichte spezifisch gefärbt erscheinen. Solche Farbstoffe bezeichnen wir als Hellfeldfarbstoffe oder Diachrome, da sie im durchfallenden weißen Lichte betrachtet werden müssen. Die optische Nachweisempfindlichkeit für Hellfeldfarben in mikroskopisch dünnen Schichten ist relativ gering, so daß solche Farben schon in beträchtlicher Konzentration im Zellinneren angereichert sein müssen, um optisch nachweisbar zu sein. Es ist klar, daß auch die Lage der Absorptionsmaxima für diese Nachweisempfindlichkeit von Bedeutung ist. Rote und blauviolette Farben wird man leichter im mikroskopischen Präparat erkennen können als gelbe und grüne Farbtöne. Durch das Mikroskopieren mit gefiltertem, komplementären Licht läßt sich der optische Nachweis geringer Anfärbungen in lebenden Zellen noch wesentlich verbessern. Sollen z. B. rote Färbungen nachgewiesen werden, so empfiehlt es sich, mit einem ausgewählten Schottschen Grünfilter, welches vor die Mikroskopierlampe oder vor den Kondensor des Mikroskopes eingeschaltet wird, die Nachweisempfindlichkeit zu erhöhen. Rotfärbungen heben sich dann selbst in zartesten Strukturen in starkem Kontrast als Schwarzfärbungen ab.

Fluoreszenzfarben oder Fluorochrome.

Es gibt zahlreiche Diachrome, welche bei Bestrahlung mit kurzwelligem Lichte in sehr starker Fluoreszenzfarbe von spezifischer spektraler Zusammensetzung leuchten. Aber auch viele, völlig ungefärbte Substanzen zeigen diese Eigenschaft und werden zum Fluorochrom. Die Nachweisempfindlichkeit solcher Fluorochrome ist bei Bestrahlung derselben mit möglichst kurzwelligem Lichte eine außerordentlich hohe. Selbst in mikroskopisch dünnen Lagen gelingt es, die Fluoreszenz stark verdünnter Fluorochrome mit Hilfe des Fluoreszenzmikroskopes zu beobachten. Die intrazelluläre Konzentration braucht daher bei Verwendung von Fluorochromen nur relativ gering zu sein, da der streng lokalisierte, fluoreszenzoptische Nachweis leicht möglich ist.

Diese Tatsache hat den Fluorochromen in der Weiterentwicklung der Vitalfärbemethodik einen besonderen Vorrang verschafft, da durch die Einhaltung geringer intrazellulärer Farbstoffkonzentrationen die Giftwirkung der Farben ganz bedeutend herabgesetzt werden kann. Die Beobachtung vitalfluorochromierter Zellen erfolgt mit dem Fluoreszenzmikroskop (vgl. Kap. II, S. 15).

2. Chemische Eigenschaften.

Die Färbung der Stoffe ist an bestimmte Gruppen (chromophore Gruppen) gebunden. Diese Gruppen sind die Ursache für die selektive Lichtabsorption bzw. für die auftretende Fluoreszenzerscheinung. Die meisten Farbstoffe sind in wäßriger Lösung mehr oder weniger stark dissoziiert und sind sonach Elektrolyte. Man teilt die Farben in basische und saure Farbstoffe ein.

Basische Farbstoffe (kathodische Farbstoffe).

Diese Farben zeichnen sich dadurch aus, daß die chromophore Gruppe im Kation liegt. Wenn also der Farbstoff als dissoziierte Lösung vorliegt, sind die Kationen der färbende Bestandteil. Da im Falle einer elektroadsorptiven Speicherung solche Farbstoffe an den Kathoden gespeichert werden, so nennt man diese Farben auch kathodische Farben. Ihre Dissoziation ist auf Grund des Massenwirkungsgesetzes stark abhängig vom pH-Wert der Farblösung. Es gilt im allgemeinen die Regel, daß basische Farbstoffe im mehr oder weniger sauren Bereich maximal dissoziiert sind und daß bei allmählicher Erhöhung des pH-Wertes der Farblösung die Dissoziation immer mehr zurückgedrängt werden kann, und die undissoziierten Farbsalzmoleküle, oder wenn diese nicht beständig in Lösung bleiben können, die molekulare Farbbase im mehr oder weniger alkalischen Bereich schließlich in Lösung bleiben. Jedem basischen Farbstoff kommt ein bestimmter pH-Bereich zu, in welchem die Dissoziation praktisch Null wird und der Farbstoff in undissoziierter molekularer Form vorliegt. Viele basische Farben zeigen eine Änderung des Farbtones beim Überschreiten dieser pH-Zone. Die Farbe der Kationen ist dann eine andere als die der molekular gelösten Modifikation. Wir sprechen dann von Indikatoren. Was hier für die Diachrome ge agt ist, gilt in analoger Weise auch für die Fluorochrome. Indikatoren können ein- oder zweifarbig sein. Unter einfarbigen Indikatoren verstehen wir solche, bei denen eine Modifikation farblos, die andere gefärbt ist. Zweifarbige Indikatoren sind solche, bei denen den beiden Modifikationen verschiedene, stark kontrastierende Farben zukommen.

Saure Farbstoffe (anodische Farbstoffe).

Die sauren Farbstoffe sind Salze von Farbsäuren, so daß die chromophore Gruppe im Anion sitzt, also das Anion den färbenden Bestandteil in dissoziierten Lösungen darstellt. Deshalb werden diese Farben auch anodische Farbstoffe genannt, da sie die Orte positiver Ladung im Falle einer Elektroadsorption färben. In bezug auf die Abhängigkeit der Dissoziation vom pH-Wert der Lösung gelten im Vergleich zu den basischen Farben gerade entgegengesetzte Verhältnisse. Im mehr oder weniger sauren Bereich liegen die anodischen Farbstoffe in undissoziierter Form als Farbsäure oder als molekular gelöstes Farbsalz vor. Bei Annäherung an weniger saure Bereiche nimmt die Dissoziation immer mehr zu. Sie erreicht im alkalischen Bereiche ihr Maximum.

Auch in dieser Farbstoffgruppe gibt es bei Diachromen und Fluorochromen einfarbige und zweifarbige Indikatoren.

Elektroneutrale Farbstoffe.

Es gibt einige basische und saure Farbstoffe, welche selbst in den optimalsten pH-Bereichen so schwach dissoziiert sind, daß eine Ionenwirkung praktisch gar nicht nachzuweisen ist. Solche Farbstoffe können elektroadsorptiv nicht gespeichert werden, daher werden sie als elektroneutral bezeichnet. Sie entfalten in jedem pH-Bereich eine konstant bleibende Färbewirkung.

3. Die kapillaranalytische Untersuchung der Farben.

Mit Hilfe der von GOPPELSRÖDER ausgebauten Kapillaranalyse ist eine rasche Beurteilung der Vitalfarben im Laboratorium bequem möglich. Mit der Kapillaranalyse lassen sich saure und basische Farben meist leicht und eindeutig auseinanderhalten. Die sehr einfache Versuchsanstellung ist aus nebenstehender Abb. 90 ersichtlich. Ein breiter Filterpapierstreifen aus homogenem, glatten Filterpapier wird mit der zu prüfenden Farbstofflösung durch Aufsetzen eines Tropfens aus einer Pipette beschickt. Hierauf wird bei Diachromen bei gewöhnlicher

Beleuchtung, bei Fluorochromen unter der Quarzlampe mit gefiltertem Ultraviolett im Auflicht die Ausbreitung des Farbstoffes verfolgt. Wesentlich ist die gleichzeitige Beobachtung der kapillaren Ausbreitung des Lösungswassers. Erfolgen die Farbstoffausbreitung und Wasser-

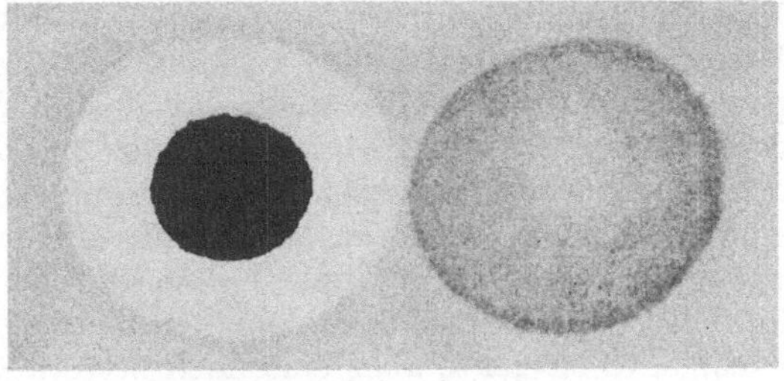

Abb. 90. Basischer (Neutralrot) und saurer Farbstoff (Eosin) im Kapillarversuch. Original.

ausbreitung im Filterpapier innerhalb der ersten Sekunden gleich schnell, so liegt ein saurer Farbstoff vor; denn das negativ geladene Filterpapier vermag nicht die Farbstoffanionen mit gleichem Ladungssinn elektrostatisch festzuhalten. Unter der Voraussetzung, daß die Dispersität des Farbstoffes nicht allzu niedrig ist, muß dann das Wasser und der Farbstoff gleichzeitig kapillar ansteigen. Erst später kommt es zur Trennung von Wasser und Farbstoff, insbesondere bei grobdispersen Farben.

Erfolgt aber schon innerhalb der ersten Sekunden der kapillaren Farbstoffausbreitung eine eindeutige Trennung zwischen Farbstoff und Wasser, so daß der Farbstoff zurückgehalten wird und das Wasser weit vorauseilt, so liegt ein dissoziierter basischer Farbstoff vor.

Diese Kapillarprobe ist sonach sehr einfach und gibt meist eindeutige orientierende Ergebnisse. Sie sollte beim Arbeiten mit Vitalfarben immer wieder angewandt werden, um Irrtümer zu vermeiden.

Als zweite Aufgabe der Kapillaranalyse bei der Untersuchung von Farben ist die Trennung von Farbstoffgemischen zu bezeichnen. Auch die Handelsfarben sind nicht immer einheitlich, sondern bestehen oft aus verschieden gefärbten Bestandteilen und bilden ein Gemisch. Zur Trennung solcher Gemische hat neuerdings R. LIESEGANG eine sehr einfache Methode ersonnen, welche im folgenden kurz mitgeteilt ist.

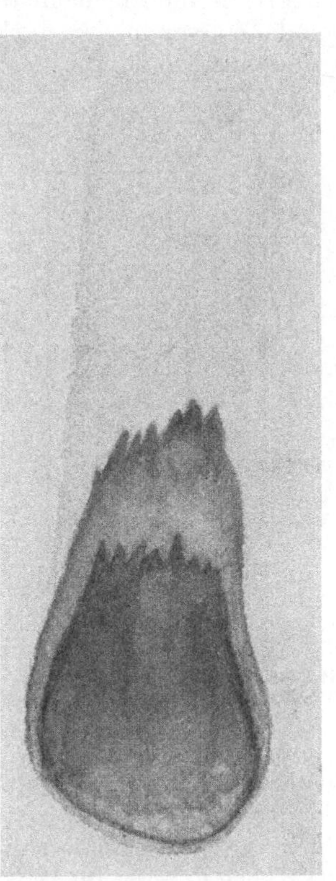

Abb. 91. Kapillaranalyse von Farbstoffgemischen nach LIESEGANG. Der basische Farbstoff ist zweiphasig. Die beiden Phasen unterscheiden sich deutlich durch ihr verschiedenes Mitwandern mit dem kapillar ansteigenden Wasser. Der saure Farbstoff wandert mit dem Wasser am weitesten mit und bildet eine hohe Fahne. Original.

Auf ein viereckig zurechtgeschnittenes Filterpapier von besserer Qualität wird seitlich links unten, etwa 2 cm oberhalb des Randes, ein

Tropfen der konzentriert angesetzten Lösung des zu untersuchenden
Farbstoffes aufgesetzt und trocknen gelassen. Dann wird das Filterpapier in Wasser so eingestellt, daß das aufsteigende Wasser zum ein-
getrockneten Farbstofftropfen aufsteigt und den Farbstoff löst und die
gelösten Komponenten des Farbstoffes mitreißen kann. Es entsteht so
eine aufwärts steigende Farbstoffahne, welche bald etwa 5—10 cm lang
geworden ist. Schon in dieser Fahne sind bei zusammengesetzten Farblösungen die einzelnen Komponenten meist gut getrennt (vgl. Abb. 91).
LIESEGANG erreichte aber eine noch bessere Trennung dadurch, daß er
nach Eintrocknen des ersten Anstieges jetzt das Filterpapier um 90 Grad
drehte und wiederum in Wasser mit der Kante eintauchte, welche der
Farbstoffahne am nächsten ist. Jetzt wird durch das kapillar aufsteigende Wasser in der Farbstoffahne wieder eine weitere Trennung vorgenommen, so daß nunmehr um 90 Grad gedreht eine weitere Farbstoff-
fahne entsteht, in wel-
cher eine endgültige
Trennung aller Farb-
stoffkomponenten zu be-
obachten ist. Mit dieser
Kreuzanalyse ist die ein-
heitliche oder zusam-
mengesetzte Natur, aber
auch der saure und basi-
sche Charakter der Farb-
stoffe in schönster Weise
zu prüfen.

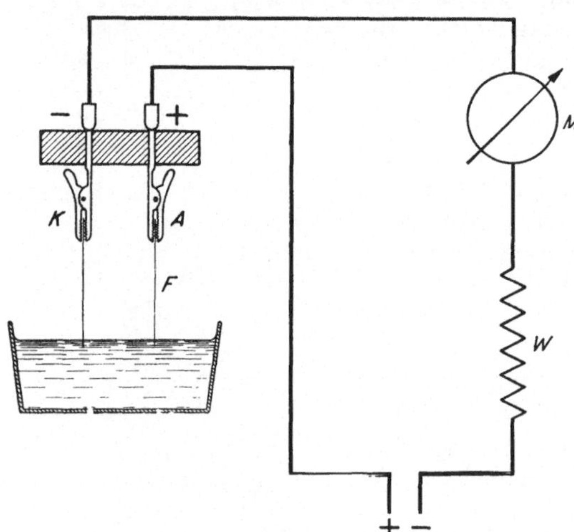

Abb. 92. Schema der Apparatur zur Farbstoffkataphorese.
F Filterpapierelektroden in Leitungswasser getränkt; *M* Milliamperemeter; *W* Widerstand. Original.

4. Die kataphoretische Untersuchung der Farben.

Um den basischen
oder sauren bzw. elek-
troneutralen Charakter
einer Farblösung ganz
exakt zu bestimmen, be-
dient man sich der Kataphorese der Farblösungen im Gleichstromfelde.
Variiert man systematisch den pH-Wert der kataphoretisch zu prüfenden
Farblösung, so kann man auch über die Abhängigkeit der Farbstoff-
dissoziation vom pH-Wert so weit exakten Aufschluß erwarten, daß
man den kritischen pH-Bereich bestimmen kann, innerhalb welchem
die Dissoziation aufhört. Da die Kenntnis dieses Bereiches für die praktische Durchführung und Analyse einer Vitalfärbung von sehr großer
Bedeutung ist, so soll kurz ein einfaches Kataphoreseuntersuchungs-
verfahren mitgeteilt werden, welches DRAWERT und STRUGGER in die
Praxis eingeführt haben.

Die verwendete Apparatur ist schematisch in Abb. 92 dargestellt.
Eine 40-Wattlampe dient als Vorschaltwiderstand an die Gleichstrom-
lichtleitung von 110 Volt. Die beiden Elektroden werden aus gleich

langen, mit Brunnenwasser angefeuchteten Filterpapierstreifen gebildet. Sie können in das Farbstoffschälchen eingesenkt werden. Ein Meßinstrument für die Stromstärke (Milliamperemeter) wird noch in den Stromkreis eingeschaltet. Die Kataphorese wird bei einer Spannung von 120—220 Volt durchgeführt. 0,5 Milliampere Stromstärke haben sich als günstig erwiesen. Die Kataphorese wird gewöhnlich 10—20 Minuten lang durchgeführt. Die beiden Filterpapierstreifen werden nach Abschalten des Stromes entfernt und zum Trocknen aufgehängt, jedoch vorher auf ihre Färbung bzw. Fluoreszenz geprüft. Die trockenen Streifen erhalten die Bezeichnung Plus und Minus und werden paarweise in ein Protokollheft eingeklebt. Der Farbstoffanstieg erfolgt bei sauren, dissoziierten Farbstoffen an der Anode, während er bei basischen Farbstoffen an der Kathode vor sich geht. Werden Farbstofflösungen mit abgestuften p_H-Werten einer Kataphorese unterzogen, so sinkt, wenn die Dissoziation Null wird, die Anstiegshöhe an der betreffenden Elektrode allmählich auf Null ab. Im undissoziierten Zustande ist der Anstieg bei der Anode und Kathode minimal und gleich groß.

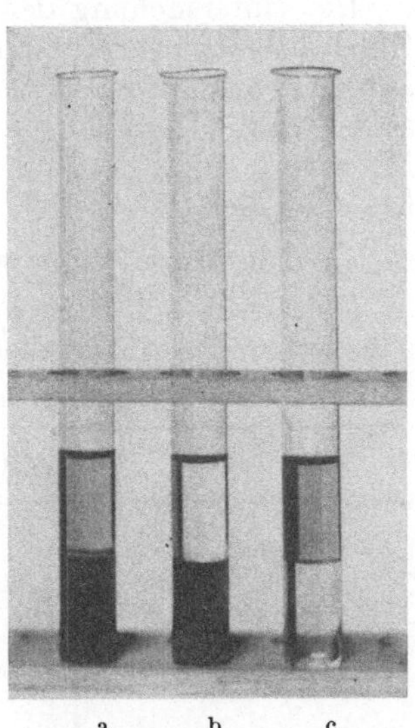

Abb. 93. Ausschüttelung einer Neutralrotlösung von verschiedenem p_H-Wert mit Benzol zur Untersuchung der Farbstofflöslichkeit in organischen Lösungsmitteln. *a* Neutralrot 1 : 10000 in aqua dest. gelöst, *b* angesäuert mit HCl, *c* alkalinisiert mit KOH. Original.

5. Die Untersuchung der Löslichkeitsverhältnisse der Farben.

Es werden Farbstofflösungen von verschiedenen steigend geordneten p_H-Werten hergestellt. Die Konzentration wird gewöhnlich 1 : 10000 gewählt. Die Färbung und Löslichkeit werden zunächst in der Abhängigkeit vom p_H-Wert geprüft, also die Indikatoreigenschaften festgelegt und die Löslichkeitsverhältnisse in Wasser der ionisierten bzw. der molekularen Modifikation des Farbstoffes untersucht.

Für die Beurteilung von Vitalfärbungen an Pflanzenzellen hat sich die Prüfung der Löslichkeit von Farbstoffen in organischen Lösungsmitteln als besonders wichtig erwiesen. Als Lösungsmittel dienen Benzol, Toluol und Terpentinöl als extrem lipoidartige Körper; Lezithin, Amylenhydrat als semilipoide Körper. Ölsäure als Modell für freie in der Zelle vorkommende Fettsäuren. Natürlich läßt sich die Zahl der organischen Lösungsmittel beliebig erweitern, und man wird immer wieder auf neue Erscheinungen stoßen.

Die Farblösungen mit verschiedenem p_H-Wert werden mit der gleichen Menge des Organikums in Proberöhrchen überschichtet und stark geschüttelt. Man wartet, bis sich die wäßrige von der organischen Phase wieder getrennt hat, und dann kann die Untersuchung der Farbstoffverteilung erfolgen. Diachrome werden im durchfallenden Lichte,

Fluorochrome unter der Quarzanalysenlampe untersucht. Zur Trennung der Eigenfärbung oder der Fluoreszenz des organischen Lösungsmittels muß immer ein Röhrchen mit dem reinen Lösungsmittel verglichen werden. Die An- und Kationen der Farbstoffe pflegen sich nicht in organischen Lösungsmitteln zu lösen. Lediglich die molekular gelösten Komponenten der Farben gehen im Falle ihrer Lipophilie leicht in organische Lösung, wobei es nicht selten vorkommt, daß die Eigenfarbe oder die Fluoreszenz sich verändern (Abb. 93).

Die Untersuchung der Löslichkeit in Lezithin wird am besten am Objektträger so vorgenommen, daß eine kleine Portion Lecithinum ex ovo aufgestrichen wird und der Objektträger dann in die Farblösung einge-stellt wird. Der Vergleich mit unbehandeltem Lezithin unter dem Mikroskop zeigt, ob im Lezithin eine Lösung der Farbe stattgefunden hat oder nicht.

6. Die Herstellung von Farblösungen für die Vitalfärbung.

Man stellt sich zunächst durch Auswiegen von 0,3 g der Farbstoff-substanz und Auflösen dieser Gewichtsmenge in 300 ccm doppelt destil-

Mengenangaben in ccm der Stammlösungen.

p_H	n/10 HCl	I	II	III	$\dfrac{H_2O}{H_2O + Farbe}$
2,0—2,2	9,5	0,5	—	—	$\dfrac{90}{80 + 10}$
3,4—3,9	0,5	9,5	—	—	$\dfrac{90}{80 + 10}$
4,6—4,9	—	10	—	—	$\dfrac{90}{80 + 10}$
5,6—5,7	—	9,5	0,5	—	$\dfrac{90}{80 + 10}$
5,8—6,1	—	9	1	—	$\dfrac{90}{80 + 10}$
6,3—6,5	—	8	2	—	$\dfrac{90}{80 + 10}$
7,0—7,1	—	5	5	—	$\dfrac{90}{80 + 10}$
7,5—7,6	—	2	8	—	$\dfrac{90}{80 + 10}$
8,0—8,3	—	4,5	—	5,5	$\dfrac{90}{80 + 10}$
9,8—10,1	—	5	—	5	$\dfrac{90}{80 + 10}$
10,7—10,8	—	3	—	7	$\dfrac{90}{80 + 10}$
11,2—11,3	—	—	3	7	$\dfrac{90}{80 + 10}$

liertem Wasser eine Stammlösung 1 : 1000 von dem betreffenden Farbstoff her. Es gilt als oberstes Gesetz, daß alte Farbstofflösungen nicht verwendet werden sollen, besonders wenn sie längere Zeit dem Tageslicht ausgesetzt waren. Dann werden die Pufferstammlösungen hergestellt.

Stammlösungen:

n/10 HCl
I. 1/15 mol. primäres Kaliumphosphat (9,076 g in 1000 ccm Lösung, auffüllen im Meßkolben mit aqua dest.).
II. 1/15 mol. sekundäres Natriumphosphat (11,870 g in 1000 ccm Lösung).
III. 1/15 mol. tertiäres Kaliumphosphat (14,156 g in 1000 ccm Lösung).

Die Zusammensetzung der wichtigsten pH-Stufen für gepufferte Farbstofflösungen ist aus der Tabelle auf S. 134 ersichtlich.

Die Versuche sollen unmittelbar nach Herstellung der Farbpufferlösungen durchgeführt werden. Länger als 24 Stunden sollen die Pufferlösungen vor Ansetzen der Versuche nicht stehen bleiben, auch wenn bestes Jenaer Glas (am besten 100 ccm Erlenmeyerkölbchen) für die Pufferlösungen Verwendung findet.

Die pH-Messung muß unmittelbar vor der Durchführung der Versuche sowohl an den ungefärbten Kontrollpufferlösungen als auch an den Farbpufferlösungen mittels der Wasserstoffelektrode mit einem möglichst genau arbeitenden Ionometer erfolgen. (Das Ionometer von LAUTENSCHLÄGER hat sich dafür ganz besonders bewährt.) Bezüglich der Einzelheiten der pH-Messung sei auf die einschlägige Literatur verwiesen. In der Regel wird mit gepufferten Farblösungen 1 : 10000 gearbeitet. Bei einzelnen Farbstoffen, welche stark tingieren oder welche besonders giftig sind, muß die Konzentration der Farbpufferlösungen auf 1 : 20000, 1 : 50000 oder 1 : 100000 erniedrigt werden.

7. Die technische Durchführung einer Vitalfärbung.

Sowohl die gefärbten Farbpufferlösungen als auch die entsprechenden ungefärbten Kontrollpufferlösungen werden in einer Schälchenreihe auf dem Experimentiertisch, am besten auf weißer Papierunterlage, hergerichtet. In die Schälchen mit den Farbpufferlösungen werden die zu färbenden Objekte eingelegt und in der Regel 10 Minuten lang der Farbstoffaufnahme ausgesetzt. Dann erfolgt die Übertragung auf die Oberfläche der ungefärbten Pufferlösungen vom entsprechenden pH-Wert. Dort werden die Objekte mindestens einige Minuten ausgewaschen. Über die Färbedauer läßt sich nur sagen, daß in der Regel 10 Minuten ausreichen. Bei Farben, die schwer permeieren, muß länger gefärbt werden. Das richtet sich nach den Objekten und nach dem Farbstoff und muß in vielen Fällen erst erprobt werden.

Schnitte und ganze Pflanzenteile werden in der Farblösung liegend mit Hilfe der Z.I.M. oder V.I.M. infiltriert. Über die Vitalfärbung von Mikroorganismen soll besonders berichtet werden.

Die mikroskopische Untersuchung erfolgt immer am Präparat, welches in der ungefärbten Pufferlösung vom selben pH-Wert ausgewaschen wurde. (2, 35, 42, 43, 44, 45, 57, 62, 97, 111, 136, 155, 156, 159, 162, 163, 166, 169, 170, 172, 178, 182, 208.)

B. Basische, kathodische Farbstoffe.

Versuch 70.

Grundversuch zur Farbstoffspeicherung lebender Zellen.

Vier gleichgroße etwa 15 cm hohe, 15 cm lange und 5—8 cm breite
Glasküvetten werden vorbereitet. Je 2 der Küvetten werden mit einer
Neutralrotlösung (in Leitungswasser) 1 : 20000 und mit einer Methylenblaulösung 1 : 50000 gefüllt. Von den beiden Küvettenpaaren wird
je eine Küvette mit der Farbstofflösung zu Vergleichszwecken
stehengelassen, während die andere mit 8 kräftigen, etwa 10 cm langen
Sprossen von *Helodea canadensis* beschickt wird. Beide Küvettenpaare
werden vor einem weißen Hintergrund aufgestellt und von Stunde zu
Stunde wird das Schwächerwerden des Farbtones in den beschickten
Küvetten beobachtet. Schon nach 3—4 Stunden ist eine deutliche Entfärbung eingetreten. Demnach wurde der gesamte Farbstoff von den
lebenden *Helodea*-Pflanzen aufgenommen und gespeichert, denn schon
bei makroskopischer Betrachtung erscheinen die *Helodea*-Sprosse stark
gefärbt.

Dieser Versuch zeigt also deutlich den Vorgang der Farbstoffspeicherung durch lebende Zellen über das normale Konzentrationsgleichgewicht hinaus. Die mikroskopische Untersuchung liefert erst den Aufschluß über die Lokalisation der Farbstoffspeicherung. Mikroskopische
Präparate der Blättchen zeigen, daß das Plasma und die Chromatophoren
den Farbstoff nicht zu speichern vermochten. Neben einer Speicherung
in der Membran befindet sich der Farbstoff in angereicherter Form in
den Zellsafträumen. Beim Neutralrotversuch ist er entweder diffus in
der Vakuole gelöst, oder es bilden sich durch Entmischung zahlreiche,
dunkelrot gefärbte Farbstofftröpfchen, welche die ganze Vakuole dicht
erfüllen. Beim Methylenblauversuch ist der Farbstoff ebenfalls vornehmlich in den Zellvakuolen gespeichert. Entweder sind die Safträume
homogen dunkelblau gefärbt, oder der Farbstoff ist in Form von zierlichen Kriställchen in der Vakuole vorhanden (kristalline Farbstoffspeicherung). Mit 1 Mol KNO_3 kann man diese Zellen leicht plasmolysieren, womit die Vitalität der Färbung hinreichend belegt ist.

Neutralrot und Methylenblau vermögen demnach sehr leicht in den
Zellsaftraum zu permeieren. Die Ursache für die Speicherung im Zellsaft ist darin gelegen, daß bestimmte Substanzen (meist Gerbstoffe und
ihre Derivate) den Farbstoff chemisch zu binden vermögen und so seine
Speicherung bewirken. (54, **136**, 142.)

Versuch 71.

Die Farbstoffspeicherung in der Blattepidermis von Galium Mollugo, Typus der Tröpfchenspeicherung.

Von einem ausgewachsenen Blatt wird mit der Pinzette ein Streifen
der unteren Epidermis vorsichtig abgezogen und auf dem Objektträger
in einen Tropfen einer Neutralrotlösung 1 : 1000 (in Leitungswasser
gelöst) eingelegt und mit dem Deckglase bedeckt. Der Verlauf der

Farbstoffspeicherung wird sofort mikroskopisch bei stärkerer Vergrößerung verfolgt. Durch das Abziehen werden einzelne Epidermiszellen mechanisch getötet. In diesen Zellen färbt sich das abgestorbene Protoplasma gelblich rot. In den lebenden Zellen vermag dagegen die Vakuole den Farbstoff sehr schnell zunächst diffus zu speichern (Typus der diffusen Farbstoffspeicherung). Der Zellsaftraum nimmt dabei einen himbeerroten bis bläulich roten Farbton an. Die diffuse Speicherung ist aber bei diesem Versuchsobjekt nur eine Vorstufe. Schon nach kurzer Färbezeit entstehen in jeder Vakuole zahlreiche, zunächst sehr kleine dunkelrot gefärbte Tröpfchen, die sich in reger B.M.B. befinden. Allmählich vergrößern sich die Tröpfchen und fließen ineinander, wodurch größere, rubinrote Tropfen entstehen. Man nennt diese Art der Farbstoffspeicherung Tröpfchenspeicherung. Die Entstehung der Tröpfchen ist durch eine Störung des Lösungsgleichgewichtes einer fettsäurehaltigen Phase des Zellsaftes bedingt. In diesen Tröpfchen muß auch derjenige Stoff enthalten sein, durch den die Speicherung des Farbstoffes entweder durch Löslichkeitsbindung oder chemische Bindung bedingt wird. Wird die Epidermis nach der Färbung durch Zusatz einer 0,6 mol. KNO_3-Lösung plasmolysiert, so ist nur in diesen Zellen eine Plasmolyse zu beobachten, in denen eine Farbstoffspeicherung eingetreten ist. Meist lösen sich während der Plasmolyse die Farbstofftröpfchen wieder auf, so daß die Zellsafträume der plasmolysierten Zellen wieder diffus dunkelrot gefärbt sind. (56, 136.)

Versuch 72.

Die Farbstoffspeicherung bei Lophocolea bidentata, Typus der Krümelspeicherung.

Ein ganzes Pflänzchen von *Lophocolea bidentata* wird eine Minute lang in einer Neutralrotlösung 1 : 10000 (hergestellt in Leitungswasser) eingetaucht. Die mikroskopische Untersuchung der älteren Blättchen ergibt eine starke Speicherung des Farbstoffes in den Zellen des Blattrandes und der Blattzipfel. Das Neutralrot ist an flockige Krümel gebunden, die den Zellsaftraum dicht erfüllen. Die Zellen sind ohne weiteres plasmolysierbar. Hier wird das Neutralrot durch Bindung an gerbstoffartige Substanzen in eine unlösliche Farbstoff-Gerbstoffverbindung übergeführt, wodurch es zur intensiven und raschen Farbstoffspeicherung kommt.

Bemerkenswert ist noch die Farbstoffverteilung innerhalb des ganzen Pflänzchens. Die jungen, noch wachsenden Spitzenblätter weisen fast keine Speicherung auf. Am stärksten sind die Amphigastrien gefärbt. Demnach sind sie besonders befähigt, den Farbstoff rasch aus dem Medium aufzunehmen. Für das Verständnis der physiologischen Funktion dieser Organe ist diese Beobachtung sicherlich von Bedeutung. (54, 103, 136.)

Versuch 73.

Die Neutralrotspeicherung durch Wurzelhaare.

Die Wurzelhaare sind als Absorptionsorgane in erster Linie befähigt, gelöste Stoffe aus dem umgebenden Medium aufzunehmen. Den Beweis dafür liefert am besten der Vitalfärbungsversuch. Eine jüngere Wurzelspitze von *Hydrocharis morsus ranae* mit einem gut entwickelten kegelförmigen Wurzelhaarpelz wird auf 30—40 Sekunden in eine Neutralrotlösung 1 : 10000 (hergestellt in Leitungswasser) eingelegt. Hierauf wird sorgfältig mit Kulturwasser ausgewaschen und im Kulturwasser nach Bedecken mit einem Deckglase die mikroskopische Untersuchung vorgenommen. Schon die jungen, kaum papillös ausgewachsenen Trichoplasten zeichnen sich durch eine stärkere Farbstoffspeicherung aus als die normalen Wurzelepidermiszellen. Die Färbung der Zellsafträume ist dort diffus. Die älteren, schon etwas gestreckten Wurzelhaare sind ebenfalls sehr stark gefärbt. Der zentrale Zellsaftraum erscheint diffus rot. Neben dieser diffusen Farbstoffspeicherung sind noch tröpfchenartige und krümelige Farbstoffkörper im Zellsaftraum zu erkennen, welche häufig am stark strömenden Protoplasma kleben. Auch im Zytoplasma treten gefärbte Tröpfchen auf. Diese sind anfänglich nur in der Spitzenpartie des Haares erkennbar und werden erst sekundär durch die unverändert andauernde Plasmaströmung gleichmäßig in der Haarzelle verteilt. Beobachtet man so schnell wie möglich nach der Anfärbung, so sieht man die farbstofftröpfchenführende Plasmaportion von der Spitze zur Basis des Haares strömen, während das Plasma des entgegengesetzt gerichteten Stromes keine Farbstoffeinschlüsse enthält.

Besonders deutlich läßt sich die überaus rasche Farbstoffspeicherung der Wurzelhaare durch eine unmittelbare Beobachtung während der Farbstoffzufuhr zum Präparate zeigen. Man stellt zu diesem Zwecke ein Wurzelhaar im·ungefärbten Zustande in Kulturwasser liegend im Mikroskop ein und gibt seitlich unter gleichzeitigem Absaugen des Kulturwassers die Neutralrotlösung zu.

Werden die Wurzeln mit vitalgefärbten Wurzelhaaren in Kulturwasser eingelegt, so kann man selbst nach stundenlangem Verweilen leicht beobachten, daß die Plasmaströmung voll erhalten bleibt. Die Vitalfärbung hat somit die Haare nicht geschädigt.

In gleicher Weise gelingt dieser Versuch auch an den Wurzelhaaren von *Trianea Bogotensis*.

Durch geeignete Verdünnungsversuche ist es möglich zu zeigen, daß die Wurzelhaare auch aus stärker verdünnten Farbstofflösungen (1 : 100000 bis 1 : 500000) den Farbstoff in verhältnismäßig kurzer Zeit zu speichern vermögen. (**136, 159.**)

Versuch 74.

Die Neutralrotspeicherung in Beziehung zum Gerbstoffgehalt in den Epidermiszellen von Sempervivum Verloti (S. Pomelii).

Häufig erfolgt die Mechanik der Speicherung basischer Farbstoffe auf dem Wege chemischer Bindung durch Gerbstoffe. In diesem Versuche soll die Beziehung zwischen Gerbstoffgehalt und Farbstoffspeicherung im Zusammenhange mit der Koffeinspeicherung an einem günstigen Objekt gezeigt werden.

1. Der Gerbstoffnachweis.

Gerbstoff läßt sich gut durch eine 5%ige Kaliumbichromatlösung nachweisen, wenn man dafür Sorge trägt, daß das Kaliumbichromat in die Zelle einzudringen vermag. Dies wird am besten dadurch erreicht, daß ein Epidermisflächenschnitt in Kaliumbichromat auf dem Objektträger liegend bis zum Aufkochen erhitzt wird. Die Epidermiszellen sterben dann ab, und das Kaliumbichromat gibt mit dem gerbstoffführenden Zellsaft einen dichten braungelben Niederschlag. Nicht alle Zellen der Epidermis dieser Pflanzen enthalten Gerbstoff. Häufig sind eine Gruppe von Nebenzellen und die Schließzellen völlig frei von Gerbstoff. Ebenso können einzelne Epidermiszellen gerbstofffrei sein.

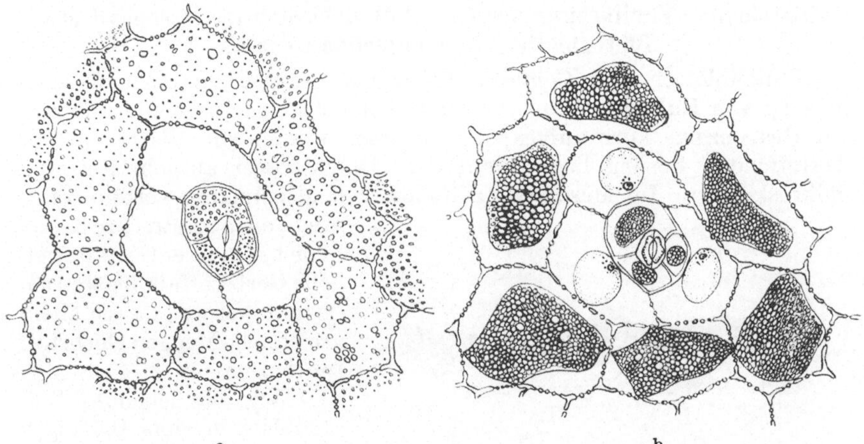

a   b

Abb. 94. Untere Epidermis von *Sempervivum Verloti*-Blättern. *a* behandelt mit 0,5%iger Koffeinlösung. In den gerbstoffhaltigen Zellen entsteht ein dichter Tröpfchenniederschlag. *b* dasselbe Präparat, aber nachträglich mit 1 Mol KNO_3 plasmolysiert. Original.

2. Die Koffeinpermeabilität der Epidermis.

Das Koffein dringt besonders leicht in die unbeschädigte Zelle ein. Im Hinblick auf die Größe seines Moleküls ist diese Tatsache überraschend. Es dürften wohl besondere Lösungsverhältnisse für das Koffein in den Plasmagrenzschichten dafür verantwortlich zu machen sein. Das Eindringen des Koffeins ist an gerbstofführenden Zellen leicht optisch nachzuweisen. Dringt es in die Vakuolen ein, so vermag es mit dem Gerbstoff einen dichten Tröpfchenniederschlag zu bilden. Ein Flächenschnitt von der unteren Epidermis oder ein sehr vorsichtig abgezogenes Häutchen wird in einen Tropfen einer 0,5%igen Koffeinlösung gelegt. Sollte ein Schnitt Verwendung finden, so empfiehlt es sich, diesen mit Hilfe der V.I.M. mit der Koffeinlösung zu infiltrieren und dadurch durchsichtiger zu machen. Sämtliche gerbstofführenden Zellen der Epidermis weisen sofort nach der Infiltration einen dichten grauen Tröpfchenniederschlag im Zellsaftraume auf. Abb. 94a gibt davon eine Vorstellung. Daß die Koffeinspeicherung vitaler Natur ist, wird durch einen Plasmolyseversuch mit 1 Mol KNO_3 bewiesen, dessen Ergebnis in Abb. 94b dargestellt ist.

3. Die Vitalfärbung der Epidermis mit Neutralrot.

Ein Flächenschnitt wird mit einer Neutralrotlösung 1 : 10000 in aqua dest. infiltriert und etwa 10—20 Minuten lang angefärbt. Nur in den gerbstoffhaltigen Zellen ist eine stärkere Farbstoffspeicherung nachzuweisen.

Aus diesen Versuchsreihen ist also ersichtlich, daß Gerbstoffgehalt, Koffeinspeicherung und Neutralrotspeicherung vollständig parallel laufen.

Auch andere *Sempervivum-* und *Echeveria*-Arten können zu solchen Versuchen herangezogen werden. (7, 8, 33, 101a, 127, 136, 137, 207.)

Versuch 75.
Die elektive Vitalfärbung der Gerbstoffidioblasten im Mesophyll des Blütenblattes von Commelina coelestis.

Blütenblätter von *Commelina coelestis* werden in einer 5%igen Lösung von Kaliumbichromat oder in einer 2%igen Eisenchloridlösung im Reagenzglas kurz aufgekocht. Hierauf werden die Blätter in der betreffenden Lösung liegend auf dem Objektträger ausgebreitet und mikroskopiert. Im Mesophyll befinden sich gleichmäßig verteilt zahlreiche, langgestreckte Zellen von besonderer Gestalt, welche Gerbstoffidioblasten genannt werden, da sie allein reichliche Mengen Gerbstoff enthalten.

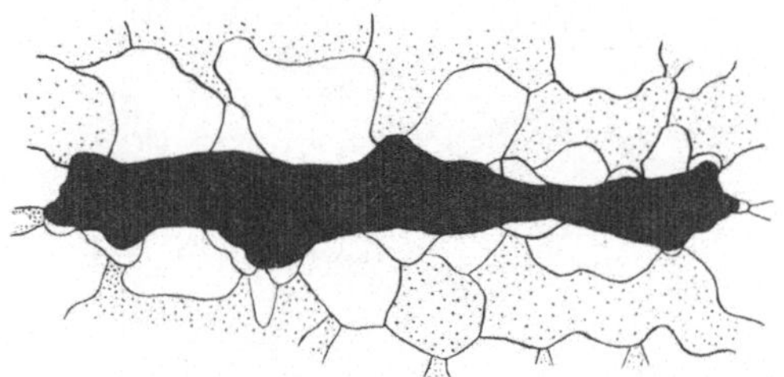

Abb. 95. Mesophyll des Blütenblattes von *Commelina coelestis*. Gerbstoffidioblast mit Neutralrot elektiv vital gefärbt. Die Vakuole ist an einigen Stellen kontrahiert. Original.

Wird ein lebendes Blütenblatt in einer 0,5%igen Koffeinlösung mit Hilfe der V.I.M. infiltriert, so zeigt die mikroskopische Untersuchung parallel zum Gerbstoffnachweis eine entsprechende Koffeinspeicherung in den Gerbstoffidioblasten. Nebenbei sei erwähnt, daß sich im Mesophyll noch besonders schöne Oxalatschläuche entlangziehen, welche Rhaphiden enthalten.

Ein Blütenblatt von derselben Blüte wird nunmehr mit einer Neutralrotlösung 1 : 10000 in aqua dest. infiltriert. Nach 20 Minuten langer Färbezeit wird die mikroskopische Untersuchung vorgenommen. Von allen Zellen des Blütenblattes haben nur die Gerbstoffidioblasten den Farbstoff kräftig gespeichert. Sie heben sich sehr deutlich ab und sind schon bei schwächster Vergrößerung sichtbar (Abb. 95). Eine solche Färbung wird Elektivfärbung genannt. (7, 8, 33, 54, 57, 207.)

Versuch 76.
Die elektive Vitalfärbung der untersten Schwammparenchymschicht des Blattes von Impatiens parviflora.

Ein schönes Beispiel für eine auf Grund chemischer Bindungen erfolgende Elektivfärbung liefert uns das Blatt von *Impatiens parviflora*.

Ältere, gut entwickelte Blätter dieser Pflanze werden zunächst in einer 5%igen Kaliumbichromatlösung liegend der Gerbstoffprobe unterworfen, in der sie bis zum Aufkochen erhitzt werden. Auch eine Infiltration mit einer 0,5%igen Koffein-
lösung zeigt das Vorhandensein von
Gerbstoff in der untersten Schwamm-
parenchymschicht an (Gerbstoffhori-
zont des Blattes).

Werden lebende Blätter mit Hilfe
der V.I.M. oder Z.I.M. in einer Neutralrotlösung 1 : 10000 in destilliertem Wasser infiltriert und 10—30
Minuten lang in der Farblösung belassen, so ergibt die mikroskopische
Beobachtung eine prächtige Elektivfärbung der unteren Schwamm-
parenchymschicht (vgl. Abb. 96).
(7, 8, 33, 101, 127, 136, 194, 207.)

Abb. 96. Blatt von *Impatiens parviflcra*, untere Schicht des Schwammparenchyms. Elektivfärbung der gerbstofführenden Zellen mit Neutralrot. Am ganzen Blatt im durchfallenden Lichte ohne Herstellung eines Schnittes aufgenommen. Original.

Versuch 77.
Die elektive Vitalfärbung der Schließzellen.

Bei vielen Pflanzen färben sich nach Neutralrotbehandlung oft die Schließzellen elektiv. Ein sehr schönes Beispiel dafür liefern die Blätter von *Zebrina pendula*.

Ein ganzes Blatt wird in zwei Stücke zerschnitten. Beide Blatthälften werden mit Hilfe der V.I.M. oder Z.I.M. mit einer Neutralrotlösung (in destilliertem Wasser) 1 : 10000 infiltriert.
Nachdem die infiltrierten Blattstücke
10—20 Minuten lang in der Farblösung

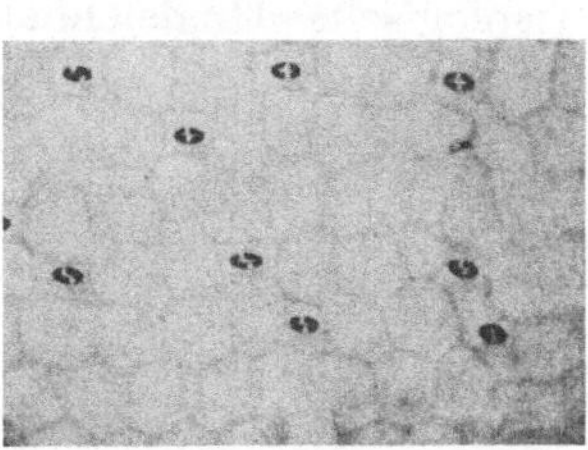

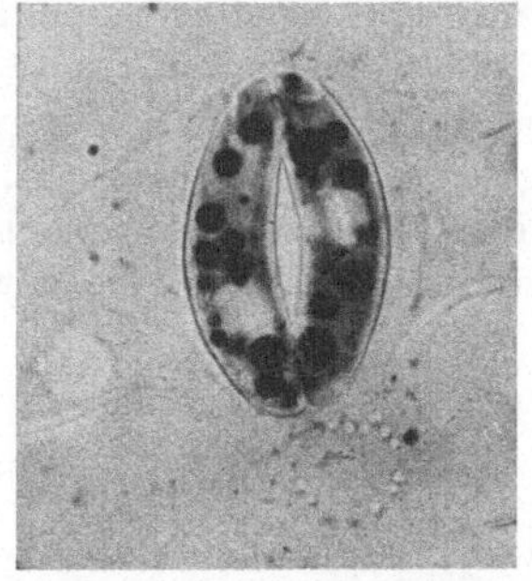

Abb. 97. *Zebrina pendula*. Elektivfärbung der Schließzellen des Blattes mit Neutralrot. Übersichtsbild. Original.

Abb. 98. *Zebrina pendula*. Elektivfärbung der Schließzellen mit Neutralrot. Tropfenbildung deutlich zu erkennen. Aufnahme mit der Ölimmersion am ganzen Blatte gemacht. Original.

verweilten, werden sie in Leitungswasser ausgewaschen. Man mikroskopiert das ganze Blattstück mit der Unterseite nach oben in Leitungswasser liegend im durchfallenden Lichte unter Verwendung einer guten Mikroskopierlampe. Schon bei schwächerer Vergrößerung (Abb. 97) sind die Schließzellenpaare deutlich gefärbt sichtbar. Betrachtet man ein Schließzellenpaar mit der Ölimmersion $^1/_{12}$, so kann man den Farbstoff in großen Tropfen in den Schließzellen angereichert vorfinden (Abb. 98). Dieses Bild demonstriert die Leistungsfähigkeit der Mikroskopie an ganzen infiltrierten Blättern im durchfallenden Lichte deutlich. (115, 117, 132, 194.)

Versuch 78.

Die Elektivfärbung von Drüsenhaaren.

Organe besonderer physiologischer Funktion sind durch die Vitalfärbung mit basischen Farbstoffen meist elektiv färbbar.

Wird ein ganzes Blatt von *Rumex patientia* mit Neutralrot 1 : 10000 infiltriert, so sind die Drüsenhaare an der Blattunterseite bereits nach 10 Minuten langer Anfärbung elektiv durchgefärbt. Abb. 99 zeigt ein solches vierzelliges Drüsenköpfchen im elektiv gefärbten Zustande. Außer in der Membran wird der Farbstoff auch in Form von Tröpfchen in den Drüsenzellen gespeichert.

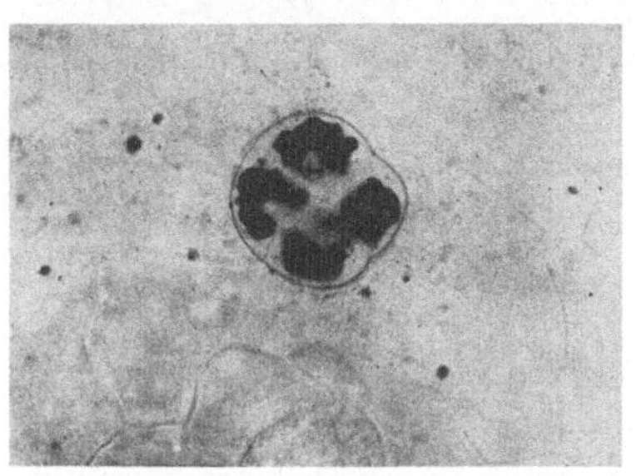

Abb. 99. Elektive Vitalfärbung der Drüsenhaare der Blattunterseite von *Rumex patientia* mit Neutralrot. Die Tropfenbildung ist deutlich zu erkennen. Original.

Die Oberseite der Laubblätter von *Veronica beccabunga* besitzt zahlreiche, kurzstielige Hydathoden, deren Köpfchen aus 2 Zellen bestehen. Nach Infiltration mit Neutralrot 1 : 10000 in aqua dest. gelingt es, schon nach kurzer Zeit eine Elektivfärbung der Köpfchenzellen zu erreichen. Des öfteren kann man beobachten, daß bei einzelnen Hydathoden nur eine Köpfchenzelle den Farbstoff zu speichern vermag. Obzwar die beiden Köpfchenzellen als Schwesterzellen morphologisch keinen Unterschied erkennen lassen, kommt durch das verschiedene Speicherungsvermögen für Neutralrot eine physiologische Ungleichheit der beiden Zellen zum Ausdruck. Möglicherweise handelt es sich um verschiedene Funktionszustände. (57, 130, 131, *202*.)

Versuch 79.

Die elektive Vitalfärbung von Nektarien.

Daß die Vitalfärbung im Dienste der Untersuchung von Exkretionsorganen ein wertvolles Hilfsmittel darstellt, kann besonders schön an den floralen Nektarien von *Euphorbia Gerardiana* gezeigt werden.

Ein ganzer Blütenstand wird in Neutralrot 1 : 10000 (aqua dest.) infiltriert. Nach 2—3 Stunden wird die Farblösung ausgewaschen, und die Nektarien werden bei schwacher Vergrößerung untersucht. Nicht das ganze Nektarium, sondern einzelne Stellen der Oberfläche dieses Organes sind elektiv gefärbt. Da nur funktionierende Nektarien diese Elektivfärbung zeigen, so kann mit Recht angenommen werden, daß die elektiv färbbaren Zellgruppen funktionell besonders ausgezeichnet sind. (57, 126, 130, 131, 202.)

Versuch 80.
Die elektive Färbung der Hydropoten.

Viele submerse und schwimmende Wasserpflanzen besitzen an ihrer Oberfläche Zellen oder Zellkomplexe, die sich anatomisch oft nur wenig von den gewöhnlichen Epidermiszellen unterscheiden, aber zur Aufnahme von Wasser und gelösten Stoffen besonders befähigt sind. Man bezeichnet diese Gebilde als Hydropoten. Die Entdeckung dieser Organe gelang durch ihr besonders ausgeprägtes Speicherungsvermögen für

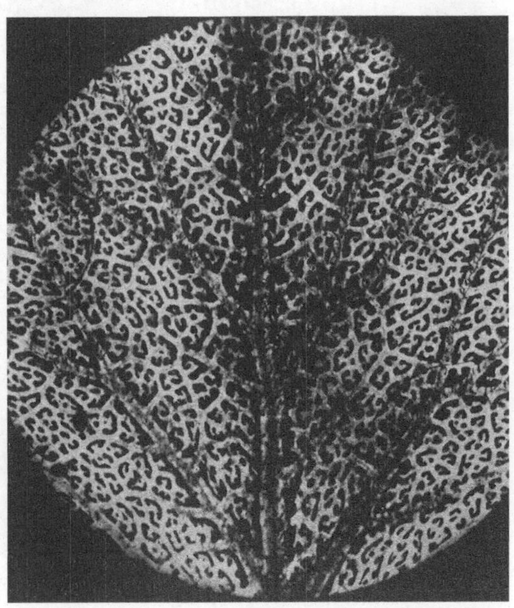

Abb. 100. Die elektive Vitalfärbung der Hydropoten von *Trapa natans* an der Unterseite der Schwimmblätter. Lupenvergrößerung. Original.

basische Farbstoffe. Sowohl die Zellmembran als auch der Zellinhalt der Hydropotenzellen speichern basische Farbstoffe mit überraschend großer Geschwindigkeit. Die Verteilung und Form dieser Organe läßt sich durch diese Färbung am ganzen Blatte untersuchen. Die Hydropoten sind ein schönes Beispiel für die physiologische Ungleichheit von Zellen innerhalb der Epidermis bei morphologischer Gleichheit.

Als Versuchsobjekte werden die Schwimmblätter von *Trapa natans*, *Hydrocleis nymphoides* und *Nymphoides peltata* gewählt.

Die Blätter werden in einer Neutralrotlösung 1 : 10000 (aqua dest.) mit Hilfe der V.I.M. infiltriert und etwa 10—15 Minuten in der Farblösung liegengelassen. Dann wird mit Leitungswasser ausgewaschen und im durchfallenden Licht sowohl makroskopisch wie mikroskopisch untersucht.

Die durchsichtig gewordenen Blätter werden zur makroskopischen Untersuchung zwischen zwei Glasplatten gegen eine Lichtquelle gehalten und mit einer Lupe untersucht. Die Abbildungen 100 und 101 sind bei solcher Lupenvergrößerung gewonnen worden. Sie zeigen uns überzeugend die organspezifische Elektivfärbung der Hydropoten. Abb. 100 gibt das gefärbte Blatt von *Trapa natans* wieder. Die schwarzen Areale sind die Hydropoten. Auch die Behaarung der Blattnerven ist sehr stark gefärbt. Abb. 101 gibt die Hydropotenareale von *Hydrocleis nymphoides* wieder. Im Gegensatze zu *Trapa* handelt es sich hier um

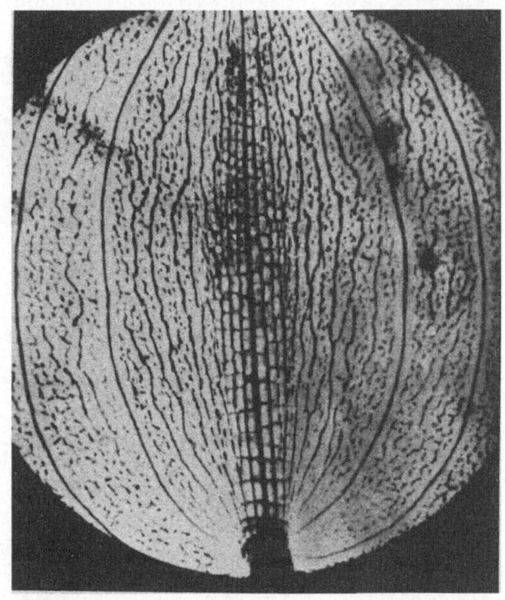

Abb. 101. Die elektive Vitalfärbung der Hydropoten an der Blattunterseite von *Hydrocleis nymphoides*. Lupenvergrößerung. Original.

einen ausgesprochenen monokotylen Typus. Längs der Nervatur ziehen sich langgestreckte Hydropotenareale durch das Blatt.

Wie also der Färbeversuch zeigt, sind die Hydropoten als Absorptionsorgane besonders befähigt, Stoffe aus der umgebenden Lösung aufzunehmen. (41, 52, 118, **121**, 125, 163.)

Versuch 81.

Die elektive Färbung ausgewachsener Zonen des wachsenden Blattes von Helodea densa.

Auch im Zusammenhange mit dem Entwicklungsgeschehen treten Gesetzmäßigkeiten im Farbstoffspeicherungsvermögen der Gewebe auf. Ein schönes Beispiel dafür liefern verschieden alte Blätter aus der Knospenregion der beliebten Aquariumspflanze *Helodea densa*.

Eine ganze Sproßspitze im gut wachsenden Zustande wird dem Warmwasserbecken entnommen und in einem Becherglase in eine Neutralrotlösung 1 : 1000 (hergestellt in aqua dest. oder Aquariumswasser) eingelegt. Nach 2—4 Stunden wird die Sproßspitze in Brunnenwasser ausgewaschen und die Anfärbung verschieden alter Blätter untersucht. Die Blättchen werden auf dem Objektträger liegend so geordnet, daß eine ganze Entwicklungsreihe vorliegt. Abb. 102 zeigt uns das Färbungsresultat. Links außen ist ein erwachsenes Blatt dargestellt. Die ganze Blattlamina hat das Neutralrot gespeichert. Die beiden nebenstehenden, etwas jüngeren Blätter lassen bereits eine ungefärbte kleinere Basalzone beobachten. Je jünger die Blättchen sind, desto kleiner wird der gefärbte Spitzenteil. An den jüngsten Blättchen der Knospe (rechts)

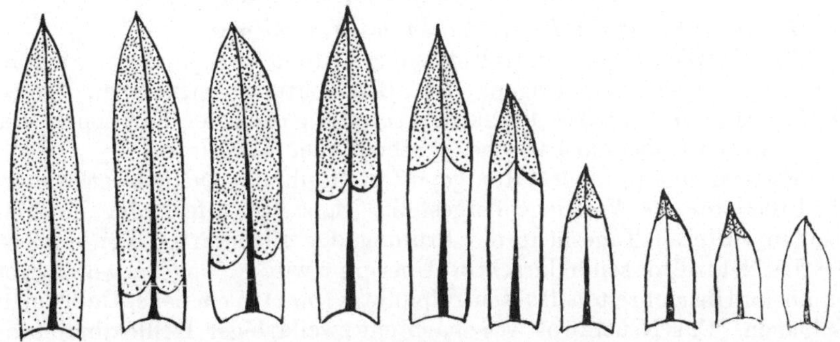

Abb. 102. Blätter aus der Knospenregion von *Helodea canadensis* nach dem Alter geordnet und mit Neutralrot vitalgefärbt. Nur die bereits ausgewachsenen Regionen der Dauerzonen sind befähigt, den Farbstoff elektiv zu speichern. Das Bild stimmt mit der Verteilung der Plasmolyseformen vollständig überein. Die Mittelrippe speichert nicht. Original.

ist schließlich die äußerste Blattspitze, ja oft nur der Spitzenzahn zur Farbstoffspeicherung befähigt.

Da die *Helodea*-Blätter basal wachsen und eine ausgeprägte basale Wachstumszone aufweisen, besteht also eine innige Beziehung zwischen der Farbstoffaufnahme, der Speicherung und dem Alter der Blattzellen. Die wachsenden Zellen junger Blätter sind nicht imstande, das Neutralrot aufzunehmen und zu speichern, während ausgewachsene Blattzellen zur ausgiebigen Speicherung befähigt sind. Untersucht man die gefärbten Zellen, so kann man sowohl in der Zellmembran als auch in den Zellsafträumen eine Neutralrotspeicherung beobachten.

Die Erklärung für das differente Verhalten verschieden alter Zellen ist nicht einfach. Die experimentellen Analysen haben folgendes ergeben:

1. Am lebenden *Helodea*-Blatt zeichnen sich die nicht färbbaren Zonen durch ein stärkeres Reduktionsvermögen aus. Im Falle der Methylenblaufärbung entsteht an diesen Orten das Leukomethylenblau.

2. Für das schwerer reduzierbare Neutralrot kann aber eine solche Erklärung nicht zutreffen. Fixierte, also getötete *Helodea*-Blättchen zeichnen sich vielmehr durch dieselbe elektive Färbbarkeit aus. Das Speicherungsvermögen des Zellsaftes ist also nicht ausschlaggebend.

3. Das *Helodea*-Blatt ist von einer sehr zarten Kutikula überzogen, welche mit zunehmendem Alter der Zelle poröser wird. Es kann daher mit Recht angenommen werden, daß die Permeabilität der Kutikula

neben den elektrischen Eigenschaften der Zellen für die zonale Färbung wachsender *Helodea*-Blätter verantwortlich zu machen ist. Versuche mit anodischen (sauren) Fluorochromen haben gezeigt, daß die Permeabilität der Kutikula allein sicher nicht maßgeblich ist. Die elektrische Ladung des Plasmas wachsender Zellen ist nach neueren Befunden positiv, so daß anodische Fluorochrome genau die umgekehrte Zonenfärbung an wachsenden Blättern liefern. (10, **40, 116,** 122, 126, **163.**)

Versuch 82.

Die Analyse der Neutralrotfärbung[1].

1. Die Prüfung der Eigenschaften des Neutralrotes.

Ein Tropfen einer Neutralrotlösung 1 : 1000 in aqua dest. wird auf ein Filterpapier aufgetragen. Die Beobachtung zeigt einen breiten Wasserrand und eine beschränkte Ausbreitung des roten Farbtones. Das Neutralrot ist also ein basischer, kathodischer Farbstoff.

Es wird eine p_H-abgestufte, gepufferte Reihe von Neutralrotlösungen 1 : 10000 für die Versuche hergestellt. Zunächst erfolgt im durchfallenden, diffusen Tageslicht die Prüfung der Eigenfarbe. Von p_H 2—6 ist das Neutralrot schön kirschrot. Über p_H 6 wird es langsam gelblichrot, um beim Überschreiten des Neutralpunktes (p_H 7) in ein helles Gelb umzuschlagen. Das Neutralrot ist sonach ein zweifarbiger Hellfeldindikator. Seine Säurefarbe ist Kirschrot, seine Basenfarbe Gelborange.

Die Prüfung der Fluoreszenzeigenschaften der Neutralrotlösungen von wechselndem p_H-Wert erfolgt unter der Quarzanalysenlampe. Solange die Säurefarbe zu sehen ist (p_H 2—7), ist keine Fluoreszenz der Neutralrotlösungen festzustellen. Erfolgt aber der Umschlag in die Basenfarbe (über p_H 7), so fluoreszieren die Neutralrotlösungen in schöner goldgelber Farbe. Das Neutralrot ist sonach ein einfarbiger Fluoreszenzindikator.

Mit Hilfe des auf Seite 132 beschriebenen Kataphoreseapparates werden systematisch mit den einzelnen p_H-Stufen Kataphoreseuntersuchungen angestellt. Das Ergebnis ist eindeutig. Solange Neutralrotlösungen bis zum Neutralpunkte rot erscheinen, erfolgt ein deutlicher Anstieg an der Kathode. Nach Überschreiten des Neutralpunktes ist kein bevorzugter Anstieg mehr zu bemerken. Das Neutralrot ist also bis p_H 7 dissoziiert. Über p_H 7 liegt es als elektroneutrale Farbbasenlösung vor.

Die Löslichkeit des Neutralrotes in organischen Lösungsmitteln wird zunächst durch Ausschüttelung der gepufferten Lösungen mit Benzol in Reagenzgläsern festgestellt. Im extrem sauren Bereich ist keine Farbe ausschüttelbar. Es liegt dann der Farbstoff in weitgehend dissoziierter, hydrophiler Form gelöst vor. Mit der Annäherung an den Neutralpunkt läßt sich immer mehr Farbstoff ausschütteln, was einerseits an der zunehmenden Entfärbung der wäßrigen Lösung und andererseits an der Gelbfärbung des Benzols zu erkennen ist. Die im alkalischen Bereich in Lösung befindliche Farbbase ist quantitativ durch Benzol ausschüttel-

---

[1] Dieser und einige folgende Versuche sind sehr umfangreich. Sie sollen aber an einigen Beispielen dem Anfänger eine systematische Vertiefung des zellphysiologischen Experimentes vorführen.

bar. Die Fluoreszenzprüfung der im Benzol gelösten Farbbase ergibt eine starke gelbgrüne Fluoreszenz.

Die Farbkationen sind sonach hydrophil, die Farbbasenmoleküle extrem lipophil.

Zusammenfassend kann also folgendes gesagt werden:

Der basische Farbstoff Neutralrot ist im sauren Bereich bis p_H 7 dissoziiert. Die Farbkationen zeichnen sich durch eine kirschrote Eigenfarbe aus und sind nicht zur Fluoreszenz befähigt. p_H 7 ist der Indikatorumschlagsbereich für das Neutralrot. Hier hört die Dissoziation auf. Die Farbbase ist beschränkt in Wasser in gelboranger Farbe löslich. Sie zeichnet sich durch eine starke orangegelbe (in wäßriger Lösung) oder grüngelbe (in organischer Lösung) Fluoreszenz aus. Das Neutralrot ist sonach ein zweifarbiger Hellfeldindikator und ein einfarbiger Fluoreszenzindikator. Kationen und Basenmoleküle sind durch ihre Eigenfarbe und durch ihre Fluoreszenzeigenschaften klar auseinanderzuhalten. Die Farbkationen sind hydrophil, lösen sich also nicht in organischen Lösungsmitteln. Lediglich die Fettsäuren machen dabei eine Ausnahme. Die Farbbasenmoleküle dagegen sind lipophil und gehen sehr leicht in organische Lösung über.

2. Grundversuch.

Von einer Neutralrotstammlösung 1 : 1000, hergestellt mit destilliertem Wasser, stellt man sich durch geeignete Verdünnung zwei Farblösungen 1 : 10000 her. Die eine Farblösung wird mit destilliertem Wasser verdünnt, während die zweite mit Leitungswasser bereitet wird. Die beiden Farblösungen 1 : 10000 unterscheiden sich jetzt durch ihren Farbton. Die mit destilliertem Wasser hergestellte Farblösung ist karminrot, während die mit Leitungswasser hergestellte mehr gelblichrot erscheint. Die Ursache dafür liegt in den verschiedenen p_H-Werten der Farblösung. Eine elektrometrische p_H-Bestimmung ergibt, daß die mit destilliertem Wasser verdünnte Farblösung mehr sauer ist (p_H 5—6). Die mit Leitungswasser hergestellte Farblösung ist dagegen neutral oder sogar schwach alkalisch (p_H 7—7,2).

Gleich nach der Herstellung der Farblösung werden Epidermishäutchen von der Oberseite der Zwiebelschuppe von *Allium Cepa* schwimmend mit ihrer Innenseite auf die beiden Farblösungen gelegt. Die Färbung soll 10—20 Minuten lang erfolgen. Bezüglich des Zwiebelmaterials ist zu sagen, daß für diesen Versuch unbedingt ruhende Zwiebeln Verwendung finden sollen, da bei treibenden Zwiebeln des öfteren abweichende Ergebnisse erzielt werden.

Nachdem die Färbung abgeschlossen ist, werden die Epidermishäutchen in Schälchen, welche mit Leitungswasser und mit destilliertem Wasser gefüllt sind, schwimmend auf die Wasseroberfläche übertragen und zwar so, daß die in der sauren, mit destilliertem Wasser hergestellten, Farblösung gefärbten Häutchen in reines destilliertes Wasser, die anderen in Leitungswasser übertragen werden. Der p_H-Wert des reinen destillierten Wassers und des Leitungswassers wird ebenfalls elektrometrisch bestimmt und protokolliert. Die mikroskopische Beobachtung der gefärbten Häutchen wird so vorgenommen, daß die in der sauren Farbstofflösung gefärbten Häutchen in destilliertem Wasser, die im neutralen Neutralrot gefärbten Häutchen in Leitungswasser auf den Objektträger gelegt werden und rasch nach dem Abdecken mit dem Deckglase im durchfallenden Lichte betrachtet werden. Ein längeres Verweilen der Epidermis unter Deckglasabschluß ist auf jeden Fall zu vermeiden (vgl. Seite 153). Die mikroskopische Untersuchung zeigt die in Abb. 103a, b

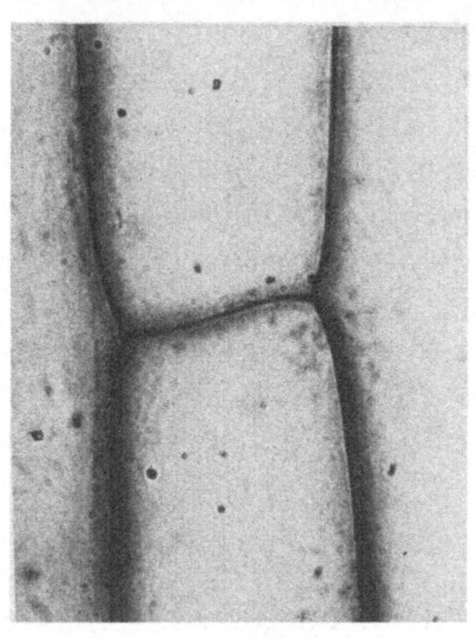
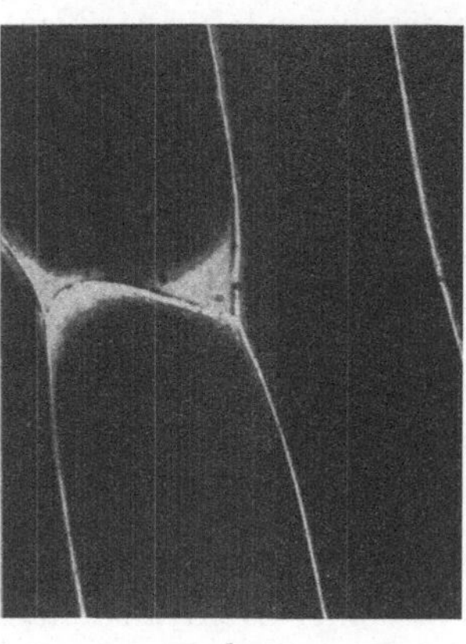

a   b

Abb. 103. Die Vitalfärbung der oberen Epidermiszellen der Zwiebelschuppe von *Allium Cepa* mit Neutralrot. *a* 10 Minuten mit einer Neutralrotlösung pH 5,3, hergestellt mit destilliertem Wasser 1 : 10000, gefärbt. Typus der Vitalfärbung in saurer Lösung. Nur die Zellmembranen sind auf elektroadsorptivem Wege gefärbt. *b* Typus der Vitalfärbung in schwach alkalischer Neutralrotlösung pH 7,5, hergestellt mit Leitungswasser 1 : 10000. Im Hellfelde ist keine Membran- und Plasmafärbung zu erkennen. Nur die Zellsafträume sind diffus dunkelrot gefärbt. Leichte, intravitale Vakuolenkontraktion. Original.

wiedergegebenen Bilder. Die im destillierten Wasser gefärbten Häutchen lassen nur eine markante Membranfärbung erkennen. Die Membranen sind rot gefärbt, woraus der Schluß zu ziehen ist, daß im Membransystem die Farbstoffkationen gespeichert werden. Die in der Neutralrot-Leitungswasser-Lösung gefärbten Häutchen lassen dagegen nicht die Spur einer Membranfärbung erkennen. Auch das Zytoplasma erscheint bei Hellfeldbetrachtung völlig farblos. Nur die Zellsafträume sind homogen mehr oder weniger rot gefärbt. Daraus kann man den Schluß ziehen, daß der Farbstoff im Zellsaftraume in Form des Farbstoffkations gespeichert wird. Ganz allgemein ist mit dieser Vakuolenfärbung eine geringgradige Vakuolenkontraktion verbunden (vgl. Versuch 33, S. 72). Das Zytoplasma ist in den Ecken der Zellen angereichert. Die Plasmastränge sind eingezogen und der Tonoplast ist als scharfe Grenzlinie sichtbar geworden. Eine Dunkelfeldanalyse der gefärbten Häutchen zeigt uns am besten die Verschiedenheiten der Plasmakonfiguration in den beiden Versuchsreihen. Daß die Vakuolenkontraktion noch innerhalb der vitalen Grenzen liegt, beweist die Existenz einer Plasmaströmung in den Zellen.

Dieser Versuch belegt die Tatsache, daß ein und derselbe Vitalfarbstoff unter verschiedenen Bedingungen recht verschiedene Färbungseffekte an lebenden Pflanzenzellen hervorzurufen vermag. Der p_H-Wert der Farblösung ist also für die Farbstoffspeicherung und Farbstoffverteilung in der Zelle von ausschlaggebender Bedeutung.

3. Die Wirkung des ungefärbten Mediums, in welchem vitalgefärbte Zellen untersucht werden.

Oberseitige Epidermishäutchen der Zwiebelschuppe von *Allium Cepa* werden in einer Neutralrotlösung 1 : 10000, hergestellt mit destilliertem Wasser (Lösung I) und hergestellt mit Leitungswasser (Lösung II), 10—20 Minuten lang eingefärbt. Die mikroskopische Untersuchung, welche nach der auf Seite 148 gegebenen Vorschrift durchgeführt wird, ergibt aus Lösung I eine reine Membranfärbung, aus Lösung II eine reine Vakuolenfärbung mit gleichzeitiger Vakuolenkontraktion.

Hierauf werden die in Lösung I gefärbten Häutchen auf die Flüssigkeitsoberfläche eines Schälchens mit Leitungswasser übertragen und die in Lösung II gefärbten Häutchen in gleicher Weise auf destilliertes Wasser übertragen. Von Zeit zu Zeit, etwa im Abstand von 10 Minuten wird der Färbungszustand der Häutchen mikroskopisch überprüft.

Ergebnis an den Häutchen, welche in I gefärbt und in Leitungswasser übertragen wurden:

Je nach der Dauer und Stärke der in I erreichten Membranfärbung vollzieht sich nunmehr innerhalb eines Zeitraumes von einer Stunde ein totaler Farbstoffübertritt von der Zellmembran in den Zellsaftraum. Schon 5 Minuten nach der Übertragung beginnen sich die Vakuolen zu färben. Die gleichzeitige Entfärbung der Membran zu verfolgen, ist recht interessant. Man beobachtet dabei eine allmähliche Entfärbung der Sekundärlamellen, wobei die Mittellamelle noch scharf gefärbt zunächst übrigbleibt. Im letzten Stadium sind nur noch elektiv die Schließhäute der kleinen Tüpfel gefärbt. Aber auch diese geben zum Schluß ihren Farbstoff ab. Es wird also der Membranfärbungstypus, welcher ursprünglich nach der Färbung mit Lösung I zu beobachten war, durch den Wechsel des Mediums in den Vakuolenfärbungstypus übergeführt, der normalerweise nach der Färbung in Lösung II in Erscheinung tritt.

Ergebnis an den Häutchen, welche in II gefärbt und in destilliertes Wasser übertragen wurden:

Innerhalb von 30 Minuten ist die ursprüngliche Vakuolenfärbung in den Typus der Membranfärbung übergegangen. Beobachtet man die einzelnen Stadien der Anfärbung der Membran, so ist auch hier zuerst eine Anfärbung der Tüpfelschließhäute, dann eine Färbung der Mittellamellen und schließlich eine Färbung der Sekundärlamellen zu beobachten. Das Färbungsbild der Zellen ist abgesehen von der noch nicht ganz zurückgegangenen Vakuolenkontraktion schließlich so, als ob sie in einer Neutralrotlösung in destilliertem Wasser gefärbt worden wären. Will man die Frage prüfen, ob mit dem totalen Verschwinden des Farbstoffes aus den Zellsafträumen auch eine Reversibilität der Vakuolenkontraktion verbunden ist, so muß man die Epidermishäutchen 4 bis 12 Stunden in dest. Wasser liegen lassen. Dann verschwindet auch die Vakuolenkontraktion. Die Plasmakonfiguration wird wieder normal, und die Tonoplastengrenze ist nicht mehr zu beobachten.

Aus diesen Versuchen geht eindeutig hervor, daß auch das Medium, in welchem man die vitalgefärbten Zellen auswäscht und untersucht, für die Farbstoffverteilung ebenso wichtig ist wie die Farbstofflösung selbst.

4. Die Farbstoffabgabe vitalgefärbter Zellen in Wasser.

Epidermishäutchen werden in einer Neutralrotlösung I und II 10—20 Minuten lang eingefärbt. Aus I werden sie in destilliertes Wasser, aus II in Leitungswasser übertragen, so daß der p_H-Wert des wäßrigen Mediums der gleiche ist wie der der Farblösung. Von Stunde zu Stunde werden die in Wasser schwimmenden Häutchen einer mikroskopischen Kontrolle unterworfen.

Ergebnis aus der Versuchsreihe I:

Die ursprüngliche Membranfärbung bleibt selbst nach 24 Stunden langem Liegen unverändert erhalten. Der in der Zellmembran gespeicherte Farbstoff vermag sonach nicht die Zellmembran zu verlassen und in das Wasser zu diffundieren.

Ergebnis aus der Versuchsreihe II:

Die Zellen weisen den Typus der reinen Vakuolenfärbung auf. Von Stunde zu Stunde nimmt die Intensität der Vakuolenfärbung in den Zellen des zentralen Bereiches allmählich ab. Man nennt die vom Wund-

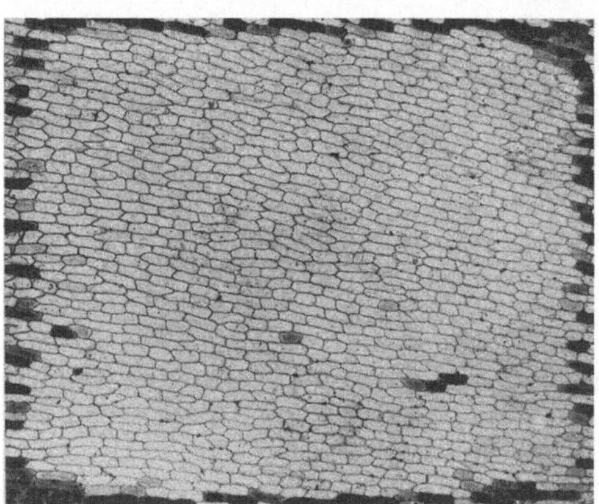

Abb. 104. Obere Epidermis der Zwiebelschuppe von *Allium Cepa*. 15 Minuten mit Neutralrotlösung 1 : 10000 in Leitungswasser vital gefärbt. Es trat eine einheitliche diffuse Vakuolenfärbung ein, welche mit einer Vakuolenkontraktion verbunden war. Hierauf wurde das Epidermisstück 12 Stunden lang auf einer Leitungswasseroberfläche schwimmend belassen. Die durch den Wundreiz unbeeinflußten Zellen des Innenfeldes haben das Neutralrot aus ihren Vakuolen vollständig an das Wasser abgegeben. Die Vakuolenkontraktion ist gleichzeitig zurückgegangen, die Plasmakonfiguration und Plasmaströmung sind normal. Die durch den Wundreiz veränderten Zellen der Schnittränder haben dagegen den Farbstoff in ihren Vakuolen behalten. Auch die Vakuolenkontraktion ist dort nicht zurückgegangen. Original.

reiz unbeeinflußte zentrale Zone des Häutchens Innenfeld. Längs der Schnittränder zieht sich am Randgebiet des Häutchens ein Streifen lebender Zellen entlang, welche zweifellos wundreizbeeinflußt sind und sich dementsprechend anders verhalten. Die Zellsafträume dieser Zellen des Wundrandes behalten selbst nach 24stündigem Wässern (vgl. Abb. 104) ihre Vakuolenfärbung unverändert bei. Auch die Vakuolenkontraktion bleibt erhalten. Die Zellen des Innenfeldes dagegen verlieren innerhalb eines Zeitraumes von 24 Stunden ihre Vakuolenfärbung vollständig. Auch die Vakuolenkontraktion verschwindet. Da weder das Zytoplasma noch die Zellmembranen eine Färbung annehmen, muß der zwingende Schluß gezogen werden, daß der Farbstoff ins Wasser diffundiert. Physikalisch gesehen ist dieser Vorgang leicht verständlich. Nach Einlegen der gefärbten Zellen besteht nunmehr das umgekehrte Konzentrationsgefälle wie nach Einlegen einer ungefärbten Zelle in eine Neutralrotlösung. Vermag der Farbstoff aus dem Zellinhalt herauszudiffundieren, so muß auf Grund des Diffusionsgefälles eine allmähliche Entfärbung der Zellen eintreten.

Daß die Vakuolenkontraktion mit dem Auftreten des Farbstoffes in der Vakuole in Erscheinung tritt und daß sie mit dem Verschwinden des Farbstoffes wieder reversibel ist, ist ein Beleg für den ursächlichen Zusammenhang zwischen Zellinhaltsfärbung und der Vakuolenkontraktion.

5. Die Analyse der Neutralrotfärbung mit p_H-abgestuften Farblösungen im Hellfelde.

Man stellt sich zur Durchführung dieser Versuchsreihe gefärbte Neutralrotlösungen 1:10000 in sieben p_H-Stufen her (vgl. Seite 134). Parallel dazu werden ungefärbte Pufferlösungen mit annähernd denselben p_H-Werten angesetzt. Es empfiehlt sich, die einzelnen p_H-Werte in annähernd folgender Größenordnung zu wählen:

1,9   3,3   4,5   5,8   6,2   6,8   7,3.

Sowohl die gefärbten als die ungefärbten Pufferlösungen werden in Schälchen geordnet aufgestellt. Hierauf wird eine ruhende Zwiebel präpariert, und die Häutchen von ein und derselben Schuppe werden in die Farbpufferlösungen schwimmend aufgelegt. Die Färbung ist nach 10—15 Minuten abgeschlossen. Die mikroskopische Untersuchung wird in den ungefärbten Pufferlösungen vom selben p_H-Wert durchgeführt.

Ergebnis: In p_H 1,9 gefärbte Häutchen zeigen weder eine Membran- noch eine Vakuolenfärbung. Hier ist der Farbstoff von den Zellen nicht aufgenommen worden. In dieser extrem sauren Pufferlösung treten nach Überschreiten einer 10 Minuten langen Färbezeit Säureschädigungen ein. Es empfiehlt sich daher, die Untersuchung möglichst schnell nach abgeschlossener Färbung vorzunehmen. In allen anderen Pufferlösungen dagegen treten keine Schädigungen ein, so daß man die gefärbten Häutchen in den ungefärbten Pufferlösungen unbedenklich einige Zeit liegen lassen kann.

In p_H 3,3 eingefärbte Epidermen zeigen dagegen eine starke Farbstoffspeicherung in der Membran, welche in allen Zügen mit der Färbung in einer Neutralrotlösung in destilliertem Wasser übereinstimmt. Der Zellsaft ist völlig ungefärbt. Dasselbe Bild ergibt sich nach einer Färbung in p_H 4,5. Die in p_H 5,9 gefärbten Häutchen besitzen noch immer eine sehr starke Membranfärbung, jedoch läßt eine sorgfältige mikroskopische Untersuchung bei manchem Zwiebelmaterial bereits eine beginnende Vakuolenfärbung erkennen. Das Färbungsbild ändert sich mit einem Schlage, wenn in p_H 6,2 bis 6,3 gefärbt wird. Die Membranfärbung ist sehr schwach. Dafür sind die Zellsafträume deutlich rot, und die Vakuolenkontraktion tritt in Erscheinung. In p_H 6,8, 6,9 und 7,2 gefärbte Epidermen weisen schließlich nur mehr vitalgefärbte Zellsafträume auf, und die Membranfärbung ist nicht mehr zu beobachten.

Diese Bilder entsprechen dem Färbungsbild vollständig, welches man nach Färbung mit einer Neutralrotlösung, hergestellt aus Leitungswasser, erhält. Eine nachträgliche Behandlung der gefärbten Epidermen mit ungefärbten Pufferlösungen von wechselnder C_H bringt die entsprechenden Farbstoffumlagerungen hervor.

Diese Versuchsreihe zeigt uns im Zusammenhang mit den ersten Versuchen, daß der p_H-Wert der Farblösung für die Farbstoffaufnahme und Farbstoffverteilung von grundsätzlicher Bedeutung ist. Jede Vitalfärbungsuntersuchung muß dieser Tatsache Rechnung tragen. Eine Theorie der beobachteten Erscheinungen soll im Zusammenhang am Schlusse dieser Versuchsreihen gegeben werden.

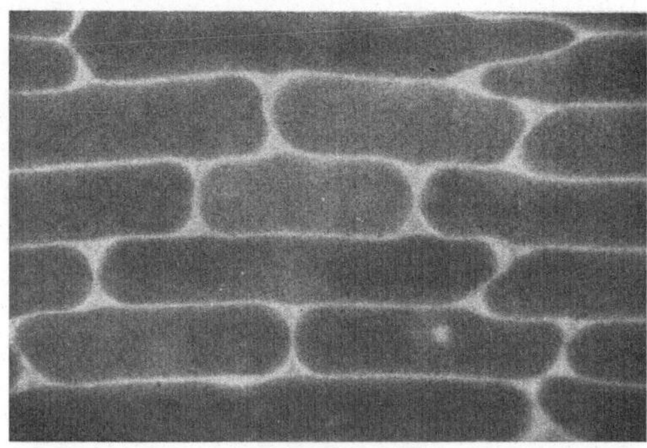

Abb. 105. Obere Zwiebelschuppenepidermis von *Allium Cepa.* 10 Minuten in Neutralrot 1 : 10000 pH 7,6 eingefärbt und mit dem Fluoreszenzmikroskop beobachtet. Die im Zytoplasma gespeicherte, lipophile Neutralrotbase fluoresziert im gelben Fluoreszenzlichte. Die im Zellsaft gespeicherten Neutralrotkationen fluoreszieren nicht. Daher erscheinen die im Hellfelde gefärbt erscheinenden Vakuolen dunkel und das im Hellfelde ungefärbt erscheinende Zytoplasma im Fluoreszenzmikroskop gefärbt. Original.

6. *Die fluoreszenzmikroskopische Analyse der Neutralrotfärbung.*

Da das Farbstoffkation nicht fluoresziert, dafür aber sich im Hellfelde durch eine deutliche Rotfärbung in seiner Lokalisation nachweisen läßt, ist zu erwarten, daß an neutralrotgefärbten Zellen die in der Farbe des Kations rotgefärbten Teile bei der Betrachtung im Fluoreszenzmikroskop keine Fluoreszenzerscheinungen zeigen. Inwieweit die schwach gelblich gefärbte Neutralrotbase in den lebenden Zellen gespeichert wird, läßt sich durch' Hellfeldbeobachtung keineswegs entscheiden, da die Lichtabsorption durch die Neutralrotbase so gering ist, daß selbst bei erheblicher Anhäufung derselben in der Zelle kaum ein optischer Nachweis bei Hellfeldbeobachtung zu erwarten ist. Da aber die Neutralrotbase sowohl in wäßriger Lösung als auch besonders in organischer Lösung stark goldgelb bis gelbgrün fluoresziert, läßt sich die Frage nach der Speicherung der Neutralrotbase durch lebende Zellen nur auf fluoreszenzoptischem Wege lösen.

Zu diesem Zwecke stellt man sich die in der vorigen Versuchsreihe angegebene Farbstoffpufferreihe her und färbt Zwiebelepidermen 10 Minuten lang ein. Nach dem Auswaschen in den farblosen Pufferlösungen vom selben p_H-Wert werden die Präparate mit Hilfe eines Fluoreszenzmikroskopes untersucht. Man kann die Blaulichtfluoreszenzmikroskopie anwenden. Die Ergebnisse dieser Untersuchung sind überraschend. Die Membranen der Zellen zeigen in keinem p_H-Bereich eine Fluoreszenz. Ebenso bleibt der Zellsaft fluoreszenzfrei. Dies ist verständlich, da in beiden Fällen der Farbstoff in Form des nichtfluoreszierenden Kations anwesend ist. Dagegen zeigt das Zytoplasma bei Annäherung an den Neutralpunkt eine starke gelbgrüne Fluoreszenz. Diese beweist uns, daß gleichzeitig mit dem Eintritt der Vakuolenfärbung im Zytoplasma eine kräftige Speicherung der molekularen Neutralrotbase erfolgt. Abb. 105 zeigt uns Zellen, welche in p_H 7,6 vitalgefärbt wurden. Die gefärbten Zellsafträume erscheinen fluoreszenzfrei, das Zytoplasma enthält die goldgelb fluoreszierende Farbbase. Plasmolysiert man derartige Zellen mit 1 Mol KNO_3, so tritt meist eine sehr schöne Konvexplasmolyse ein (Abb. 106). An diesen plasmolysierten Zellen ist im Fluoreszenzmikroskop die Farbbasenfärbung des Zytoplasmas besonders deutlich zu erkennen. Bemerkenswert ist die Beobachtung, daß die bei der Plasmolyse mit KNO_3 entstehenden Myelinfiguren (vgl. Versuch 54, S. 108) die Neutralrotbase besonders stark speichern.

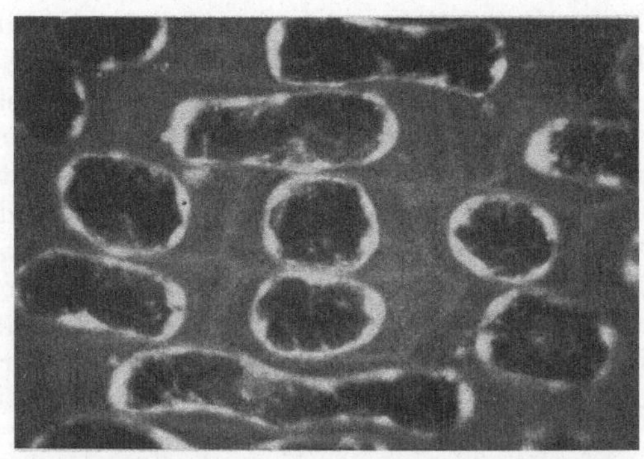

Abb. 106. Dasselbe wie in Abb. 105, aber mit 1 Mol KNO_3 plasmolysiert. Die Farbbasenfärbung des Zytoplasmas ist besonders schön zu sehen. Original.

Nach längerer Bestrahlung mit ultraviolettem Lichte beginnen die ursprünglich fluoreszenzfreien Zellsafträume grüngelb zu fluoreszieren, ein Zeichen dafür, daß durch die Strahlenwirkung eine Veränderung im Zellsaftraum eintritt.

Die fluoreszenzmikroskopische Untersuchung neutralrotgefärbter Zellen hat demnach gezeigt, daß die im Hellfeld nicht nachweisbare Farbbase in denjenigen p_H-Bereichen, in denen Vakuolenfärbung eintritt, im Zytoplasma stark gespeichert wird.

7. Der Asphyxie-Effekt.

Es hat sich gezeigt, daß die Farbstoffverteilung in Zellen, deren Vakuolen mit Neutralrot gefärbt sind, durch relativ kurzfristigen Sauerstoffmangel stark beeinflußt wird. Dieser Effekt spielt schon bei der Untersuchung deckglasbedeckter Präparate eine praktische Rolle und muß daher bei der Analyse von Vitalfärbungserscheinungen mit basischen Farbstoffen immer berücksichtigt werden.

Epidermishäutchen der Zwiebelschuppe von *Allium Cepa* werden in Neutralrot 1 : 10000 p_H 7 (Lösung in Leitungswasser) 10—20 Minuten lang eingefärbt. Die mikroskopische Beobachtung im Medium vom selben p_H-Wert ergibt eine starke Vakuolenfärbung. Hierauf wird ein Häutchen in einem Tropfen Leitungswasser unter Deckglasabschluß gebracht und 10—20 Minuten lang unter dem Mikroskop beobachtet. Die Vakuolen entfärben sich allmählich und der Farbstoff wird in Form der roten Kationen in den Zellmembranen gespeichert, so als ob das gefärbte Epidermishäutchen in ein saures Medium übertragen worden wäre. Noch schneller läßt sich der Asphyxie-Effekt durch Entlüftung des Präparates mit der Wasserstrahlluftpumpe erreichen.

Am schnellsten tritt die Umfärbung von der Vakuolenfärbung zur Membranfärbung nach Einbettung in Paraffinöl ein. Die in neutraler Neutralrotlösung eingefärbten Häutchen werden nach Auswaschung mit Filterpapier oberflächlich abgetrocknet und hierauf in einen Tropfen Paraffinöl auf dem Objektträger eingebettet und mit einem Deckglas bedeckt. Schon nach 2—3 Minuten beginnt die Membranfärbung aufzutreten. Nach 30 Minuten ist eine totale Entfärbung der Vakuolen zu beobachten, und der ganze Farbstoff befindet sich in den Zellmembranen. Hierauf geht die Vakuolenkontraktion allmählich zurück, und die normale Plasmakonfiguration wird wieder hergestellt.

Die Erklärung für diesen Asphyxie-Effekt ist relativ einfach. Durch den Sauerstoffentzug erfolgt eine Umstellung der oxydativen Atmung zur intramolekularen Atmung. Dabei entstehen als Endprodukte organische Säuren, welche in den peripheren Plasmagrenzschichten frei werden. Dadurch werden die intermicellaren Räume an der Grenze Plasma-Zellmembran angesäuert, so daß vom chemischen Gesichtspunkte aus gesehen durch Asphyxie dasselbe erreicht wird wie durch Einlegen in ein saures Medium. Die Änderung der Farbstoffverteilung erfolgt dann zwangsläufig.

8. Die Theorie der Neutralrotfärbung.

Farbstofflösungen mit verschiedenem p_H-Wert besitzen verschiedene physikochemische Eigenschaften. Der basische Farbstoff Neutralrot ist im sauren Bereich stark dissoziiert. Bei Annäherung an den Neutralpunkt geht die Dissoziation immer mehr zurück, bis schließlich im Neutralpunkt der Indikatorumschlag erfolgt und der Farbstoff jenseits des Neutralpunktes im schwach alkalischen und stärker alkalischen Bereich in molekularer Farbbasenmodifikation gelöst ist. Es kann daher für das Ergebnis der Farbstoffaufnahme und Speicherung nicht gleichgültig sein, in welcher Form der Farbstoff der lebenden Zelle geboten wird.

Unter p_H 3 erfolgt keine nachweisliche Farbstoffspeicherung durch lebende Zellen. Die Farbstoffkationen vermögen sonach nicht in hinreichender Menge zu permeieren, um innerhalb kürzerer Färbezeiten (10 Minuten) eine sichtbare Färbung hervorzurufen. Das Ausbleiben der Membranfärbung im extrem sauren Bereich läßt sich nur durch das Ausbleiben der Elektroadsorption der Farbkationen an den inneren Oberflächen der Membran erklären. Da elektroadsorptive Bindungsmöglichkeiten nur dann versagen, wenn die Ladung des zu bindenden Körpers Null ist oder im gleichen Sinne liegt wie die Ladung des adsorptiv zu bindenden Körpers, so muß angenommen werden, daß unter p_H 3 die Zellmembranen unseres Versuchsobjektes entweder ungeladen oder elektropositiv geladen sind. In der Tat haben einschlägige Analysen diese Annahme experimentell bestätigen können. Der Entladungsbereich der Zellmembranen der Zwiebelschuppenepidermis wurde im Bereich p_H 3 experimentell aufgefunden. Wird dieser p_H-Wert überschritten, so färben sich die Zellmembranen äußerst intensiv rot an. Dies ist so lange der Fall, bis mit der Annäherung an den Neutralpunkt die Dissoziation des Farbstoffes so weit zurückgedrängt wird, daß zur elektroadsorptiven Speicherung der Farbkationen in der elektronegativ geladenen Zellmembran keine Farbkationen im Farbbade mehr zur Verfügung stehen. Diese elektroadsorptiv bedingte Kationenadsorption in der Zellmembran läßt sich auch in einem einfachen Modellversuch reproduzieren. Man färbt zu diesem Zwecke Filterpapierstreifen oder Watte in p_H-abgestuften Neutralrotlösungen ein und wäscht sie in ungefärbten Pufferlösungen vom selben p_H-Wert aus. In der sauersten Stufe tritt infolge des Ladungsverlustes keine starke Färbung des Filterpapieres auf, während über p_H 3 die elektroadsorptiv bedingte Färbung sehr stark wird und schließlich mit Annäherung an den Neutralpunkt wieder zurücktritt. Damit sind die Phänomene der Membranfärbung hinreichend theoretisch geklärt.

Zellen, welche in p_H 4,5 eingefärbt wurden, weisen lediglich die elektroadsorptive Membranfärbung auf; ein deutliches Zeichen dafür, daß die Farbkationen nicht in großer Menge ins Plasma eindringen können, denn sonst müßte auch im Zytoplasma eine Kationenadsorption an den elektronegativ geladenen Eiweißkörpern erfolgen. Erst mit dem Verschwinden der Membranfärbung, also in denjenigen p_H-Bereichen, in denen die Konzentration der Neutralrotbasenmoleküle bzw. Farbsalzmoleküle stark zunimmt und die Konzentration der Farbkationen bis auf ein Minimum abnimmt, tritt eine vitale Zellinhaltsfärbung in Erscheinung. Da die Farbkationen offensichtlich nicht in unser Versuchsobjekt eindringen können, müssen also die Farbbasenmoleküle relativ leicht permeieren können. In der Tat läßt sich bei Paralleluntersuchungen genau im gleichen p_H-Bereich fluoreszenzoptisch das Auftreten der Farbbase im Zytoplasma beobachten, in welchem man bei Hellfelduntersuchungen auch das erste Auftreten einer Vakuolenfärbung konstatieren kann. Die Basenmoleküle können nicht nur in das Zytoplasma eintreten (intrameieren), sondern sie permeieren durch beide Plasmagrenzschichten in den Zellsaftraum. Dort müssen sie infolge geänderter p_H-Verhältnisse dissoziieren, da im Zellsaftraum die rote Farbe der Kationen in Erscheinung tritt. Daß eine nachträgliche Dissoziation der molekularen Komponente des permeierenden Farbstoffes tatsächlich eintritt, wird ja schließlich dadurch bewiesen, daß Zellen, welche in eine wäßrige, molekulare, alkalische Basenlösung eingelegt werden, in ihren Zellsafträumen rot werden. Im Zellsaftraum kommt es aber nicht nur zur Erreichung eines Konzentrationsgleichgewichtes, sondern der Farbstoff wird auch noch gespeichert. Die Mechanik dieser Speicherung ist wohl sicher von Objekt zu Objekt sehr verschieden. In unserem Falle enthält der Zellsaft Fettsäurekomponenten, welche den Farbstoff in der Farbe des Kations auf dem Wege der Löslichkeitsmechanik speichern. Wird im Modellversuch eine wäßrige Basenlösung von Neutralrot mit Ölsäure ausgeschüttelt, so geht das Neutralrot in der Farbe des Kations vollständig in die Ölsäure über.

Beim Durchtritt der stark lipophilen Farbbase durch das Zytoplasma speichern die lipoiden Komponenten des Zytoplasmas die molekulare

Farbbase auf dem Wege der Löslichkeitsaffinität. (Direkte Beobachtung durch die Färbung der Myelinfiguren!)

Die Farbstoffabgabe vitalgefärbter Zellen in Wasser ist theoretisch leicht zu übersehen. Die im sauren Medium gefärbten Zellmembranen geben im schwach sauren, destillierten Wasser daher keinen Farbstoff ab, weil die elektroadsorptive Bindung infolge des p_H-Wertes des wäßrigen Mediums bestehen bleibt. Die im neutralen bis alkalischen Medium gefärbten Zellen sind dagegen imstande, in ein neutrales, wäßriges Medium (Leitungswasser) den in der Vakuole gebundenen Farbstoff allmählich abzugeben. Die Ursache dafür ist die relativ lockere Löslichkeitsbindung der Farbbase im Zytoplasma und im Zellsaft, so daß das Diffusionsgefälle wirksam wird. Im Zusammenhang mit diesen Erscheinungen ist auch die Umfärbung nach Wechsel des p_H-Wertes des ungefärbten Mediums durchaus verständlich. Wird eine im sauren Bereich mit Membranfärbung ausgestattete Zelle in ein neutrales oder schwach alkalisches, wäßriges Medium übertragen, so erfolgt zunächst eine Imbibition der Intermicellarräume der Membran mit dem neutralen Medium. Die Adsorptionsbindung der Farbstoffkationen in der Membran wird gelöst. Die entstehenden Farbstoffmoleküle können vom Zytoplasma und vom Zellsaftraum nunmehr so gespeichert werden, als ob die Zelle in einer neutralen Farbstofflösung läge. Die gefärbte Membran stellt also gewissermaßen ein Farbstoffdepot dar.

Wird eine im neutralen Farbstoffmedium mit Vakuolenfärbung ausgestattete Zelle in ein wäßriges, schwach saures Medium übertragen, so tritt zunächst das Diffusionsgefälle von innen nach außen für die molekulare Modifikation des Farbstoffes in Erscheinung. Die Farbstoffmoleküle treten demnach aus dem Zytoplasma in die Membran aus. Da aber der p_H-Wert der Membran durch den p_H-Wert des Mediums bestimmt wird, muß schon in den Intermicellarräumen der Membran eine Dissoziation der ausgetretenen Farbstoffmoleküle erfolgen. Die Membran muß dann die entstehenden Farbstoffkationen elektroadsorptiv so speichern, als ob die Zelle in einer schwach sauren Neutralrotlösung läge. Die Membran ist in diesem Falle ein Kationenfänger. Die bei Asphyxie auftretenden gleichlaufenden Vorgänge sind dieselben, nur daß die intramolekulare Atmung die Ansäuerung der Membranen bedingt.

9. Die Färbung des toten Protoplasmas mit Neutralrot.

Tötet man durch Erhitzen oder durch mechanische Verletzung ganze Zellflächen bzw. einzelne Zellbezirke der Epidermishäutchen ab und legt die so behandelten Präparate auf eine Neutralrotlösung 1 : 10000 in Leitungswasser (p_H 7—7,5), so ist der Unterschied im Färbungsmodus zwischen lebenden und toten Zellen klar zu beobachten. Während die lebenden Zellen eine reine Vakuolenfärbung aufweisen und nur bei fluoreszenzmikroskopischer Beobachtung eine Farbbasenfärbung des Zytoplasmas erkennen lassen, zeigen die getöteten Zellen bei der Untersuchung im Hellfelde eine starke Kationenadsorption im Zytoplasma und in den Zellkernen. Infolgedessen erscheint das tote Protoplasma rot gefärbt.

Aus diesem Versuch ergibt sich die Tatsache, daß abgetötetes Proto-
plasma die Kationen basischer Farbstoffe in einem bestimmten p_H-Bereich
(vgl. Versuch 86, S. 165) kräftig zu speichern vermag. Lebendes Plasma
ist zu solch starker Kationenadsorption nicht befähigt. (18, 29, 30, 31, 32,
37, 38, 39, 44, 57, 58, 59, 97, 129, 136, 140, 147, 148, 159, 161, 162, 168.)

Versuch 83.

Die Methylenblauspeicherung in Pflanzenzellen.

1. Der klassische Versuch Pfeffers an Wurzelhaaren.

Wurzelhaare von *Trianea Bogotensis* werden unter dem Mikroskop
liegend mit einer Methylenblaulösung 1 : 20000 (hergestellt mit Leitungswasser) eingefärbt. Die jüngeren und älteren Wurzelhaarzellen speichern
das Methylenblau mit großer Geschwindigkeit, wobei sich ähnlich wie
im Neutralrotversuch feste Farbstoffkrümel im Zellsaft und in den
Vakuolen bilden.

Diese Speicherung des Methylenblaues ist auf eine chemische Bindung des Farbstoffes an den zelleigenen Gerbstoff zu erklären. In der
Tat zeigen alle gerbstoffführenden Zellen eine sehr starke und elektive
Methylenblauspeicherung. Ist dagegen in den Zellen kein Gerbstoff
anwesend, so wird das Methylenblau nur sehr langsam vom Zellinhalt
gespeichert.

2. Die Methylenblaufärbung der Zwiebelepidermiszellen.

Die obere Epidermiszelle der Zwiebelschuppe von *Allium Cepa* ist
ein solches praktisch gerbstofffreies Versuchsobjekt. Da das Methylenblau bis weit in den alkalischen Bereich hinein noch in dissoziierter
Form vorliegt, so tritt im gesamten sauren und schwach alkalischen
Bereich nach kurzer Färbedauer eine reine Membranfärbung in Erscheinung. Die Zellsafträume speichern das Methylenblau erst im extrem
alkalischen Bereich.

Um die Methylenblaufärbung zu prüfen, werden gepufferte Farblösungen (1 : 10000) vom p_H-Wert 6,8—11,8 hergestellt. Hierauf färbt
man die Epidermishäutchen 20 Minuten lang in den Farblösungen ein
und wäscht im entsprechenden farblosen Puffergemisch aus. Die Hellfelduntersuchung zeigt sowohl nach Färbung in p_H 6 als auch in p_H 8
eine reine Membranfärbung. Erst über p_H 11 tritt eine schöne Vakuolenfärbung auf, mit welcher auch eine Vakuolenkontraktion verbunden ist.

Je nach dem Zustand des Versuchsmaterials (ruhende oder treibende
Zwiebeln) kann das Färbungsbild wechseln. Speicherung in Form von
Tröpfchen oder kristalline Farbstoffspeicherungen im Zellsaft können
dann auftreten.

3. Die Methylenblaufärbung lebender und toter Hefezellen.

Das lebende Plasma speichert auf elektroadsorptivem Wege die Farbkationen basischer Farbstoffe entweder überhaupt nicht oder nur in
sehr geringen Konzentrationen. Diese reichen nicht aus, um eine im
Hellfelde nachweisbare Vitalfärbung des lebenden Protoplasmas zu
erzielen. Ganz anders verhält sich gegenüber basischen Farbstoffen das

tote Protoplasma. Oberhalb des IEP der speichernden Eiweißkörper (das ist meist über p_H 5) speichert das abgetötete Protoplasma sämtliche dissoziierten basischen Farbstoffe auf elektroadsorptivem Wege sehr kräftig. Darauf beruht auch die zytologische Färbemethodik an fixierten Protoplasten.

Wenn ein basischer Farbstoff in den Zellsafträumen nicht zu stark vital gespeichert wird, so ist es mit Hilfe der eigenartigen Färbungsunterschiede möglich, lebende und tote Zellen auseinanderzuhalten. Die toten Zellen weisen nach Methylenblaubehandlung eine sehr starke Plasmafärbung auf, während die lebenden Zellen höchstens eine blaßblaue Vakuolenfärbung besitzen.

Dieser Versuch läßt sich besonders schön an einer Hefezellsuspension durchführen. Käufliche Preßhefe wird in einer Methylenblaulösung 1 : 5000, hergestellt in destilliertem Wasser, suspendiert. Technisch wird dies am besten so durchgeführt, daß ein kleines Reagenzröhrchen mit 2 ccm Farblösung gefüllt wird und mit einer Impföse eine kleine Portion Preßhefe in der Farblösung durch Rühren verteilt wird. Nach 10 Minuten langer Färbedauer wird eine Impföse der Suspension entnommen und davon ein Deckglaspräparat hergestellt. Die Hellfelduntersuchung bei mittlerer Vergrößerung und etwas geöffneter Blende zeigt zwei Sorten von Zellen. War die Preßhefe frisch, so sind die toten, mit starker Plasmafärbung ausgestatteten Zellen weitaus in der Minderzahl gegenüber den kaum blaßblau erscheinenden lebenden Hefezellen. Dieses Verhältnis kann sich mit zunehmendem Alter der Preßhefe beträchtlich verschieben.

Es empfiehlt sich, die so gefärbten Hefezellen mit einer Ölimmersion sorgfältig zu untersuchen, damit man sich auch an Mikroorganismen die Gewohnheit aneignet, die zytologische Verteilung von Farbstoffen sorgfältig zu analysieren.

Tötet man mit Formalin oder durch Erhitzen auf 100° die Hefe vorher ab und färbt sie dann mit Methylenblau, so erscheinen alle Hefezellen plasmatisch dunkelblau gefärbt. (11, 12, 37, 46, 54, 129, 133, 136, 141.

Versuch 84.

Die Analyse der Pyroninfärbung.

Das Pyronin ist ein ringgeschlossener Chinonfarbstoff basischer Natur, dessen wäßrige Lösung eine tiefrote Eigenfarbe besitzt. Untersucht man den Farbstoff unter der Quecksilberdampflampe, so zeigt er in wäßriger Lösung eine starke gelbe Fluoreszenz. Diese gelbe Fluoreszenz ist nur im sauren und schwach alkalischen Bereich bis p_H 10 nachzuweisen. Alkalinisiert man eine Farbstofflösung über p_H 10, so schlägt die gelbe Fluoreszenzfarbe allmählich in ein kräftiges, sattes Ultramarinblau um. Das Pyronin ist demnach ein zweifarbiger Fluoreszenzindikator. Sowohl Kataphoreseversuche wie auch Ausschüttelungsversuchsreihen mit Benzol ergeben eindeutig die Tatsache, daß die gelb fluoreszierende Komponente mit den in wäßriger Lösung im durchfallenden Lichte rot erscheinenden Pyroninkationen identisch ist, während die bei starker Alkalinisierung vorliegende ultramarinblaue Komponente der molekularen Farbstoffbase entspricht. Die gelb fluoreszierenden Farbstoffkationen erweisen sich als hydrophil und lipophob. Die ultramarinblau fluoreszierende Farbstoffbase ist stark lipophil.

Auf Grund der interessanten Eigenschaften dieses Farbstoffes ist es besonders wichtig, seine Aufnahme, Verteilung und Speicherung in lebenden Zellen bei gleichzeitiger Variation des p_H-Wertes des Farbbades näher kennen zu lernen.

1. Die Hellfeldanalyse der Pyroninspeicherung.

Es werden gepufferte Pyroninlösungen 1 : 10000 hergestellt, welche den p_H-Bereich 2,5—11 in regelmäßigen Stufen umfassen (p_H-Differenz etwa 1). Die obere Zwiebelepidermis von *Allium Cepa* wird in die Lösungen 10—15 Minuten lang eingelegt und im Hellfelde untersucht. Die Untersuchung muß selbstverständlich in entsprechenden, ungefärbten Pufferlösungen durchgeführt werden.

Ergebnis: Unterhalb p_H 3 färben sich die Membransysteme nur schwach rot an (Imbibitionsfärbung). Von p_H 3 bis p_H 10 erscheinen die Membranen sehr stark rot gefärbt (Elektroadsorption der Farbkationen an der negativ geladenen Membran). Mit dem Nachlassen der Dissoziation zwischen p_H 8 und 9 nimmt die Rotfärbung der Membranen ebenfalls stark ab. Über p_H 10 ist gleichzeitig mit dem Verschwinden der Farbkationen auch ein Aufhören einer sichtbaren Membranfärbung verbunden. Innerhalb der vorgesehenen kurzen Färbezeit ist im Hellfelde im Zytoplasma und im Kern keinerlei Färbung zu beobachten. Ebenso erscheinen die Zellsafträume ungefärbt. Über p_H 10 ist sowohl im Zytoplasma als auch im Zellkern gelegentlich eine sehr schwache rote Färbung zu erkennen.

Schlußfolgerungen:

Solange das Pyronin dissoziiert ist, tritt eine Farbstoffspeicherung der Kationen im Membransystem so ergiebig auf, daß im Hellfelde eine starke Membranfärbung sichtbar ist. Eine Speicherung von Farbkationen im Zytoplasma und Zellkern ist im Hellfelde nicht nachzuweisen.

2. Die fluoreszenzmikroskopische Untersuchung der Pyroninfärbung.

Dieselbe p_H-Reihe, welche für die Hellfeldfärbungen angesetzt wurde, wird wiederum mit Epidermishäutchen beschickt. Die Färbedauer beträgt 10 Minuten. Hierauf wird in den ungefärbten Puffern ausgewaschen und im Fluoreszenzmikroskop (UV-Erregerlicht) untersucht.

Ergebnis: Unter p_H 3 sind die Membranen in schwach gelber Fluoreszenzfarbe mit den Farbkationen imbibiert. Von p_H 3 bis p_H 10 fluoreszieren die Membranen infolge der Elektroadsorption der Farbkationen stark gelb. Die rote Eigenfärbung löscht unter Umständen die Fluoreszenz. Über p_H 10 tritt keine Farbkationenadsorption in den Membranen in Erscheinung, sie sind dann fluoreszenzfrei. Das fluoreszenzoptische Ergebnis der Membranfärbung stimmt also mit den Erfahrungen der Hellfeldfärbung überein.

Das Zytoplasma erscheint besonders in den p_H-Stufen zwischen p_H 6 und p_H 7 in deutlich gelber Fluoreszenzfarbe. Es ist homogen durchgefärbt, und es besteht kein Zweifel, daß es die Farbkationen in fluoreszenzmikroskopisch nachweisbarer Konzentration zu speichern vermag. Im p_H-Bereich 7,5 bis 10 tritt im Zytoplasma eine bläulich gelbe Mischfluoreszenz auf, ein deutlicher Hinweis dafür, daß sowohl Farbkationen wie auch Farbbasenmoleküle gespeichert werden. Nach Überschreiten des Umschlagspunktes (p_H 10,5) fluoresziert das Zytoplasma prächtig ultramarinblau. Auch diese Färbung ist diffus. Es werden sonach im extrem alkalischen Bereich nur Farbbasenmoleküle gespeichert. Die Vitalität der Zellen ist dabei voll erhalten.

Der Zellkern erscheint in den p_H-Bereichen 4,5 bis 10 in gelblicher Fluoreszenzfarbe. Die nähere Untersuchung lehrt, daß das Kerngerüst in der Fluoreszenzfarbe der Farbkationen gefärbt ist, ebenso die Nukleolen. Über p_H 10 ist der Kerninhalt in der Regel fluoreszenzfrei. Lediglich die Kernmembran hebt sich als ultramarinblaue Kontur deutlich hervor.

Im Zellsaft ist um den Neutralpunkt herum gelegentlich eine diffuse Gelbfluoreszenz sichtbar.

Schlußfolgerungen: Der zweifarbige Fluoreszenzindikator Pyronin ermöglicht uns zu entscheiden, ob Farbkationen (Gelbfluoreszenz) oder Farbbasenmoleküle (Ultramarinblaufluoreszenz) gespeichert werden. Das Zytoplasma vermag sonach Farbkationen in geringer Menge elektroadsorptiv zu binden, ebenso das Karyotingerüst der Zellkerne. Diese Bindung ist aber nur solange möglich, so lange im Farbbade Kationen der lebenden Zelle geboten werden. Über p_H 10 werden den Zellen nur Farbbasenmoleküle geboten. Dementsprechend werden auch nur diese im Zytoplasma und in der Kernmembran gespeichert. Das Zytoplasma zeigt bei abnehmender Dissoziation des Farbbades (zwischen p_H 7,5 und 10) eine bläulich gelbe Mischfluoreszenz, welche die gleichzeitige Speicherung von Farbkationen und Basenmolekülen anzeigt.

3. Die Analyse der Mechanik der Pyroninspeicherung.

Um zu entscheiden, ob auch abgetötete Zellen das Pyronin in ähnlicher Gesetzmäßigkeit zu speichern imstande sind, werden Färbungsversuche an alkoholfixierten Zwiebelzellen systematisch durchgeführt. Epidermishäutchen von *Allium Cepa*-Zwiebelschuppen werden 10 bis 15 Minuten lang mit 70%igem Äthylalkohol fixiert. Dann wird kurz in destilliertem Wasser ausgewaschen und die Färbung der getöteten Häutchen in gleicher Weise vorgenommen wie früher an den lebenden Epidermen.

Ergebnis: Zwischen p_H 3 und p_H 10 starke Membranfärbung auf Grund der Elektroadsorption (Alkohol ändert ja die elektrische Ladung der Zellbestandteile nicht). Das tote Zytoplasma speichert oberhalb seines IEP (über p_H 4) bis p_H 9 den Farbstoff als Kation äußerst stark, ebenso der Zellkern. Es besteht kein Zweifel, daß diese beobachteten Färbungen in ihrer Mechanik prinzipiell mit den beobachteten vitalen Färbungen übereinstimmen. Nur die Quantität des gespeicherten Farbstoffes ist beim toten Plasma ungleich größer.

Färbt man über p_H 10 mit der Pyroninbase, so ergeben auch die fixierten Epidermiszellen dasselbe Färbungsbild wie die lebenden. Die Farbbasenmoleküle werden in ultramarinblauer Fluoreszenzfarbe vom Zytoplasma und der Kernmembran kräftig gespeichert.

Lebende und kurzdauernd alkoholfixierte Zellen verhalten sich demnach prinzipiell gleichartig.

Da die Farbkationen nur in einem hydrophilen System mit negativer elektrischer Ladung gespeichert werden können, kann zur weiteren Aufklärung der Speicherungsmechanik die Arbeitshypothese als wahrscheinlich angenommen werden, daß die Farbkationen im Plasma durch die hydrophilen Eiweißkörper oberhalb ihres IEP gespeichert werden. Dies muß besonders für das Karyotingerüst gelten, in welchem das thymonukleinsäurehaltige, also stark negativ geladene Chromatin durch die Farbkationen gefärbt wird.

Die Farbbasenmoleküle sind dagegen stark lipophil. Eine Speicherung der Pyroninbase ist daher nur in lipoiden Komponenten des Protoplasmas denkbar. Man ist somit berechtigt, als Arbeitshypothese die Vermutung aufzustellen, daß die Pyroninbasenmoleküle in den Zytoplasmalipoiden und in den Lipoidkomponenten der Kernmembran gespeichert werden.

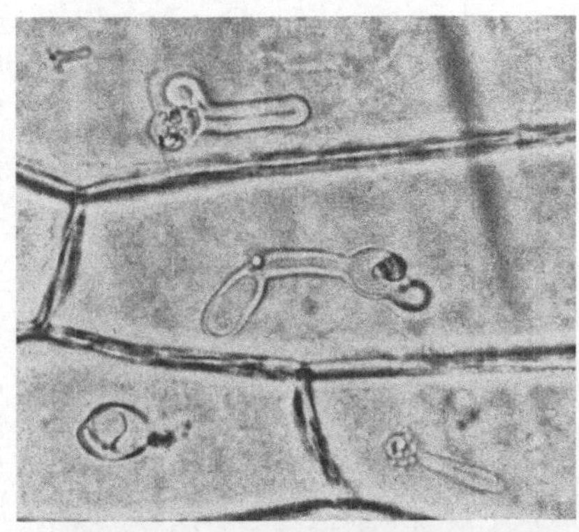

Abb. 107. Obere Zwiebelschuppenepidermis von *Allium Cepa*. Mit Amylenhydrat-Pyridin nach CZAPEK behandelt. Entmischung der Baulipoide aus dem Zytoplasma. Nach Einlegen in alkalinisiertes Wasser entstehen aus den Lipoidtropfen sehr schöne Myelinfiguren, was auf den Lezithincharakter der Baulipoide hinweist. Original.

Zur Beweisführung können folgende Versuche durchgeführt werden: Epidermishäutchen werden nicht mehr kurze Zeit (10—15 Minuten) in kaltem, 70%igem Alkohol fixiert, sondern sie werden 1 Stunde lang in 96%igem Äthylalkohol gekocht. Hierauf wird in destilliertem Wasser ausgewaschen und in einer Pyroninlösung (p_H 11,5) 15 Minuten lang gefärbt. Zur Kontrolle empfiehlt es sich, Epidermishäutchen einzufärben, welche mit 5%iger Salzsäure abgetötet wurden. Die fluoreszenzmikroskopische Beobachtung ergibt den interessanten Befund, daß die mit Alkohol extrahierten Zellen im Vergleich zu den nicht extrahierten Kontrollen nur eine äußerst schwachblaue Fluoreszenzfarbe im Zytoplasma zeigen. Auch die Färbbarkeit der Kernmembran ist nach der Alkoholextraktion verlorengegangen.

Durch die Alkoholextraktion ist sonach die Komponente des Zytoplasmas und der Kernmembran, welche die Pyroninbasenmoleküle zu speichern vermag, herausgelöst worden. Da unter den in Frage kommenden Lipoiden in erster Linie das Lezithin sich durch eine relativ leichte Alkohollöslichkeit auszeichnet, kann man bereits vermuten, daß die Blaufluoreszenz des Zytoplasmas, welche über p_H 10 eintritt, durch eine

Löslichkeitsspeicherung der Pyroninbasenmoleküle in den Lezithinen des Zytoplasmas zustande kommt.

Der zweite Versuch zur Klärung der Farbbasenspeicherung ist auf den Erfahrungen CZAPEKs aufgebaut. Nach diesem Autor gelingt es, durch Behandlung von Zellen mit einem Gemisch von Amylenhydrat-Pyridin das Zytoplasma so zu entmischen, daß die vor der Behandlung submikroskopisch in der Eiweißgrundlage verteilten Lipoide zu mikroskopisch sichtbaren Tröpfchen zusammenfließen.

Epidermishäutchen werden in ein Gemisch von Amylenhydrat-Pyridin (5: 1) eingelegt und zweimal 24 Stunden darin liegengelassen. Die mikroskopische Untersuchung zeigt dann in jeder Zelle einen oder mehrere stark lichtbrechende Tropfen. Setzt man diesen Zellen verdünnte Kalilauge zu, so bilden sich aus den Tropfen prächtige Myelinfiguren (Abb. 107), wie es die Lezithine auch im Modellversuch beobachten lassen. Wird dieses Zellmaterial mit der Pyroninbase (p_H 11,5) eingefärbt, so wird die ultramarinblau fluoreszierende Pyroninbase ausschließlich in den entmischten Lipoidtropfen gespeichert (Abbildung 108).

Abb. 108. Die durch Amylenhydrat-Pyridin entmischten Baulipoide lassen sich durch die Pyroninbase elektiv in blauer Fluoreszenz anfärben. Original.

4. Die Pyroninfärbung eines Gelatine-Benzol-Modells.

Ist die gefaßte Arbeitshypothese richtig, so muß sich der Färbungsmodus der Protoplasten durch ein einfaches Modell, gebildet aus dem hydrophilen Gelatineeiweiß und einer organischen Phase (Benzol), nachahmen lassen.

Eine erwärmte, 10%ige Gelatine wird vor dem Erstarren mit Benzol durch Schütteln im Reagenzglas so vermischt, daß eine mikroskopische Gelatine-Benzol-Emulsion entsteht. Auf 5 ccm Gelatinelösung werden 0,5 ccm Benzol zugesetzt. Auf entfettete Objektträger wird ein dünner Tropfen dieser erstarrenden Emulsion flach ausgebreitet. Im erstarrten Zustand sieht man bei mikroskopischer Beobachtung in der Gelatine kleine Benzoltröpfchen eingeschlossen. Es muß mit frisch hergestellten Präparaten gearbeitet werden, da das Benzol relativ schnell verdunstet. Hierauf wird in Färbetrögen mit gepufferten Farbstofflösungen 1 Stunde lang gefärbt und in entsprechenden ungefärbten Pufferlösungen ausgewaschen. Die Tabelle auf S. 163 zeigt uns das Ergebnis.

Das Modell zeigt also eine Farbstoffspeicherung, welche mit den Vorgängen an der lebenden und toten Zelle weitgehend übereinstimmt. Es besteht kein Zweifel, daß die Farbkationen auch im lebenden Protoplasten an den Eiweißkörpern elektrostatisch gebunden sind und daß die Farbbasenmoleküle in den lipoiden Komponenten des Protoplasmas infolge ihrer großen Lösungsaffinität gespeichert werden.

pH	Benzol	Gelatine
2,05	—	+ gelb
3,43	—	+ gelb
4,13	—+ ultramarinblau	+ + + + gelb
6,27	—+ ultramarinblau	+ + + + gelb
7,56	+ ultramarinblau	+ + + + gelb
11,23	+ + + + ultramarinblau	—

5. Die Lichtwirkung auf vitalgefärbte Zellen.

Während die Kationenfärbung des lebenden Protoplasmas völlig strahlenunempfindlich ist, zeigt die ultramarinblaue Farbbasenfärbung eine große Strahlenempfindlichkeit.

Werden lebende oder tote Zwiebelepidermiszellen, welche mit einer Pyroninbasenlösung p_H 11,5 in blauer Fluoreszenzfarbe angefärbt wurden, im Fluoreszenzmikroskop einige Minuten mit dem kurzwelligen Erregerlicht bestrahlt, so erfolgt an den bestrahlten Stellen im Zytoplasma ein Farbumschlag von Blau nach Gelb. Die Basenfärbung der lipoiden Komponenten geht also in eine Kationenfärbung der Eiweißkomponenten über.

Denselben Versuch kann man auch an einem Gelatine-Benzol-Modell durchführen, welches vorher eine Anfärbung der Benzoltröpfchen in blauer Fluoreszenzfarbe erfahren hat. Es ist während der Bestrahlung mit dem Erregerlicht reizvoll zu beobachten, wie die Benzoltröpfchen allmählich ihre ultramarinblaue Fluoreszenz verlieren und wie das Pyronin in die Gelatine auswandert und dort in der Farbe der Kationen gespeichert wird. Nach einer bestimmten Erholungszeit im Dunkeln stellt sich die ursprüngliche Farbstoffverteilung wieder ein. Dieser Versuch zeigt, wie sehr bei der fluoreszenzmikroskopischen Beurteilung von Färbungen mit Vorsicht beobachtet werden muß. (36, **44, 172**.)

Versuch 85.
Die Analyse der Auraminfärbung.

Das Auramin ist ein gut wasserlöslicher, basischer Farbstoff mit sattgelber Eigenfarbe. Sowohl durch den Kataphoreseversuch als auch durch die Filterpapierprobe läßt sich seine basische Natur belegen. Von p_H 2—p_H 8 ist die Eigenfarbe des Auramins gelb. Über p_H 9 ist es als Diachrom ungefärbt und nicht mehr dissoziiert. Es liegt sonach als Farbbase vor. Die Fluoreszenzfarbe der dissoziierten Auraminlösungen zwischen p_H 2 und p_H 8 ist sehr schwach trübgrün. Über p_H 9 fluoresziert die wäßrige Farbbasenlösung deutlich blaugrau. Das Auramin ist demnach als zweifarbiger Fluoreszenzindikator anzusprechen. Die Farbkationen fluoreszieren in wäßriger Lösung nur sehr schwach, zeigen aber nach der erfolgten elektroadsorptiven Bindung an inneren, entgegengesetzt geladenen Geloberflächen eine außerordentlich starke goldgelbe Fluoreszenz. Diese Fluoreszenz adsorptiv gebundener Farbkationen ist mit Hilfe des Filterpapierversuches leicht zu demonstrieren. Mit Benzol ist die Farbbase mit zunehmender Alkalinisierung in schöner blauer Fluoreszenz ausschüttelbar.

Demnach besitzt die zellphysiologische Forschung im Auramin ein wichtiges Hilfsmittel, durch Ausnutzung der verschiedenen Fluoreszenzfarben die Art der Speicherung dieses basischen Farbstoffes in lebenden Zellen auf exakter Grundlage zu studieren. Es lassen sich dafür folgende Regeln aufstellen:

1. Wird an einem Zellort das Auramin so gespeichert, daß es zwar bei Betrachtung im Hellfeld im gelben Farbton nachweisbar wird, im Fluoreszenzmikroskop aber keine Fluoreszenz zeigt, so liegen gespeicherte Auraminkationen in wäßriger Lösung nicht adsorptiv gebunden vor.

2. Wird das Auramin an einem Zellort in goldgelber Fluoreszenz gespeichert, so liegt eine Elektroadsorption der Kationen an einem hydroiden, elektronegativ geladenen System vor.

p_H	Membran-fluoreszenz	Zytoplasma-fluoreszenz	Kern-fluoreszenz	Vakuole		Bemerkungen
				Fluoreszenz	Hellfeld	
2,16	+ gelb	+ gelb	(+) gelb	—	—	normal
3,30	++ gelb	+ gelb	(+) gelb	—	—	normal
4,23	+++ gelb	+ gelb	(+) gelb	—	—	normal
6,08	++ gelb	++ grau-gelb	+++ goldgelb	—	gelb	Vakuolen-kontraktion
7,44	+ gelb	+++ bläu-lichgelb	++++ goldgelb	—	gelb	Vakuolen-kontraktion
8,49	+—gelb	+++ bläu-lichgelb	++++ goldgelb	—	gelb	Vakuolen-kontraktion
10,12	—	+ blau	—	—	—	normal

3. Wird das Auramin so gespeichert, daß es an einem bestimmten Zellort blau fluoresziert und bei Hellfeldbetrachtung keinen Farbeffekt gibt, so liegt eine Speicherung der Auraminbasenmoleküle in lipoider Phase vor, welche auf Grund der Lösungsaffinität erfolgt.

Epidermisstücke der Oberseite der Zwiebelschuppe von *Allium Cepa* werden zur Durchführung der Vitalfärbungsanalyse in Auraminlösungen 1 : 10000 mit abgestuften p_H-Werten 10 Minuten lang eingefärbt. Hierauf wird im Puffer vom selben p_H-Wert ausgewaschen und sowohl im Hellfeld als auch im Fluoreszenzmikroskop untersucht. Ergebnis: Die obenstehende Tabelle gibt uns einen Überblick. Die Zellmembranen färben sich unterhalb p_H 3 in schwach gelber Fluoreszenzfarbe (Imbibitionsfärbung!). Oberhalb des IEP bis p_H 8,5 färben sich die Membranen auf elektroadsorptivem Wege in goldgelber Fluoreszenzfarbe (elektroadsorptive Kationenspeicherung). Das Zytoplasma erscheint zwischen p_H 2 und p_H 6 schwach goldgelb fluoreszierend (elektroadsorptive Kationenspeicherung). Über p_H 6 erscheint das Protoplasma in einer bläulich gelben Mischfluoreszenz (elektroadsorptive Kationenspeicherung an den Eiweißen und gleichzeitige Basenfärbung infolge der Lösungsaffinität zu den Lipoiden). Über p_H 9 ist das Plasma rein blau fluoreszierend (reine Lipoidfärbung durch die Farbbasenmoleküle infolge Löslichkeitsaffinität). Der Zellkern ist bis p_H 9 stark goldgelb gefärbt. Insbesondere das Karyotingerüst zeichnet sich durch eine schöne distinkte Färbung aus (elektroadsorptive Bindung der Farbkationen am Nukleinsäure-Skelett). Über p_H 10 ist der Zellkern ungefärbt, nur die Kernmembran hebt sich als blaue Linie hervor (Lipoidfärbung durch die Farbbase). Der Zellsaftraum zeigt in keinem Fall eine Fluoreszenz. Im Hellfelde ist von p_H 6 an eine Gelbfärbung der Vakuolen verbunden mit einer Vakuolenkontraktion zu erkennen (Farbkationenspeicherung in wäßriger Lösung oder in einem fettsäurehaltigen System).

Der Versuch mit Auramin zeigt also klar, daß basische Farbstoffe im Zytoplasma auf zweierlei Weise gebunden werden. Einerseits tritt eine Farbkationenadsorption am Eiweißgerüst ein, andererseits werden die lipoiden Komponenten durch die Farbbase auf dem Wege der Löslichkeit gefärbt. Der Zellkern färbt sich nur auf dem Wege der Farbkationenadsorption. Die Kernmembran dagegen ist durch den Lipoidlöslichkeitsmechanismus färbbar. Im Zellsaftraum sind die Farbkationen nicht elektroadsorptiv gebunden. Die Auraminfärbung beweist also die Existenz der vitalen elektroadsorptiven Bindung der Farbkationen am lebenden Eiweiß- und Polynukleotidgerüst. (179.)

Versuch 86.

Die Analyse der Acridinorangefärbung. Eine Methode zur Unterscheidung des lebenden und toten Protoplasmas.

1. Die Eigenschaften des Acridinorange.

Das Acridinorange wird im Handel auch Rhodulinorange genannt. Für die beschriebenen Versuche soll das standardisierte Acridinorange „Bayer" benutzt werden. Die Strukturformel ist in Abb. 109 wiedergegeben.

Wird ein Tropfen einer Lösung 1 : 1000 in destilliertem Wasser auf ein Filterpapier getropft, so ist sofort ein breiter Wasserrand zu erkennen, ein deutlicher Hinweis, daß es sich um einen basischen Farbstoff handelt.

Zur weiteren Prüfung stellt man sich folgende Konzentrationsreihe des Farbstoffes in destilliertem Wasser her: 1 : 100, 1 : 500, 1 : 1000, 1 : 5000, 1 : 10000, 1 : 50000, 1 : 100000. In Reagenzröhrchen wird zunächst bei Tageslicht die Eigenfarbe der Lösungen untersucht. Stark verdünnte Acridinorangelösungen (1 : 100000 bis 1 : 50000) erscheinen im durchfallenden Lichte in heller gelboranger Eigenfarbe. Eine Lösung 1 : 10000 ist satt orangegelb mit leichtem Stich ins Braune. 1 : 5000 ist braunorange, 1 : 1000 dunkelbraunorange und 1 : 500 bzw. 1 : 100 sind sehr dunkelbraunorange.

Nachdem die Farbänderungen in der Abhängigkeit von der Konzentration im durchfallenden Tageslichte festgestellt sind, werden dieselben Lösungen unter der Quarzlampe auf ihre Fluoreszenz hin geprüft. Die Lösungen 1 : 100000 bis 1 : 10000 fluoreszieren satt grün. Die Lösung 1 : 5000 dagegen fluoresziert mehr gelbgrün, die Lösung 1 : 1000 gelb, die Lösung 1 : 500 rotorange und die Lösung 1 : 100 kupfer- bis blutrot, ähnlich wie das Chlorophyll. Verdünnt man entsprechend eine Lösung

1 : 100 mit destilliertem Wasser durch Zugießen, so kann man beobachten, daß der Wechsel der Fluoreszenzfarbe von Rot nach Grün streng von der Konzentration der Farbstofflösung abhängig ist. Je konzentrierter eine wäßrige Acridinorangelösung ist, um so stärker verschiebt sich der Schwerpunkt des Fluoreszenzspektrums nach der langwelligen Seite hin. Dieser reversible Effekt wird als „Konzentrationseffekt" bezeichnet.

Es werden zur weiteren Prüfung des Farbstoffes gepufferte Farblösungen 1 : 10000 mit abgestuften p_H-Werten hergestellt. Sie sollen den p_H-Bereich 2—10 umfassen. Die Prüfung der Eigenfarbe ergibt von p_H 8,5 ab ein Hellerwerden des Farbtones. Ebenso verändert sich von diesem p_H-Werte ab die Fluoreszenz. Während unter p_H 8,5 die Fluoreszenz sattgrün ist, schlägt sie darüber in ein helles Grün um. Das Acridinorange ist sonach ein Fluoreszenzindikator. Bis p_H 8,5 tritt aber keine Änderung der Fluoreszenzfarbe in Erscheinung.

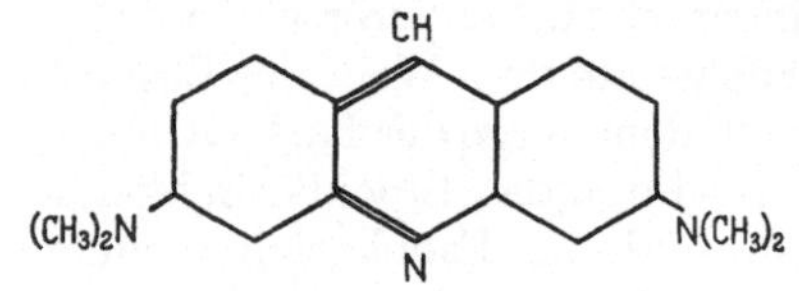

Abb. 109. Die Strukturformel des Vitalfarbstoffes Acridinorange. (3,6-Tetramethyldiaminoacridin).

Kataphoreseversuche im Gleichstromfelde ergeben übereinstimmend, daß das Acridinorange im gesamten sauren Bereiche stark dissoziiert ist und erst ab p_H 8,5 als elektroneutrale Farbbasenlösung vorliegt.

Ausschüttelungsversuche mit Benzol stimmen damit völlig überein. Die im sauren Bereich vorhandenen Farbkationen sind hydrophil und lösen sich nicht in Benzol, während aus alkalischen Lösungen die Farbbase im Benzol leicht ausgeschüttelt werden kann. Die Fluoreszenz ist dann im Benzol stark hellgrün.

Prüft man die Frage, ob nur dissoziierte Lösungen den Konzentrationseffekt liefern oder ob auch reine Farbbasenlösungen in Wasser bzw. in organischen Lösungsmitteln denselben Effekt zeigen, so ergibt sich klar die Tatsache, daß nur den ionisierten Lösungen, also nur den Farbkationen, die Fähigkeit zukommt, mit dem Wechsel der Konzentration ihre Fluoreszenzfarbe zu ändern.

2. Die Vitalfärbung lebender Epidermiszellen der Zwiebelschuppe von Allium Cepa.

Zur Analyse der Vitalfärbung lebender Zwiebelepidermen werden gepufferte Acridinorangelösungen 1 : 10000 angesetzt, welche den p_H-Bereich 2—7,5 stufenweise umfassen. Die Intervalle sollen etwa 1 p_H-Wert betragen. Die Epidermishäutchen werden 10 Minuten lang auf den Farblösungen schwimmen gelassen. Hierauf werden die Häutchen kurze Zeit im ungefärbten Puffer vom selben p_H-Wert schwimmend ausgewaschen und im Fluoreszenzmikroskop beobachtet.

Zur Technik der fluoreszenzmikroskopischen Untersuchung ist folgendes hervorzuheben. Da der Schwerpunkt des Fluoreszenzspektrums dieses Farbstoffes in verdünnter Lösung im Grün, in konzentrierterer Lösung im Gelb bis Rot liegt, so ist es nach der STOKESschen Regel erlaubt, statt des ultravioletten Lichtes auch Blaulicht als Erregerlicht zu benutzen. (Vgl. Seite 17.) Die Acridinorangefärbung läßt sich schon mit einem improvisierten Fluoreszenzmikroskop in den wesentlichen Einzelheiten analysieren.

Die fluoreszenzmikroskopische Analyse der gefärbten Häutchen zeigt in bezug auf die Membranfärbung eine ganz deutliche Abhängigkeit vom p_H-Wert der Farblösung. Unterhalb des Entladungsbereiches der Membran (p_H 3), also in der sauersten Stufe (p_H 2—2,5), sind die Membransysteme nur schwach grün leuchtend. Die Membranen nehmen sonach dieselbe Fluoreszenzfarbe an wie die Acridinorangelösung 1 : 10000. Es findet sonach keine Elektroadsorption und damit verbundene Anreicherung der Farbkationen statt, da sonst die Fluoreszenzfarbe der Membransysteme sich infolge des Konzentrationseffektes ändern würde. Die Membranen sind sonach mit der Farbstofflösung imbibiert. Wird der Entladungspunkt der Zellmembran überschritten, so tritt eine elektrostatische Bindung der Farbkationen an der nunmehr negativ geladenen Zellmembran auf. Die Farbkationen reichern sich durch Adsorption an, und die Fluoreszenzfarbe der so gefärbten Membransysteme wird infolge des Konzentrationseffektes stark kupferrot. Von p_H 3 an ist diese durch Elektroadsorption bedingte kupferrote Fluoreszenzfarbe der Membranen in allen p_H-Stufen zu beobachten, in denen der Farbstoff noch nennenswert dissoziiert ist. Das ist bis p_H 7 deutlich der Fall. In der schwach alkalischen Farblösung bleibt die elektroadsorptive Anreicherung der Farbkationen in der Membran wieder aus, so daß sie höchstens schwach grüngelb fluoresziert.

Im p_H-Bereich von 2—5 färbt sich der Protoplast innerhalb der vorgesehenen Färbezeit nicht nachweislich. Erst von p_H 5 an nimmt das Zytoplasma eine homogen grüne Fluoreszenz an. Diese ist bis in die schwach alkalischen Stufen hinein zu beobachten.

Der Zellkern färbt sich parallel mit dem Zytoplasma in grüner bis gelbgrüner Fluoreszenzfarbe. Das Karyotingerüst und die Nukleolen speichern den Farbstoff. Die Fluoreszenzfarbe des Kernes unterscheidet sich von der des Zytoplasmas dadurch, daß sie mehr gelblich und auch wesentlich heller ist. Die Nukleolen erscheinen gelegentlich rötlich.

Der Zellsaftraum nimmt erst von p_H 6,5 ab eine Färbung an, so daß im sauren Bereich der Zellsaftraum meist ungefärbt erscheint. In gleicher Weise wie beim Neutralrot ist mit der Farbstoffspeicherung in der Vakuole ursächlich eine Vakuolenkontraktion verknüpft. Ab p_H 6,5 färben sich in neutralen bzw. schwach alkalischen Lösungen die Zellsafträume in homogener, kupferroter Fluoreszenzfarbe an, so daß bei oberflächlicher Betrachtung die Zellen homogen kupferrot erscheinen. Die Ursache für die Anfärbung des Zellsaftraumes in kupferroter Fluoreszenzfarbe liegt wiederum in einer Anreicherung der Farbkationen· im Zellsaftraum (vgl. das entsprechende Verhalten der Zwiebelzelle bei der Neutralrotfärbung). Eine Analyse der Vitalität durch die Beobachtung der Plasmaströmung und durch Plasmolysierung ist zu empfehlen.

3. Die Färbung toter Epidermiszellen der Zwiebelschuppe von Allium Cepa.

Basische Farbstoffe werden vom lebenden Plasma nur selten und dann in so geringer Konzentration gespeichert, daß sie wie im vorstehenden Fall nur im Fluoreszenzmikroskop nachweisbar sind. Ist das Protoplasma dagegen abgetötet, so werden bekanntlich basische Farbstoffe innerhalb eines bestimmten p_H-Bereiches elektroadsorptiv gebunden. Auf diesem Prinzip beruht letzten Endes die Färbung fixierter Protoplasten. Trifft diese Tatsache auch für das Acridinorange zu, so ist im Zusammenhange mit dem Konzentrationseffekt folgendes zu erwarten: Lebende Protoplasten vermögen den Farbstoff nur in beschränktem Maße zu speichern. Sie fluoreszieren daher grün. Tote Protoplasten dagegen müßten den Farbstoff als Kation im denaturierten Eiweißgerüst sehr stark speichern (histologische Färbung). Sie müßten daher rot erscheinen. Um diese Frage zu prüfen, werden folgende Experimente angestellt.

Lebende Epidermishäutchen werden in eine Acridinorangelösung 1 : 5000, hergestellt mit Leitungswasser, p_H 7,4 eingelegt. Zeitlich parallel dazu werden tote Epidermishäutchen in ein Schälchen in dieselbe Acridinorangelösung eingelegt. Die Abtötung der Epidermishäutchen erfolgt entweder durch Erhitzen oder durch vorhergehende Behandlung der Häutchen mit 5%iger HCl, in der sie schon nach kurzer Zeit den Turgor verlieren und somit absterben. Nach Tötung in HCl müssen die Häutchen in destilliertem Wasser gut ausgewaschen werden. Nachdem sowohl die lebenden als auch die abgetöteten Häutchen in je eine Schale Acridinorange 1 : 5000 in Leitungswasser gelegt wurden, wird von Zeit zu Zeit eine fluoreszenzmikroskopische Kontrolle der Häutchen durchgeführt. Ergebnis: Die lebenden Zwiebelepidermen zeigen selbst nach vielstündiger Färbung in dieser konzentrierten Acridinorangelösung immer noch eine kräftige Grünfluoreszenz des lebenden Zytoplasmas und eine gelbgrüne Fluoreszenz der lebenden Zellkerne. Lediglich die Zellsafträume färben sich infolge der starken Anreicherung von Farbstoffkationen rot. Das Acridinorange vermag sonach das lebende Protoplasma nicht in roter Fluoreszenzfarbe anzufärben. Die abgetöteten Zwiebelepidermen dagegen zeigen ein ganz anderes Verhalten. Die toten Protoplasten färben sich innerhalb der ersten Sekunden der Farbeinwirkung zunächst grün, dann gelb und schließlich schon nach kurzer Zeit (3—5 Minuten) rot. Dies ist auf Grund des Konzentrationseffektes auch zu erwarten. Die Rotfärbung verstärkt sich innerhalb der ersten 10 Minuten zu einem grellen Kupferrot, besonders die Kerne heben sich stark rot fluoreszierend hervor. Die Zellsafträume toter Zellen vermögen sich nicht mehr zu färben, da sie ausgelaufen sind.

Mit Hilfe der Acridinorangefärbung ist man also in der Lage, lebendes und totes Protoplasma exakt auseinanderzuhalten. Das lebende Protoplasma vermag den Farbstoff auch bei Bietung von Farbstoffüberschuß nur so beschränkt zu speichern, daß eine Grünfluoreszenz auftritt, während das tote Protoplasma den Farbstoff mit großer Geschwindigkeit zu binden vermag und daher rot fluoresziert. Eine Mindestfärbezeit von 5—10 Minuten ist zu dieser Unterscheidung aber notwendig.

4. Die Analyse der Färbung toter Protoplasten und einige Folgerungen.

Die Färbung der denaturierten Eiweißkörper in toten Protoplasten muß infolge des Konzentrationseffektes auf einer Elektroadsorption der Farbkationen beruhen. Eine exakte Auseinanderhaltung des lebenden und toten Protoplasmas mit Hilfe der Acridinorangefärbung ist demnach nur dann möglich, wenn die Bedingungen zum Zustandekommen der elektroadsorptiven Speicherung der Farbkationen im toten Plasmaeiweiß günstig sind. Dementsprechend kann sich das tote Plasmaeiweiß nur dann elektroadsorptiv kupferrot färben, wenn der isoelektrische Punkt der Eiweißkörper nach der schwächer sauren Seite hin überschritten ist. Andererseits muß die färbende Farblösung in dissoziiertem Zustande vorliegen, da sonst keine elektroadsorptive Farbkationenbindung möglich erscheint.

Jedem Eiweißkörper kommt als Ampholyt ein IEP zu. In der Regel liegt er in der Zelle zwischen p_H 3 und p_H 5. Unterhalb des IEP im stärker sauren Bereich tragen die Eiweißkörper eine elektropositive Ladung. Infolgedessen kann es im stärker sauren Bereich zu keiner elektroadsorptiven Anreicherung der Farbkationen kommen, und die kupferrote Fluoreszenz muß ausbleiben. Färbt man also totes Protoplasma mit einer sauren Acridinorangelösung, deren p_H-Wert unterhalb des IEP der Plasmaeiweißkörper liegt, so kann es nur zu einer Imbibition des Eiweißgerüstes mit der Farblösung kommen, und das Resultat ist eine Grünfluoreszenz. Wird aber der IEP durch den p_H-Wert der Farblösung überschritten, so sind die Eiweißkörper elektronegativ geladen und müssen sich infolge der eintretenden Farbstoffkationenadsorption kupferrot färben.

Die Acridinorangefärbung bietet somit für die Zellphysiologie drei methodische Möglichkeiten:

1. Die schonendste Vitalfärbung aller lebenswichtigen Eiweißstrukturen, wie Zytoplasma, Zellkerne unter voller Beibehaltung der Vitalität.

2. Die exakte Unterscheidung lebenden und toten Protoplasmas.

3. Die Bestimmung des IEP verschiedener Zellstrukturen.

Zur exakten Unterscheidung des lebenden und toten Plasmas sind folgende Punkte sehr sorgfältig zu beachten:

1. Die angewandte Acridinorangekonzentration soll je nach der Empfindlichkeit des Objektes 1 : 5000 bis 1 : 10000 betragen.

2. Der p_H-Wert der Farblösung soll zwischen p_H 5,5 und 7,8 liegen. Eine Über- bzw. Unterschreitung dieses optimalen Bereiches bringt Fehlbeobachtungen mit sich.

3. Auch die Färbezeit ist wichtig. Je nach dem Versuchsobjekt müssen an sicher toten Zellen die zur Rotfärbung der toten Protoplasten notwendigen Färbezeiten empirisch ermittelt werden. Für die Oberseite der Epidermis der Zwiebelschuppe von *Allium Cepa* ist bei Verwendung einer Farbstofflösung 1 : 5000 eine Färbezeit von 5—10 Minuten erforderlich.

Zur Durchführung einer möglichst schonenden Vitalfärbung lebender Protoplasten unter Verzicht auf eine exakte Unterscheidung lebender und toter Zellen ist folgendes zu beachten:

1. Die lebenden Zellen sollen mit möglichst schonenden Acridinorangekonzentrationen (1 : 10000 bis 1 : 100000) eingefärbt werden.

2. Der p_H-Bereich zwischen p_H 5,6—7,8 ist für schonende Vitalfärbungen am günstigsten.

3. Die Färbezeiten sind möglichst kurz zu wählen. Sie müssen von Objekt zu Objekt experimentell bestimmt werden.

4. Eine übermäßige Belichtung der vitalgefärbten Objekte ist wegen der photodynamischen Wirksamkeit des Acridinorange möglichst zu vermeiden.

5. Zur Theorie der Acridinorangefärbung.

Die Tatsache, daß lebendes Protoplasma selbst nach starker Überfärbung das Acridinorange nur in einer intraplasmatischen Konzentration 1 : 3000 bis 1 : 100000 zu speichern vermag, kann nur dadurch erklärt werden, daß die Plasmastrukturen (Eiweißkörper) wenig elektronegativ geladene, also zur Kationenadsorption befähigte Orte bieten. Das submikroskopische Eiweißgerüst des lebenden Protoplasmas ist ein dynamisches, aber wohl geordnetes System. Der Ausdruck dieser submikroskopischen Ordnung der Eiweißkörper ist die auffallend geringe Speicherungsfähigkeit des lebenden Plasmas für die Acridinorangekationen.

Eine Vitalfärbung des lebenden Protoplasmas, welche sicher die Eiweißkomponenten umfaßt, ist nur mit wenigen Farbstoffen möglich. Das Acridinorange und das Pyronin sind dazu besonders geeignet. Der Grund hierfür dürfte in der Molekülgestalt dieser Farbstoffe liegen, welche dem submikroskopischen Eiweißgerüst und den submikroskopisch dimensionierten Intermicellarräumen wohl adäquat ist.

Die Tatsache, daß totes Protoplasma sich unter den geeigneten Voraussetzungen in kupferroter Fluoreszenzfarbe färbt, ist, da der Konzentrationseffekt sich nur an Farbkationen manifestiert, zwangsläufig auf eine sehr verstärkte Farbkationenadsorption im Eiweißsystem des Protoplasmas zurückzuführen (intraplasmatische Konzentration 1 : 100 bis 1 : 500). Durch den Plasmatod muß eine völlige Zerstörung des Eiweißgerüstes des Protoplasmas erfolgen, so daß viele elektronegativ geladene Orte im Protoplasma für die elektroadsorptive Bindung der Farbkationen zur Verfügung stehen. Die Rotfluorochromierung des toten Protoplasmas mit Acridinorange ist sonach der sichtbare Ausdruck der letalen Desorganisation der Eiweißmicellarstruktur des Protoplasmas.

Die möglichen Plasmazustände lassen sich auf Grund der Erfahrungen, welche mit der Acridinorangemethode gewonnen wurden, systematisch klar gliedern.

Das Protoplasma kann in folgenden Zuständen vorliegen:

I. Der strukturdynamische Zustand.

II. Der strukturstatische Zustand.

Der strukturdynamische Zustand läßt sich wiederum in zwei Gruppen unterteilen:

a) Der Zustand der vollen Lebensaktivität.

Charakteristik: Höchste Ordnung des submikroskopischen Eiweißgerüstes. Höchste Ordnung in der Verteilung der Lipoidkomponenten, welche die submikroskopischen Reaktionsräume abgrenzen. Ständiger geordneter Umbau der submikroskopischen Strukturen, Eiweißsynthesen und geordnete Enzymtätigkeit.

Lebenserscheinungen: Wachstum, normaler hochaktiver Stoffwechsel, Beweglichkeit.

Färbungsresultat mit Acridinorange: Plasma färbt sich dunkelgrün.

b) Der Zustand der beschränkten Lebensaktivität.

Charakteristik: Die submikroskopischen Eiweißstrukturen sind hoch geordnet. Durch Altern oder schädigende Außeneinflüsse sind aber reversible Änderungen der submikroskopischen Eiweiß- und Lipoidstrukturen eingetreten. Enzymaktivität und Stoffwechsel partiell eingeschränkt.

Lebenszustand: Wachstum eingestellt. Stoffwechsel eingeschränkt, ebenso die Beweglichkeit mehr oder weniger gehemmt. Die Reversibilität dieses Zustandes, also die Möglichkeit, in den Zustand voller Lebensaktivität zurückzukehren, ist aber gegeben.

Färbungsresultat mit Acridinorange: Die Protoplasten färben sich gelbgrün.

Der strukturstatische Zustand läßt sich in zwei Gruppen einteilen:

a) Die reversible Strukturstatik.

Charakteristik: Die hochgeordnete in voller Dynamik befindliche submikroskopische Architektur des Plasmas wird durch Wasserentzug plötzlich als Momentbild fixiert; ähnlich wie ein Filmstreifen gestoppt werden kann, kann der submikroskopische für das aktive Leben charakteristische Strukturumbau durch Wasserentzug gestoppt werden.

Lebenszustand: Scheintod, latentes Leben. Fast gänzlicher Stillstand des Stoffwechsels, Stillstand des Wachstums und der Bewegung. Zustand der trockenen Sporen, Flechten und Moose. Dieser Zustand ist auch durch plötzliches Einfrieren ohne Eiskristallbildung im Protoplasma zu erreichen. Wird wieder sorgfältig Wasser zugeführt, so tritt von einem bestimmten Quellungszustande ab wieder das normale Leben in Erscheinung. Dieser strukturstatische Zustand ist unter Aufrechterhaltung der submikroskopischen Strukturordnung völlig reversibel.

Färbungsresultat mit Acridinorange: Das Protoplasma färbt sich dunkelgrün.

b) Die irreversible Strukturstatik.

Charakteristik: Vollkommene Destruktion der submikroskopischen Eiweiß- und Lipoidstrukturen. Denaturierung der Eiweißkörper. Weitgehende Inaktivierung der Enzyme. Enzymfreiläufe.

Lebenserscheinungen: Keine, irreversibler Plasmatod.

Färbungsresultat mit Acridinorange: Das Protoplasma färbt sich gleißend kupferrot.

Zwischen der beschränkten Lebensaktivität und der irreversiblen Strukturstatik sind alle Übergangsstadien bekannt. Sie werden unter dem Sammelnamen nekrobiotische Zustände zusammengefaßt.

Charakteristik: Mehr oder weniger weitgehende ·Zerstörung der submikroskopischen Architektur des Plasmas. Die Veränderungen sind irreversibel und führen zwangsläufig zum Plasmatode.

Lebenserscheinungen: Kein Wachstum, beschränkter Stoffwechsel und erloschene Beweglichkeit.

Färbungsresultat mit Acridinorange: Das Protoplasma färbt sich orangegelb bis rötlichorange in allen Übergangsnuancen zwischen Gelb und Kupferrot.

Die bisherigen Erfahrungen mit der Acridinorangefärbung decken sich mit diesem Schema. Es muß noch bemerkt werden, daß innerhalb einer Zelle oft ganz lokalisiert derartige Schädigungen des Plasmas nach experimentellen Eingriffen zu beobachten sind.

6. Die Vitalfärbung der Mikroorganismen mit Acridinorange.

a) Phycomyces Blakesleeanus. Mit Acridinorange kann eine vollständige, intravitale Färbung des Protoplasten von Pilzmyzelien durchgeführt werden. Selbst die mit anderen Methoden sehr schwer darstellbaren Kerne lassen sich mit Leichtigkeit am fluorochromierten, noch weiter wachsenden Material fluoreszenzmikroskopisch beobachten. Die Membran-, Plasma- und Kernfärbung zeigt im Zusammenhang mit der Myzelentwicklung und der Kopulation charakteristische Verschiedenheiten, welche die Bedeutung der Vitalfärbungsmethoden für die Analyse der Entwicklungsvorgänge an Zellen auch dem Anfänger überzeugend zur Anschauung bringen.

Zur Methodik solcher Untersuchungen sind hier einige Hinweise gegeben, doch ist für eine Vertiefung das Arbeiten an Hand der Literatur unbedingt notwendig.

Sollen Sporen im ungequollenen Zustand mit Acridinorange fluorochromiert werden, so ist das Färbeergebnis nach einer Kurzfärbung nicht befriedigend. Die Membran der Sporen enthält nämlich einen fluoreszenzlöschenden Stoff. Damit dieser entfernt wird, sollen die Sporen in 3% Malzextraktlösung 3—8 Stunden vorgequollen werden. Erst dann werden sie mit einer Acridinorangelösung in Leitungswasser oder in einem entsprechenden Phosphatpuffer (p_H 7—7,5) in der Konzentration 1 : 10000 eingefärbt. Die Vorquellung erfolgt in einem kleinen Röhrchen. Zur Färbung werden die Sporen mit der Öse der Suspension entnommen und auf dem Objektträger eingefärbt. Die Beobachtung der fluorochromierten Sporen ist sehr aufschlußreich. Die Sporenmembran ist als kupferrot fluoreszierende Kontur zu sehen. Das Zytoplasma der lebenden Sporen fluoresziert diffus grün, das der toten Sporen gleißend kupferrot. Die Kerne der Sporen sind mit einer guten Ölimmersion intra vitam gut zu erkennen. Ihre Zahl ist wechselnd, sie beträgt im Durchschnitt 4—6. Die vitalgefärbten Sporen können, wenn eine zu intensive Bestrahlung vermieden wird, zur Weiterkultur des Pilzes benutzt werden.

Keimmyzelien werden so vital gefärbt, daß sie im hohlen Objektträger auf einem Gummiarabikum-Nährboden zunächst vorkultiviert werden. Eine Nährlösung, enthaltend 3% Malzextrakt und 8% Gummiarabikum, wird in Form eines kleinen Tropfens in die Höhlung eines hohlgeschliffenen Objektträgers gebracht, und darauf werden die Sporen geimpft. Dann wird mit einem Deckglas und mit Vaseline verschlossen. Nach 10—20 Stunden sind schöne Keimmyzelien entstanden. Auf diesem Gummiarabikum-Nährboden kann leicht eine Vitalfärbung in jedem willkürlich gewählten Entwicklungsstadium durchgeführt werden, was auf Agar-Agar wegen der starken Farbstoffbindung desselben technisch nicht möglich ist. Es braucht nur Acridinorangelösung 1 : 50000 in Leitungswasser der Mikrokultur zugesetzt werden. Mit einer Pipette können dann die vitalgefärbten Keimmyzelien auf ein mikroskopisches Präparat oder auf einen neuen Nährboden zur Weiterkultur übertragen werden. An wachsenden Stellen ist die Membran kaum deutlich fluorochromiert, an nicht wachsenden Stellen dagegen ist sie kupferrot gefärbt. Das Zytoplasma ist im lebenden Zustande grün, im toten kupferrot leuchtend zu beobachten. Auch die Vakuolen speichern das Acridinorange. Die Verteilung und Struktur der Kerne sind sehr gut zu beurteilen. Auch die exzentrische Lagerung der Karyosome kann intra vitam beobachtet werden. Wird eine zu starke Belichtung vermieden, so wachsen solche vital fluorochromierten Myzelien weiter. Bei kopulierenden Myzelien läßt sich im vitalgefärbten Zustande eine deutliche Verschiedenheit im Hinblick auf die Membran- und Zellinhaltsfärbung bei Verwendung gepufferter Farblösungen im p_H-Bereich 6,9—7,1 zwischen den $+$- und —Myzelien beobachten.

b) Saccharomyces cerevisiae. Käufliche Preßhefe wird in Acridinorange gelöst im Verhältnis 1 : 5000 in Leitungswasser suspendiert. Am besten bewerkstelligt man dies dadurch, daß in einem kleinen Proberöhrchen in einigen ccm Acridinorangelösung mit Hilfe einer Impföse eine geringe Menge Preßhefe so zerteilt wird, daß eine leichte Trübung entsteht. Mit Hilfe der Öse werden nun von Zeit zu Zeit dem Färberöhrchen kleine Proben entnommen und fluoreszenzmikroskopisch bei mittlerer und stärkster Vergrößerung ($^1/_{12}$ Ölimmersion) sorgfältig untersucht. Ein Auswaschen erübrigt sich, da die Schichtdicken der mikroskopischen Präparate so gering sind, daß die Fluoreszenz des Mediums kaum stört. Die Untersuchung lehrt, daß dreierlei Arten von Hefezellen zu beobachten sind.

1. Die weitaus größte Masse der Hefezellen zeigt neben einer schwachen roten Membranfärbung eine diffuse Grünfluoreszenz des Zytoplasmas. Die Zellsafträume erscheinen meist dunkel, können aber auch diffus rot fluoreszieren oder kupferrote Krümel enthalten. Besonders schön hebt sich in der Hefezelle der vitalgefärbte Kern hervor. Er ist als 1—2 μ großes, rundliches Gebilde durch eine etwas stärkere gelbgrüne Fluoreszenz hervorgehoben, und an günstigen Zellen sind die beiden oft seitlich der Kernmembran anliegenden Chromosomenäquivalente intra vitam zu sehen.

2. Ein sehr geringer Prozentsatz der Hefezellen zeigt ein destruiertes, grell kupferrot leuchtendes Protoplasma. Schon die Morphologie dieser Zellen belehrt uns, daß es sich um tote Zellen handelt. (Abb. 110).

3. Je nach dem Zustand der Preßhefe zeigen manche Zellen ein mittleres Verhalten. Sie färben sich trotz des Farbstoffüberschusses nicht extrem rot, sondern ihr Plasma nimmt eine mehr oder weniger ausgeprägte orangegelbe Farbe an.

Auf Grund der an der Zwiebelzelle gewonnenen Erfahrungen kann mit Recht angenommen werden, daß die Hefezellen, deren Plasma grün fluoresziert, voll lebensfähig sind, während die plasmatisch kupferrot fluoreszierenden Zellen schon ihrem Aussehen nach als sicher abgestorben angesehen werden müssen (vgl. Abb. 110). Die Zwischenstufen sind wohl als nekrobiotische Stadien aufzufassen.

Es muß noch einmal betont werden, daß die lebenden Hefezellen auch bei stärkstem Farbstoffüberschuß plasmatisch grün bleiben. Um diese Schlußfolgerungen experimentell zu beweisen, können zwei Wege eingeschlagen werden. Einerseits können wir durch Abtötung der Hefezellen vor der Färbung den Beweis erbringen, daß tote Hefezellen sich bei Farbstoffüberschuß innerhalb kürzester Zeit plasmatisch rot färben, andererseits muß zum Beweis der Möglichkeit einer völlig ungestörten Vitalfärbung des Hefezellprotoplasten der Mikrokulturversuch mit plasmatisch grün und plasmatisch rot fluoreszierenden Hefezellen durchgeführt werden.

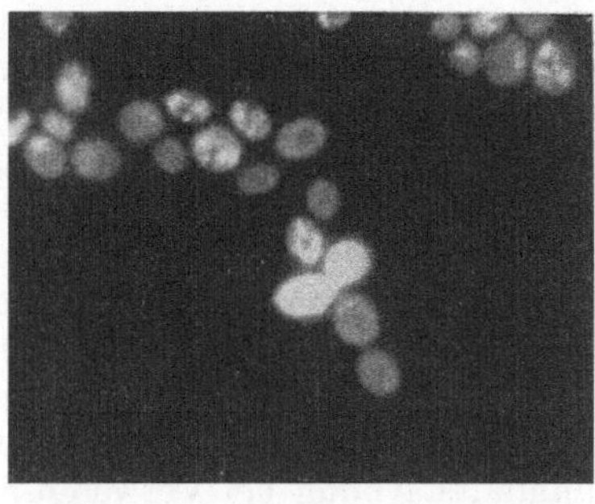

Abb. 110. Zellen der Bäckerhefe *(Saccharomyces cerevisiae)* mit Acridinorange 1:5000 in Leitungswasser im Überschuß eingefärbt. Die lebenden Hefezellen erscheinen grün, da ihr Protoplast das Acridinorange nur in geringer Konzentration intravital zu speichern vermag. Die toten Hefezellen (Mitte) erscheinen gleißend kupferrot, da ihr Protoplast das Acridinorange in einer Konzentration von 1:100 zu speichern vermag. Fluoreszenzmikroskopische Aufnahme. Original.

Hefezellen werden in Leitungswasser aufgeschwemmt, im Wasserbade 15 Minuten lang auf 100 Grad erhitzt. Die Aufschwemmung wird hiernach abzentrifugiert und der Bodensatz mit einer Acridinorangelösung 1:5000 in Leitungswasser im Überschuß suspendiert. Die Beobachtung kann schon nach wenigen Minuten erfolgen. Sämtliche Zellen sind, wie zu erwarten, plasmatisch kupferrot fluorochromiert.

Die Hefezelle ist zur Prüfung der Vitalität einer Färbung wohl das beste Versuchsmaterial. Mit Metaphytenzellen ist eine Weiterkultur experimentell behandelter Protoplasten technisch unmöglich. An Protophyten dagegen läßt sich die kulturelle Prüfung der Vitalität relativ leicht durchführen. Dieser Vorteil stempelt die Hefezelle als Testobjekt für die Vitalität von solchen Zellen, welche einen experimentellen Eingriff erfahren haben.

Von einer Preßhefe, deren Prozentgehalt an toten Zellen relativ hoch ist, wird in Acridinorange 1:5000 in Leitungswasser, wie oben beschrieben, eine Aufschwemmung hergestellt. Man vermeide eine zu starke Belichtung der Zellsuspension, da leicht photodynamische Schädigungen eintreten können. Für die Durchführung der Mikrokulturen wird auf viereckigen Deckgläschen ein sehr kleiner, flüssiger Malzextraktagartropfen als flache Kuppe ausgebreitet und erstarren gelassen. Zum Aufimpfen der gefärbten Hefezellen wird eine in Abb. 111 wiedergegebene Impfnadel verwandt. Die Impfnadel wird zunächst in die Hefe-Farbstoff-Suspension eingetaucht, welche man sich am zweckmäßigsten in Form eines kleinen Tröpfchens auf einem sauberen Objektträger herrichtet. Hierauf wird die Nadel mit ihrem stumpfen Häkchen sanft mit der Oberfläche der erstarrten Agarkuppe, welche möglichst dünn sein soll, in Berührung gebracht. Dieser Vorgang kann mehrmals an verschiedenen Stellen des Agars wiederholt werden. Dann wird das Deckglas über einen hohlgeschliffenen Objektträger mit dem Agar nach unten gelegt. In der hohlen Vertiefung des Objektträgers soll nach Entfettung der Glasoberfläche ein flacher Tropfen Wasser ausgebreitet werden, damit der Kulturraum genügend Feuchtigkeit besitzt. Hierauf wird der Deckglasrand mit Vaseline abgedichtet. Diese Mikrokultur gelangt auf ein Mikroskop, welches es erlaubt, einen raschen Wechsel zwischen nicht zu greller Hellfeldbeleuchtung und Blaulichtfluoreszenzmikroskopie durchzuführen. Das Blaulicht wird in diesem Falle deshalb gewählt, weil es nach möglichst kurzfristiger Einwirkung keine photodynamische Schädigung an den vitalgefärbten Hefezellen hervorruft. Die Einstellung eines solchen Mikropräparates bei stark abgeblendeter Hellfeldbeleuchtung mit dem Objektiv 30 fach ergibt, daß an der Stelle, an welcher die Impfnadel die Agaroberfläche berührt hatte, vereinzelte Hefezellen übertragen wurden. Die Zahl der übertragenen Hefezellen hängt von der Dicke der Suspension und vom Zufall ab. Die übertragenen Hefezellen werden zunächst in ihrer Lage und Gestalt sorgfältig durch Zeichnung festgehalten. Hierauf wird am eingestellten Präparat für kurze Zeit mit Hilfe einer Niedervoltlampe reines Blaulicht eingeschaltet und die Fluoreszenzfarbe der Hefezellenprotoplasten im Protokoll notiert. Die Bestrahlung mit Blaulicht soll so kurz wie möglich gewählt werden. Dann wird das Präparat auf dem Mikroskop belassen und von Stunde zu Stunde bei Hellfeldbeleuchtung kontrolliert. Nach 3—6 Stunden beginnt das Wachstum. Es zeigt sich, daß nur diejenigen Hefezellen zu normalem Sprossungswachstum befähigt sind, welche ein homogen grün fluoreszierendes Zytoplasma besaßen. Sowohl die plasmatisch kupferrot als auch plasmatisch gelb gefärbten Hefezellen vermögen sich nicht mehr zu teilen.

Auf diesem Wege kann der Beweis geliefert werden, daß die plasmatisch grün fluoreszierenden Protoplasten tatsächlich vitalgefärbt waren.

c) **Bakterien.** In gleicher Weise lassen sich auch andere Mikroorganismen vitalfärben. Insbesondere die gramnegativen Bakterien ergeben sehr klare Bilder. Als Beispiel empfehle ich die Vitalfärbung von *Bacterium coli*. Von einer frischen Kultur werden die Colibakterien mit der Öse abgenommen und in einem Röhrchen gefüllt mit einer

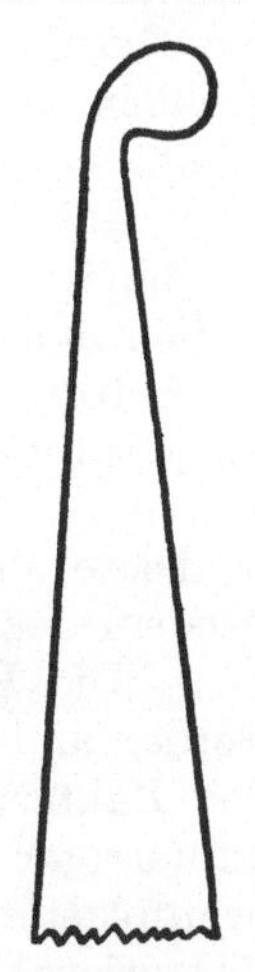

Abb. 111.
Impfnadel aus
Glas zum Anlegen
einer Mikrokultur,
stark vergrößert.
Original.

Acridinorangelösung 1 : 5000 (in physiologischer Kochsalzlösung, 0,87%) suspendiert. Auch hier muß die Farbstofflösung im Überschuß geboten werden. Die Untersuchung erfolgt in gleicher Weise wie bei der Hefe. Die lebenden Colibakterien erscheinen grün und lassen gelegentlich bei Betrachtung mit stärksten Vergrößerungen einen schmalen rotgefärbten Membransaum erkennen, während die toten Colibakterien plasmatisch kupferrot erscheinen. Auch hier gibt es degenerative Zwischenformen. Neben *Bacterium coli* sind noch *Bacterium fluorescens* und Spirillen für die Durchführung solcher Versuche zu empfehlen. Die grampositiven Kokken und Stäbchen zeichnen sich durch den Besitz einer stark rot färbbaren Membran aus, so daß die plasmatische Grünfluoreszenz der lebenden Bakterienzellen überdeckt wird. Auch hier kann man durch sorgfältige Beurteilung der Plasmafluoreszenz lebende und tote Bakterien in den meisten Fällen unterscheiden.

Abtötungsexperimente und Kulturexperimente zeigen auch hier, daß die Bakterien plasmatisch vitalgefärbt sind und voll entwicklungsfähig bleiben.

Diese Vitalfärbung der Bakterien ist methodisch für den weiteren Ausbau der Mikrobiologie nach zwei Gesichtspunkten hin wichtig.

1. Die Färbung selbst kann innerhalb einer Minute durchgeführt werden und liefert klar differenzierte Bilder in bezug auf die Morphologie der Bakterienzelle. Die Zellmembranen und Kapseln heben sich in kupferroter Färbung, ab und auch die Konfiguration der Bakterienprotoplasten ist in völlig ungestörtem Zustande beobachtbar. Daß die Bakterienzelle tatsächlich eine distinkte Zellmembran besitzt, kann z. B. durch eine Zuckerplasmolyse an vitalgefärbten Bakterienzellen unter Beweis gestellt werden.

2. Diese Schnellfärbemethode erlaubt unter der Voraussetzung, daß jede Bakterienform gründlich bearbeitet wird, eine Unterscheidung zwischen lebenden und toten Bakterien. Eine solche Unterscheidung war bislang unmöglich.

3. Es können die autochthonen Bodenbakterien mit dieser Methode in Bodensuspensionen beobachtet werden. (15, 99, 102, 145, 169, **170, 171, 173, 174, 175, 176, 177, 180, 181, 183, 184,** 185, 186.)

C. Saure, anodische Farbstoffe.

Versuch 87.

Die Analyse der Erythrosinfärbung.

Das Erythrosin, ein saurer Farbstoff der Fluoreszeinreihe, ist sowohl ein Diachrom als auch ein Fluorochrom. Das lebende Protoplasma vermag das Erythrosin in saurer Lösung so stark zu speichern, daß im Hellfeldmikroskop eine starke Färbung des Plasmas und der Zellkerne zu beobachten ist. Diese starke intraplasmatische Anhäufung des Erythrosins bewirkt pathologische Veränderungen an den Zellen, welche im folgenden Versuche näher behandelt werden. Gleichzeitig soll dieser Versuch als anschauliches Beispiel dafür dienen, daß eine einwandfreie Vitalfärbung des lebenden Protoplasmas mit Diachromen infolge der notwendig auftretenden, hohen intraplasmatischen Farbstoffkonzentrationen theoretisch unmöglich ist. Wird dagegen ein Fluorochrom gespeichert, so ist die zur Beobachtung der Färbung notwendige intraplasmatische Farbstoffkonzentration in günstigen Fällen so gering, daß Schädigungen durch die Vitalfärbung vermieden werden können.

Eine Erythrosinlösung 1 : 1000 wird so angesäuert, daß auf 50 ccm Lösung etwa 5 Tropfen einer n/10 Essigsäure zugesetzt werden. Um die Veränderungen der vitalgefärbten Zellen zu prüfen, werden sie in 1 Mol KNO_3 bzw. in 1 Mol $CaCl_2$ plasmolysiert. Eine mittlere Zwiebelschuppe von *Allium Cepa* wird, wie auf Seite 7 angegeben, präpariert und in der Farblösung infiltriert. Hierauf gelangt die Schuppe in ein Schälchen, das mit der Farbstofflösung gefüllt ist und im Dunkeln stehen gelassen wird. Ebenso wird eine Kontrolle von der gleichen Zwiebelschuppe mit Leitungswasser behandelt. Da die Zeitdauer zur Erreichung bestimmter Färbestadien je nach Material wechselt, ist man genötigt, durch eine fortlaufende Kontrolle jeder Versuchsreihe die zeitliche Aufeinanderfolge der einzelnen Anfärbungsstadien zu bestimmen.

Meist tritt innerhalb der ersten 10 Minuten insbesondere in den Zellkernen eine deutliche Farbstoffspeicherung auf. Im unplasmolysierten Zustande zeigen die Zellen noch ein völlig normales Bild. Werden aber die Zellen in 1 Mol KNO_3 plasmolysiert, so sind sofort Konvexplasmolysen zu beobachten (Abb. 112). Die in Wasser liegenden Kontrollen weisen dagegen bei Plasmolyse mit 1 Mol KNO_3 eine Konkavform auf, die erst in 20 Minuten zur Abrundung gelangt. (Abb. 113). Durch die kurze Erythrosinwirkung ist sonach die Plasmolyseintrabilität für KNO_3

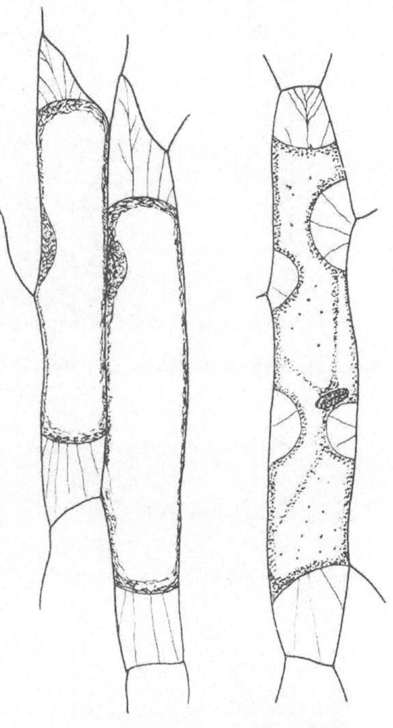

Abb. 112.   Abb. 113.

Abb. 112. Zellen der oberen Zwiebelschuppenepidermis von *Allium Cepa*. 5 Minuten lang mit einer Erythrosinlösung 1 : 1000 vorbehandelt, dann mit 1 Mol KNO_3 plasmolysiert. Konvexplasmolyse. Nach STRUGGER (1931).

Abb. 113. *Allium Cepa*, obere Zwiebelschuppenepidermis. Kontrolle zu Abbildung 112. Ohne Erythrosinvorbehandlung mit 1 Mol KNO_3 plasmolysiert. Konkavplasmolyse. Nach STRUGGER (1931).

bereits nachweislich erhöht worden. Wirkt die Erythrosinlösung auf die Versuchsobjekte länger ein, so sind schon am unplasmolysierten Präparate deutliche Veränderungen des Zellbildes zu beobachten. Der Tonoplast wird sichtbar, und in den Ecken bildet das schon deutlich gefärbte Zytoplasma zwischen dem etwas kontrahierten Tonoplasten und der Membran auffallende Zwickel (Vakuolenkontraktion). Die Plasmastränge sind eingezogen, und auch die Plasmaströmung ist erloschen. Das

Erythrosin hat die Zellen demnach bereits sichtbar geschädigt. Wird ein solches Präparat mit 1 Mol KNO_3 plasmolysiert, so tritt perfekte

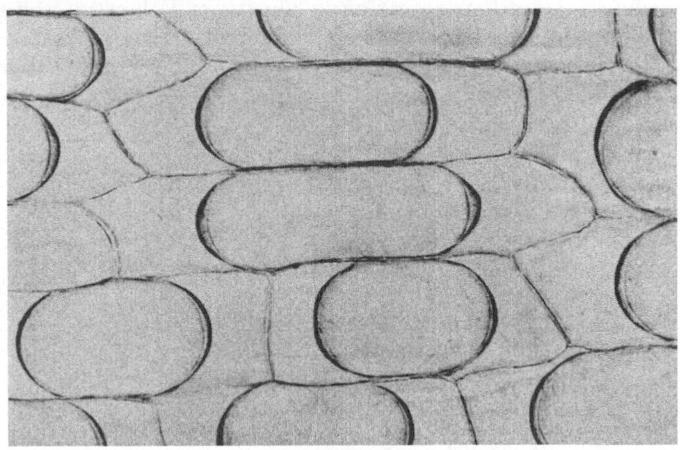

Abb. 114. Kappenplasmolyse in 1 Mol KNO_3 nach längerer Vorbehandlung mit Erythrosin. Plasma und Zellkerne deutlich gefärbt. Original.

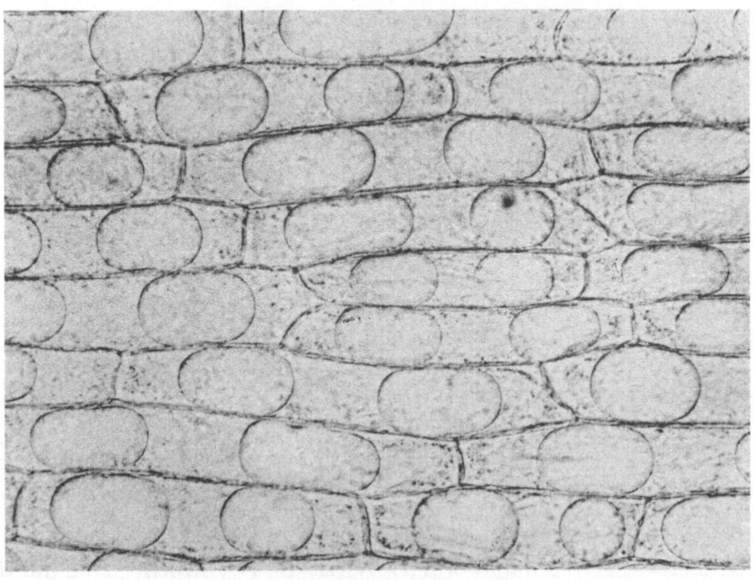

Abb. 115. Tonoplastenplasmolyse (Plasmolytikum 1 Mol KNO_3) in den oberen Epidermiszellen der Zwiebelschuppe von *Allium Cepa* nach etwa 1 stündiger Vorbehandlung mit Erythrosin. Teiltonoplastenbildung häufig zu beobachten. Original.

Kappenplasmolyse ein (Abb. 114). Wirkt das Erythrosin etwa eine Stunde lang ein, so verstärken sich die Anzeichen der Zellschädigung mit zunehmender Intensität der Farbstoffspeicherung. Der Zellkern und

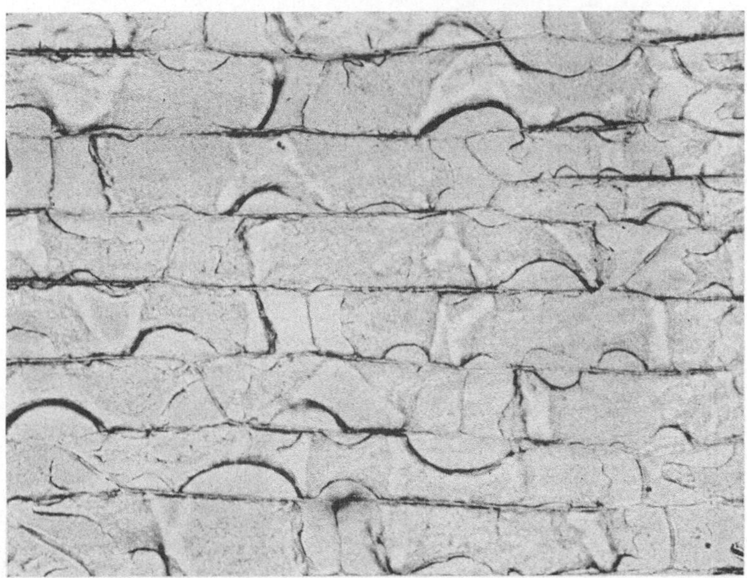

Abb. 116. Dasselbe Objekt, aber mit 1 Mol CaCl₂ plasmolysiert. Normale Konkavplasmolyse. Das Ca hat die äußere Plasmagrenzschicht wieder abgedichtet. Das Plasmolytikum vermag keine quellende Wirkung auf das Plasma zu entfalten. Original.

das Zytoplasma erscheinen stark rot gefärbt. Wird mit 1 Mol KNO_3 plasmolysiert, so treten schlagartig Tonoplastenplasmolysen in Erscheinung. Dabei quellen Plasma und Kern stark auf (Abb. 115). Die Intrabilität für KNO_3 ist durch die Farbstoffwirkung so sehr gesteigert worden, daß das Plasmalemma dem Plasmolytikum kein Hindernis für das Eintreten mehr bedeutet. Nur der Tonoplast hat seine semipermeablen Eigenschaften beibehalten. Plasmolysieren wir dagegen ein derartiges Präparat in 1 Mol $CaCl_2$, so tritt eine normale Konkavplasmolyse in Erscheinung (Abb. 116). Das Ca dichtet die äußere Plasmagrenzschicht wieder ab. Wird die Zwiebelschuppe noch länger als 1 Stunde in der Farblösung belassen, so wird die schädigende Wirkung des Erythrosins noch deutlicher nachweisbar. Die Quellfähigkeit des Protoplasmas durch das KNO_3 geht verloren. Abb. 117 zeigt ein derartiges Stadium. Der Tonoplast vermochte sich noch plasmolytisch zu kontrahieren. Das Zytoplasma ist so stark geschädigt, daß es nicht mehr wie bei der in Abb. 115 dargestellten Tonoplastenplasmolyse den Raum zwischen Tonoplasten und Zellmembran homogen aufgequollen erfüllt, sondern daß es in Form von Fäden vom Tonoplasten zur Zellwand ausgezogen wird

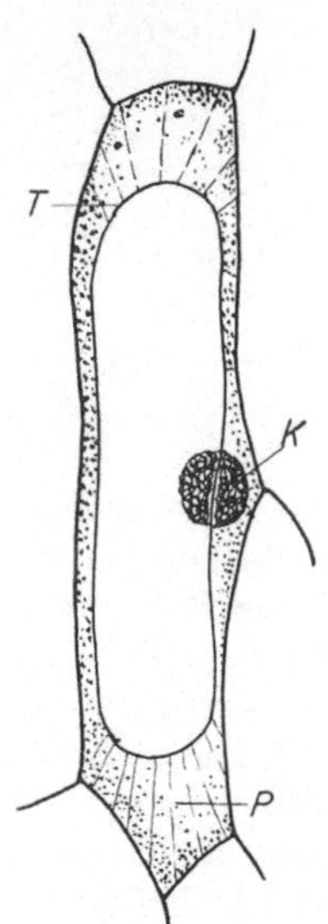

Abb. 117. *Allium Cepa*, obere Zwiebelschuppenepidermis, über 1 Stunde mit Erythrosin vorbehandelt, dann in 1 Mol KNO_3 plasmolysiert. *T* Tonoplast, *K* irreversibel geschädigter Kern, *P* Zytoplasma. Nach STRUGGER (1931).

(Plasmaspaltung oder Plasmoschise). Auch der Kern hat sein Quell-vermögen verloren und bleibt deutlich strukturiert. Dieses Stadium stärkerer Anfärbung des Protoplasmas mit Erythrosin kann nicht mehr als Vitalfärbung bezeichnet werden (turbante Färbung).

Wird die Anfärbungsdauer noch länger gewählt, so sind die Proto-plasten sehr stark tiefrot gefärbt. Besonders die Kerne zeichnen sich durch eine starke Färbung aus. Wird ein solches Stadium mit 1 Mol KNO_3

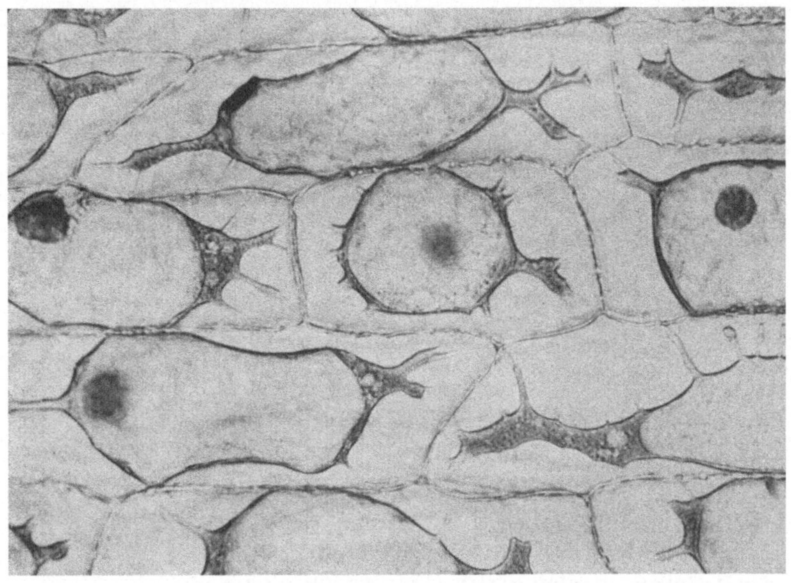

Abb. 118. *Allium Cepa*, obere Zwiebelschuppenepidermis, $1^1/_2$ Stunden mit Erythrosin vorbehandelt. Das Protoplasma hat sein Quellungsvermögen verloren. Bei der plasmolytischen Kontraktion wird das Zytoplasma mitgerissen. Scheinplasmolyse. Nach STRUGGER (1931).

plasmolysiert, so kommt es nicht mehr zu einer Tonoplastenplasmolyse im bisherigen Sinne. Der Tonoplast behält zwar wohl seine plasmoly-tische Kontraktionsfähigkeit bei, aber das Protoplasma hat die Quell-fähigkeit in KNO_3 ganz eingebüßt. Es wird der Plasmawandbelag durch den sich plasmolytisch kontrahierenden Tonoplasten abgehoben. Dabei sind Bilder zu beobachten, welche einer echten Plasmolyse täuschend ähnlich sehen. Die sich osmotisch kontrahierende Vakuole zieht das nicht mehr quellbare, sehr zähflüssige Zytoplasma in groteske Formen aus. Dabei tritt auch Plasmaspaltung (Plasmoschise) auf (Abb. 118, 119).

Die Wundreizwirkung wird durch das Erythrosin deutlich gesteigert. Wird ein Epidermishäutchen von der Zwiebelschuppe durch eine Stich-wunde verletzt, so bewirkt eine 5—8 Minuten lange Erythrosinbehand-lung das Auftreten von wundnahen Tonoplastenplasmolysen in 1 Mol KNO_3 im weiten Umkreis um die Stichwunde. In entsprechend behan-delten unverletzten Kontrollhäutchen ist ein solches Phänomen nicht zu beobachten. Hier tritt eine Konvexplasmolyse ein.

Das Erythrosin ist sonach als Diachrom kein idealer Vitalfarbstoff. Es bewirkt eine Schädigung des Plasmalemmas. Die Semipermeabilität der äußeren Plasmagrenzschicht geht allmählich verloren, während die

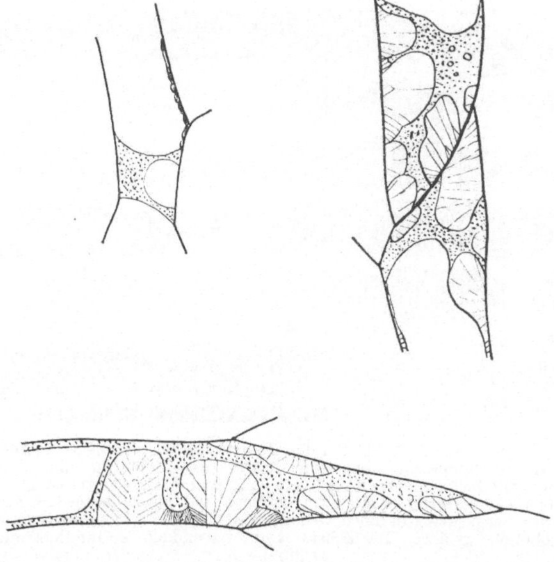

Abb. 119. *Allium Cepa*, obere Zwiebelschuppenepidermis, über 1¹/₂ Stunden mit Erythrosin vorbehandelte Zellen mit 1 Mol KNO₃ plasmolysiert. Das Plasma hat sein Quellungsvermögen eingebüßt. Die Scheinplasmolyse ist in grotesken Formen ausgebildet. Nur der Tonoplast hat seine Semipermeabilität beibehalten. Nach STRUGGER (1931).

Semipermeabilität des Tonoplasten erhalten bleibt. Der Erythrosinversuch beweist, wie auf ein und denselben Faktor die äußere Plasmagrenzschicht anders reagiert als die innere. Durch das Erythrosin wird die Intrabilität beträchtlich erhöht, die Permeabilität aber nur wenig geändert. (1, 3, 53, 112, 124, 157, 188.)

Versuch 88.
Die Analyse der Kaliumfluoreszeinfärbung.

Das Kaliumfluoreszein ist einer der besten sauren Plasmavitalfarbstoffe. Es vermag das Zytoplasma lebender Pflanzenzellen in schönster Weise durchzufärben, so daß es im Fluoreszenzmikroskop in grüner Fluoreszenzfarbe leuchtet. Die Lebensfähigkeit der Zellen wird dabei nicht beeinflußt, so daß die Plasmakonfiguration der kaliumfluoreszeingefärbten Zellen als vollkommen normal angesehen werden muß.

Auch für saure Farbstoffe ist eine strenge p_H-Abhängigkeit der Farbstoffaufnahme und Speicherung die Regel. Hier gilt der Satz, daß saure Farbstoffe aus sauren Farblösungen aufgenommen und gespeichert werden, während sie aus schwach sauren bis basischen Farblösungen fast keine Aufnahme erfahren. Das hängt mit der Dissoziation der sauren Farbstoffe zusammen. Kataphoreseversuche lehren, daß das Kaliumfluoreszein unter p_H 4,5 minimal oder überhaupt nicht dissoziiert

ist. Es liegt dann in molekularer Lösung vor. Die Kaliumfluoreszeinmoleküle können durch die Plasmagrenzschichten permeieren und werden
sekundär infolge der intraplasmatischen C_H dissoziiert und adsorbiert.

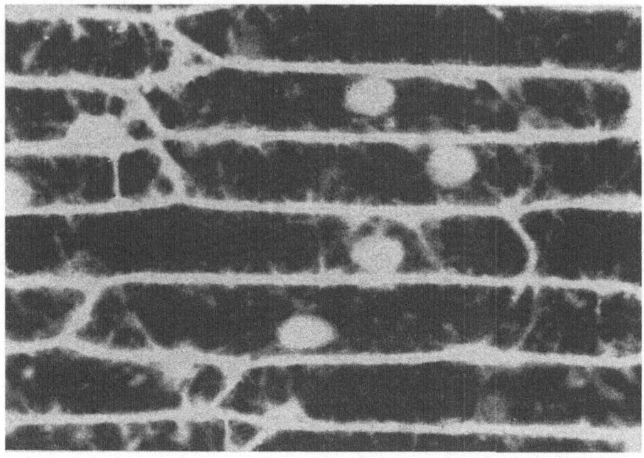

Abb. 120. [Die Vitalfärbung des Protoplasten der Epidermiszellen der Zwiebelschuppe von *Allium Cepa* mit einer Kaliumfluoreszeinlösung von saurer Reaktion (pH 3,5). Fluoreszenzmikroskopische Aufnahme. Die Zellmembranen sind ungefärbt und erscheinen schwarz. Das Zytoplasma ist homogen gefärbt und fluoresziert stark grün. Ebenso sind die Zellkerne stark homogen durchgefärbt. Eine gefärbte Struktur ist in ihnen nicht zu erkennen. Es ist also nicht das Karyotingerüst sondern die Karyolymphe gefärbt. Die Zellsafträume haben kein Kaliumfluoreszein gespeichert. Original.

Bietet man aber lebenden Zellen stark dissoziierte Kaliumfluoreszeinlösungen von neutraler bis schwach alkalischer Reaktion, so vermögen

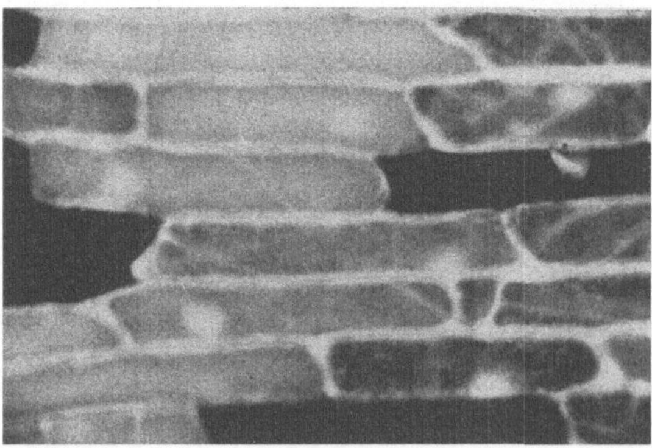

Abb. 121. Obere Zwiebelschuppenepidermis von *Allium Cepa*. Mosaik lebender und toter Zellen. Die lebenden Zellen werden durch schwach angesäuertes Kaliumfluoreszein stark plasmatisch gefärbt. Die toten Zellen zeigen dagegen keine Sekundärfluoreszenz. Original.

die Zellen die Farbstoffanionen nicht aufzunehmen. Es tritt dann keine
Speicherung ein.

Diese strenge pH-Abhängigkeit der Kaliumfluoreszeinspeicherung
läßt sich an der oberseitigen Epidermis der Zwiebelschuppe von *Allium
Cepa* durch Einfärbung von Epidermishäutchen in pH-abgestuften

Kaliumfluoreszeinlösungen deutlich zeigen. Nach der auf Seite 134 angegebenen Art und Weise werden gepufferte Kaliumfluoreszeinlösungen 1 : 10000 hergestellt, welche den p_H-Bereich 2—11 umfassen. Die Färbezeit beträgt 10 Minuten. Aber auch Kurzfärbungen von 5, 2 und 1 Minute Dauer können vorgenommen werden. Unter p_H 4 tritt augenblicklich eine vitale Speicherung des Kaliumfluoreszeins im Plasma und in den Zellkernen ein. Über p_H 4 dagegen ist nur eine sehr schwache Speicherung bei länger andauernden Färbungen im Plasma und im Kerne zu beobachten. Die Zellsafträume färben sich nicht, ebenso bleiben die Membranen ungefärbt. Die Plasmafärbung ist nur an lebenden Zellen zu beobachten, während tote Zellen fluoreszenzlos sind und dunkel erscheinen. Die Plasmafärbung ist homogen, ebenso die Kernfärbung. Eine Anfärbung des Karyotingerüstes ist nicht zu beobachten. Es ist vielmehr die Karyolymphe diffus durchgefärbt. Bei der Vitalfärbung des Zellkernes gilt allgemein die Regel, daß basische Farbstoffe das stark negativ geladene Karyotingerüst anfärben, während saure Farbstoffe die elektropositive Karyolymphe als Speicherungsort bevorzugen. Abb. 120 und 121 geben uns das Bild einer Kaliumfluoreszeinfärbung des lebenden Protoplasten wieder. Als Hilfsmittel zum Studium der Zytoplasmakonfiguration ist diese Färbemethode sehr zu empfehlen. Da die sekundäre Plasmafluoreszenz sehr intensiv ist, läßt sich die Kaliumfluoreszeinfärbung auch mit ganz einfachen, behelfsmäßigen Fluoreszenzmikroskopen im Blaulicht beobachten. (13, **35**, 124, 154, **165**, 188.)

D. Elektroneutrale Farbstoffe.

Versuch 89.

Die Vitalfärbung des Protoplasmas mit Rhodamin B.

Das Rhodamin B zählt zu den sehr schwach dissoziierten, basischen Farbstoffen. Es kann daher praktisch als elektroneutral bezeichnet werden. Ein Kataphoreseversuch mit Rhodamin B-Lösungen von verschiedenem p_H-Wert vermag eindeutig zu zeigen, daß praktisch keine mit dem p_H-Wert variable Dissoziation auftritt. Die Rhodamin B-Moleküle erweisen sich als stark lipophil. Eine Ausschüttelung des Farbstoffes mit verschiedenen organischen Lösungsmitteln zeigt immer wieder die starke Löslichkeit des Rhodamins, welche in Parallele zu setzen ist mit der bekannten Lipoidlöslichkeit des Sudan III. Da das Rhodamin B nicht nur ein Diachrom ist, sondern sehr schön goldgelb fluoresziert, ist es als der beste Vitalfarbstoff zur Anfärbung der lipoiden Bestandteile des Protoplasten anzusehen. Eine elektroadsorptive Speicherung ist bei diesem Farbstoff im Hinblick auf seine physikochemischen Eigenschaften theoretisch unmöglich.

1. Die Vitalfärbung der oberen und unteren Epidermis der Zwiebelschuppe von Allium Cepa.

a) Die obere Epidermis. Um sich zu vergewissern, daß dieser elektroneutrale Farbstoff in allen p_H-Stufen dasselbe Färbungsbild ergibt, stellt man sich die im Neutralrotversuch angegebene Farbpufferreihe mit

Rhodamin B in der Konzentration 1 : 10000 her. Die Färbedauer der
oberen Epidermishäutchen, welche schwimmend auf die Farblösungen aufgelegt werden, soll 10 Minuten betragen. Die mikroskopische Analyse wird
im Hellfeld und im Fluoreszenzmikroskop nach erfolgtem Auswaschen
in den entsprechenden ungefärbten Pufferlösungen vorgenommen.

Die Hellfeldanalyse zeigt uns nur bei Verwendung eines Grünfilters
eine sehr schwache Rotfärbung der Zytoplasmagrundsubstanz an. Besonders an Plasmaansammlungen ist diese homogene Rotfärbung des
Zytoplasmas beim Mikroskopieren im grünen Lichte (Schottfilter VG 2)

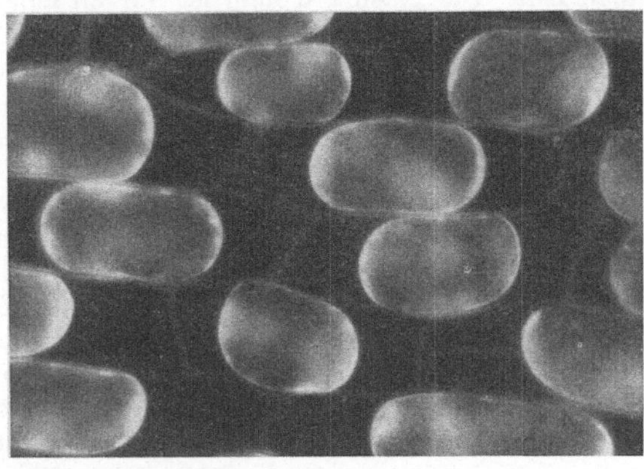

Abb. 122. Obere Zwiebelschuppenepidermis von *Allium Cepa* mit einer Rhodaminlösung 1 : 10000 in
Leitungswasser wenige Minuten vitalgefärbt, ausgewaschen und mit 0,6 Mol KNO_3 plasmolysiert.
Vitalfärbung der Lipoidkomponenten durch das goldgelb fluoreszierende Rhodamin B. Original.

erkennbar. Eine Untersuchung der Zellen mit einem Immersionsobjektiv
bei Verwendung von grünem Licht ergibt eindeutig das Resultat, daß
die Chondriosomen besonders stark das Rhodamin B zu speichern vermögen. Am Zellkern ist lediglich eine elektive Anfärbung der Kernmembran zu beobachten, während das Kerninnere völlig ungefärbt
erscheint. Die Plasmakonfiguration ist normal, ebenso die Plasmaströmung. Die Zellsafträume sind ungefärbt. Von der Vitalität der
Färbung kann man sich am besten dadurch überzeugen, daß man die
Zellen durch längere Zeiträume auf Leitungswasser wässert und sie von
Zeit zu Zeit beurteilt. Eine p_H-Abhängigkeit der Färbung ist in Über-
einstimmung mit der Theorie nicht zu beobachten.

Die fluoreszenzmikroskopische Analyse dieser Zellen gibt prächtige
Bilder. Das Zytoplasma fluoresziert diffus goldgelb. Als leuchtende
Punkte und Stäbchen treten die stark fluoreszierenden Chondriosomen
stark hervor. Die Kernmembranen heben sich als goldgelb leuchtende
Linien ab und sind dort am besten zu erkennen, wo sie gelegentlich stark
ausgeprägte Kernfurchen bekleiden. Auch fluoreszenzoptisch lassen sich
im Kerninneren keine Farbstoffaufnahme und Speicherung nachweisen
(vgl. Abb. 122).

Die Geschwindigkeit der Aufnahme und Speicherung des Rhodamin B ist erstaunlich groß. Schon wenige Sekunden lange Färbungen

in einer neutralen Rhodamin B-Lösung 1 : 10000 genügen, um eine fluoreszenzoptisch sehr kontrastreiche Färbung hervorzurufen.

Da das Rhodamin B lediglich auf Grund seiner Lipoidlöslichkeit gespeichert wird, so ist es erlaubt, auf Grund des beobachteten Färbungsbildes folgende Schlußfolgerungen zu ziehen:

Die Zellmembran enthält bei diesem Objekte keine lipoidartigen Bestandteile. Das Zytoplasma muß lipoide Komponenten in submikroskopischer Verteilung enthalten. Die Chondriosomen zeichnen sich durch einen besonderen Lipoidreichtum aus, was ebenso für die Kernmembran zutrifft. Der Kerninhalt ist dagegen frei von lipoidartigen Substanzen.

Da eine p_H-Abhängigkeit nicht zu beobachten ist, können Vitalfärbungsexperimente mit Rhodamin B am zweckmäßigsten mit Lösungen des Farbstoffes in Leitungswasser durchgeführt werden.

Besonders eindrucksvoll sind Plasmolyseversuche an den vitalgefärbten Zellen der oberen Schuppenepidermis. Eine Plasmolyse mit 0,6 bis 1 Mol KNO_3 läßt die intrazellulären Myelinfiguren (vgl. Versuch 54, S. 108) entstehen. Diese entmischten Plasmalipoide enthalten, wie eine fluoreszenzmikroskopische Untersuchung eindeutig zeigt, den Farbstoff. Eine Plasmolyse mit 1 Mol KCNS führt zu einer Kappen- bzw. Tonoplastenplasmolyse (vgl. Versuch 56,

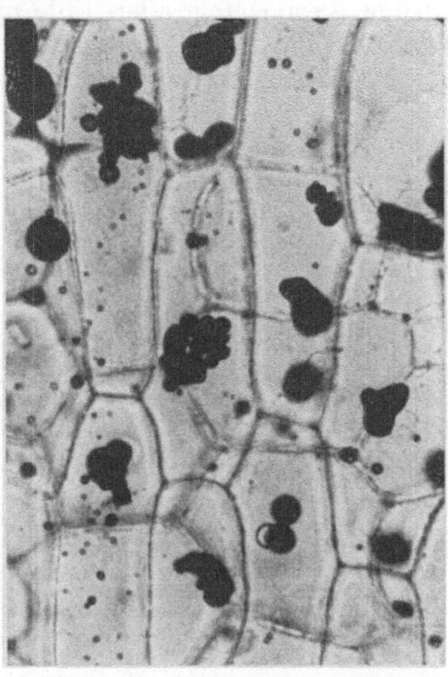

Abb. 123. Untere Zwiebelschuppenepidermis von *Allium Cepa*. Mit Rhodamin B 1:1000 vitalgefärbt. Hellfeldaufnahme. Im lipoidhaltigen Zellsaft entstehen rubinrote Kugeln als Entmischungsprodukte. Typus der Tröpfchenspeicherung. Original.

S. 111). Besonders an Zellen mit Tonoplastenplasmolysen ist eine elektive Färbung der lipoidhaltigen Tonoplastengrenzschicht fluoreszenzmikroskopisch zu beobachten. Ebenso hebt sich die ballonartig gespannte Kernmembran in schönster Weise hervor.

b) Die Vitalfärbung der unteren Epidermis (Konvexepidermis). Flächenschnitte von der Konvexepidermis werden in einer Rhodamin B-Lösung 1 : 1000, hergestellt mit Leitungswasser, mit Hilfe der V.I.M. infiltriert. Hierauf läßt man die Schnitte in der Farblösung liegen und beobachtet von 15 zu 15 Minuten die auftretende Färbung im Hellfelde. Im Gegensatz zur oberen Epidermis speichern die Zellsafträume der unteren Epidermis den Farbstoff zunächst diffus. Bei weiterer Anreicherung entstehen zunächst kleine, dann durch Zusammenfließen große rubinrote Kugeln (vgl. Abb. 123). Der Zellsaft der unterseitigen Epidermis ist sonach in bezug auf seinen Lipoidgehalt sehr stark von dem der oberseitigen Epidermis verschieden.

2. Die Vitalfärbung der Chloroplasten.

Ganze Sprosse von *Helodea canadensis* oder *Helodea densa* (welche sich etwas besser eignet) werden in eine Rhodamin B-Lösung in Leitungswasser 1 : 1000 eine Stunde lang eingelegt.

Schon die makroskopische Beobachtung zeigt, daß der Farbstoff von den Blättern gespeichert wurde. Die mikroskopische Prüfung der gefärbten Blätter zeigt insbesonders bei *Helodea densa* eine schmutziggrüne Verfärbung aller Chloroplasten ausgewachsener Blätter. Zur Grünfärbung der Chloroplasten ist zusätzlich noch eine Rotfärbung getreten, was besonders schön mit Hilfe der Filterung des Mikroskopier-lampenlichtes mit einem SCHOTT-schen Filter VG 2 zu beurteilen ist. Zu diesem Zwecke vergleiche man im grünen Mikroskopierlicht gefärbte und ungefärbte Blätter. Die zusätzlich rot gefärbten Plastiden erscheinen dann im grünen Lichte dunkel.

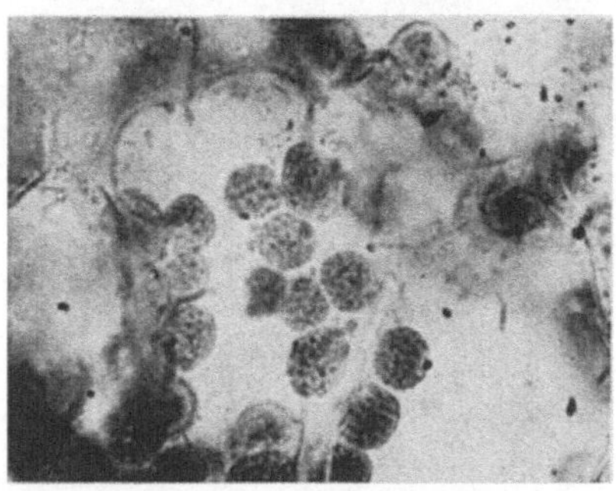

Abb. 124. Flächenschnitt der Blattunterseite von *Dracaena deremensis* mit Rhodamin B 1 : 1000 10 Minuten nach Infiltration mit der Farblösung aufgenommen. Zur Verstärkung des Kontrastes wurde ein Grünfilter vorgeschaltet. Die lipoidhaltigen Grana haben das Rhodamin B elektiv vital gespeichert. Original.

Eine Vitalitätsuntersuchung der Zellen zeigt, daß die Plasmaströmung in schönster Weise zu beobachten ist und auch das Plasmolysiervermögen normal ist.

Dieses Färbungsergebnis beweist eindeutig die Anwesenheit lipoider Komponenten in den Chloroplasten.

Um die Verteilung der lipoiden Komponenten im Chlorophyllkorn näher zu untersuchen, nimmt man eine Vitalfärbung der Chloroplasten des Mesophylls von *Aspidistra elatior* oder noch besser von *Dracaena deremensis vor*. Auch an *Agapanthus umbellatus* lassen sich solche Untersuchungen durchführen. Flächenschnitte von der Blattunterseite werden mit Rhodamin B 1 : 1000 in Leitungswasser infiltriert und etwa 15 Minuten lang eingefärbt. Beobachtet man die intakten Mesophyllzellen im grünen Licht, so erscheinen die Grana bei offener Blende besonders deutlich grauschwarz hervorgehoben. Es besteht sonach kein Zweifel, daß die Grana infolge ihres Lipoidgehaltes in erster Linie den Farbstoff zu speichern vermögen (vgl. Abb. 124). (**43,** 51, 98, 123, **160, 164, 166.**)

Literatur zu V.

1 ALBACH, W.: Über vitale Kern- und Protoplasmafärbung pflanzlicher Zellen. Z. Mikrosk. **44,** 333 (1927). — 2 BECKER, W. A.: Vitale Cytoplasma- und Kernfärbungen. Protoplasma **26,** 439 (1936). — 3 BOAS, FR.: Eine neue Eosinwirkung auf Pflanzen. Ber. dtsch. bot. Ges. **51,** 274 (1933). — 4 BOGEN, H. J.: Über die Ursachen der Unterschiede in der „spezifischen" Harnstoffpermeabilität. Planta (Berl.) **27,** 611 (1937). — 5 Untersuchungen über den Quellungseffekt permeierender Anelektrolyte. I. Ionenwirkung auf die Permeabilität von *Rhoeo discolor*. Z. Bot. **36,** 65 (1940). — 6 Untersuchungen über den Quellungseffekt permeierender Anelektrolyte. II. Ionenwirkung auf die Permeabilität von *Gentiana*

cruciata. Planta (Berl.) **32**, 150 (1941). — 7 BOKORNY, TH.: Über die Einwirkung basischer Stoffe auf das lebende Protoplasma. Jb. Bot. **19**, 206 (1888). — 8 Zur Proteosomenbildung in den Blättern der *Crassulaceen*. Ber. dtsch. bot. Ges. **10**, 619 (1890). — 9 BONTE, H.: Vergleichende Permeabilitätsstudien an Pflanzenzellen. Protoplasma **22**, 209 (1935). — 10 BORRISS, H.: Die Abhängigkeit der Aufnahme und Speicherung basischer Farbstoffe durch Pflanzenzellen von inneren und äußeren Faktoren. Ber. dtsch. bot. Ges. **55**, 584 (1937). — 11 Beiträge zur Kenntnis der Wirkung von Elektrolyten auf die Färbung pflanzlicher Zellmembranen mit Thioninfarbstoffen. Protoplasma **28**, 23 (1937). — 12 BRANDT, K. M.: Physiologische Chemie und Cytologie der Preßhefe. Protoplasma **36**, 77 (1941). — 13 BRAUNER, L.: Das kleine pflanzenphysiologische Praktikum. II. Die physikalische Chemie der Pflanzenzelle. Jena: Fischer 1932. — 14 BRENNER, W.: Studien über die Empfindlichkeit und Permeabilität pflanzlicher Protoplasten für Säuren und Basen. Finska Vetensk. Förh. **60 A**, Nr. 4 (1918). — 15 BUKATSCH, E., u. M. HAITINGER: Beiträge zur fluoreszenzmikroskopischen Darstellung des Zellinhaltes, insbesondere des Zytoplasmas und des Zellkerns. Protoplasma **34**, 515 (1940). — 16 BÜNNING, E.: Untersuchungen über die Koagulation des Protoplasmas bei Wundreizen. Bot. Arch. **14**, 138 (1926). — 17 Untersuchungen über Reizleitung und Reizreaktionen bei traumatischer Reizung von Pflanzen. Bot. Arch. **15**, 4 (1926). — 18 Zur Frage der Aufnahme und Abgabe von Farbstoffen durch lebende Zellen. Ber. dtsch. bot. Ges. **55**, 377 (1937). — 19 CHAMBERS, R. u., K. HÖFLER: Micrurgical studies on the tonoplast of *Allium cepa*. Protoplasma **12**, 338 (1930). — 20 CHODAT, R., et A. M. BOUBIER: Sur la plasmolyse et la membrane plasmique. J. Bot. **12**, 118 (1892). — 21 Sur la membrane périplasmique. J. Bot. **14**, 1 (1900). — 22 CHOLODNY, N.: Zur Frage über die Beeinflussung des Protoplasmas durch mono- und bivalente Metallionen. Beih. Bot. Zbl. I, **39**, 231 (1923). — 23 CHOLODNY, N., u. E. SANKEWITSCH: Plasmolyseform und Ionenwirkung. Protoplasma **20**, 57 (1933). — 24 COLLANDER, R.: Plasmolytische Beobachtungen an den Epidermiszellen von *Rhoeo discolor*. Protoplasma **21**, 226 (1933). — 25 Permeability. Annual Rev. of Biochem. **6**, 1 (1937). — 26 Einige neuere Ergebnisse und Probleme der botanischen Permeabilitätsforschung. Physik.-ökon. Ges. Königsberg (Pr.) **69**, 251 (1937). — 27 The permeability of plant protoplasts to nonelectrolytes. Trans. Faraday Soc. **33**, 985 (1937). — 28 COLLANDER, R., u. H. BÄRLUND: Die Permeabilität für Nichtelektrolyte.. Acta bot. fenn. **11**, 5 (1933). — 29 CZAJA, A. TH.: Untersuchungen über metachromatische Färbungen von Pflanzengeweben. I. Substantive Farbstoffe. Planta (Berl.) **11**, 582 (1930). — 30 Die Analyse der metachromatischen Färbungen von Pflanzengeweben mit organischen Farbstoffen. Ber. dtsch. bot. Ges. **48**, 100 (1930). — 31 Der Membran- oder Poreneffekt des Absorptionsgewebes und seine physiologische Bedeutung. Planta (Berl.) **24**, Heft 3 (1935). — 32 Untersuchungen über den Membraneffekt des Absorptionsgewebes und über die Farbstoffaufnahme in die lebende Zelle. Planta (Berl.) **26**, 90 (1936). — 33 CZAPEK, FR.: Über Fällungsreaktionen in lebenden Pflanzenzellen und einige Anwendungen derselben. Ber. dtsch. bot. Ges. **28**, 147 (1910). — 34 DERRY, B. EL: Plasmolyseform- und Plasmolysezeitstudien. Protoplasma **8**, 1 (1929). — 35 DÖRING, H.: Versuche über die Aufnahme fluoreszierender Stoffe in lebende Pflanzenzellen. Ber. dtsch. bot. Ges. **53**, 415 (1935). — 36 DRAWERT, H.: Das Verhalten der einzelnen Zellbestandteile fixierter pflanzlicher Gewebe gegen saure und basische Farbstoffe bei verschiedener Wasserstoffionenkonzentration. Flora (Jena) **132**, 91 (1937). — 37 Der Einfluß anorganischer Salze auf die Aufnahme und Abgabe von Farbstoffen durch die pflanzliche Zelle. Ber. dtsch. bot. Ges. **40**, 380 (1937). — 38 Beiträge zur Entstehung der Vakuolenkontraktion nach Vitalfärbung mit Neutralrot. Ber. dtsch. bot. Ges. **56**, 123 (1938). — 39 Zur Frage der Farbstoffaufnahme durch die lebende pflanzliche Zelle. Ber. dtsch. bot. Ges. **56**, 1 (1938), Generalversamml. Heft. — 40 Protoplasmatische Anatomie des fixierten *Helodea*-Blattes. Protoplasma **29**, 206 (1938). — 41 Elektive Färbung der Hydropoten an fixierten Wasserpflanzen. Ein Beitrag zur protoplasmatischen Anatomie fixierter Gewebe. Flora (Jena) **132**, 234 (1938). — 42 Über die Aufnahme von Prune pure durch die pflanzliche Zelle. Planta (Berl.) **29**, 179 (1938). — 43 Zur Frage der Stoffaufnahme durch die lebende Zelle. I. Versuche mit Rhodaminen. Planta (Berl.) **29**, 376 (1939). — 44 Zur Frage der Stoffaufnahme durch die lebende Zelle. II. Die Aufnahme basischer Farbstoffe und das Permeabilitätsproblem. Flora (Jena) **134**, 159 (1940). — 45 Zur Frage der Stoffaufnahme durch die lebende pflanzliche Zelle. III. Die Aufnahme saurer Farbstoffe und das Permeabilitätsproblem. Flora (Jena) **135**, 21 (1942). — 46 DRAWERT, H., u. S. STRUGGER: Zur Frage der Methylenblauspeicherung in Pflanzenzellen. Ber. dtsch. bot. Ges. **56**, 43 (1938). — 47 EICHBERGER, R.: Über die „Lebensdauer" isolierter Tonoplasten. Protoplasma **20**, 606 (1933). — 48 ELO, J. E.: Vergleichende Permeabilitätsstudien, besonders an niederen Pflanzen. Ann. Bot. Soc. zool.-bot. fenn. Vanamo, Tom. **8**, 1 (1937). — 49 FREY-WYSSLING, A.: Die Turgorschwankung bei Permeabilitätsversuchen. Verh. naturforsch. Ges. Basel **56**, 330 (1945). — 50 Zur Wasserpermeabilität des Protoplasmas. Experientia, Vol. **11/4** (1946). — 51 GESSNER, F.: Die Assimilation vitalgefärbter Chloroplasten. Planta (Berl.) **32**, 1 (1941). — 52 GICKLHORN, J.: Über die Entstehung und die Formen lokalisierter Manganspeicherungen bei Wasserpflanzen. Protoplasma **1**, 372 (1926). — 53 Über vitale Kern- und Plasmafärbung an Pflanzenzellen. Protoplasma **2**, 1 (1927). — 54 Kristalline Farbstoffspeicherung im Protoplasma und Zellsaft pflanzlicher Zellen nach vitaler Färbung. Protoplasma **7**, 341 (1929). — 55 Intrazelluläre Myelinfiguren und ähnliche Bildungen bei der reversiblen Entmischung des Protoplasmas. Protoplasma **15**, 90 (1931). — 56 Beobachtungen zu Fragen über Form, Lage und Entstehung des Golgi-Binnenapparates. Protoplasma **15**, 365 (1931). — 57 Elektive Vitalfärbungen. Probleme, Ziele, Ergebnisse, aktuelle Fragen und Bemerkungen zu den Methoden. Erg. Biol. **7**, 551 (1931). — 57a GOPPELSROEDER, FR.: Capillaranalyse. Basel 1901. — 58 GUILLIERMOND, A.: Le vacuome des cellules végétales. Protoplasma **9**, 133 (1929). — 59 GUILLIERMOND, A., u. F. OBATON: Sur l'action du p_H milieu dans la coloration vitale des cellules végétales. C. r. Soc. biol. **116**, 984 (1934). — 60 HAAN, DE JZ.: Kappenplasmolyse und Wasserpermeabilität. Protoplasma **22**, 395 (1935). — 61 Protoplasmaquellung und Wasserpermeabilität. Rec. Trav. bot. néerl. **30**, 234 (1933). — 62 HAITINGER, M.: Fluoreszenzmikroskopie und ihre Anwendung in Histologie und Chemie. Akad. Verlagsgesellschaft Leipzig 1938. — 63 HEILBRUNN, L. V.: The surface precipitation reaction of living cells. Proc. amer. phil. Soc. **69**, 295 (1930). — 65 HOFE, FR. VON: Permeabilitätsuntersuchungen an *Psalliota campestris*. Planta (Berl.) **20**, 354 (1933). — 66 HÖFLER, K.: Permeabilitätsbestimmung nach der plasmometrischen Methode. Ber. dtsch. bot. Ges. **36**, 414 (1918). — 67 Eine plasmolytisch-volumetrische Methode zur Bestimmung des osmotischen Wertes von Pflanzenzellen. Denkschr. Akad. Wiss. Wien, Math.-naturwiss. Kl. **95**, 99 (1918). — 68 Ein Schema für die osmotische Leistung der Pflanzenzelle. Ber. dtsch. bot. Ges. **38**, 288 (1920). — 69 Über Kappenplasmolyse. Ber. dtsch. bot. Ges. **46**, (73) (1928). — 70 Über Eintritts- und Rückgangsgeschwindigkeit der Plasmolyse und eine Methode zur Bestimmung der Wasserpermeabilität des Protoplasten. Jb. Bot. **73**, 300 (1930). — 71 Plasmolyseverlauf und Wasserpermeabilität. Protoplasma **12**, 564 (1930). — 72 Das Permeabilitätsproblem und seine anatomischen Grundlagen. Ber. dtsch bot. Ges. **49**, 79 (1931). — 73 Zur Tonoplastenfrage. Protoplasma **15**, 462 (1932). — 74 Kappenplasmolyse und Salzpermeabilität. Z. Mikrosk. **51**, 70 (1934), Festschr. Küster. — 75 Neuere Ergebnisse der vergleichenden Permeabilitätsforschung. Ber. dtsch. bot. Ges. **52**, 355 (1934). — 76 Permeabilitätsstudien an Stengelzellen von *Majanthemum bifolium*. (Zur Kenntnis spezifischer Permeabilitätsreihen. I.). Sitzgsber. Akad. Wiss. Wien. Math.-naturwiss. Kl., Abt. I, **143**, 213 (1934). — 77 Permeabilitätsunterschiede in verschiedenen Geweben einer Pflanze und ihre vermutlichen Ursachen. Sonderband Mikrochem. (Molisch-Festschr.) 224 (1936). — 78 Spezifische Permeabilitätsreihen verschiedener Zellsorten derselben Pflanze. Ber. dtsch. bot. Ges. **55**, (133) (1937). — 79 Kappenplasmolyse und Ionenantagonismus. Protoplasma **33**, 545 (1939). — 80 Salzquellung des Protoplasmas und Ionenantagonismus. Ber. dtsch. bot. Ges. **58**, 292 (1940). — 81 Unsere derzeitige Kenntnis von den spezifischen Permeabilitätsreihen. Ber. dtsch. bot. Ges. **60**, 179 (1942). — 82 Über Fettspeicherung und Zuckerpermeabilität einiger *Diatomeen* und über Diagonalsymmetrie im *Diatomeen*-Protoplasten. Protoplasma **38**, 71 (1943). — 83 HÖFLER, K., u. A. STIEGLER: Ein auffälliger Permeabilitätsversuch in Harnstofflösung. Ber. dtsch. bot. Ges. **39**, 157 (1921). — 84 Permeabilitätsverteilung in verschiedenen Geweben der Pflanze. Protoplasma **9**, 469 (1929). — 85 HOFMEISTER, L.: Vergleichende Untersuchungen über spezifische Permeabilitätsreihen. Bibliotheca Botanica, Heft 113 (1935). — 86 Studien über die Permeabilität vitalgefärbter Pflanzenzellen. I. Z. Mikrosk. **55**, 393 (1938). — 87 Verschiedene Permeabilitätsreihen bei einer und derselben Zellsorte von *Ranunculus repens*. Jb. Bot. **86**, 401 (1938). — 88 Die Wasserpermeabilität der Zellen des Drüsenepithems von *Saxifraga*. Protoplasma **33**, 399 (1939). — 89 Die Permeabilität pflanzlichen Protoplasmas für Anelektrolyte. Tabulae Biologicae **19**, 263 (1942). — 90 HOUSKA, H.: Beiträge zur Kenntnis der Kappenplasmolyse. Zur Ätiologie und protoplasmatischen Anatomie der Kappenplasmolyse bei *Allium cepa*. Protoplasma **36**, 11 (1941). — 91 HUBER, B.: Beiträge zur Kenntnis der Wasserpermeabilität des Protoplasmas. Ber. dtsch. bot. Ges. **51**, 53 (1933). — 92 HUBER, B., u. K. HÖFLER: Die Wasserpermeabilität des Protoplasmas. Jb. Bot. **73**, 351 (1930). — 93 HUBER, B., u. H. SCHMIDT: Plasmolyse und Permeabilität. Protoplasma **20**, 203 (1933). — 91 HURCH, H.: Beiträge zur Kenntnis der Permeabilitätsverteilung in den verschiedenen Geweben des Blattes. Beih. Bot. Zbl. **50**, I, 211 (1933). — 95 ILJIN, W. S.: Plasmolyse und Deplasmolyse und ihre Beeinflussung durch Salze und durch die H-Ionenkonzentration. Protoplasma **24**, 296 (1935). — 96 JÄRVENKYLÄ, Y. T.: Über den Einfluß des Lichtes auf die Permeabilität pflanzlicher Protoplasten. Ann. Bot. Soc. Zool. **9**, 1 (1937). — 97 JOHANNES, H.: Beiträge zur Vitalfärbung von Pilzmycelien. I. Flora (Jena) **134**, 58 (1939). — 98 Beiträge zur Vitalfärbung von Pilzmycelien. II. Die Inturbanz der Färbung mit Rhodaminen. Protoplasma **36**, 181 (1941). — 99 Die Vitalfärbung von *Phycomyces Blakesleeanus* mit Akridinorange (im Druck). — 100 KAISERLEHNER, E.: Über Kappenplasmolyse und Entmischungsvorgänge im Kappenplasma. Zugleich ein Beitrag zur Kenntnis der Salznekrose des Cytoplasmas. Protoplasma **33**, 579 (1939). — 101 KELLER, R.: Neues von der Protoplasma-Elektrizität. Protoplasma **1**, 313 (1926). — 101a KLEMM, P.: Aggregationsstudien. Bot. Zbl. **57**, 193 (1894). — 12 KREBS, A.: Über Verwendbarkeit der Struggerschen Akridinorange-Vitalfärbung für strahlenbiologische Probleme. Strahlenther. **75**, 346 (1944). — 103 KRESSIN, G.: Beiträge zur vergleichenden Protoplasmatik der Mooszellen. Diss. Greifswald 1935. — 104 KREUZ, J.: Der Einfluß von Ca- und K-Salzen auf die Permeabilität des Protoplasmas für Harnstoff und Glycerin. Österr. Bot. Z. **90**, 1 (1941). — 105 KÜSTER, E.: Eine Methode zur Gewinnung abnorm großer Protoplasten. Arch. Entw. mechan. **30**, 351 (1910). — 106 Über die Gewinnung nackter Protoplasten. Protoplasma **3**, 223 (1927). — 107 Beiträge zur zellenphysiologischen Methodik. I. und II. Protoplasma **5**, 191 (1928). — 108 Pathologie der Pflanzenzelle. II. Pathologie des Protoplasmas. Protoplasma-Monogr. **3** (1929). Berlin: Borntraeger. — 109 Frühe Mitteilungen über Plasmaraketen, Plasmatentakeln und Plasmazungen. Protoplasma **7**, 446 (1929). — 110 Beobachtungen an verwundeten Zellen. Protoplasma **7**, 150 (1929). — 111 Vital staining of plant cells. Botanical Rev. **5**, 351 (1939). — 112 Über vitale Aufnahme saurer Farbstoffe in die Pflanzenzelle. Z. Mikrosk. **57**, 153 (1940). — 113 LEDERER, B.: Färbungs-, Fixierungs- und mikrochirurgische Studien an *Spirogyra*-Tonoplasten. Protoplasma **22**, 405 (1934). — 114 Färbung, Fixierung und Mikrodissektion von Tonoplasten. Biol. generalis (Wien) **11**, 211 (1935). — 115 LILIENSTERN, M.: Beitrag zur Physiologie der Epidermis. (Vitalfärbung der Schließ- und Epidermiszellen von *Tradescantia*.) Protoplasma **22**, 367 (1935). — 116 Altersunterschiede von Zellen einiger Wasserpflanzen in bezug auf ihr Reduktionsvermögen. Protoplasma **23**, 86 (1935). — 117 LINSBAUER, K.: Weitere Beobachtungen an Spaltöffnungen. Planta (Berl.) **3**, 527 (1927). — 118 Die Epidermis. LINSBAUER, Handbuch der Pflanzenanatomie, Bd. I, 2. Berlin: Borntraeger 1930. — 119 LOREY, E.: Mikrurgische Untersuchungen über die Viskosität des Protoplasmas. Protoplasma **7**, 171 (1929). — 120 MARKLUND, G.: Vergleichende Permeabilitätsstudien an pflanzlichen Protoplasten. Acta bot. fenn. **18**, 5 (1936). — 121 MAYR, FR.: Hydropoten an Wasser- und Sumpfpflanzen. Beih. Bot. Zbl. **32**, 1, 278 (1915). — 122 MEINDL, T.: Weitere Beiträge zur protoplasmatischen Anatomie des *Helodea*-Blattes. Protoplasma **21**, 362 (1934). — 123 MENKE, W.: Über den Feinbau der Chloroplasten. Kolloid-Z. **85**, 256 (1938). — 124 METZNER, P.: Zur Kenntnis der photodynamischen Erscheinung. III. Über die Bindung der wirksamen Farbstoffe in der Zelle. Biochem. Z. **148**, 498 (1924). — 125 MEYER, F. J.: Zur Frage der Funktion der Hydropoten. Ber. dtsch. bot. Ges. **53**, 542 (1935). — 126 MODER, A.: Beiträge zur protoplasmatischen Anatomie des *Helodea*-Blattes. Protoplasma **16**, 1 (1932). — 127 MOLISCH, H.: Mikrochemie der Pflanze. Jena: Fischer 1921. — 128 MOTHES, K.: Der Tonoplast von *Sphaeroplea*. Planta (Berl.) **21**, 486 (1933). — 129 OVERTON, E.: Studien über die Aufnahme von Anilinfarben durch die lebende Zelle. Jb. Bot. **34**, 669 (1900). — 130 PEKAREK, J.: Die Vitalfärbung als allgemeine botanische Untersuchungsmethode. Kolloidchem. Beih. **28**, 280 (1929). — 131 Vitalfärbung von Nektarien. Kolloidchem. Beih. **28**, 353 (1929). — 132 Über die Aciditätsverhältnisse in den Epidermis- und Schließzellen bei *Rumex acetosa* im Licht und im Dunkeln. Planta (Berl.) **21**, 419 (1933). — 133 Über die Wirkung von Nitraten auf die Färbung pflanzlicher Zellmembranen und Zellsäfte mit Azur I. Protoplasma **30**, 161 (1938). — 134 PETROVÁ, J.: Über den Einfluß der β-Strahlen auf die Permeabilität der Zelle. Beih. Bot. Zbl. **54**, Abt. A, 369 (1936). — 135 Über den Einfluß der γ-Strahlen auf die Permeabilität der Zelle. Bot. Zbl. **60**, 343 (1940). — 136 PFEFFER, W.: Über Aufnahme von Anilinfarbstoffen in lebende Zellen. Untersuch. Bot. Inst. Tübingen **2**, 179 (1886). — 137 Zur Kenntnis der Plasmahaut und der Vakuolen. Abh. Sächs. Ges. Wiss. **16**, 187 (1890). — 138 PLOWE, J. Q.: Membranes in the plant cell. I. Morphological membranes at protoplasmic surfaces. Protoplasma **12**, 196 (1931). — 139 Membranes in the plant cell. II. Localization of differential permeability in the plant protoplast. Protoplasma **12**, 221 (1931). — 140 PRÁT, S.: The vital staining of cell walls. Protoplasma **12**, 394 (1931). — 141 Kristalline Farbstoffspeicherung bei Vitalfärbung. Protoplasma **12**, 399 (1931). — 142 PRINGSHEIM, E. G.: Pflanzenphysiologische Übungen für Studierende und Lehrer. Leipzig 1931. — 143 REUTER, L.: Die Harnstoffpermeabilität der Schließzellen. Versuch eines quantitativen Nachweises der Permeabilität der Schließzellen. Protoplasma **37**, 539 (1943). — 144 ROTTENBURG, W.: Die Plasmapermeabilität für Harnstoff und Glycerin in ihrer Abhängigkeit von der Wasserstoffionenkonzentration. Flora (Jena) **137**, 230 (1943). — 145 ROUSCHAL, C., u. S. STRUGGER: Eine neue Methode zur Vitalbeobachtung der Mikroorganismen im Erdboden. Naturwiss. **31**, 300 (1943). — 146 RUGE, U.: Permeabilitätsstudien an jungen und ausdifferenzierten Zellen des *Rhoeo*-Blattes Planta (Berl.) **33**, 589 (1943). — 147 RUHLAND, W.: Studien über die Aufnahme von Kolloiden durch die pflanzliche Plasmahaut. Jb. Bot. **51**, 376 (1912). — 148 Vitalfärbung bei Pflanzen. ABDERHALDEN, Handbuch der biologischen Arbeitsmethoden, Abt. XI, Teil 2, 181 (1924). — 149 RUHLAND, W., H. ULLRICH u. S. ENDO: Untersuchungen zu den „spezifischen Permeabilitätsreihen" Höflers. I. Zur Frage der Alkoholpermeabilität von Pflanzenzellen unter verschiedenen Versuchsbedingungen. Planta (Berl.) **27**, 650 (1938). — 150 SCARTH, G. W.: The action of cations on the contraction and viscosity of protoplasm in *Spirogyra*. Quart. J. exper. Physiol. **14**, 115 (1924). — 151 SCHEITTERER, H., u. FR. WEBER: Osmotischer Wert bei Harnstoff-Endosomose. Protoplasma **11**, 158 (1930). — 152 SCHMIDT, H.: Plasmolyse und Permeabilität. Jb. Bot. **83**, 470 (1936). — 153 SCHMIDT, H., K. DIEWALD u. O. STOCKER: Plasmatische Untersuchungen an dürreempfindlichen und dürreresistenten Sorten landwirtschaftlicher Kulturpflanzen. Planta (Berl.) **31**, 559 (1941). — 154 SCHUMACHER, W.: Untersuchungen über die Wanderung des Fluoresceins in den Siebröhren. Jb. Bot. **77**, 685 (1933). — 155 SPEK, J.: Metachromasie und Vitalfärbung mit pH-Indikatoren. Protoplasma **34**, 583 (1940). — 156 Eine optische Methode zum Nachweis von Lipoiden in der lebenden Zelle. Protoplasma **37**, 49 (1943). — 157 STRUGGER, S.: Zur Analyse der Vitalfärbung pflanzlicher Zellen mit Erythrosin. Ber. dtsch. bot. Ges. **49**, 453 (1931). — 158 Über Plasmolyse mit Kaliumrhodanid. Ber. dtsch. bot. Ges. **50**, 24 (1932). — 159 Beiträge zur Gewebephysiologie der Wurzel. Zur Analyse und Vitalfärbung pflanzlicher Zellen mit Neutralrot. Protoplasma **24**, 198 (1935). — 160 Vitalfärbung der Chloroplasten mit Rhodaminen. Flora (Jena) **131**, 113 (1936). — 161 Vitalfärbungsstudien an Myxomyceten. Ber. dtsch. bot. Ges., Ber. 50. Generalversammlg. **54**, 14 (1936). — 162 Beiträge zur Analyse der Vitalfärbung pflanzlicher Zellen mit Neutralrot. Protoplasma **26**, 56 (1936). — 163 Die Vitalfärbung als gewebsanalytische Untersuchungsmethode. Arch. exper. Zellforschg. **19**, 199 (1937). — 164 Weitere Untersuchungen über die Vitalfärbung der Chloroplasten mit Rhodaminen. Flora (Jena) **131**, 324 (1937). — 165 Fluoreszenzmikroskopische Untersuchungen über die Speicherung und Wanderung des Fluoresceinkaliums in pflanzlichen Geweben. Flora (Jena) **132**, 253 (1938). — 166 Die Vitalfärbung des Protoplasmas mit Rhodamin B und 6 G. Protoplasma **30**, 85 (1938). — 167 Vorführung zellphysiologischer Filme in der 52. Generalversammlung der Deutschen Botanischen Gesellschaft in Hannover, September 1938. Ber. dtsch. bot. Ges. **56**, (22) (1938). — 168 Neues über die Vitalfärbung pflanzlicher Zellen mit Neutralrot. Protoplasma **34**, 601 (1940). — 169 Die Kultur von *Didymium nigripes* aus Myxamöben mit vital gefärbtem Plasma und Zellkernen. Z. Mikrosk. **57**, 415 (1940). — 170 Fluoreszenzmikroskopische Untersuchungen über die Aufnahme und Speicherung des Akridinorange durch lebende und tote Pflanzenzellen. Jena. Z. Naturwiss. **73**, 97 (1940). — 171 Die fluoreszenzmikroskopische Unterscheidung lebender und toter Zellen mit Hilfe der Akridinorangefärbung. Dtsch. tierärztl. Wschr. **49**, 525 (1941). — 172 Zellphysiologische Studien mit Fluoreszenzindikatoren. I. Basische, zweifarbige Indikatoren. Flora (Jena) **135**, 101 (1941). — 173 Die Fluoreszenzmikroskopie im Dienste der biologischen Forschung. Forschgn u. Fortschr. Nr. 33/34 332 (1941). — 174 Neues über die Fluoreszenzfärbung toter und lebender Bakterien. 1. Zur Theorie der Bakterienfärbung. 2. Ein neues Verfahren zur mikroskopischen Untersuchung lebender und toter Bakterienzellen. Dtsch. tierärztl. Wschr. **50**, 51 (1942). — 175 Die Unterscheidung lebender und toter Zellen mit Hilfe der Akridinorangemethode. Mikrokosmos **36**, H. 2/3 (1942). — 176 Fluoreszenzmikroskopische Beobachtungen über das Eindringen des Prontosil solubile in lebende Bakterien- und Hefezellen. Dtsch. tierärztl. Wschr. **50**, 321 (1942). — 177 Ein neues Verfahren zur Färbung von Bakterien. Berl. u. Münch. tierärztl. Wschr. **42**, 253 (1942). — 178 Die Fluoreszenz im Dienste der biologischen Forschung. Chemie **55**, 339 (1942). — 179 Aufnahme und Speicherung des Auramins durch lebende Pflanzenzellen. Protoplasma **37**, 429 (1943). — 180 Untersuchungen über die vitale Fluorochromierung der Hefezelle. Flora (Jena) **37**, 73 (1943). — 181 Zum heutigen Stand der Akridinorangefärbung lebender und toter Bakterien auch für die Milchuntersuchung. Z. Fleisch- u. Milchhyg. **54**, 161 (1943). — 182 Fluorescence microscopy in the service of biological research. Research and Progress Vol. **9**, 217 (1943). — 183 Fluoreszenzmikroskopie und Mikrobiologie; Hannover: Schaper 1948. — 184 Strugger, S., u. P. Hilbrich: Die fluorezenzmikroskopische Unterscheidung lebender und toter Bakterienzellen mit Hilfe der Akridinorangefärbung. Dtsch. tierärztl. Wschr. **50**, 121 (1942). — 185 Strugger, S., u. B. Mohrmann: Die fluoreszenzmikroskopische Unterscheidung lebender und toter *Spirochaeten* (*Spirochaeta pallida*) mittels der Akridinorangefärbung. Dermatol. Wschr. **115**, 669 (1942). — 186 Strugger, S., u. G. Rosenberger: Vitalfärbung der Ziegenspermatozoen mit Akridinorange. Dtsch. tierärztl. Wschr. **52/50** 357, (1944). — 187 Suolahti, O.: Über den Einfluß des elektrischen Stromes auf die Plasmapermeabilität pflanzlicher Zellen. Protoplasma **27**, 496 (1937). — 188 Tappeiner, H. v.: Methoden beim Arbeiten mit sensibilisierenden fluoreszierenden Stoffen. Abderhalden, Handbuch der biologischen Arbeitsmethoden, Abt. IV, Teil 7, 1071 (1910). — 189 Ullrich, H.: Permeabilität und Intrabilität pflanzlicher Zellen und Plasmagrenzstruktur. Arch. exper. Zellforschg. **24**, 496 (1939). — 190 Umrath, K.: Die Bildung von Plasmalemma (Plasmahaut) bei *Nitella mucronata*. Protoplasma **16**, 173 (1932). — 191 de Vries, H.: Plasmolytische Studien über die Wand der Vakuolen. Jb. Bot. **16**, 465 (1885). — 192 Wahry, E.: Permeabilitätsstudien an *Hippuris*. Jb. Bot. **83**, 657 (1936). — 193 Wartiovaara, V.: Über die Temperaturabhängigkeit der Protoplasmapermeabilität. Ann. bot. Soc. Zool.-bot. fenn. **16**, 1 (1942). — 194 Weber, Fr.: Vitale Blattinfiltration (eine zellphysiologische Hilfsmethode). Protoplasma **1**, 581 (1927). — 195 Permeabilität der Stomatazellen. Protoplasma **10**, 608 (1930). — 196 Harnstoff-Permeabilität ungleich alter *Spirogyra*-Zellen. Protoplasma **12**, 129 (1930). — 197 Plasmolyse und „surface precipitation reaction". Protoplasma **15**, 522 (1931). —

198 Plasmolyse-Resistenz und -Permeabilität bei Narkose. Protoplasma **14**, 177 (1931). — 199 Plasmalemma oder Tonoplast? Protoplasma **15**, 453 (1931). — 200 Harnstoffpermeabilität ungleich alter Stomata-Zellen. Protoplasma **14**, 75 (1931). — 201 Plasmolyse-Permeabilität bei Kälte. Protoplasma **15**, 515 (1932). — 202 Protoplasmatische Ungleichheit morphologisch gleicher Zellen. Protoplasma **15**, 293 (1932). — 203 Zur Permeabilität der Schließzellen. Protoplasma **19**, 452 (1933). — 204 Plasmalemma-Zerstörung und Tonoplastenbildung. Protoplasma **21**, 424 (1934). — 205 WEISS, A.: Beiträge zur Kenntnis der Plasmahaut. Planta (Berl.) **1**, 145 (1926). — 206 WEIXL-HOFMANN, H.: Beiträge zur Kenntnis der Salzpermeabilität des Protoplasten. Protoplasma **11**, 211 (1930). — 207 WISSELINGH, C. VAN: Über den Nachweis des Gerbstoffgehaltes in der Pflanze und über seine physiologische Bedeutung. Beih. Bot. Zbl. **32**, I, 155 (1915). — 208 YAMAHA, G.: Zur Methodik und Theorie der Vitalfärbung pflanzlicher Protoplasten. Botanical Mag. (Tokyo) **51**, 533 (1937).

VI. Elektrozytologie und Elektrohistologie.

Versuch 90.

Die Bestimmung des isoelektrischen Punktes fixierter Zellbestandteile mit Hilfe eines Farbstoffpaares.

Jedem Eiweißkörper kommt als Ampholyt ein bestimmter isoelektrischer Punkt (besser gesagt isoelektrische Zone oder IEP_M) zu, welcher durch einen p_H-Wert (Bereich) definiert ist. Unterhalb des IEP im sauren Bereich ist ein Eiweißkörper elektropositiv geladen. Mit steigender Abnahme der Azidität, also mit steigendem p_H-Wert tritt eine zunehmende Entladung der Eiweißkörper ein, welche schließlich im IEP maximal wird. Hier ist der Eiweißkörper elektroneutral. Wird der IEP durch einen weiterhin steigenden p_H-Wert der Imbibitionsflüssigkeit überschritten, so wird der Eiweißkörper allmählich elektronegativ aufgeladen. Aus dieser Grundlage ist es ersichtlich, wie wichtig für die Kenntnis des Ladungszustandes der Eiweißkörper die Kenntnis der spezifischen Lage ihres IEP ist.

Auch den Eiweißkörpern, welche das Protoplasma aufbauen, kommt ein spezifisch gelegener IEP zu. Da die einzelnen Zellorganelle nicht nur aus einem Eiweißkörper, sondern aus verschiedenen Eiweißkörpern bestehen, so ist einerseits zu erwarten, daß die Lage der IEP einzelner Zellbestandteile charakteristisch verschieden ist und daß andererseits beim Zustandekommen des IEP eines Zellbestandteiles oft mehrere Eiweißkörper beteiligt sein müssen, so daß genau genommen vom IEP des Protoplasmas oder der Plastiden oder des Zellkernes gar nicht die Rede sein kann. Es handelt sich vielmehr bei diesen Werten um isoelektrische Zonen, für deren Zustandekommen der Eiweißkörper verantwortlich zu machen ist, welcher beim Aufbau der betreffenden Zellbestandteile die Hauptrolle spielt.

Am lebenden Protoplasma den IEP_M zu bestimmen, ist technisch unmöglich, da Farbstoffe infolge der semipermeablen Eigenschaften der Plasmagrenzschicht meist schwer permeieren, außerdem noch das lebende Plasmaeiweißgerüst nur in Ausnahmefällen anzufärben imstande sind. Aber auch die für die Durchführung der IEP-Bestimmung mit

Farbstoffen unbedingt zu fordernde, definierte Aziditätsverschiebung des Imbibitionswassers läßt sich an der lebenden Zelle durch bloßes Einlegen in Pufferlösungen nicht bewerkstelligen, da in lebenden Protoplasten sich der p_H-Wert im Protoplasma nicht ohne weiteres dem p_H-Wert des äußeren Mediums angleicht. So bleibt nichts anderes übrig, als zur Bestimmung des IEP_M mit Hilfe der Färbung in p_H-abgestuften

Lösungen eines Farbstoffpaares am toten Objekt zu arbeiten. Um die elektrische Ladung der Eiweißkörper bei der Fixation möglichst wenig zu verändern, müssen die Versuchsobjekte kurz vorher mit reinem 70%igem Alkohol fixiert werden. Der Alkohol hat die Eigenschaft, durch seine dehydratisierende Wirkung eine Abtötung hervorzurufen, ohne die elektrische Ladung der Eiweißkörper als Nichtelektrolyt zu verändern.

Die nebenstehende Kurve (Abb. 125) gibt einen Modellversuch zur Bestimmung des IEP der Gelatine wieder. Gelatinefolien wurden in Säurefuchsin bzw. Toluidinblaulösungen von abgestuftem p_H-Wert auf einige Zeit eingelegt, und hierauf mit Hilfe des PULFRICH - Photometers

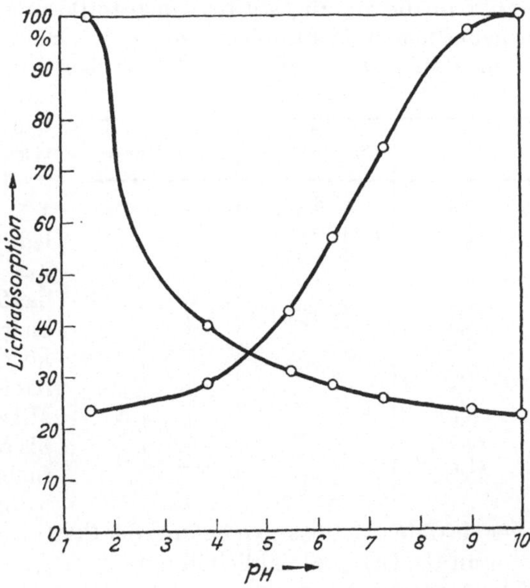

Abb. 125. Farbstoffspeicherung und Lage des isoelektrischen Punktes bei der Gelatine. Abszisse: p_H-Werte der Farbstofflösungen. Ordinate: Intensität der elektroadsorptiven Speicherung. Die oben links beginnende Kurve bezieht sich auf einen sauren Farbstoff (Säurefuchsin) und die zweite Kurve auf einen basischen Farbstoff (Toluidinblau). Der saure Farbstoff wird unterhalb des IEP der Gelatine im sauren Bereich gespeichert, weil die Gelatine in diesem Bereich elektropositiv geladen ist. Der basische Farbstoff wird dagegen oberhalb des IEP gespeichert. In diesem Bereich ist die Gelatine elektronegativ geladen. Der IEP ist durch das Speicherungsminimum beider Farbstoffgruppen annähernd charakterisiert. Nach DRAWERT (1937).

die Farbstoffabsorption vergleichend bestimmt. Wir ersehen daraus, daß unter p_H 4,7 in erster Linie das Säurefuchsin von der elektropositiven Gelatine gespeichert wird, während über dem IEP (p_H 4,7) das basische Toluidinblau sein Speicherungsoptimum findet.

Man stelle sich zur Durchführung einer solchen Untersuchung p_H-abgestufte farblose und gefärbte Lösungen (vgl. S. 134) mit Säurefuchsin 1 : 2000 und Toluidinblau 1 : 2000 her. Das Säurefuchsin ist ein saurer, anodischer Farbstoff, während das Toluidinblau ein basischer, kathodischer Farbstoff ist. Es müßte also unterhalb des IEP im sauren Bereich bis zum Erreichen des IEP von den elektropositiv geladenen Eiweißkörpern das Säurefuchsinanion gespeichert werden, während nach dem Überschreiten des IEP im weniger sauren Bereich das Toluidinblaukation von den nunmehr negativ geladenen Eiweißkörpern gespeichert wird. Damit ist auch das Prinzip der Bestimmungsmethode mit einem Farbstoffpaar mitgeteilt.

Als Versuchsobjekt soll zunächst das erwachsene Blatt von *Helodea canadensis* dienen. Die Chloroplasten sollen auf die Lage ihres IEP_M hin untersucht werden. Die alkoholfixierten Blätter werden auf 15 Minuten in die p_H-abgestuften Farbstofflösungen (von p_H 1,5—11,5 mit beliebig feinen Abstufungen) eingelegt. Hierauf werden sie in die farblosen Puffer vom selben p_H-Wert übertragen und mikroskopisch im Hellfelde untersucht. Die nebenstehende Tabelle (aus DRAWERT 1937) zeigt das Resultat.

In der sauersten Stufe (p_H 1,5) wird von den Plastiden lediglich das Säurefuchsin optimal aufgenommen, während das Toluidinblau nicht gespeichert wird. Die Haupteiweißkörper der Plastiden sind sonach elektropositiv geladen. Mit zunehmendem p_H-Wert ist bis p_H 3,5 lediglich eine Säurefuchsinfärbung zu beobachten, jedoch wird diese etwas schwächer, da die elektropositive Ladung der Plastideneiweißkörper mit Annäherung an den IEP_M allmählich abnimmt. In p_H 4,5 ist sowohl eine schwache Säurefuchsinfärbung als auch eine schwache Toluidinblaufärbung festzustellen. Hier ist die isoelektrische Zone erreicht. Über p_H 4,5 hört die Säurefuchsinfärbung der Plastiden vollständig auf und macht einer allmählich stärker werdenden Toluidinblaufärbung Platz. Diese Erscheinung beweist, daß die Haupteiweißkomponenten der Plastiden nunmehr eine Umladung erfahren haben und elektronegativ geladen sind. Daß bei p_H 10,5 die Toluidinblaufärbung wieder zurückgeht und schließlich verschwindet, hat seinen Grund nicht in einem Ladungsverlust der Eiweißkörper, sondern im Aufhören der Dissoziation des Toluidinblaus.

p_H der Farblösung	Säurefuchsin	Toluidinblau
1,5	++++	—
2,5	++++	—
3,0	+++	—
3,5	++	—
4,5	+	+
5,5	—	++
6,5	—	+++
7,5	—	++++
8,5	—	++++
9,5	—	++++
10,5	—	+++
11,5	—	—

p_H	Karyotin des Ruhekernes		Chromosomen		Kernspindel		Nukleoli		Zytoplasma	
	I	II	I	II	I	II	I	II	I	II
1,19	+++	—	+++	—	+++	—	+++	—	+++	—
2,59	++	±	++	—	+++	—	+++	—	+++	—
3,52	+	+	±	++	++	—	+++	—	++	—
4,35	—	++	—	+++	+	—	++	—	+	±
5,38	—	+++	—	+++	—	+	+	+	—	++
6,33	—	+++	—	+++	—	++	—	++	—	+++

Färbungsintensität der einzelnen Kernbestandteile der Kerne in den Wurzelspitzen von *Allium Cepa* mit Säurefuchsin (I) und Toluidinblau (II). Die Anzahl der Kreuze gibt die Färbungsintensität an. ± = gerade noch wahrnehmbar gefärbt, — = ungefärbt.   Aus DRAWERT (1937)

Mit Hilfe dieser Methode läßt sich an jedem Versuchsmaterial mit Ausnahme von gerbstofführenden Zellen die Lage des IEP_M der einzelnen Zellbestandteile in bester Weise bestimmen. Die untenstehende Tabelle auf S. 194 gibt einen Überblick über die Ergebnisse, welche an Mikrotomlängsschnitten durch die Wurzelspitze von *Allium Cepa* gewonnen wurden. (1, 2, 3, 4, 5, 6, 7, 10, 11, 12.)

Versuch 91.

Die Bestimmung des isoelektrischen Punktes fixierter Zellbestandteile mit einem Farbstoff (Acridinorange).

Das basische Fluorochrom Acridinorange besitzt die Eigenschaft, im ionisierten Zustande in verdünnter Lösung grün, in konzentrierter Lösung dagegen leuchtend kupferrot zu fluoreszieren. Diese Eigenschaft läßt sich zur Bestimmung des IEP_M mit nur einem Farbstoff ausnutzen. Ist eine kolloidale Struktur (Gel) im sauren Bereich unterhalb des IEP_M elektropositiv geladen, so wird der basische Farbstoff Acridinorange, da der färbende Bestandteil aus Kationen besteht, infolge der Gleichsinnigkeit der Ladungen in der Geloberfläche nicht elektrostatisch adsorbiert werden, sondern die Acridinorangelösung wird das Gel höchstens durchtränken, so daß bei Betrachtung im Fluoreszenzmikroskop bei der Anwendung einer Acridinorangelösung 1:10000 der Gelkörper grün fluoreszieren wird. Ist aber der IEP_M überschritten, so wird die kolloidale Geloberfläche elektronegativ geladen sein. Infolgedessen muß eine elektrostatische Adsorption der Farbstoffkationen an der Geloberfläche in reichem Maße stattfinden. Die Folge davon ist eine sehr starke Anreicherung der Acridinorangekationen und ein Umschlagen der Fluoreszenz des speichernden Gelkörpers nach Kupferrot. Sucht man den p_H-Wert auf, in welchem die Rotfärbung eben beginnt, so muß dieser p_H-Wert dem IEP_M des Gels entsprechen.

Zur praktischen Bestimmung des IEP_M mittels der Acridinorangefärbung wird folgendes Verfahren eingeschlagen. Man stellt sich eine beliebig abgestufte p_H-Reihe von Acridinorangelösungen 1:10000 her. Zweckmäßigerweise wird man zunächst eine Farbpufferreihe mit gröberen p_H-Intervallen wählen, um den kritischen Bereich einzuengen. Hierauf stellt man sich im kritischen Bereich eine zweite, fein abgestufte p_H-Reihe her, um eine möglichst genaue Bestimmung des IEP_M durchführen zu können. Die gepufferten Farblösungen werden in Schälchen oder bei Anwendung von Mikrotomschnitten in Färbetrögen in Reihe aufgestellt und parallel dazu ungefärbte Pufferlösungen vom selben p_H-Wert vorbereitet, welche zum Auswaschen dienen. Das mit 70%igem Alkohol fixierte Material wird zunächst in der sauersten Stufe eingefärbt. Hierauf im entsprechenden farblosen Puffer kurze Zeit ausgewaschen und fluoreszenzmikroskopisch untersucht. Stellt man in der zu untersuchenden Zellstruktur eine grüne Fluoreszenzfarbe fest, so ist dies ein Zeichen dafür, daß der IEP_M noch nicht erreicht ist. Hierauf wird dasselbe Versuchsobjekt in der nächsten p_H-Stufe 15 Minuten lang eingefärbt. Ist der IEP erreicht bzw. überschritten, so färbt sich der betreffende Zellbestandteil in kupferroter Fluoreszenzfarbe an. Mit Hilfe

13*

dieses Verfahrens läßt sich auf einfachstem Wege eine färbungsanalytische Bestimmung des IEP_M durchführen. (3, 8, 9.)

Literatur zu VI.

1 DRAWERT, H.: Untersuchungen über die pH-Abhängigkeit der Plastidenfärbung mit Säurefuchsin und Toluidinblau in fixierten pflanzlichen Zellen. Flora (Jena) **131**, 341 (1937). — 2 Das Verhalten der einzelnen Zellbstandteile fixierter pflanzlicher Gewebe gegen saure und basische Farbstoffe bei verschiedener Wasserstoffionenkonzentration. Flora (Jena) **132**, 91 (1937). — 3 NORDMEYER, N.: Eine neue Methode zur Bestimmung des isoelektrischen Punktes von Bakterien. Zbl. Bakter., Abt. I, Orig. **152**, 54 (1947). — 4 PFEIFFER, H.: Kleine Beiträge zur Bestimmung des IEP von Protoplasten. II. Keimungsversuche mit Pollen im Vergleich mit refraktometrischen Messungen. Protoplasma **12**, 268 (1931). — 5 Kleine Beiträge zur Bestimmung des IEP von Protoplasten. IV. Strömungsgeschwindigkeit und Zentrifugalverlagerung des rotierenden Plasmas in *Nitella*-Zellen nach Vorbehandlung mit Puffergemischen. Protoplasma **14**, 90 (1931). 6 ROBBINS, W. J.: The isoelectric point for plant tissue and its importance in absorption and toxicity. Univ. Miss. Studies **1**, 3 (1926). — 7 The analogy between plant tissue and a protein. Proc. Internat. Congress Plant Sci. **2**, 1125 (1929). — 8 STRUGGER, S.: Fluoreszenzmikroskopische Untersuchungen über die Aufnahme und Speicherung des Akridinorange durch lebende und tote Pflanzenzellen. Jena. Z. Naturwiss. **73**, 97 (1940). — 9 Fluoreszenzmikroskopie und Mikrobiologie. Hannover: Schaper 1948. — 10 YAMAHA, G.: Über den isoelektrischen Punkt des pflanzlichen Zellkernes. Proc. imp. Acad. Tokyo 8, 7, 315 (1932). — 11 Weitere Beiträge zur Kenntnis über den isoelektrischen Punkt pflanzlicher Protoplasten. Sci. Rep. Tokyo Bunrika Daigaku (B) **2**, 209 (1936). — 12 YAMAHA, G., u. T. ISHII: Über die Wasserstoffionenkonzentration und die isoelektrische Reaktion der pflanzlichen Protoplasten, insbesondere des Zellkernes und der Plastiden. Protoplasma **19**, 194 (1933).

VII. Der Stofftransport.

1. Die Stoffwanderung von Zelle zu Zelle.

Versuch 92.

Die Wanderung des Kaliumfluoreszeins in Zellen und Geweben.

Die Stoffwanderung innerhalb der Zelle und von Zelle zu Zelle kann am zweckmäßigsten mit Hilfe von fluoreszierenden Modellsubstanzen verfolgt werden. Die treibende Kraft muß, wenn nicht andere physikalische Konstellationen vorliegen, in der Diffusion zu suchen sein. Stoffe, welche vom Protoplasten nicht gespeichert werden und nicht aufgenommen werden können, müssen in den Membransystemen diffundieren, da in diesen submikroskopische Kapillarensysteme als Diffusionswege vorhanden sind. Wird aber ein Wanderstoff vom lebenden Protoplasten aufgenommen, so steht einer Diffusion im Plasma nichts im Wege. Mit Hilfe des Kaliumfluoreszeins lassen sich beide Fälle experimentell verwirklichen.

Aus einer Fluoreszeinkaliumlösung 1 : 100 wird eine 5%ige Gelatine hergestellt, welche in einer Petrischale zu einer Platte erstarren gelassen wird. Aus einer solchen Gelatineplatte werden kleine Blättchen herausgestochen und auf die Oberseite eines *Helodea densa*-Blattes in der aus Abb. 126 ersichtlichen Art aufgelegt. Das *Helodea*-Blatt wird vorher zwischen Filterpapier sorgfältig oberflächlich abgetrocknet. Das ganze Präparat wird dann mit einigen Tropfen Paraffinöl zugedeckt und mit einem Deckglas versehen. Hierauf verfolgt man fluoreszenzmikrosko-

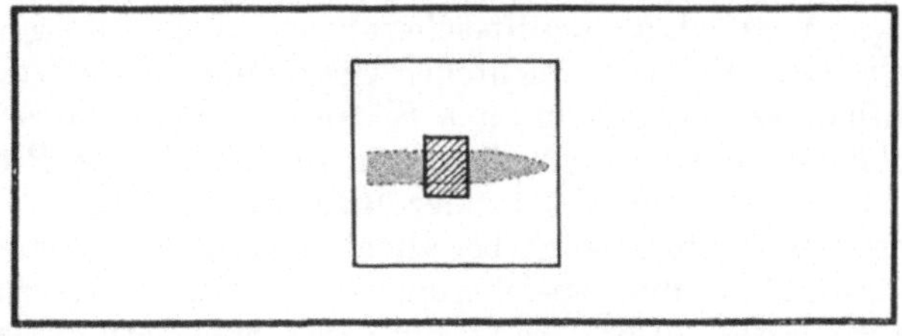

Abb. 126. Schematische Darstellung der Versuchsanordnung zum Studium der Einwanderung fluoreszierender Substanzen in das lebende Blattparenchym von *Helodea*-Blättchen. Original.

pisch die Einwanderung des Fluoreszeinkaliums in das Blattgewebe. Verwendet man für diesen Versuch ein altes, ausgewachsenes *Helodea*-Blatt, so kann man folgenden Verlauf der Einwanderung beobachten. Wenige Minuten nach der Herstellung des Präparates wandert das Kaliumfluoreszein durch die Membranen der Blattparenchymzellen in das Gewebe ein, ohne zunächst vom Zellinhalt aufgenommen zu werden (Abb. 127). In der Mittelrippe erfolgt diese Einwanderung wesentlich beschleunigter, so daß diese schon längst, wenigstens in einem Zellzuge, gefärbt erscheint, während im Blattfeldparenchym die Durchwanderung der Membranen noch langsam weiterschreitet. Allmählich beginnen sich die Protoplasten nach 20—30 Minuten langer Einwanderung durch die Membransysteme zu färben. An der vorderen Wanderfront dagegen ist deutlich zu beobachten, daß der primäre Wanderweg in der Membran gelegen ist.

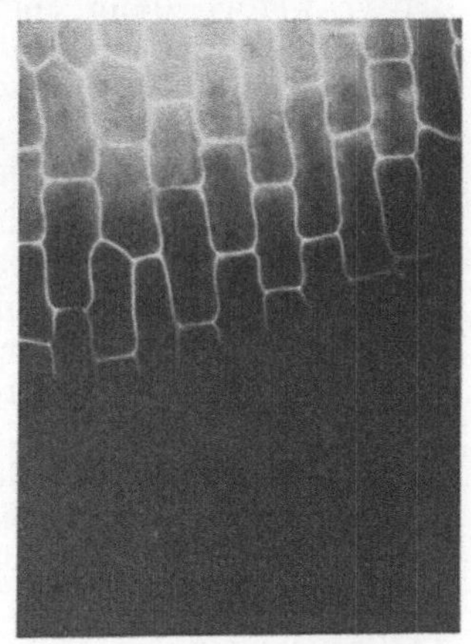

Abb. 127. Fluoreszenzmikroaufnahme von der Einwanderung des Kaliumfluoreszeins in das lebende Blattparenchym eines älteren *Helodea*-Blattes. Man sieht oben den Rand der Kaliumfluoreszeingelatine. Die Einwanderung ins Gewebe erfolgt durch die Zellmembranen. Original.

Da ausgewachsene Blattzellen der *Helodea* das Fluoreszeinkalium nur langsam durch ihre Protoplasten zu speichern vermögen, ist in diesem Versuche die Membran der primäre Wanderweg. Erst sekundär erfolgt eine Aufnahme des wandernden Stoffes aus den Membransystemen durch das Protoplasma.

Wiederholt man denselben Versuch mit einem jungen Blatte, welches sich noch im Streckungswachstum befindet (aus der Knospenregion), so ist primär keine Wanderung des Kaliumfluoreszeins durch die Membranen zu beobachten. Vom Gelatinerand weg begibt sich das Kaliumfluoreszein infolge des überaus starken Speicherungsvermögens wachsender, junger Protoplasten für diesen Farbstoff sofort in das Plasma und wandert in diesem durch Diffusion weiter. Auch in den anschließenden Zellen ist in diesem Falle lediglich eine Weiterwanderung des Kaliumfluoreszeins im Protoplasma zu beobachten.

Ist die Auffassung richtig, daß das Speicherungsvermögen des Protoplasten für die Wahl des Wanderweges ausschlaggebend ist, so muß eine experimentelle Verstärkung des Speicherungsvermögens ausgewachsener Blattfeldzellen zu einer experimentellen Umstimmung des Wanderweges des Kaliumfluoreszeins auch an alten Blättern führen. Die Speicherung des sauren Farbstoffes Kaliumfluoreszein durch lebende Protoplasten ist in erster Linie von dem p_H-Wert der Farblösung abhängig. Im sauren Bereich unter p_H 5 erfolgt auch bei alten Blättern eine überaus rasche intravitale Aufnahme und Speicherung des Kaliumfluoreszeins in den Blattfeldprotoplasten. Der Grund für diese Speicherung liegt darin, daß das Kaliumfluoreszein bei diesem p_H-Wert seine Dissoziation fast ganz eingebüßt hat und in molekularer Form vorliegt. Gelingt es, durch ein Bad alter Blätter in sauren Pufferlösungen das Imbibitionswasser der Zellmembranen zu azidifizieren, so müßten auch alte Blätter sich so verhalten wie junge, d. h. das Plasma müßte dann den Wanderweg darstellen. Alte Blätter von *Helodea densa* werden zu diesem Zwecke in einem sauren Puffergemisch (p_H 2,5—4) 5 Minuten lang gebadet. Die Blätter werden dann dem Puffer entnommen, zwischen Filterpapier abgetrocknet und in üblicher Weise mit der Farbstoffgelatine bedeckt. Es ist in allen Fällen an diesen azidifizierten Blättern nur eine Wanderung des Kaliumfluoreszeins im Plasma der Blattfeldzellen zu beobachten.

Alte Blätter, welche 5 Minuten im sauren Puffer gelegen haben, werden hinterher auf 5 Minuten in einen Puffer p_H 7,5 übertragen. Wird dann der Einwanderungsversuch mit Kaliumfluoreszein vorgenommen, so ist wiederum die Membran der Wanderweg.

Führt man den Einwanderungsversuch mit einer Gelatine durch, welche das basische Fluorochrom Berberinsulfat im Verhältnis 1 : 100 enthält, so ist sowohl bei jungen als auch bei alten Blättern ausschließlich das Membransystem der Wanderweg. Dies erklärt sich daraus, daß das Berberinsulfat erst bei p_H 10 vom Plasma aufgenommen wird, was in der Natur jedoch niemals vorkommt. Auch mit dem sauren Fluorochrom Äsculin lassen sich dieselben Versuche mit Erfolg durchführen. (22, 25.)

2. Die Stoffwanderung in den Leitbahnen.
Faszikulärer
und extrafaszikulärer Transpirationsstrom.
Versuch 93.
Die fluoroskopische Analyse der faszikulären Wasserbewegung.

Die thermoelektrische Meßmethode Hubers ist nur für die Geschwindigkeitsmessungen des Transpirationsstromes an holzigen Pflanzenteilen verwendbar. An krautigen Pflanzenteilen dagegen muß man auf eine optische Methode zurückgreifen. Der Anstieg von Diachromen läßt sich in den Gefäßbahnen grüner Pflanzen nur unvollkommen in bezug auf seine Geschwindigkeit beurteilen. Fluorochrome erweisen sich bei dünneren oder durchscheinenden krautigen Pflanzenorganen als wesentlich günstiger, da im durchfallenden Blaulicht der Anstieg direkt verfolgt werden kann. Die Auswahl des Farbstoffes muß nach bestimmten Gesichtspunkten hin erfolgen. Alle basischen Fluorochrome sind zur Messung der Geschwindigkeit der faszikulären Komponente des Transpirationsstromes deshalb ungeeignet, weil die positiv geladenen Farbstoffkationen innerhalb der negativ geladenen Gefäßwände elektrostatisch adsorbiert werden und daher nicht exakt mit dem Wasserstrom

Abb. 128. Fluoroskopische Apparatur zur Analyse der faszikulären Komponente des Transpirationsstromes in krautigen Pflanzenteilen. Original.

mitwandern. Man vergleiche dazu die Ausbreitung basischer Farben im Filterpapier (vgl. S. 131). Es können somit nur saure Fluorochrome mit Aussicht auf Erfolg angewandt werden, da die Farbstoffanionen infolge des gleichen Ladungssinnes nicht von den Gefäßwänden gespeichert werden. Dazu kommt noch, daß die allermeisten basischen Fluorochrome vom Zellinhalt oft begierig gespeichert werden, was wiederum eine Inkongruenz zwischen Wasseranstieg und Farbstoffanstieg zur Folge haben kann. Für saure Fluorochrome kommt auch diese Fehlerquelle, besonders wenn es sich um sulfosaure Farbstoffe handelt, praktisch nicht in Frage. Ebenso ist zu fordern, daß der Strömungsindikator möglichst feindispers ist. Alle diese Forderungen treffen für das 3-Oxy-5, 8, 10-Pyren-tri-sulfosaure Na zu, welches vom Werk Leverkusen hergestellt wird.

Das oxypyrentrisulfosaure Natrium wird für die Transpirationsstrommessungen nur in Leitungswasser im Verhältnis 1 : 100 gelöst. Die Prüfung unter der Quarzlampe ergibt eine äußerst intensive grüngelbe Fluoreszenz. Für die fluoroskopische Beobachtung des Wasseranstieges in krautigen Pflanzenteilen wird folgende Apparatur (Abb. 128) benutzt. Auf einer optischen Bank (Projektionsapparat) wird als Lichtquelle eine

Bogenlampe montiert. Vor die Lampe kommt ein passender, aus Glaslinsen bestehender Projektionskollektor. Hinter diesem wird auf einem Reiter eine Spiegelglasküvette aufgestellt, welche mit einer 6%igen Kupfersulfatlösung (hergestellt in destilliertem Wasser) gefüllt ist. Diese Küvette dient sowohl zum Abfiltern der roten Strahlen als auch zum Kühlen. Dann folgt ein Reiter mit einer Irisblende, auf welchem in den Strahlengang mit Hilfe zweier Klammern eine 10×10 cm Scheibe U G 1

Abb. 129. Blatt der *Primula sinensis* nach der faszikulären Durchströmung mit einer oxypyrentrisulfosauren Na-Lösung in der fluoroskopischen Apparatur gesehen. Die Xylemleitbahnen leuchten in grüner Fluoreszenz. Original.

von SCHOTT eingeschaltet ist. Durch dieses Filter wird der größte Teil des sichtbaren Spektrums absorbiert. Das kurzwellige Violett und langwellige Ultraviolett durchstrahlt das zu untersuchende Pflanzenorgan, welches knapp hinter der Scheibe angebracht wird. Der unter Wasser abgeschnittene Stengel (oder das Blatt) wird sofort in ein kleines Röhrchen, gefüllt mit dem oxypyrentrisulfosauren Na (1 : 100 in Leitungswasser) eingestellt. Mit Hilfe einer Stoppuhr und einer neben der Pflanze angebrachten Millimeterskala kann die Geschwindigkeit der faszikulären Komponente in den Leitbündeln recht genau bestimmt werden.

Wird ein Blatt der *Primula sinensis* auf diese Weise präpariert, so ist der Anstieg der Wasserfäden in der Nervatur in schönster Weise zu verfolgen (vgl. Abb. 129). An Grasblättern, an Stengeln von *Impatiens parviflora* und anderen krautigen Objekten ist auf diese Weise die Geschwindigkeit des faszikulären Wasseranstieges in allen Einzelheiten analysierbar. Werden die Versuchspflanzen (Weizenkeimlinge) hell, warm und feucht gehalten (durch Belichtung im feuchten Raume), so sind die Spalten offen, und die Geschwindigkeit erreicht in den Hauptnerven eine maximale Größe von 54 m in der Stunde. Sind aber durch vorheriges Dunkelhalten der Pflanzen die Stomata geschlossen, so sinkt die maximale Geschwindigkeit auf 2 m in der Stunde herab.

An Blättern läßt sich die inhomogene Verteilung des Spaltöffnungszustandes in einzelnen Blattarealen in schönster Weise verfolgen. (**14, 16, 24, 29.**)

<h3 style="text-align:center">Versuch 94.</h3>

<h3 style="text-align:center">Die fluoreszenzmikroskopische Analyse der extrafaszikulären Wasserbewegung im Pflanzenkörper.</h3>

Für die Ausbreitung des Wassers und der darin gelösten Nährsalze außerhalb der Leitbündel im Parenchymgewebe (extrafaszikuläre Komponente des Transpirationsstromes) liegen theoretisch zwei Möglichkeiten vor:

1. Der Transpirationsstrom geht von den Gefäßen bis zur transpirierenden Oberfläche auf osmotischem Wege von Zelle zu Zelle weiter, wobei er die Plasmagrenzschichten und den Zellsaftraum passieren muß.

2. Der extrafaszikuläre Transpirationsstrom bewegt sich im Sinne der Imbibitionstheorie von SACHS durch das Zellmembransystem bis

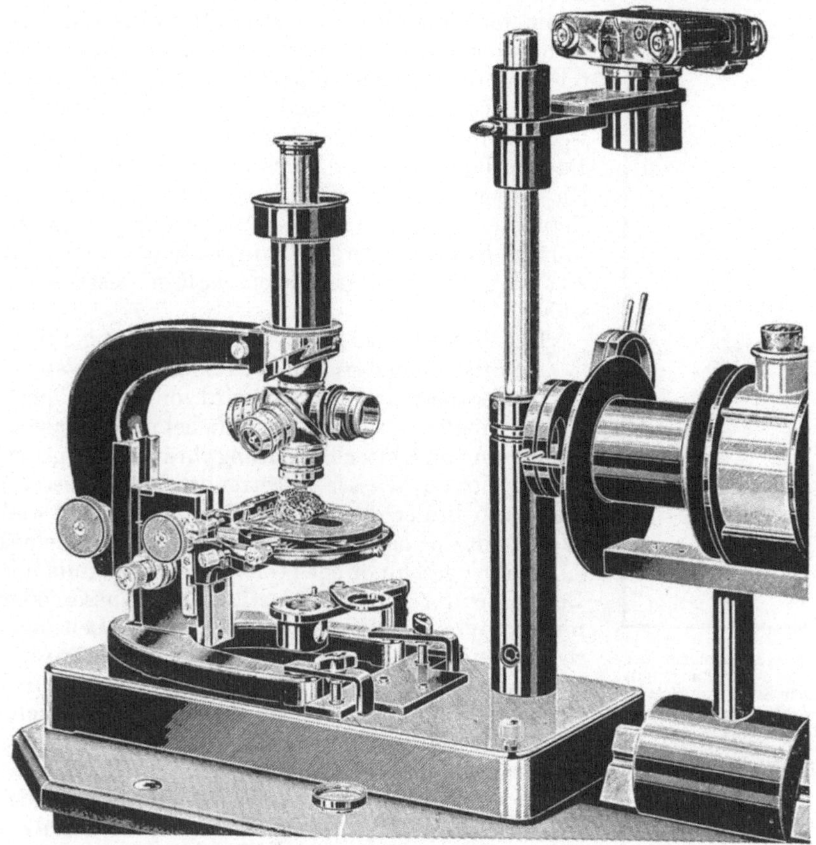

Abb. 130. Das Fluoreszenzmikroskop für auffallendes Licht von ZEISS.

zur transpirierenden Oberfläche fort. Der Ort des geringsten Widerstandes muß im Sinne der Kohäsionstheorie der Wasserbewegung für den Weg des Transpirationsstromes gewählt werden. Eine experimentelle Entscheidung ist nur mit Hilfe der fluoreszenzmikroskopischen Analyse im Pflanzenkörper möglich.

Daß das Membransystem der Diffusion von gelösten Stoffen unter der Voraussetzung, daß es sich um fein disperse Substanzen handelt, einen relativ geringen Widerstand im Verhältnis zum Protoplasten entgegensetzt, geht schon aus Versuch 92, S. 196, hervor. Um den Weg der extrafaszikulären Komponente des Transpirationsstromes durch direkten mikroskopischen Nachweis zu ergründen, wird der Anstieg einer stark fluoreszierenden Lösung im Pflanzenkörper mit dem Auflichtfluoreszenzmikroskop von Zeiss (vgl. Abb. 130) analysiert. Der betreffende Strömungsindikator muß feindispers sein und darf nicht vom lebenden Zellinhalt weggespeichert werden, sonst würde das Wasser alleine weiterlaufen, und das Fluorochrom würde in den Membranen oder in den Zellinhalten zurückbleiben. Läuft aber der extrafaszikuläre Transpirationsstrom im Sinne der Sachsschen Hypothese in den Membransystemen des Parenchyms, so wird ein hinreichend feindisperses Fluorochrom mit dem Imbibitionsstrom in den Membransystemen mitlaufen, wenn es nicht vom Zellinhalt weggespeichert wird. Das Berberinsulfat und das oxypyrentrisulfosaure Na haben sich als Strömungsindikatoren für die fluoreszenzmikroskopischen Analyse der extrafaszikulären Komponente des Transpirationsstromes auf Grund ihrer günstigen Eigenschaften bestens bewährt.

Der Versuch wird folgendermaßen durchgeführt:

Als Pflanzenmaterial eignet sich *Helxine Soleirolii* (Urticacee) bestens. Ein Sproß wird von einer Pflanze, welche möglichst in feuchter Luft bei guter Wasserversorgung und guter Belichtung ihre Spalten geöffnet hat, unter Wasser abgetrennt (Rasiermesser!) und dann in der in Abb. 131 abgebildeten Art und Weise mit der basalen Schnittfläche in ein kleines einseitig zugeschmolzenes Glasröhrchen, gefüllt mit Berberinsulfat 1 : 100 in destilliertem Wasser oder mit oxypyrentrisulfosaurem Na 1 : 100 in Leitungswasser, eingestellt. Das so gewonnene mikroskopische Präparat gelangt unter das Auflichtfluoreszenzmikroskop von Zeiss, bei dem als Erregerlicht intensives Blaulicht mit einem Orange- oder GelbOkular-Sperrfilter Verwendung findet. Bei schwächerer Vergrößerung wird zunächst das Stämmchen, welches schön durchsichtig ist, auf die faszikuläre Einleitung des Fluorochroms hin geprüft. Abb. 132a zeigt uns diese erste Phase des faszikulären Wasseranstieges. Hierauf kann durch Verschieben des Kreuztisches der faszikuläre Anstieg bis in die Sproßspitze und bis in die Blattnervaturen hinein innerhalb der ersten Minuten mikroskopisch verfolgt werden. Vermag das Pflänzchen zu transpirieren, so kann man schon nach der Füllung der Nervaturen mit dem fluoreszierenden Transpirationsstrom die extrafaszikuläre Phase direkt mikroskopisch beobachten. Das Fluorochrom wird mit dem Wasserstrom von den Gefäßbündeln ausgehend in den Membransystemen der Parenchymgewebe mit relativ großer Geschwindigkeit ausgebreitet (vgl.Abb.133a,b), und bald tritt es in den epidermalen Antiklinenmembranen aus dem Inneren des Gewebes bis an die transpirierende Oberfläche hervor. Es ist ungemein reizvoll zu beobachten, wie von der Nervatur ausgehend

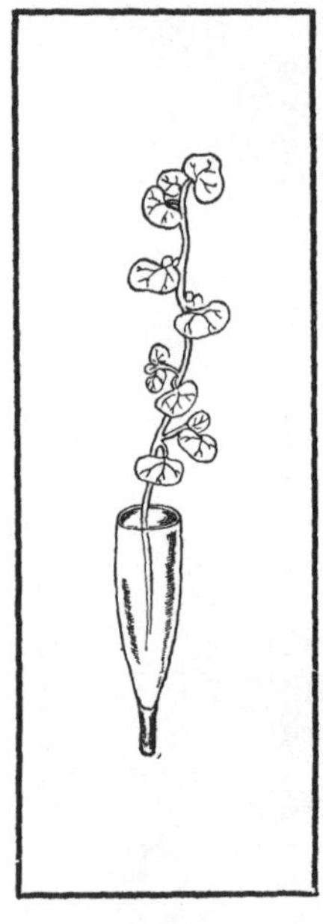

Abb. 131. Schema der Versuchsanstellung mit einem Zweig von *Helxine Soleirolii* zur Untersuchung der extrafaszikulären Ausbreitung des Transpirationsstromes in den Parenchymen. Original.

in den Blättchen die parenchymatischen Areale mit großer Geschwindigkeit eine vollständige Durchtränkung der Membransysteme mit dem

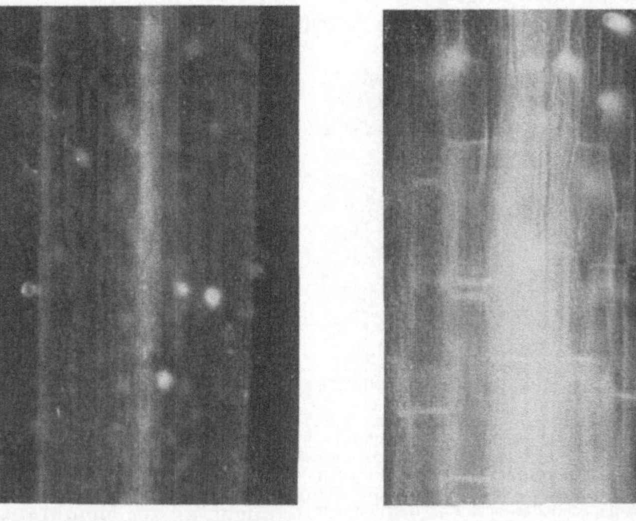

a   b

Abb. 132. Das durchscheinende Stämmchen von *Helxine Soleirolii*. *a* Beginn der faszikulären Einströmung des Berberinsulfates durch die Gefäße. *b* spätere Phase des Durchströmungsversuches. Der Transpirationsstrom hat sich auch im Stämmchen radiär ausgebreitet. Die Zellmembranen sind der eindeutige Weg der extrafaszikulären Komponente des Transpirationsstromes. Original.

Fluorochrom erleiden. Die rote Primärfluoreszenz des Chlorophylls wird immer mehr von der Sekundärfluoreszenz des parenchymatösen, extra-

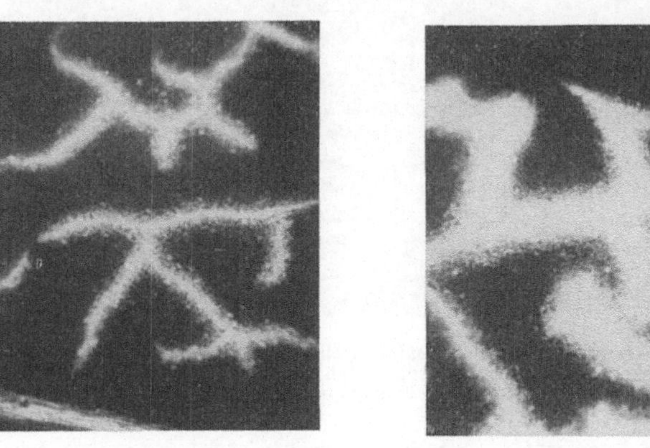

a   b

Abb. 133. Das Blatt von *Helxine Soleirolii*. Berberinsulfatversuch. *a* frühes Stadium. Von der Nervatur aus beginnt die extrafaszikuläre Ausbreitung in den Membransystemen des Mesophylls. *b* späteres Stadium. Original.

faszikulären Transpirationsstromes in den Membranen überdeckt. Schließlich sind alle Areale gleichmäßig durchgefärbt, und die Epidermisantiklinen fluoreszieren zusammenhängend in grünlich-gelber Fluoreszenzfarbe (vgl. Abb. 134, 135, 136). Eine nähere Analyse der Durchströmung der Membranen zeigt, daß der Farbstoff sich in den epidermalen Membransystemen in gesetzmäßiger Weise mit verschiedener Intensität ansammelt. Dies hängt mit der Intensität der kutikulären Transpiration

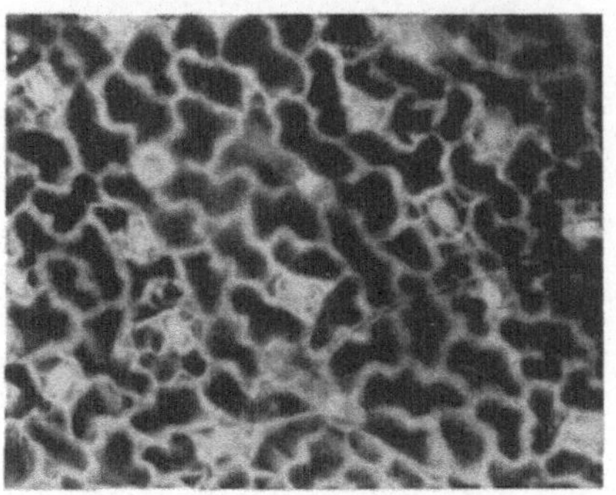

Abb. 134. Die Blattunterseite von *Helxine Soleirolli* nach der Beendigung des Berberinsulfatversuches. In den antiklinen Membranen der Epidermis hat sich das Fluorochrom bei der Transpiration zurückbleibend angesammelt. Die sehr starke Ansammlung in den Schließzellmembranen ist deutlich zu sehen. Original.

zusammen, welche in ihrer mikrotopographischen Verteilung, wohl infolge der wechselnden Häufigkeit des Vorkommens submikroskopischer Poren an einzelnen Stellen der kutikulären Oberfläche, recht große Verschiedenheiten aufweist. Bei *Helxine Soleirolii* ist die kutikuläre Transpiration und damit die spezifische Anhäufung des Fluorochroms in den Epidermisantiklinen besonders deutlich. Ebenso färben sich die Kutikularhörnchen der Stomata sehr stark. Die gebogenen Gemskrückenhaare lassen Anhäufungen an der Membranbasis und an der Biegungsstelle erkennen.

Besonders stark häuft sich das Fluorochrom in den basalen Membranteilen aller Deckhaare, insbesondere bei den jugendlichen Sproßteilen

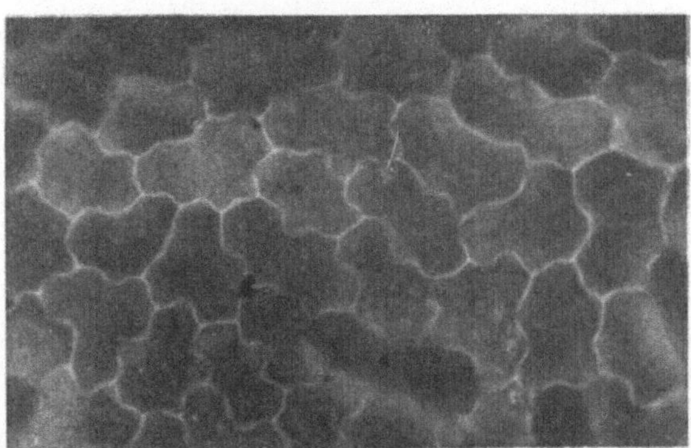

Abb. 135. Blattoberseite von *Helxine Soleirolii* nach der Beendigung des Berberinsulfatversuches. Infolge der schwächeren kutikulären Transpiration hat sich das Fluorochrom in geringerer Konzentration recht gleichmäßig in den Epidermisantiklinen angesammelt. Original.

an (Abb. 137), ein Zeichen dafür, daß diese lebenden Deckhaare eher die kutikuläre Transpiration fördern als hemmen. Besonders schön ist die etwas später erfolgende radiale Ausbreitung des Fluorochroms in den glasig durchsichtigen Stengelteilen zu beobachten. Hier tritt das Berberinsulfat in die an die Leitbündel angrenzenden Membranen aus und gelangt durch die Membransysteme des Stengelparenchyms allmählich an die transpirierende Oberfläche (Abb. 132b).

Wird derselbe Versuch so durchgeführt, daß ein Teil des Stämmchens unter einem Deckglase im submergierten Zustande unter Wasser gehalten wird, so kann man deutlich beobachten, wie durch die Hemmung der Transpiration auch die extrafaszikuläre Ausbreitung des Fluorochroms im parenchymatischen Membransystem eindeutig gehemmt wird. Sowohl das kathodische Berberinsulfat als auch das anodische oxypyrentrisulfosaure Na verhalten sich bei diesem Versuch prinzipiell gleich.

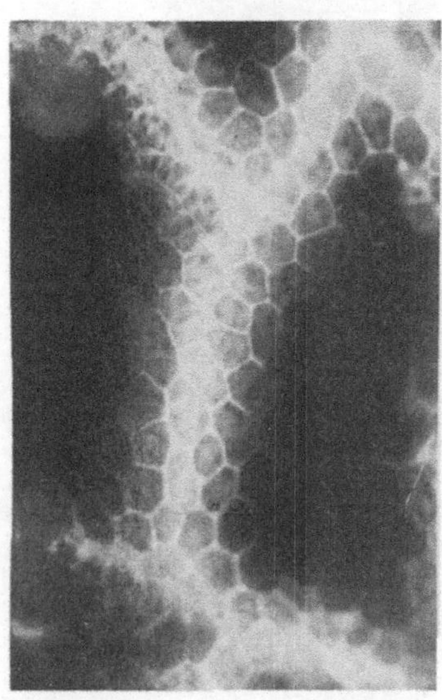

Abb. 136. Das Blatt von *Episcia spec.* bei Beginn der extrafaszikulären Ausbreitung des Fluorochroms. Von der Nervatur ausgehend breitet sich das fluoreszierende Wasser in den Membransystemen aus und hat oberhalb der Nervatur bereits die Epidermisantiklinen erreicht. Original.

Abb. 137. Teilbild der Sproßspitze von *Helxine Soleirolii*. Endresultat des Berberinsulfatversuches. Das durch die Leitbündel zugeströmte Fluorochrom hat die Parenchymzellmembranen durchwandert und hat sich besonders kräftig in den basalen Membranteilen des Haarkleides angesammelt. Die Farbstoffansammlung entspricht der mikrotopographischen Verteilung der kutikulären Transpiration. Original.

Eine Verteilung der Farbstoffe durch elektrische Kräfte ist sonach ausgeschlossen, und das Ausbleiben der extrafaszikulären Wanderung bei gehemmter Transpiration ist ein eindeutiger Beweis, daß die beobachteten Erscheinungen durch den Transpirationsstrom hervorgerufen werden.

Dieser Versuch kann mit beliebig ausgewählten krautigen Pflanzen durchgeführt werden. (1, 2, 3, 19, 25, **26, 27, 28, 29,** 30, 31, 32, **33.**)

Versuch 95.

Die mikrotopographische Analyse der kutikulären Transpiration.

Bei der Verfolgung des extrafaszikulären Transpirationsstromes in den Membransystemen der Parenchyme fällt sofort die Erscheinung ins Auge, daß der Fluoreszenzströmungsindikator mit dem Transpirationsstrom bis zur kutikulären Oberfläche des Pflanzenkörpers mitgerissen wird. Dort findet an submikroskopischen Poren, in denen die End-

menisken der submikroskopischen Wasserfädensysteme liegen müssen,
die kutikuläre Transpiration statt. Dabei verdunsten die Wassermoleküle infolge der einstrahlenden Sonnenenergie. Die Fluorochrommole-
küle dagegen müssen bei diesem Prozeß zurückbleiben und sich infolge-

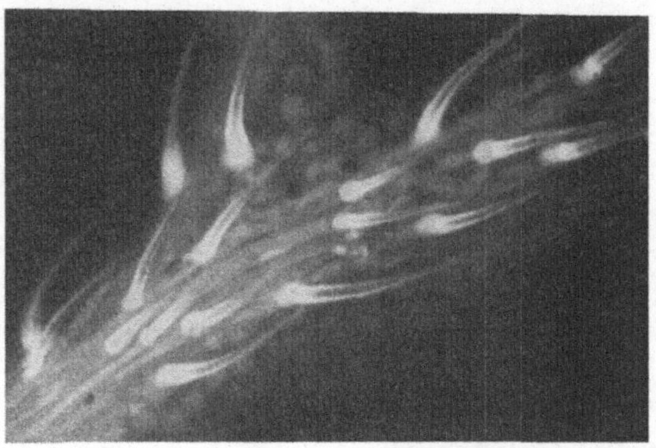

Abb. 138. Blattunterseite von *Ranunculus repens* im Berberinversuch. Insbesondere die Nervhaare
lassen starke Berberinansammlungen an den basalen Membranen erkennen, wo auch die kutikuläre
Transpiration besonders stark ist. Original.

dessen an den Orten der Pflanzenoberfläche, welche durch eine besonders
starke kutikuläre Transpiration ausgezeichnet sind, anreichern. Diese
Anreicherung führt zu einer bedeutenden Helligkeitssteigerung der
Fluoreszenz in den betreffenden oberflächlichen Membranpartien.

Die fluoreszenzmikroskopische
Methode der Verfolgung des extrafaszikulären Transpirationsstromes

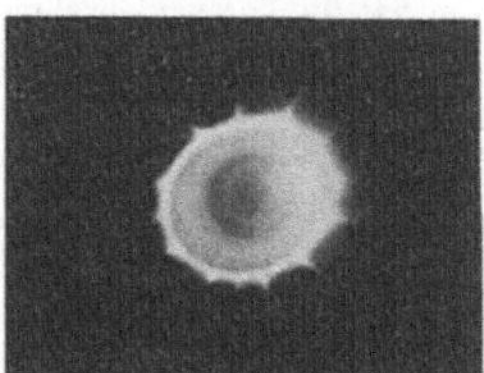

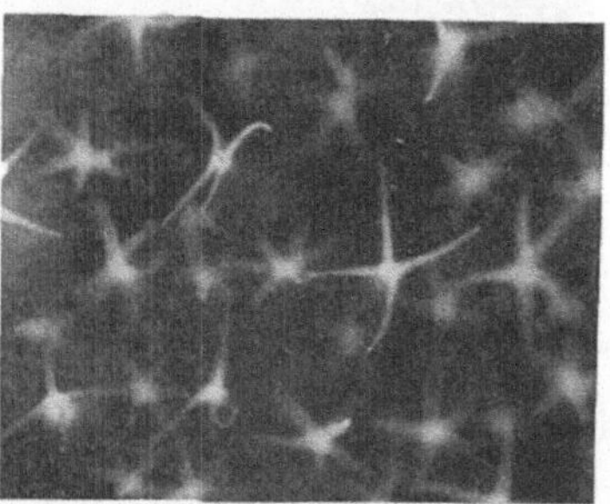

Abb. 139. Blattoberseite von *Phaseolus multi-
florus* im Berberinversuch. Die einzelnen Deckhaare allein sind an ihren basalen Membranpartien zur kutikulären Transpiration befähigt.
Original.

Abb. 140. Blattoberseite eines jungen *Aubrietia*-
Blattes im Berberinversuch. Durch die starke
kutikuläre Transpiration der Sternhaare sammelt
sich in den Haarmembranen das Berberinsulfat
an, welches durch die Leitbündel mit dem
Transpirationsstrom geboten wurde. Original.

ist somit ein Weg zur genauen mikrotopographischen Festlegung der Verteilung der Intensität der kutikulären Transpiration.

Im Sinne einer kausalen, experimentell arbeitenden Pflanzenanatomie
ist es daher von Interesse, solche Untersuchungen im Zusammenhange
mit ökologischen Problemen durchzuführen. Zur Einführung seien folgende Versuchsobjekte empfohlen: Blätter von *Ranunculus ficaria*
werden mit ihrem Blattstiel in Berberinsulfat 1 : 100 eingestellt und im

Auflicht-Fluoreszenzmikroskop untersucht. Man kann eindeutig beobachten, wie die kutikuläre Transpiration an der Blattunterseite sich durch eine rascher eintretende und stärkere Durchfärbung der Antiklinen der Epidermis kundgibt als an der mit einer derberen Kutikula versehenen Oberseite.

Stellt man denselben Versuch mit einem Laubblatt von *Ranunculus repens* an, so kann man die Beobachtung machen, daß insbesondere die Basalteile der Nervhaare (Blattunterseite) durch eine gesteigerte kutikuläre Transpiration ausgezeichnet sind (Abb. 138).

An den Blättern von *Phaseolus vulgaris* ist die interessante Beobachtung zu machen, daß an der Blattoberseite in erster Linie die Basalpartien der einzeln stehenden großen Deckhaare Orte gesteigerter kutikulärer Transpiration sind (vgl. Abb. 139).

An jüngeren Blättchen von *Aubrietia* färben sich im Berberinversuch in erster Linie die Zellmembranen der Sternhaare. Diese Haare stehen sonach im Dienste der Transpirationssteigerung (vgl. Abb. 140).

Es ist von Interesse, noch weitere Pflanzentypen dem Berberinversuch zu unterziehen. Die Ergebnisse sind überaus mannigfaltig und zeigen, wie verschieden die mikrotopographische Verteilung der kutikulären Transpiration bei verschiedenen Pflanzen im Zusammenhange mit ihrem histologischen Aufbau ist. (**26, 27, 28.**)

Versuch 96.
Der Nachweis submikroskopischer Porenanhäufungen an der Pflanzenoberfläche.

Theoretisch ist zu fordern, daß an denjenigen Orten der Pflanzenoberfläche, an denen die Fluorochrome im Transpirationsversuch spezifisch angereichert werden (Kutikularhörnchen der Stomata, Haarbasen)

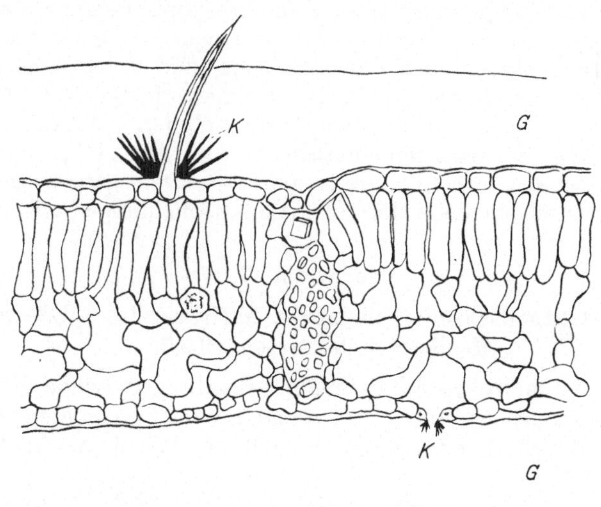

Abb. 141. Schematische Darstellung des fluoreszenzmikroskopisch-mikrochemischen Nachweises submikroskopischer Poren in der Kutikula lebender Blätter. Original.

sich besonders viele und große submikroskopische Porensysteme befinden müssen. Es gelingt mit folgender fluoreszenzoptisch-mikrochemischer Methodik, submikroskopische Poren in bezug auf ihre Lokalisation an der Pflanzenoberfläche nachzuweisen, welche ihrem Durchmesser nach größer sind als das Berberinsulfatmolekül.

Bringt man unter ein Deckglas eine Berberinsulfatlösung mit Kaliumrhodanidlösung durch seitliches Zufügen eines der beiden Partner in Berührung, so zeigt die fluoreszenzmikroskopische Beobachtung die augenblickliche Bildung eines mikrokristallinen, stark goldgelb fluoreszierenden und wasserunlöslichen Niederschlages. Es hat sich bei dieser Fällungsreaktion das Berberinrhodanid gebildet.

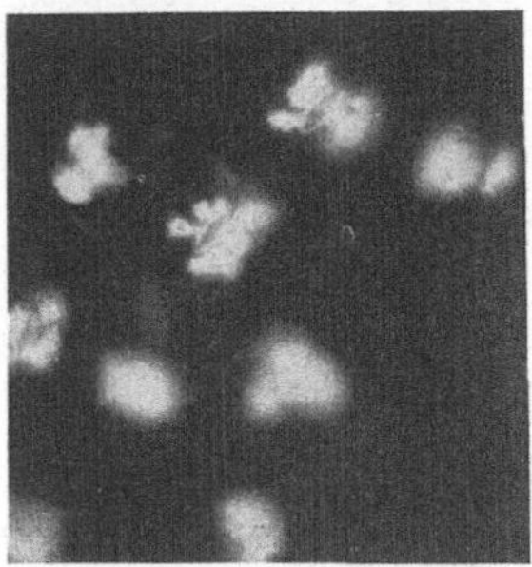

Abb. 142. Der Nachweis submikroskopischer Poren an den Kutikularleisten der Stomata des Blattes von *Helxine Soleirolii*. Es bilden sich die stark gelb fluoreszierenden Ausblühungen der Berberinrhodanidkristalle an den Stellen der größten Porenansammlungen. Original.

Unter Ausnutzung dieser hochempfindlichen Reaktion läßt sich die Existenz der submikroskopischen Poren nach folgendem Verfahren experimentell unter Beweis stellen. Abb. 141 gibt die Versuchsanstellung im Schema wieder. Ein Pflänzchen von *Helxine Soleirolii* wird solange in Berberinsulfat eingestellt (vgl. Versuch 94, S. 200), bis eine kräftige Ansammlung des Fluorochroms an der epidermalen Oberfläche der Blätter gleichmäßig und in charakteristischer Verteilung eingetreten ist. Hierauf wird das zunächst in Luft gelegene Stämmchen mit einer abgekühlten aber noch flüssigen Gelatine (G) übergossen, welche 0,9 Mol Traubenzucker zum Saugen und 0,1 Mol KCNS zum Fällungsnachweis des durch die Saugung aus den submikroskopischen Poren austretenden Berberins enthält. Hierauf wird mit einem Deckglase bedeckt und die fluoreszenzmikroskopische Beobachtung wird unter besonderer Beachtung der Kutikularhörnchen der Stomata fortgesetzt. Man sieht alsbald an den Kutikularhörnchen das Ausblühen prächtiger, goldgelb fluoreszierender Berberinrhodanidnadeln (vgl. Abb. 142). Für diesen Versuch eignet sich ferner das Blatt von *Urtica urens* ganz ausgezeichnet, wo die Haarbasen starke Auskristallisationserscheinungen zeigen. (28, 29.)

Versuch 97.

Der fluoreszenzoptisch-mikrochemische Nachweis des Salzweges in den Membranen der Mesophyllzellen.

Durch die mikrokristalline Fällungsreaktion zwischen KCNS und Berberinsulfat ist es unter Ausnutzung eines geeigneten Versuchsmaterials möglich, den Salzweg außerhalb der Leitbündel im Mesophyll zu analysieren.

Blätter von *Viola tricolor* werden zunächst 2—4 Stunden lang mit ihren unter Wasser abgeschnittenen Blattstielen in eine 0,1 mol. Lösung von KCNS eingestellt, so daß durch die Leitbündel des Blattstieles das

Salz mit dem Transpirationsstrom in das transpirierende Blatt aufgenommen wird. Hierauf wird mit Hilfe einer Pinzette die untere Epidermis sorgfältig abgezogen, so daß das Schwammparenchym freiliegt. Dies gelingt bei *Viola tricolor* bei vorsichtiger Präparation ohne Verletzung der Mesophyllzellen.

Sollte das KCNS mit der extrafaszikulären Komponente des Transpirationsstromes seinen Weg durch die Membransysteme des Mesophylls nehmen, so müßte durch eine mit Zucker versetzte, berberinsulfathaltige

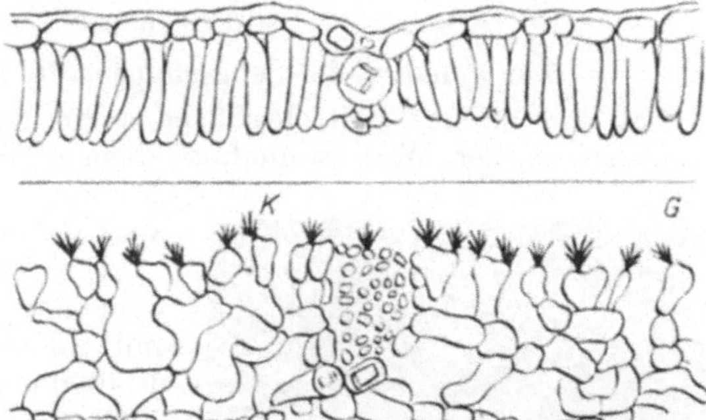

Abb. 143. Schematische Darstellung des experimentellen Nachweises des Salztransportes in den Membranen des Mesophylls lebender Blätter. Original.

Gelatineauflage an den Membranen der unverletzten Mesophyllzellen eine streng lokalisierte mikrokristalline Ausblühung des Berberinrhodanids zu beobachten sein. Damit wäre der Wanderweg des Salzes fluoreszenzoptisch - mikrochemisch nachgewiesen (Abb. 143).

Die so bloßgelegten Stellen des Mesophylls werden zur Durchführung dieses Versuches mit einer noch flüssigen, aber knapp vor der Erstarrung stehenden 5%igen Gelatine (G) bedeckt, die neben 1 Mol Glukose 0,1 $^0/_0$ Berberinsulfat als Reagenz auf KCNS enthält. Hierauf wird mit einem Deckglase zugedeckt. Der Versuch wird auch in Form einer Kontrolle an Blättern durchgeführt, welche nicht vorher in KCNS-Lösung gestanden haben.

Ergebnis:

Kontrolle: Es färben sich die Zellmembranen des bedeckten Mesophylls mit dem Berberinsulfat etwas an, aber eine mikrokristalline Fällung von Berberinrhodanid tritt nicht in Erscheinung.

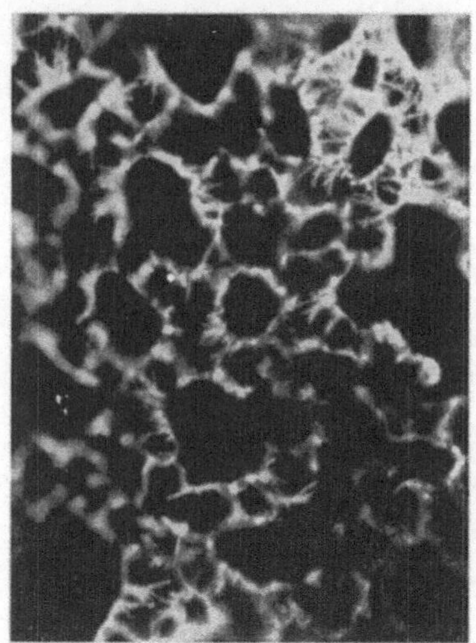

Abb. 144. Der Nachweis des Salzweges in den Membranen des Mesophylls des Blattes von *Viola tricolor*. Aus den Membransystemen kristallisiert das Berberinrhodanid aus. Original.

Versuch: Blätter, welche vorher eine 0,1 mol. KCNS-Lösung aufnehmen konnten, lassen an den Zellwänden der Schwammparenchymzellen schöne, streng lokalisierte Kristallausblühungen des Berberinrhodanids erkennen (vgl. Abb. 144). Dieses Experiment beweist, daß die Mineralsalze mit der extrafaszikulären

Komponente des Transpirationsstromes durch die Membransysteme des Parenchyms ihren Weg nehmen. (17.)

Versuch 98.
Zur Funktion der Saugschuppen der Bromeliaceen.

Daß die an der Blattoberfläche auftretenden Saugschuppen der Bromeliaceen der Wasseraufnahme dienen, läßt sich mit Hilfe von Fluorochromen deutlich unter Beweis stellen.

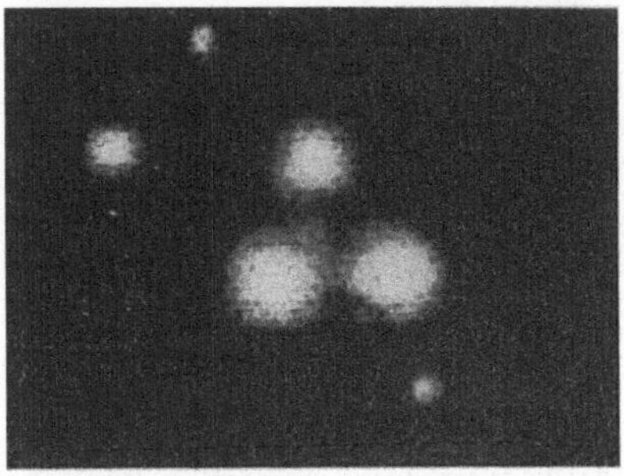

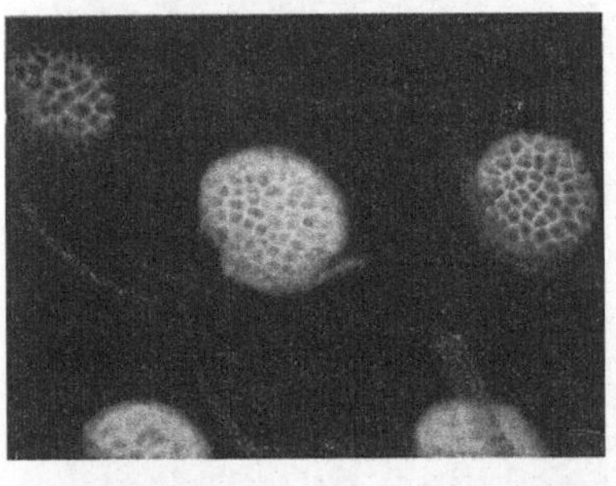

Abb. 145. Die Berberinsulfataufnahme durch die Saugschuppen des Blattes von *Vriesea*. Das Eindringen des Fluoreszenzindikators an den Pforten der Saughaare in das Mesophyll-Membransystem ist deutlich zu erkennen. Original.

Eine Blattzisterne einer *Vriesea* oder einer *Nidularium*-pflanze wird mit einer Berberinsulfatlösung 1 : 1000 in aqua dest. gefüllt. Nach 1—2 Stunden werden Blätter herauspräpariert, und mit destilliertem Wasser das an der Oberfläche haftende Berberinsulfat von der Blattbasis weggespült. Die fluoreszenzmikroskopische Untersuchung (Auflicht!) der Blattbasenoberflächen ergibt das in Abb. 145 wiedergegebene Bild. Überall dort, wo sich eine Saugschuppe befindet, ist das Berberinsulfat auf dem Membranwege in das Blattgewebe mehr oder weniger weit vorgedrungen. Da aus den Versuchen 94, 95, 96 die Parallelität zwischen Wasserbewegung und Berberinsulfatausbreitung klar erwiesen ist, besteht kein Zweifel, daß die Blattbasen der Zisternen der Bromeliaceen mittels der Saugschuppen Wasser und darin gelöste Stoffe aufzunehmen imstande sind. (4, 26, 27, 28.)

Versuch 99.
Zur Stoffaufnahme der Drüsen in der Kanne von Nepenthes.

Nepentheskannen werden im Gewächshause entleert und mit einer Berberinsulfatlösung 1 : 1000 in destilliertem Wasser gefüllt. Hierauf wartet man 2—6 Stunden und schneidet das betreffende Versuchsblatt zur Vornahme der fluoreszenzmikroskopischen Untersuchung (Auflicht) ab. Zunächst wird die Kanne mit destilliertem Wasser innen ausgespült. Hierauf untersucht man die Innenfläche der Kanne an herausgeschnittenen Stücken mit Hilfe des Auflichtfluoreszenzmikroskopes. Abb. 146 gibt das Färbungsbild wieder. Lediglich die polsterförmigen Drüsenzellkomplexe weisen eine Berberinsulfatfluoreszenz auf. Hier sind die

Abb. 146. Ausschnitt aus der Innenseite einer Kanne von *Nepenthes*, welche mit einer Berberinsulfatlösung 1 Stunde lang gefüllt war. Die Membransysteme der Drüsenzellen haben die Berberinlösung aufgenommen und nach innen weitergeleitet. Original.

Zellmembranen gefärbt, woraus wir den Schluß ziehen, daß die Resorption durch die Zellmembranen der Drüsenzellen erfolgt.

Besonders lehrreich ist die weitere Verfolgung des Wasser- und Farbstoffweges. Man kann an Schnitten durch die basale Kannenwand beobachten, wie das Berberinsulfat durch einen inversen Transpirationsstrom durch die Leitbündel in den rankenförmigen Kannenstiel in reicher Menge geleitet wurde. Abb. 147 gibt einen Kannenstielquerschnitt wie-

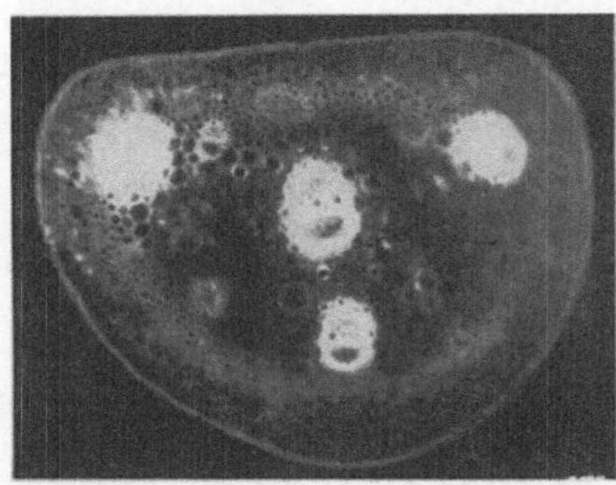

Abb. 147. Querschnitt durch den Kannenstiel (Rankenteil) von *Nepenthes*. Die Kanne war 1 Stunde lang mit einer Berberinsulfatlösung 1 : 1000 gefüllt. Das durch die Drüsenzellmembranen aufgenommene Berberinsulfat ist durch die Holzteile der Leitbündel nach rückwärts geleitet worden. Original.

der, aus dem man die nach rückwärts erfolgende Leitung in den Holzteilen der Leitbündel deutlich an der sekundären Fluorochromierung der Zellmembranen erkennen kann.

3. Die Stoffwanderung in den Siebröhren.

Versuch 100.

Die fluoroskopische Analyse der Siebröhrenfunktion.

Die Siebröhren der Pflanzen dienen der Leitung organischer Substanzen. Die experimentelle Prüfung ihrer Funktion ist am besten mit Hilfe fluoreszenzoptischer Methoden vorzunehmen, wobei als Modell-Wanderstoff im Experiment fluoreszierende Substanzen möglichst intakten Sproßorganen geboten werden. Mit Hilfe von Schnitten, welche in der Längsrichtung nach einiger Zeit von dem betreffenden Sproß-organ hergestellt werden, läßt sich die Fortbewegung des fluoreszierenden Strömungsindikators in den Siebröhren sowohl der Richtung nach als auch in ihrer Geschwindigkeit verfolgen.

Als Versuchspflanze wählt man am zweckmäßigsten die Sprosse von *Cucurbita Pepo*, welche dem Anfänger sowohl histologisch wie auch technisch die geringsten Schwierigkeiten entgegensetzen. Abb. 148 gibt einen Überblick über die Durchführung eines solchen Versuches. Ein im Wachstum stehendes Sproßende von *Cucurbita* wird im Freilande so präpariert, daß an einer etwa 1 cm breiten Stelle die Epidermis vorsichtig angeschabt wird. Ein entsprechend breiter Wattestreifen wird ringförmig an dieser Stelle um den Sproß herumgelegt, so daß die beiden Enden des Wattestreifens einen etwa 10 cm langen Docht bilden. Zur

Fixierung des Watteringes wird über den Docht bis zum Stengel ein
Glasring geschoben. Die beiden Dochtenden reichen in ein Reagenz-
glasröhrchen, welches mit einer wäßrigen Kaliumfluoreszeinlösung
1 : 500 (destilliertes Wasser) aufgefüllt ist. Mittels einer Haltevorrich-
tung oder eines Korkens wird das Röhrchen in dieser Lage fixiert. Zur
Vermeidung einer oberflächlichen Ausbreitung des Farbstoffes wird

Abb. 148. Übersichtsbild zur Anstellung des Versuches zum Studium der Stoffwanderung in Siebröhren. Kaliumfluoreszein-Dochtmethode. Künstliche Umkehr der Polarität am Blattstiel. Durch
Injektion der Zentralhöhle mit konz. Glyzerin ist der apikale Teil des Blattstiels turgeszenzlos geworden. Dadurch wird der sonst basalwärts gerichtete Siebröhrenstrom umgekehrt. Aus ROUSCHAL
(1942).

ober- und unterhalb des Farbringes sofort nach Ansetzen des Versuches
je ein Ring aus vaselinegetränkter Watte um den Sproß dicht angelegt.
Auf diese Weise wird erreicht, daß das Kaliumfluoreszein durch die
Parenchymlagen des Stengels hindurch an dieser Stelle zu den Siebröhren gelangt und in den intakten, also voll funktionsfähigen Siebröhren als Strömungsindikator verwendet werden kann.

Wird in dieser Weise jungen Triebspitzen von *Cucurbita* mit der
Dochtmethode Kaliumfluoreszein geboten, und stellt man nach 2—5
Stunden Längsschnitte durch den Stengel in der apikalen und basalen
Richtung systematisch her und untersucht diese Längsschnitte in Paraf-

finöl mit Hilfe des Fluoreszenzmikroskopes, so ist folgendes festzustellen: Die faszikulären Siebröhren der Innen- und Außenphloeme haben das Kaliumfluoreszein bis in die Triebspitze hinein elektiv geleitet. Basalwärts jedoch ist das Kaliumfluoreszein kaum nennenswert vorgedrungen. Dieser Versuch zeigt demnach, daß erstens die Siebröhren eine Fernleitfunktion besitzen, daß zweitens die Geschwindigkeit dieser Leitung die Werte einer bloßen Diffusion beträchtlich überschreitet und drittens, daß diese Fernleitung streng polar vor sich geht. Es ist von Interesse, auch die extrafaszikulären Züge sehr zarter ekto- und entozyklischer Siebröhren auf ihr Leitvermögen hin an diesen Präparaten fluoreszenzmikroskopisch zu prüfen. Es kann dann festgestellt werden, daß diese extrafaszikulären Siebröhrenzüge sowohl apikalwärts wie basalwärts leiten können.

Wird an einer gut wachsenden Kürbispflanze derselbe Versuch an einem Fruchtstiel mit einer sich entwickelnden Frucht durchgeführt, so beobachtet man eine strenge polare Fernleitung des Kaliumfluoreszeins in die Frucht.

Es ist sonach evident, daß der Ferntransport von Stoffen in den Siebröhren streng polar zu den Orten stärkeren Verbrauchs gerichtet ist.

Führt man dagegen an erwachsenen Blattstielen den Kaliumfluoreszeinversuch durch, so ist der Ferntransport in den Siebröhren immer von der Blattspreite abwärts gerichtet. Auch hier ist die strenge Polarität nur auf die faszikulären Siebröhren beschränkt, die extrafaszikulären Siebröhren leiten in verschiedener Weise nach beiden Richtungen.

Die Mechanik des Stofftransportes in den Siebröhren war lange nicht geklärt. Der klassischen Diffusionstheorie von SACHS (vergleiche auch SCHUMACHER) stand die osmotische Druckstromtheorie von MÜNCH gegenüber. Die experimentelle Entscheidung, ob es sich um einen Diffusionsvorgang oder um eine Konvektionsströmung handelt, ist durch folgendes Experiment ROUSCHALs gefallen:

Da der Stofftransport in den Siebröhren immer nach den Orten stärkeren Verbrauches gerichtet ist, nimmt die Druckstromtheorie als treibende Kraft für einen Massenstrom in dem zusammenhängenden Vakuolensystem der Siebröhren ein osmotisches Druckgefälle in Anspruch. Trifft dies zu, so muß durch eine experimentelle Umstimmung des osmotischen Druckgefälles auch eine Umstimmung des Massenstromes in bezug auf seine Richtung stattfinden. Dies wird experimentell folgendermaßen erreicht. Wird an einem jungen Sproßende der Farbstoff mit der Dochtmethode dem faszikulären Siebröhrensystem geboten und weiter basalwärts am Stengel (vgl. Fig. 148) in die Zentralhöhle unter Vermeidung von Gefäßbündelschädigungen einige ccm konzentriertes Glycerin injiziert, wobei der Sproß so gewählt wird, daß etwa 35—45 cm unterhalb der Farbstelle hinter der Injektionsstelle zur Ansammlung des Glycerins ein Knoten liegt, so läßt sich das osmotische Druckgefälle in den Siebröhren tatsächlich umkehren. Dementsprechend wird auch der Kaliumfluoreszeinstrom in den Siebröhren vollkommen umgekehrt und gegen die basale Injektionsstelle hingeleitet.

Durch dieses Experiment, welches an Blattstielen (Fig. 148) mit ebensolchem Erfolg durchgeführt werden kann, ist die Mechanik der Sieb-

röhrenleitfunktion wahrscheinlich im Sinne der MÜNCHschen Druckstromtheorie als geklärt anzusehen. (5, 6, 7, 8, 9, 10, 11, 12, 13, 15, 18, 20, 21, 23.)

Literatur zu VII.

1 FREY-WYSSLING, A.: Der Aufbau der pflanzlichen Zellwände. Protoplasma
25, 261 (1936). — 2 Über die submikroskopische Morphologie der Zellwände.
Ber. dtsch. bot. Ges. **55**, (119) (1937). — 3 Über die röntgenometrische Vermessung
der submikroskopischen Räume in Gerüstsubstanzen. Protoplasma **27**, 372
(1937). — 4 HARBRECHT, A.: Untersuchungen über die Ionenaufnahme der
Bromeliaceen. Jb. Bot. **90**, 25 (1942). — 5 HUBER, B.: Fortschritte in der Er-
forschung pflanzlicher Saftströme. Ber. dtsch. bot. Ges. **54**, 369 (1936). — 6 Hundert Jahre Siebröhren-Forschung. Protoplasma **24**, 132 (1937). — 7 Ge-
sichertes und Problematisches in der Wanderung der Assimilate. Ber. dtsch. bot.
Ges. **59**, 181 (1941). — 8 HUBER, B., u. E. ROUSCHAL: Anatomische und zellphysiologische Beobachtungen an Siebröhrensystemen der Bäume. Ber. dtsch.
bot. Ges. **56**, 380 (1938). — 9 MASON, T. G., and E. PHILLIS: Further studies on
transport in the cotton plant. IV. On the simultaneous movement of solutes in
opposite directions through the phloem. Ann. of Bot. **50**, 161 (1936). — 10 MASON,
T. G., E. J. MASKELL and E. PHILLIS: Further studies on transport in the cotton
plant III. Ann. of Bot. **50**, 23 (1936). — 11 MÜNCH, E.: Durchlässigkeit der Siebröhren für Druckströmungen. Flora (Jena) **136**, 223 (1943). — 12 PALMQUIST,
E. M.: The simultaneous movement of carbohydrates and fluorescein in opposite
directions in the phloem. Amer. J. Bot. **25**, 97 (1938). — 13 RHODES, A.: The
movement of fluorescein in the plant. Proc. Leeds Phil. Soc. **3**, 369 (1937). —
14 ROUSCHAL, E.: Fluoreszenzoptische Messungen der Geschwindigkeit des
Transpirationsstromes an krautigen Pflanzen mit Berücksichtigung der Blatt-
spurleitflächen. Flora (Jena) **134**, 229 (1940). — 15 Untersuchungen über die
Protoplasmatik und Funktion der Siebröhren. Flora (Jena) **135**, 135 (1941). —
16 Beiträge zum Wasserhaushalt von *Gramineen* und *Cyperaceen*. I. Die faszikuläre
Wasserleitung in den Blättern und ihre Beziehung zur Transpiration. Planta
(Berl.) **32**, 66 (1941). — 17 ROUSCHAL, E., u. S. STRUGGER: Der fluoreszenzoptisch-
histochemische Nachweis der kutikulären Rekretion und des Salzweges im Mesophyll. Ber. dtsch. bot. Ges. **58**, 50 (1940). — 18 SACHS, J.: Über die Leitung der
plastischen Stoffe durch verschiedene Gewebeformen. Flora (Jena) **46**, 33, 49,
65 (1863). — 19 Handbuch der Experimentalphysiologie der Pflanzen. Leipzig
1865. — 20 SCHUMACHER, W.: Untersuchungen über die Lokalisation der Stoffwanderung in den Leitbündeln höherer Pflanzen. Jb. Bot. **73**, 770 (1930). — 21 Untersuchung über die Wanderung des Fluoresceins in den Siebröhren. Jb. Bot. **77**, 685
(1933). — 22 Untersuchungen über die Wanderung des Fluoreszeins in den
Haaren von *Cucurbita Pepo*. Jb. Bot. **82**, 507 (1936). — 23 Weitere Untersuchungen über die Wanderung von Farbstoffen in den Siebröhren. Jb. Bot. **85**,
422 (1937). — 24 STRASBURGER, E.: Über den Bau und die Verrichtungen der
Leitungsbahnen in den Pflanzen. Jena: Gustav Fischer 1891. — 25 STRUGGER, S.:
Fluoreszenzmikroskopische Untersuchungen über die Speicherung und Wanderung
des Fluoreszeinkaliums in pflanzlichen Geweben. Flora (Jena) **132**, 253 (1938). —
26 Die lumineszenzmikroskopische Analyse des Transpirationsstromes in Parenchymen. I. Die Methode und die ersten Beobachtungen. Flora (Jena) **133**, 56
(1938). — 27 Die lumineszenzmikroskopische Analyse des Transpirationsstromes
in Parenchymen. 2. Die Eigenschaften des Berberinsulfates und seine Speicherung
durch lebende Zellen. Biol. Zbl. **59**, 274 (1939). — 28 Die lumineszenzmikroskopische Analyse des Transpirationsstromes in Parenchymen. 3. Untersuchungen
an *Helxine Soleirolii Req*. Biol. Zbl. **59**, 409 (1939). — 29 Studien über den Transpirationsstrom im Blatt von *Secale cereale* und *Triticum vulgare*. Z. Bot. **35**, 97
(1939). — 30 Die Anwendung der Lumineszenzmikroskopie in der Botanik. Zeiss-
Nachr. **3**, 69 (1939). — 31 Der aufsteigende Saftstrom in der Pflanze. Jber.
Naturhist. Ges. Hannover, 90/91 (1939). — 32 Der aufsteigende Saftstrom in der
Pflanze. Dtsch. tierärztl. Wschr. Nr. 6, 54 (1940). — 33 Der aufsteigende Saftstrom in der Pflanze. 1. Die Bedeutung der Arbeit Otto Renners für den Ausbau
der Kohäsionstheorie. 2. Die Analyse der extrafaszikulären Komponente des Saft-
stromes. Naturwiss. **31**, 181 (1943).

Sachverzeichnis.

Die fettgedruckten Zahlen behandeln das betreffende Gebiet eingehender; die mit * versehenen Zahlen deuten auf eine Abbildung hin.